钒渣碱介质强化浸出清洁提钒新技术

New Technology for Vanadium Extraction from Vanadium Slag by Intensified Leaching in Alkaline Medium

杜　浩　王新东　王少娜　著

北　京
冶　金　工　业　出　版　社
2022

内 容 提 要

本书主要介绍了近年来针对焙烧工艺弊端开发的全新钒渣碱介质强化浸出清洁提钒技术。全书共6章，主要包括提钒技术发展概况、碱介质分解钒渣钒铬高效提取、碱介质中钒铬清洁分离技术、钒酸钠的阳离子解离及碱介质循环、钒渣中钒的湿法提取工艺量化放大规律及工程优化设计、钒绿色制造评价指标体系建立及现有生产状况诊断分析等内容。

本书可供湿法冶金技术、钒行业等领域的科研人员和生产人员阅读，也可供高等院校有关专业师生参考。

图书在版编目(CIP)数据

钒渣碱介质强化浸出清洁提钒新技术/杜浩，王新东，王少娜著．—北京：冶金工业出版社，2022．8

ISBN 978-7-5024-9219-9

Ⅰ．①钒…　Ⅱ．①杜…　②王…　③王…　Ⅲ．①提钒　Ⅳ．①TF646

中国版本图书馆 CIP 数据核字(2022)第142608号

钒渣碱介质强化浸出清洁提钒新技术

出版发行　冶金工业出版社　　**电　话**　(010)64027926

地　址　北京市东城区嵩祝院北巷39号　　**邮　编**　100009

网　址　www.mip1953.com　　**电子信箱**　service@mip1953.com

责任编辑　杜婷婷　美术编辑　燕展疆　版式设计　郑小利

责任校对　郑　娟　责任印制　禹　蕊

北京博海升彩色印刷有限公司印刷

2022年8月第1版，2022年8月第1次印刷

710mm×1000mm　1/16；21.25印张；414千字；328页

定价139.00元

投稿电话　**(010)64027932**　**投稿信箱**　**tougao@cnmip.com.cn**

营销中心电话　**(010)64044283**

冶金工业出版社天猫旗舰店　**yjgycbs.tmall.com**

(本书如有印装质量问题，本社营销中心负责退换)

序

《钒渣碱介质强化浸出清洁提钒新技术》一书由中国科学院过程工程研究所杜浩研究员和河钢集团王新东副总经理等联合主笔，撰写历时一年时间。作者邀请我作序，我作为钒渣碱介质湿法提钒新技术的发起者和技术顾问，想到这十几年来团队在基础研究、技术变革、工业应用上的创新突破，并最终依托这项技术建成万吨级示范工程，实现稳定运行，深感欣慰，故欣然应允。

该书是中国科学院过程工程研究所、河钢集团研究团队经过十多年不懈努力的成果总结，也是我们团队开创的碱介质湿法冶金平台技术在钒资源高效提取上的体现。河钢承钢是钒钛磁铁矿利用技术的发祥地，我们团队从2009年起开始与河钢集团合作，致力于钒渣中钒铬的高效同步提取，杜浩研究员那时刚被我从犹他大学引进到所里工作，开始从事碱介质中活性氧生成机理及强化两性金属矿物反应研究。我们带领团队突破装备和手段匮乏的困境，建立了以和频光谱和热态微反应器为核心的矿物资源原位在线检测与控制系统，在国际上首次完成了强碱介质活性氧生成规律和作用机制研究。为了实现这一理论在工业生产中的应用，团队从2010年起扎根在河钢承钢现场，将半工业化试验与基础理论紧密结合，相继提出了活性炭、压力场、电化学场、微气泡等系列外场强化技术，逐渐构建起更为清晰完整的碱介质湿法冶金理论体系。在此期间，过程所团队与河钢通力合作，在国际上，首次在常压、150℃条件下实现了钒渣中钒铬高效共提，大大降低了工艺的工业化实施难度。2015年4月，河钢集团将该项目列为重点科技项目计划，由王新东副总经理亲自负责，启动万吨级项目建设。河钢领导层能在当时我国基础制造业和经济下滑的情况下对传统钒产业进行绿色升级，毅然决然地投资这个项目，我非常感动。我特意嘱咐研究团队，一定要无条件地配合现场，高质量地完成项目，要做成国际引领性的项目。万吨级示范工程建设、运行期间，我曾多次到承德现场，看到产线拔地而起，内心非常激动。2019 年 3 月，在项目运行两年后，我们组织了项目的科技成果评价，会上大家一起回顾了项目的发展历程，并对目前运行结果和今后工作计划进行了讨论，河钢对项目的实施充满了信心和决心，我也欣慰在河钢的支持下科学院项目终于顺利落地、实施、运行。会上，由干勇院士、邱定蕃院士、韩布兴院士、黄小卫院士等组成的专家组评价项目“为我国高铬型钒钛磁铁矿的绿色高效利用及建立以钢铁钒钛为依托的铬盐发展新模式提供技术支撑和解决方案，为钒铬资源高效清洁利用起到示范引领作用，总体达到国际领先水平”。这些年来，团队承担了“973”计划项目“共伴生难处理两性金属资源高效清洁转化综合利用基础研究”、工业和信息化部绿色制造系统集成项目“钒的清洁提取与产品制造绿色设计平台建设”、河北省重大成果转化项目“钒的清洁提取与产品绿色制造产业化示范”等，在国际上首次实现了钒铬工业化生产，基础理论研究扎实，技术创新性强。该书正是在新技术从基础研究到工业化应用大量科研成果的基础上撰写而成的。

这是一部关于钒渣碱介质湿法提钒技术开发及应用的专著，书中介绍了钒渣碱介质湿法提钒的核心单元碱介质分解钒渣钒铬共提、钒铬清洁分离及钒产品的清洁转化，其中，对以压力场、活性炭、电化学场、微气泡为代表的外场强化碱介质湿法分解钒渣技术进行重点介绍；针对钒铬分离这一难题，采用先冷却结晶分离钒酸钠，再蒸发结晶分离铬酸钠实现二者高效分离；为实现钒酸钠的钠钒分离，采用钙化-铵化及离子膜电解两条工艺进行钒产品的转化。在完成钒渣碱介质湿法提钒工艺技术原型开发的基础上，对工艺量化放大规律及万吨级示范工程运行状况进行分析，随后对绿色制造评价指标体系建立及工艺评价进行介绍。

书中详细展示了作者及所在研发团队近年来的最新研究成果，是对钒渣碱介质湿法提钒技术的系统总结。全书层次清晰、内容严谨、数据翔实，是有色金属冶金领域的优秀科技专著。

中国工程院院士 张懿

前　　言

钒是全球性的重要战略金属之一，主要应用于钢铁、化工、储能、航空航天等领域。我国是钒资源利用及产品开发大国，产销量已连续数年居全球首位，90%以上钒产品是从钒钛磁铁矿冶炼获得的钒渣中提取的，现有的钒渣钠化焙烧提钒工艺，其钒铬回收率低（钒回收率不高于80%，铬回收率不高于5%），高盐氨氮废水产生量大，末端治理代价高，严重制约了钒铬产业的可持续发展。为了攻克以上难题，中国科学院过程工程研究所与河钢集团共同开发了钒渣碱介质高效提钒新工艺。该工艺采用全湿法流程同步提取钒铬，钒的回收率可由现在的80%提高到90%以上，铬的回收率由低于5%提高到80%以上，从源头上避免了有害窑气、高盐氨氮废水产生。在科技成果评价中被评为“国际领先”水平，已建成万吨级钒渣/年示范工程，极具产业化推广前景。本书对碱介质强化提钒技术所涉及的基础科学理论和工程技术问题进行了系统归纳和总结，具有重要的学术价值和重大的应用价值。

本书内容主要介绍了钒渣碱介质强化浸出清洁提钒工艺从反应、分离到产品转化的各个环节，以及新工艺的产业化应用与清洁生产水平评价。全书共6章，第1章为提钒技术概况，第2章到第4章为碱介质分解钒渣钒铬共提、钒铬清洁分离及钒产品的转化，第5章为工艺量化放大规律及示范工程运行状况，第6章为绿色制造评价指标体系建立及工艺评价。

本书第1章由杜浩、刘彪、王新东、高峰执笔，第2章由杜浩、王少娜、刘彪、吕页清执笔，第3章由王少娜、杜浩执笔，第4章由王少娜、刘彪、潘博执笔，第5章由王新东、杜浩、刘彪、李兰杰、赵备备执笔，第6章由王新东、王少娜执笔。全书由杜浩统稿。

本书作者及所在团队多年开展钒渣碱介质湿法提钒技术研究，并长期承担与此相关的国家“973”计划、中国科学院STS计划、国家自然科学基金项目等。上述项目的研究成果都以论文的形式发表在国内外多种学术刊物上，作者将其中主要内容提炼总结编撰成本书。同时，本书参考了国内外与提钒技术有关的最新著作和文献资料，作者在此向有关文献的作者致以衷心的感谢。

本书的出版，还要感谢河钢集团、中国科学院、中国科学院过程工程研究所、河钢承钢各级领导和老师的支持，特别感谢张懿院士给予的技术指导。本书在撰写过程中得到了博士生高峰、刘志强、陈炳旭、贾美丽等在格式及图表修改上的大力协助，在此表示衷心的感谢。感谢为钒渣碱介质清洁提钒技术付出心血和智慧的中科院过程所的科研团队，包括已毕业的研究生和示范工程现场工程师。感谢河钢集团对新技术产业化的大力支持，在十几年的时间里，河钢集团科技创新部、河钢集团钢研总院、河钢承钢钒钛技术研究所、钒钛事业部与中科院过程所团队通力合作，充分挖掘科研单位的原始技术创新优势和企业的新技术转化优势，持续攻关，实现了原创技术的产业化应用，为钒产业的绿色升级提供了支撑。

由于作者水平所限，书中不妥之处，敬请读者批评指正。

作　者

2022年3月

目　　录

1 提钒技术发展概况

钒是重要战略金属，由于其高硬度、抗氧化性、耐疲劳性及多价态氧化还原反应特性等优异的物理化学性能，广泛应用于钢铁、化工、航空航天、军工、新能源等领域，被誉为“现代工业维生素”和“未来能源材料”。本章重点介绍钒及其氧化物的性质与应用、钒资源分布特点与传统提钒技术。在此基础上，分析现有提钒技术存在问题及未来发展需求。

1.1 钒性质及应用

1.1.1 钒的性质

钒先后被两次发现，过程较为曲折。1801 年，墨西哥矿物学家 A. M. Del Rio 在研究铅矿时首次发现钒，由于这种新元素的盐溶液在加热时呈现鲜艳的红色，所以以“红元素”命名，并将它送到巴黎。然而，法国化学家推断它是一种被污染的铬矿石，所以没有被人们公认。1830 年，瑞典化学家 N. G. Sefstrom 在冶炼生铁时分离出一种元素，因其颜色绚丽、十分漂亮，所以就用古希腊中一位叫凡娜迪丝“Vanadis”的美丽女神的名字为这种新元素命名为钒（Vanadium）。1867 年，Hery Roscoe 用氢气还原 VCl_2 首次得到纯钒粉末；1927 年，美国化学家 J. W. Marden 和 M. N. Rich 把钒氧化物、金属钙和氯化钙放在钢弹中采用电炉外加热，于 900～950℃ 保温 1h，经冷却、水洗后得到纯度达 99.7%的金属钒。

金属钒呈亮白色略带蓝色光泽，熔点（1919±2）℃，沸点 3000～3400℃，属高熔点金属。高纯度的金属钒具有良好的韧性和塑性，常温下可制成片、拉成丝，但是少量杂质如碳、氧、氮可引起钒的物理性质发生明显变化，如含 0.01%氢即可使金属钒变脆、含 2.7%碳可使其熔点升高到 2185℃。室温下金属钒较为稳定，不与空气、水及碱作用，能耐稀盐酸、稀硫酸、碱溶液及海水的腐蚀，但能被硝酸、氢氟酸和浓硫酸腐蚀。高温条件下，金属钒可与 C、Si、N、O、S、Cl、Br 等大部分非金属元素化合。金属钒在空气中加热时，可氧化成棕黑色的 V_2O_3、蓝色的 V_2O_4 或者橘红色的 V_2O_5；低温下，可与氯气反应生成 VCl_4；较高温度下，与碳或者氮气作用可形成 VC 和 VN。在水溶液中，金属钒和水形成配合物，如 $[V(H_2O)_6]^{2+}$ 为丁香色、$[V(H_2O)_6]^{3+}$ 为绿色、$[VO(H_2O)_5]^{2+}$ 为蓝色、VO^{3-} 为黄色，因此可以通过对比水溶液的颜色来判断钒化合物的种类和含量。

在地壳中，钒的平均含量约为 150g/t，在过渡金属中凭借 0.019%的含量丰度排名第 5，在全部元素中排名 22，其含量与锌相接近，比铜和镍更多；在海水中，钒的丰度排名第 2。自然中的钒包括两种同位素，^{50}V（0.24%）和 ^{51}V（99.76%），其中 ^{50}V（0.24%）有轻微放射性，半衰期超过 3.9×10^{17} 年。

1.1.2 钒化合物性质

钒位于元素周期表中第四周期VB 族，原子量 50.942g/mol。钒是体心立方形晶体，核外电子排布式为 $3d^34s^2$，每个体心立方形晶胞中具有两个 V 原子，因而 V 具有+2 到+5 等多种可变相邻价态，氧化数为+5 的钒具有氧化性，低氧化数的钒具有还原性。氧化数越低还原性越强，如 V^{3+}、V^{2+} 均为强还原剂。不同氧化数的钒离子在水溶液中呈现不同的颜色，如 VO_2^+ 为浅黄或深黄色、VO^{2+} 呈蓝色、V^{3+} 呈绿色、V^{2+} 呈紫色。

最常见的和最常用的钒是五氧化二钒 V_2O_5，偏钒酸铵 NH_4VO_3、偏钒酸钠 $NaVO_3$ 和钒酸钠 Na_3VO_4 也是常见的钒存在形式。钒酸盐，例如正钒酸盐、十钒酸盐、偏钒酸盐阴离子和氧钒根阳离子在水溶液中相互转化取决于钒浓度、pH 值和氧化还原电势；在还原条件下，相对稳定的 V(Ⅲ) 占主导地位，而较高的氧化态更容易溶解。

结构稳定的 V_2O_5 是主要的含钒产品。V_2O_5 为两性氧化物，但以酸性为主，700℃以上显著挥发，700～1125℃分解为氧和四氧化二钒。V_2O_5 为强氧化剂，易被还原成各种低价氧化物，微溶于水，易形成稳定的胶体溶液；极易溶于碱，在弱碱性条件下即可生成钒酸盐（VO_3^-）；溶于强酸（一般在 pH＝2 左右起溶）不生成钒酸根离子，而生成同价态的氧基钒离子（VO_2^+）。

偏钒酸铵化学式为 NH_4VO_3，是白色的结晶性粉末，微溶于冷水，溶于热水及稀氨水；在空气中灼烧时变成五氧化二钒，有毒；主要用作化学试剂和催化剂，也可用于制取五氧化二钒。

偏钒酸钠分子式为 $NaVO_3$，是白色或淡黄色的晶体，可用作化学试剂、催化剂、催干剂、媒染剂，制造钒酸铵和偏钒酸钾，也用于医疗照相、植物接种及防蚀剂等。

正钒酸钠分子式为 Na_3VO_4，是浅白色透明针状或六角棱状晶体，颜色与结晶水相关，在空气中易风化，失水后呈白色；极易溶于水，溶液呈碱性，不溶于醇，熔点 866℃，用于工业气体的脱硫脱碳、缓蚀剂、制药工业、照相业、墨水的制造、印染和植物的接种等。

1.1.3 钒的应用

1.1.3.1 钒在钢铁行业的应用

钒广泛应用于钢铁、化工、航空航天、汽车工业、船舶工业和医疗等领域。20世纪相关学者发现在钢铁冶炼的过程中，将一定量钒作为添加剂，形成稳定的钒氮化合物和钒碳化合物，可以显著增加钢的硬度、耐磨性和抗疲劳性，可以用于建筑、结构材料、汽车、桥梁和压力容器。此外，钒钢中的钒酸盐能转化成表面涂层增强材料的抗氧化性，以保护钢铁免受锈蚀和腐蚀。钒在钢铁冶金领域的主要应用是制造铁基合金，通过向钢材中添加含量（质量分数）少于1%的钒，即可细化钢的组织和晶粒，提高晶粒粗化温度，从而起到增加钢的强度、韧性和耐磨性的作用。含钒的合金钢材料可以分为低钒合金钢和高钒合金钢，其中低钒合金钢主要用于生产高强度微合金钢（钒添加量0.1%左右）。高强度微合金钢发展很快，自20世纪70年代至今，已经在钢铁材料的应用中占40%以上，广泛应用于船舶、车辆、桥梁、高压容器、矿山机械及钢结构件等。钒微合金化高强度低合金结构钢目前已经在世界上得到了广泛使用，是钒在钢中的最大应用领域；而且钒微合金化钢相比于其他种类的微合金钢不易产生横向裂纹，因此钒微合金化工艺可以在传统连铸或者薄板坯连铸连轧工艺中将横向裂纹问题降低到最低程度。高钒合金钢是生产合金工模具钢的主要原料，尤其是生产高速工具钢必不可少的元素之一。含钒工模具钢中的钒含量（质量分数）通常在0.1%~5%范围内波动，也有个别钢种钒含量大于5%，如美国开发的A11冷作工具钢。钒在合金工模具钢中，既细化晶粒、降低过热敏感性，又可以增加耐磨性，延长工模具的使用寿命。中国的合金模具钢（包括冷作、热作、塑料模具钢）产品中，含钒模具钢材的占比可以达到50%以上，而在国家标准《高速工具钢》（GB/T 9943—2008）中，所有19个钢号均含钒。此外，钒元素也是生产高速钢、耐热钢、不锈钢、弹簧钢、轴承钢甚至耐蚀合金和军工用钢等特殊钢品种中重要的合金化元素。表1-1和表1-2分别为钒在合金钢中的含量和中国国家标准中合金工模具钢、高速钢对钒的质量分数的要求。

表1-1 合金钢的种类及钒含量（质量分数） （%）

钢　种	钒含量
低合金管线钢	0.05
淬火/回火容器钢	0.35
双相钢	0.01~0.02
弹簧钢	0.15
氮化钢（Cr/Mo钢）	0.15~0.225

表 1-2 中国国家标准《合金工模具钢板》（GB/T 33811—2017）、《高速工具钢》（GB/T 9943—2008）对钒的质量分数的要求 （%）

合金工模具钢板		高速工具钢	
钢种	钒含量	钢种	钒含量
CrWV	0.15~0.25	W3Mo3Cr4V2	2.2~2.5
MnCrWV	0.05~0.15	W4Mo3Cr4VSi	1.2~1.8
9CrMn2V	0.05~0.15	W18Cr4V	1.0~1.2
5Cr8MoVSi	0.3~0.55	W2Mo8Cr4V	1.0~1.4
Cr8Mo2SiV	0.25~0.40	W2Mo9Cr4V2	1.75~2.20
Cr5Mo1V	0.15~0.50	W6Mo5Cr4V2	1.75~2.20
Cr12MoV	0.15~0.30	CW6Mo5Cr4V2	1.75~2.10
Cr12Mo1V1	0.5~1.1	W6Mo6Cr4V2	2.3~2.6
Cr12MoWV	0.1~0.5	W9Mo3Cr4V	1.3~1.7
7Cr14Mo2VNb	0.5~0.7	W6Mo5Cr4V3	2.7~3.2
7Cr17Mo2VNb	0.5~0.7	CW6Mo5Cr4V3	2.7~3.2
4Cr5MoSiV	0.3~0.6	W6Mo5Cr4V4	3.7~4.2
4Cr5MoSiV1	0.8~1.2	W6Mo5Cr4V2Al	1.75~2.20
9Cr18MoV	0.07~0.12	W12Cr4V5Co5	4.50~5.25
—	—	W6Mo5Cr4V2Co5	1.7~2.1
—	—	W6Mo5Cr4V3Co8	2.7~3.2
—	—	W7Mo4Cr4V2Co8	1.75~2.25
—	—	W2Mo9Cr4VCo8	0.95~1.35
—	—	W10Mo4Cr4V3Co10	3.0~3.5

除上述钢种外，钒的加入也可以提高不锈钢的性能。通常不锈钢中是不加入钒的，但有研究表明，在马氏体不锈钢中加入质量分数 0.1%~0.45%的钒，可以提高钢的抗裂性，在耐热钢中添加钒则可以防止其氧化和起鳞。

全球每年生产的钒大约有 90%用作钒铁或钢添加剂，是制造高强度微合金钢产品的重要合金化元素，包括钢筋、H 型钢、角钢、CSP 带钢等。图 1-1 显示了 2014—2020 年钒消费与世界粗钢产量的关系，明确显示了二者的依赖性。

微合金钢的应用可以显著地促进大块钢材料的生产和利用，使其朝着“减量化”环保的方向发展。例如，含钒 HRB500 钢筋在替代 HRB400 时可以降低钢的消耗 10%，在替代 HRB335 时可以降低钢的消耗 20%。目前，我国每年生产钢筋 2 亿多吨，按 HRB500 钢筋全部替代，可减少铁精矿 3.2 亿吨以上、标准煤 1.2 亿吨以上、二氧化碳排放量 4 亿吨以上。由于 2018 年 11 月 1 日中国实施了新的钢筋标准，未来钒市场前景较为乐观。

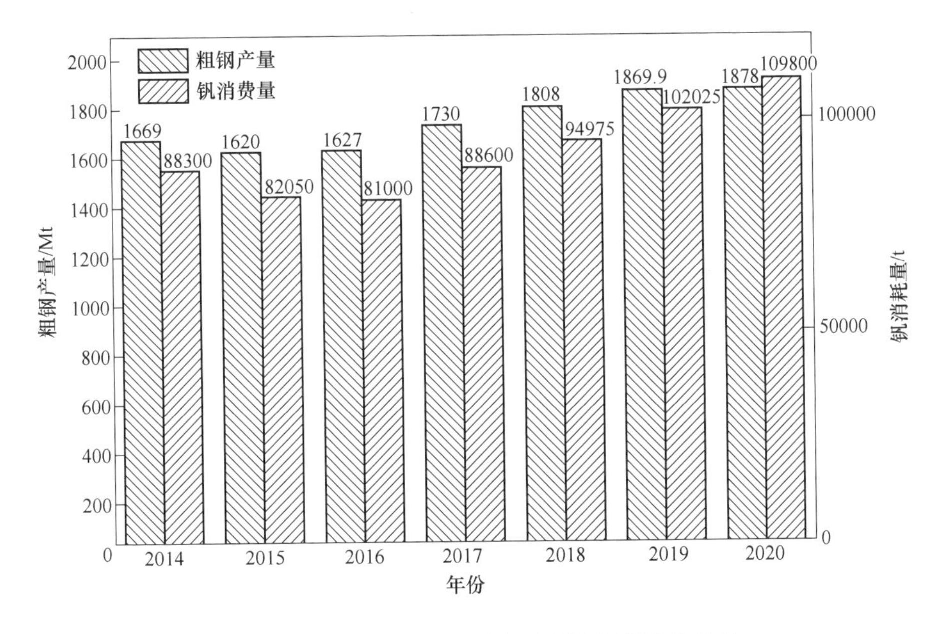

图 1-1　2014—2020 年世界粗钢产量与钒消费的关系

1.1.3.2　钒在催化剂行业的应用

以钒化合物为活性组分的钒系催化剂是重要的催化氧化催化剂系列之一，钒化合物作为催化剂的主要活性成分被广泛用于各种催化反应，包括烃类、醇类、酮类的氧化反应，对应选择性 C—C 键形成、生物催化反应等。这些钒系催化剂在催化领域具有广泛的应用前景，部分钒系催化剂已经被广泛用于硫酸、有机化工原料合成、烟气脱硫脱氮等工业领域，是工业催化体系的重要组成部分。作为催化剂的钒化合物包括无机钒化合物、有机钒化合物、生物钒化合物三种。无机钒化合物研究较早，应用更为广泛，是目前的主流催化剂。图 1-2 为含钒催化剂在各个领域的应用。

A　无机钒化合物

无机钒化合物种类繁多，包括钒的氧化物、氯化物、配合物等多种形式。高氧化态的氧化钒配合物在氧化催化中具有很高的相关性，以 V_2O_5 为主要成分的钒系催化剂几乎对所有的氧化反应都有效。钒系催化剂包括负载型氧化钒催化剂、整体型氧化钒催化剂及混合型氧化钒催化剂。负载型氧化钒催化剂在广泛的氧化反应中具有活性和选择性、价格低廉、易于制备、耐机械腐蚀等特点，应用更为广泛。它们在合适的氧化剂（例如烷基氢过氧化物、H_2O_2 或 O_2）存在下，在温和条件下进行催化反应。目前工业钒催化剂约 1/3 被用于硫酸生产，乙丙橡胶合成占 1/3 以上，其余主要用于顺酐生产、苯酐生产、选择性催化还原氮氧化物等。部分工业化无机钒催化剂以及应用领域见表 1-3。

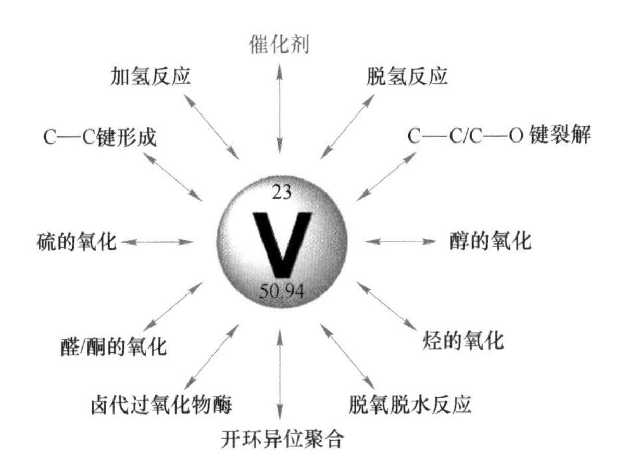

图 1-2 含钒催化剂在各个领域的应用

表 1-3 无机钒催化剂在工业上的应用

应用领域	应用实例	催化剂成分
SO_2 的氧化	硫酸用催化剂	V_2O_5-K_2SO_4/SiO_2
烯烃的聚合反应	烯烃聚合制乙丙橡胶	VCl_3-$AtEt_2$，$VOCl_3$-$AtEt_2$
烷烃的氧化	环己烷氧化制环己酮	$VOPO_4$/Al_2O_3
	正丁烷氧化制顺丁烯二酸酐	VPO（非负载催化剂）
	丙烷氧化制丙烯酸	VPO，Mo-V 杂多酸体系
氨的氧化	NO_x 脱硝还原	V_2O_5-WO_3(MoO_3)/TiO_2
酮的氧化	环己酮氧化制己二酸	Cu^{2+}-V^{5+}（HNO_3 溶液）
醛的氧化	甲醛制甲酸	V_2O_5/TiO_2
其　他	邻二甲苯或萘氧化制邻苯二甲酸酐	V_2O_5/TiO_2
	淀粉制草酸	V_2O_5-K_2SO_4[$Fe_2(SO_4)_3$]

B　SO_2 的氧化

硫酸催化剂在 SO_2 氧化成 SO_3 的过程中起着重要的作用。典型的硫酸催化剂由活性成分 V_2O_5、促进剂 $M_2S_2O_7$ 和 M_2SO_4（M＝K、Na、Cs）组成。钒催化剂由于价格低，耐砷、氟等能力强，使用寿命长，是全世界生产硫酸的主流催化剂。钒催化剂按使用温度分为中温型、低温型、宽温型和耐砷型，按形状分有条形、球形、圆形、花瓣形等。此外，国外还有孟山都公司生产的 LP 系列和丹麦 Topsoe 公司生产的 VK 系列。硫酸的生产工艺为接触法，即二氧化硫催化氧化成三氧化硫，三氧化硫水合反应生成浓硫酸的工艺，具体反应机理见式（1-1）和式（1-2）。SO_2 的氧化要求高温度（500℃）和中压（101～203kPa，即 1～

2atm)。钒催化剂的存在可以有效降低氧化温度，提高氧化速率。类似的接触法工艺包括马来酸酐、邻苯二甲酸酐、己二酸和草酸的制备，不再赘述。

$$2SO_2 + 4V^{5+} + 2O^{2-} \longrightarrow 2SO_3 + 4V^{4+} \tag{1-1}$$

$$4V^{4+} + O_2 \longrightarrow 4V^{5+} + 2O^{2-} \tag{1-2}$$

C 烯烃的聚合反应

人们在20世纪50年代发现钒基催化剂对烯烃聚合反应有显著的活化作用，至今仍是研究许多有机金属和聚合物合成过程的焦点。尽管钒催化剂的催化活性比Ⅳ族催化剂小几个数量级，但其聚合物的独特性质使得其在合成橡胶和弹性体制造中的地位不可替代。实际上，以钒为基础的Ziegler-Natta技术在工业化国家已经得到了广泛应用。传统的钒系Ziegler-Natta催化剂由烷基铝化合物和+3价过渡金属离子钒组成，是工业制备乙丙橡胶的主流催化剂。常用的主催化剂包括VOCl、VAc_3、VCl_4、VCl_3等，助催化剂包括$AlEt_2Cl$、$AlEt_3$、$AlEtCl_2$等，两者的配合显示出乙烯聚合和共聚合的高活性。目前的钒系催化剂主要用于低α-烯烃，即聚乙烯和聚丙烯的合成。在C2和C3之外，对于高α-烯烃及苯乙烯等非环烯烃的催化工艺研究较少。此外，钒催化剂在生产高分子量的聚乙烯、烯烃及环烯烃共聚物中也发挥着极其重要的作用。

D 烷烃的氧化

烷烃是天然气中含量最丰富的成分。烷烃通过催化氧化反应可以合成多种重要的工业商品，例如醇、酯、醛、酮、酸、胺等。烷烃的选择氧化工艺是当今催化研究领域面对的巨大挑战之一，烷烃的氧化反应与催化剂的结构和反应性密切相关。目前只有VPO催化剂和VO_x/TiO_2催化剂能选择性地将烷烃氧化成对应的酐，因此VPO催化剂在工业化生产中应用更为广泛。烷烃的催化氧化反应通常是由钒预催化剂（+3、+4、+5价态的钒氧化物或钒过氧化物）和氧化剂［H_2O_2、$C_4H_{10}O_2$(TBHP)、O_2、$K_2S_2O_8$］共同完成。钒预催化剂与氧化剂结合形成的钒-氧基-过氧基配合物是烷烃催化氧化反应的真正催化成分。V配合物催化氧化剂产生的·OH与烷烃（RH）反应烷基氢过氧化物ROOH，通过进一步的反应形成最终产品。事实上，工业氧化反应通常没有选择性。例如，环己烷催化氧化制备环己醇和环己酮（KA油）会生成数百种其他产物，主要是由于KA油与环己烷相比具有更高的反应性。因此，烷烃的氧化工艺仍需继续改进以适用于工业生产。

E 氮氧化物的氧化

氮氧化物（NO_x）是造成大气污染的主要污染物之一，减少NO_x的排放是保护环境的必要举措，选择性催化还原（SCR）技术是控制NO_x排放的重要方法之一。SCR催化剂被广泛用于火电厂烟气中NO_x的还原，主要的SCR催化剂为V_2O_5-WO_3(MoO_3)/TiO_2，最佳活性温度区间为250~400℃。工业应用中体积空速为2200~7000h^{-1}条件下，NO_x 的浸出率达到70%~90%，H_2O 和 SO_2 对催化剂的活性影响很小。工业应用的催化剂有蜂窝式、板式和波纹板式三种类型。蜂窝式催化剂占比60%份额，是目前的主流脱硝催化剂。SCR催化剂的活性组分为附着在载体上的 VO_x。VO_x 通过单电子转移活化吸附在表面上的 NH_3，与NO反应生成 N_2 和 H_2O，具体反应机理如图1-3所示。

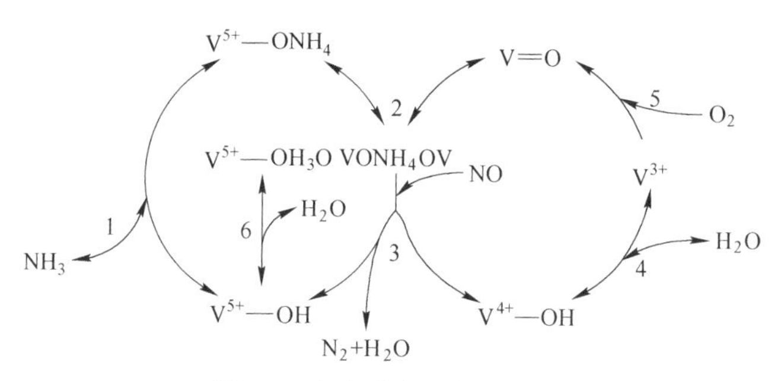

图1-3 氮氧化物的氧化机理

F 有机催化和生物催化

除专注于以钒化合物为催化剂的简单化学反应过程外，越来越多的研究逐步考虑复杂的体系，例如以氧化催化为主、反应过程进行微调的体系。有机金属催化剂显示了对聚合反应及聚合物结构强大的控制能力。对有机催化金属周围配体环境的精确控制是催化剂设计的重要手段之一，是合成各种有机化合物、聚合物和先进材料的有效方法。钒系有机金属催化剂在烯烃的复分解反应、氧化卤化、氧化芳构化、胺化、苯酚衍生物的氧化偶联等领域都取得大量的进展，表明了钒系有机金属催化剂存在的潜力。仿生钒复合物和钒酸盐依赖性卤代过氧化物酶及钒固氮酶分子氧活化，显示了钒化合物的生物相关催化功能的潜力。

1.1.3.3 钒氧化还原液流电池

钒氧化还原液流电池（VRFB，vanadium redox flow battery）的发展和应用大大扩展了钒的应用范围。钒氧化还原流体电池是由澳大利亚新南威尔士大学 Skyllas-Kazacos 课题组首次提出的，在VRFB中，电能以化学能的形式储存在不同氧化态（VO^{2+}/VO_2^+ 和 V^{3+}/V^{2+}氧化还原电对）的含钒硫酸电解液中。通过在两个半电池中采用相同的电解质溶液作为正负极活性材料，可消除其他氧化还原液流电池如Zn-Br、Fe-Cr和Fe-Ti等电池所面临的交叉污染和电解质维护问题。此外，VRFB不仅可以通过传统方式进行充电，也可以在适当的燃料补给站进行机械充电，在电动汽车行业具有广阔的应用空间。VRFB是当今世界上规模最大、技术最先进、最接近产业化的液流电池，在风电、光伏发电、电网调峰等领域有着极其良好的应用前景。VRFB在大型储能设施中可实现高达80%的能效，其周

期寿命长、能效高、独立维度的能量和功率及可室温操作等独特的优势，可满足现代化社会能源存储应用的性能要求，被认为是最具前景的大规模储能应用技术之一。

我国拥有全球领先的全钒液流电池技术服务企业，已形成了包括液流电池批量生产、模块设计制造、系统集成控制在内的全产业链全钒液流电池自主知识产权体系。我国已投运全钒液流电池储能项目累计规模仅次于锂离子电池、铅蓄电池两种传统的电化学储能技术，约占全国电化学储能规模的4%，占全球全钒液流电池储能规模的17.8%。我国也是全钒液流电池最大生产国，钒电解液国际市场占有率达90%以上，拥有以大连融科、北京普能为代表的全球领先的全钒液流电池技术服务企业，已形成包括液流电池批量生产、模块设计制造、系统集成控制在内的全产业链全钒液流电池体系。

研究机构 QYResearch 公司的调查报告显示，全球氧化还原液流电池市场规模预计将从2018年的1.3亿美元增长到2025年的3.7亿美元。在大量生产或开发的液流电池中，全钒液流电池将占据70%的市场份额。

1.1.3.4 高性能钒基电池电极材料

锂离子电池（LIB）是当今最先进的能源储存设备，从便携式电子设备和植入式医疗设备到电动汽车和智能电网，LIB 在广泛的应用范围内获得了巨大的商业成功，下一代的 LIB 必须拥有高能量密度以满足日益增长的家用电动汽车和智能电网等大规模电力调节的需求。钒作为典型的多价态过渡金属元素，可形成多种氧钒化合物，具有独特的电化学储锂特性，理论克容量大且比能量高。例如，锂钒氧化物可用作锂离子电池的正极材料，当与锂钴氧化物负极配对时，其能量密度为745W·h/L，不仅可以克服传统 LIB 正极材料诸如 $LiCoO_2$、$LiNiO_2$ 和 $LiMPO_4$（M=Fe、Mn、Co）等合成难、存储容量小、可承受性有限的难题，而且资源丰富、成本低、制备方便、毒性小，成为下一代 LIB 极有前景的正极材料。

1.1.3.5 钒在颜料领域的应用

传统的无机黄色颜料为铬黄和镉黄，钒酸铋（$BiVO_4$）在500~700nm 波长范围内反射能力极强，对黄波的反射率（即黄相）与铬黄、镉黄相差不大，优于钛镍黄和铁黄，可以不拼配有机颜料直接替代铬黄和镉黄。与传统铬黄和镉黄相比，它不含对人体有害的铅铬等重金属元素，是一种环境友好型颜料，可以满足较高的性能要求，例如汽车外壳喷漆、电器线圈用涂料等，也可用于对毒性要求严格的场合如食品包装、玩具等领域。钒酸铋于1985年在美国出现，分为纯相产品和混合型产品，最典型的产品由钒酸铋与钼酸钙、磷酸铋、钼酸铋等混合而成。目前市售的钒酸铋颜料多数是钒酸铋和钼酸铋的混合体，二者分别起到发色和调色作用。该类颜料通式可写成 $BiVO_4 \cdot nBi_2MoO_6$，其中 n 等于0.2~2.0，

控制 $BiVO_4$ 和 Bi_2MoO_6 的比例，可改变产品的颜色性能。铋黄钒酸铋的耐候性好，佛罗里达曝晒试验中其耐候性可达 10 年，遮盖力远优于有机颜料，着色力优于铬黄和镉黄，保光性也很优异，经包覆、煅烧等表面处理后可耐强酸和强碱；同时优于本身是无机成分，不具备有机基团，因而具有优异的耐有机溶剂性能，但高温下可以很好地与有机浇注材料混合，使得产品尺寸稳定，分散性远远优于有机颜料，并且在塑料中具备不迁移性，动物实验无不良反应，因此是极佳的新一代环境友好型黄色颜料。巴斯夫在 2015 年全面停止了铬黄的生产，以钒酸铋作为主要的黄色颜料产品。

钒可以用作钒锆蓝颜料，钒锆蓝热稳定性高，着色能力强，能和其他陶瓷颜料混合制得复合色；同时，颜料中的硅酸锆成分可作为乳浊剂，对坯体具有良好的遮盖力。目前，钒锆蓝颜料广泛应用于陶瓷及搪瓷行业。

1.1.3.6　钒的生物活性及其在药物领域的应用

尽管在 20 世纪初，钒已被人们认识到是具有生物相关性的元素，但直到 1980 年，有关钒化合物生物活性的研究仍然很少。20 世纪 70 年代，实验室动物实验证明钒的生物重要性后，钒的生理学，也就是钒化合物对人体的毒性才开始获得重视。80 年代后，研究证实钒与蛋白质结合为一种类似磷酸盐的稳定三棱锥状结构，可以通过取代磷酸基产生酶抑制作用，这种与磷酸盐之间的相似性为钒可参与分子水平上的生理机能提供了有力依据，并引发了广泛的钒的生物有机化学研究，也就是钒对 Na^+、K^+-ATPase 的强抑制作用。1984 年 VBPO 的发现表明钒可用作辅因子，V-Nases 的发现则引发了进一步钒的生化性质的研究。作为广为人知的钒化合物，原钒酸钠显示了许多生物活性，包括抑制非选择性蛋白酪氨酸酶、激活酪氨酸激酶、有丝分裂、神经保护和抗糖尿病作用。最新的研究表明，它可以在几种人类癌症细胞中表现出抗肿瘤活性，包括肺癌、肾癌、前列腺癌，甚至是肝癌。研究证明，许多相当复杂的钒配合物可有效抵御体内外由原生动物寄生虫及细菌和病毒引起的感染和疾病，其中最著名的是氧化钒化合物与乙基麦芽酚形成的复杂有机配体已通过临床试验运行阶段。

除此之外，钒还广泛应用于发光材料、热敏材料、陶瓷材料、X 光靶子等。随着钒原料纯化技术和合成技术的提高，钒在催化剂、能源、激光、半导体材料等新型功能材料领域中的应用将会得到进一步开发和广泛应用。

1.2　钒　资　源

钒在地壳中占 0.02%（质量分数），据美国地质勘探局不完全统计，截至 2020 年末，全球钒金属储量超过 6300 万吨，其中钒矿金属钒储量（已认定的钒资源中符合当前采掘和生产要求的部分）约为 2217 万吨。钒很少作为一种独立的矿物存在，通常与其他金属矿物，如铁、钛、铝，或与碳质矿物和磷矿物相伴生，含钒矿物种类超过70种，主要分布在澳大利亚西部、中国、南非、新西兰和俄罗斯。含钒的矿物钒一般沉积在钛铁矿中，钒在其中取代了少量铁，因此也常被称为钒钛磁铁矿；钒钾铀矿、钒云母、钒铅矿、绿硫钒矿、硫铁镍矿和铈铀钛铁矿中也含钒。钒亦沉积在化学燃料如焦油砂和沥青质中，是原油和页岩（黏土岩）等化石燃料中最为丰富的微量金属，委内瑞拉和加拿大的石油中富含钒。表1-4总结了钒的重要初级资源。不同国家主要钒矿产资源储量见表1-5。

表1-4 重要的含钒矿物及产地

矿物名称	颜色	化学式	主要产地
钒钛磁铁矿	黑灰色	$FeO \cdot TiO_2$-$FeO\ (Fe, V)_2O_3$	南非、俄罗斯、新西兰、中国、加拿大、印度等
钾钒铀矿	黄色	$K_2O \cdot 2U_2O_3 \cdot V_2O_5 \cdot 3H_2O$	美国
钒云母	棕色	$2K_2O \cdot 2Al_2O_3(Mg, Fe)O \cdot 3V_2O_5 \cdot 10SiO_2 \cdot 4H_2O$	美国
绿硫钒矿	深绿色	$V_2S_n(n = 4 \sim 5)$	秘鲁
硫钒铜矿	赤褐色	$2Cu_2S \cdot V_2S_6$	澳大利亚、美国
磷酸盐钒铁矿		$Ca_5(VO_4, PO_4)_3 \cdot (Fe, Cl, OH)$	美国、俄罗斯
钒铅矿	红棕色	$Pb_5(VO_4)_3Cl$	墨西哥、美国、纳米比亚
钒铅锌矿	樱红色	$(Pb, Zn)(OH)VO_4$	纳米比亚、墨西哥、美国
铜钒铅锌矿	绿棕色	$4(Cu, Pb, Zn)O \cdot V_2O_5 \cdot H_2O$	纳米比亚、墨西哥、美国

表1-5 不同国家的含钒矿物储量

国家	储量（金属钒）/kt
中国	9500
俄罗斯	5000
澳大利亚	4000
南非	3500
巴西	120
美国	45

广泛使用的含钒原生资源可分为钒钛磁铁矿、页岩型和砂岩型钒矿床三种类型。钒钛磁铁矿（含钒渣）是生产钒的主要资源，占全球钒产品的80%以上。2020年全球生产钒产品（以金属钒计）110409t，中国、俄罗斯、巴西、美国和南非是主要的钒生产国家。2020年全球约13.8%的钒产量直接来自钒钛磁铁矿（中国为0.3%）；约74.8%的钒来自钒钛磁铁矿经钢铁冶金加工得到的钒渣，其

中中国为87%；约12%的钒由二次回收的含钒副产品（含钒燃油灰渣、废化学催化剂等）及含钒石煤生产。

1.2.1　钒钛磁铁矿

钒钛磁铁矿是分布最为广泛的含钒矿物，是最重要的具有工业开采价值的含钒矿物原料，表1-6总结了不同国家钒钛磁铁矿的储量。钒钛磁铁矿通常含有质量分数0.1%~2%的V_2O_5，V_2O_5含量大于1%就可以直接作为提钒的原料，或者通过选矿得到精矿，然后通过高炉炼铁或电炉炼铁得到含钒的铁水，再从铁水吹炼出钒渣，使V_2O_5含量富集到10%~20%，作为提钒的主要原料。

表1-6　不同国家钒钛磁铁矿储量

国　家	储量/t
中国	15976×10^6
美国	10578×10^6
加拿大	4282×10^6
挪威	3550×10^6
南非	3200×10^6
澳大利亚	440×10^6
俄罗斯	430×10^6
芬兰	73×10^6

我国钒钛磁铁矿储量丰富，居世界第三位，主要集中在四川攀枝花地区和河北承德地区，还有部分零星分布于陕西汉中地区、湖北郧阳和襄阳地区、广东兴宁及山西代县等地区。其中，攀枝花地区是我国钒钛磁铁矿的主要成矿带，也是世界上同类矿床的重要产区之一，南北长约300km，已探明大型、特大型矿床7处，中型矿床6处，已探明的钒钛磁铁矿储量近120亿吨。河北承德大庙黑山铁矿床位于承德市以北的大庙，岩体以斜长岩为主，自西向东的大庙矿区、黑山矿区、头沟矿区均位于该岩体内。其中大庙矿区原矿的Fe质量分数30%，TiO_2质量分数8%，V_2O_5质量分数0.4%；经选矿后钒钛铁矿精矿Fe质量分数为60.79%~64.09%，TiO_2质量分数为9%，V_2O_5质量分数为0.7%~0.9%。近年来发现辽宁朝阳地区拥有丰富的钒钛磁铁矿资源，该地区钒钛磁铁矿中，V_2O_5质量分数为1.2%~1.8%，TiO_2质量分数为16%~20%，远高于攀枝花、承德等地区钒钛磁铁矿区的V_2O_5和TiO_2的品位，与世界上含钒量最高的南非钒钛磁铁矿相当，是我国独有的高钒钛、低铁型钒钛磁铁矿。

如图 1-4 所示，攀枝花地区的钒钛磁铁矿［$0.28\% \leqslant w(V_2O_5) \leqslant 0.34\%$］主要分布在红格、白马、攀枝花和太和矿区，为钒、钛、铁、铬等多金属共伴生，资源综合利用价值很高，总储量为 7.18×10^9 t，占我国钒钛磁铁矿总储量的 71.83%，其中高铬型钒钛磁铁矿（红格矿）储量为 3.56×10^9t；攀枝花地区钒储量为5.71×10^6t（以 V 计），铬储量为 1.23×10^7t（以 Cr 计），分别占全国钒、铬储量的 60%和 80%以上。

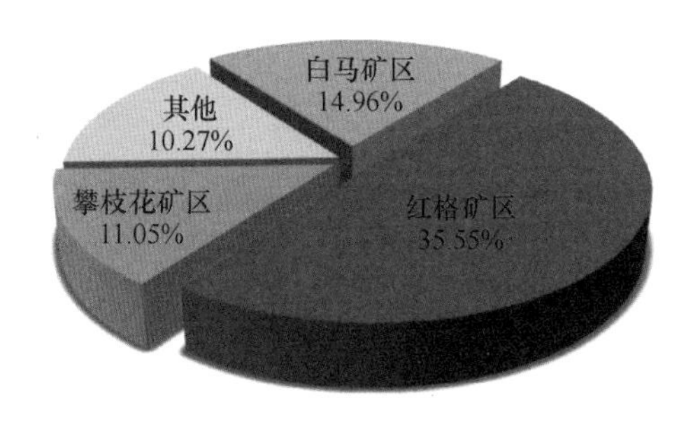

图 1-4　攀枝花钒钛磁铁矿资源分布

1.2.2　页岩型钒资源

含钒页岩俗称石煤，是除钒钛磁铁矿外另一种重要的钒矿资源。石煤是一种在还原环境下形成的黑色可燃有机页岩，多属于变质程度高的腐泥无烟煤或藻煤，具有高灰、高硫、热值低、结构致密、着火点高、不易燃烧、难以完全燃烧等特点。石煤中 V_2O_5 质量分数为 0.13%~1.2%，S 质量分数为 2%~5%，碳质量分数为 10%~15%。含碳较高的优质石煤为黑色，具有半亮光泽，相对密度为 1.7~2.2，灰分为 40%~90%，发热量在 16.7MJ/kg 以下；含碳较低的石煤偏灰色，暗淡无比，相对密度为 2.2~2.8，灰分为 20%~40%，发热量为 16.7~26.7MJ/kg。含钒页岩中钒以 V(Ⅲ)为主，有部分 V(Ⅲ)、V(Ⅳ) 和 V(Ⅳ)以类质同象存在于含钒云母、高岭土等铁铝矿物的 Si-O 四面体结构中。

石煤是我国特有的含钒资源，全球范围内 90%以上的含钒石煤分布于我国，目前世界上仅有我国对含钒页岩加以开采利用。据煤炭部有关资料统计，我国石煤资源已探明的储量为 618.8 亿吨，石煤中 V_2O_5 总储量约为 11797 万吨（见表 1-7），分布于 20 多个省（市、自治区），其中尤以湖南、湖北、江西、浙江和安徽等省（市）储量比较丰富，我国各省含钒石煤资源储量如图 1-5 所示。在目前技术水平下，五氧化二钒品位达到 0.8%以上的石煤才具有工业开采价值，占石煤总储量的 20%~30%，其可开采储量大于钒钛磁铁矿。

表 1-7 中国主要石煤产区及储量

产区（省、区）	石煤储量/亿吨	石煤中 V_2O_5 储量/万吨
湖南省	187.2	4045.8
湖北省	25.6	605.3
广西壮族自治区	128.8	—
江西省	68.3	2400
浙江省	106.4	2277
安徽省	74.6	1894.7
贵州省	8.3	11.2
河南省	4.4	—
山西省	15.2	562.4
总量	618.8	11797

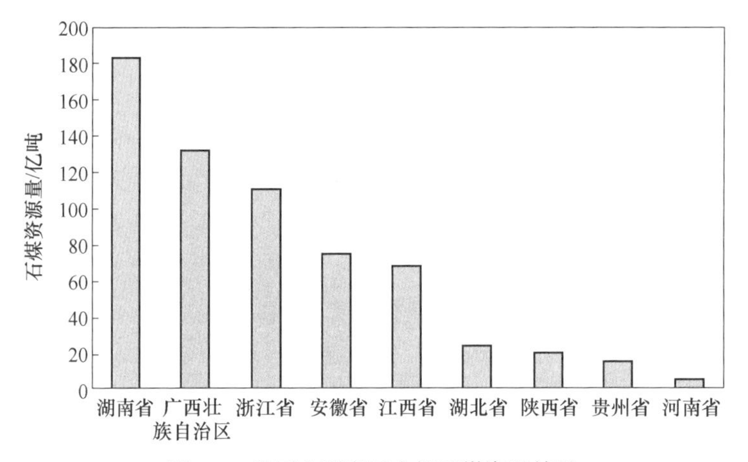

图 1-5 我国主要省区含钒石煤资源储量

1.2.3 砂岩型钒资源

钾钒铀矿［$K_2(UO_2)_2(VO_4)_2 \cdot 3H_2O$］主要存在于美国科罗拉多州、澳大利亚和中国西南部的三叠纪或侏罗纪砂岩铀矿床中，是一种重要的砂岩型钒矿床。钾钒铀矿是提取铀的重要原料，但也含有丰富的钒（质量分数为 0.5%～2%）、铍和其他金属元素。在这方面，钒通常是在铀生产过程中提取的副产品。

1.2.4 含钒二次资源

含钒二次资源主要来源于冶金、石油、化工行业产生的工业固废。工业固废产量大，具有腐蚀性和剧毒性，尤其是危险废物中有毒物质会对环境和人类构成巨大威胁。对含钒二次资源的加工处理不仅可以获得经济效益，还能取得良好的环境效益。

二次含钒资源储量约占全球含钒原料的11%，甚至全球除我国以外的二次含钒资源约占全球含钒原料的32%。钒提取的来源分布如图1-6所示。含钒二次资源主要为含钒废催化剂和工业废渣。2019年全球钒产量为102365t，其中约16%由含钒催化剂、含钒石油渣和石煤提供的；2020年全球钒产量为110409t，其中约12%由二次回收的含钒副产品及含钒石煤生产。

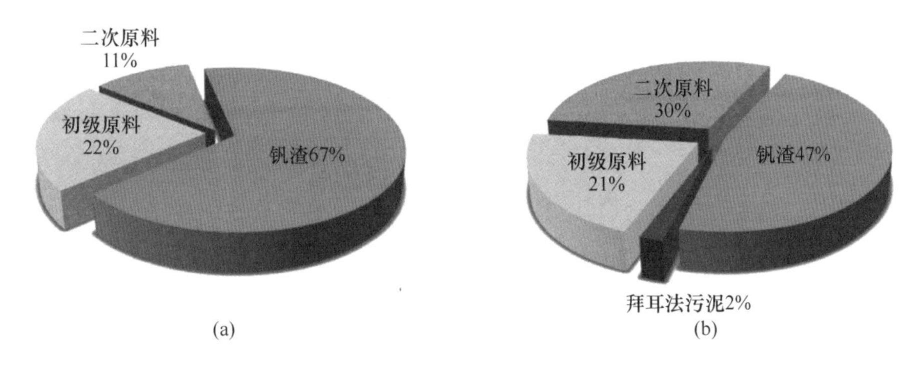

图1-6 全球（a）及国内（b）含钒资源分布

根据钒的来源，催化剂可分为两种：一种以石油精制催化剂（HDT）为代表，包括加氢脱硫（HDS）和加氢脱金属（HDM）催化剂等，其中的钒来自石油中钒的吸附；另一种以选择性催化还原（SCR）催化剂和硫酸催化剂（钒触媒）为代表，此类催化剂原料中含 V_2O_5，失效后需进行钒的回收。工业废渣包括钒钛磁铁矿高炉-转炉冶炼流程产生的含钒钢渣，磷酸工业生产的副产物含钒铁磷，燃烧含钒有机矿物（煤、石油等）产生的飞灰和油渣，以及来自铝工业的拜耳污泥和赤泥。主要的二次含钒资源列于表1-8。

表1-8 主要二次含钒资源

含钒资源	$w(V)$ /%	2018年我国年产量①/kt	全球年产量①/kt	主要国家或地区	来源
SCR催化剂	约1	65.7		美国、日本、中国等	发电厂
加氢催化剂	10~20	21.3	155.1		石油工业
硫酸催化剂	2~3	11.5	28		硫酸厂
含钒钢渣	约3	1800~2000	2100~2400	中国、南非、俄罗斯、新西兰、澳大利亚、瑞典等	炼钢
含钒磷铁	3~11	30~32	30~60	美国	冶炼黄磷

续表 1-8

含钒资源	w(V)/%	2018 年我国年产量①/kt	全球年产量①/kt	主要国家或地区	来源
石油粉煤灰和石油焦	5~40	—	—	委内瑞拉、美国、日本、德国、加拿大	石油工业
赤泥	0.1	40000	—	中国、北非等	铝业
拜耳污泥	2~8	75.0~105.4	133.4~187.5		

①估计值。

1.3 传统提钒技术

根据目前不同国家、企业钒的生产状况，汇总了从不同含钒原料中提取钒的主要方法，如图 1-7 所示，主要钒生产商及其信息见表 1-9。

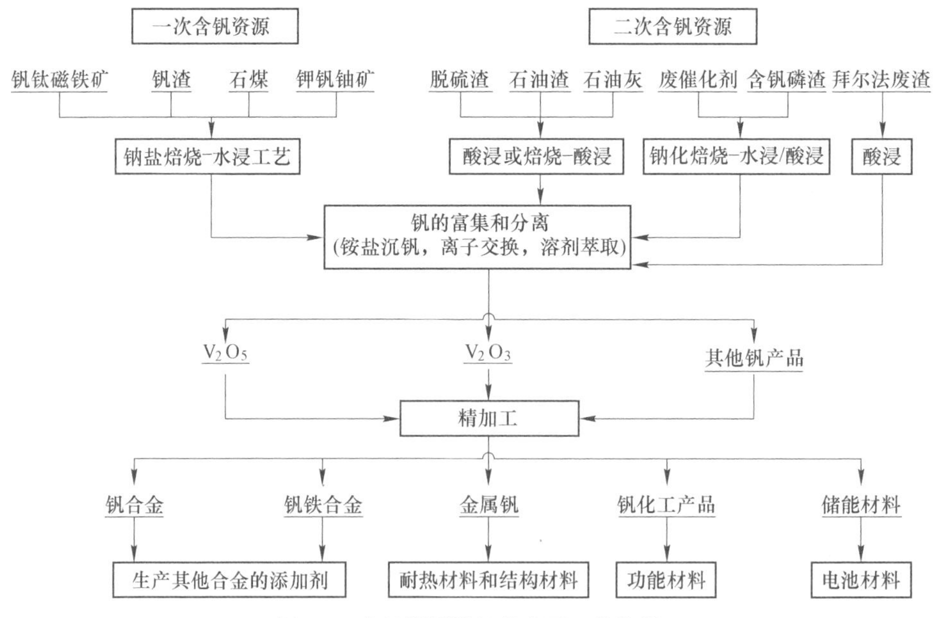

图 1-7 含钒资源提钒的主要工艺路线

20 世纪 60 年代中期以前美国从钒铀矿和非洲的钒铅锌矿中回收钒垄断了世界钒的生产，一度占据世界钒产量的 50%。20 世纪 80 年代以来，钒钛磁铁矿成为提炼钒的主要原料，南非、俄罗斯、中国成为世界上三个最大的产钒国，这三个国家占有世界 93%的钒产量。

表 1-9 2020 年全球主要钒生产商概况

生产商	产能（以 V_2O_5 计）/t	产　品	原　料
鞍钢集团攀钢公司	42000	FeV、VN、钒铝合金	钒渣
俄罗斯耶弗拉兹（Evraz）控股公司	35000（钒渣折产）	FeV、氧化钒、钒铝合金、含钒催化剂	钒渣、燃油灰渣、废催化剂
河钢集团承钢公司	25000	FeV、VN、氮化钒铁、氧化钒、钒铝合金	钒渣
北京建龙重工集团有限公司	18000	VN、氧化钒	钒渣
奥地利 Treibacher Industrie AG（加工型企业）	13000	V_2O_3、V_2O_5、FeV	钒渣
瑞士嘉能可 Glencore（Xstrata）	12000	FeV、氧化钒	钒钛磁铁矿
川威集团成渝钒钛科技有限公司	18000	V_2O_5	钒渣
四川德胜集团钒钛有限公司	16000（钒渣折产）	钒渣、氧化钒（外加工）	钒渣
Largo Resources Ltd. 巴西 Maracas Menchen Mine	12000	V_2O_5	钒钛磁铁矿
南非 Bushveld Vametco，包含 Vanchem Vanadium Product（pty）Ltd	16000	VN、氧化钒、FeV、钒电解液、催化剂	钒钛磁铁矿
澳大利亚 Atlantic Vanadium PTY Ltd.	12000（停产）	FeV、氧化钒	钒钛磁铁矿
四川达州钢铁集团有限责任公司	9000	钒渣、氧化钒（外加工）	钒渣
美国 AMG Vanadium LLC 和 U. S. Vanadium LLC	9000	氧化钒、钒铝合金、钒铁等	废催化剂、燃油灰渣等
陕西五洲矿业股份有限公司	5000	VN、氧化钒、钒铝合金、金属钒	石煤（碳质页岩）
德国、加拿大、日本、印度、泰国等国厂商	8000	氧化钒、钒铝合金、钒铁等	矿渣、废催化剂、燃油灰渣等
中国其他厂商	25000	V_2O_5、钒铝合金、钒酸铵、VN、钒铁等	钒渣、废催化剂、富钒磷铁、石煤
合　计	271000		

中国（2009 年生产 2.1 万吨钒）自 2009 年超越南非（2009 年生产 1.7 万吨钒）成为世界第一大钒生产国。攀钢集团和河钢承钢是中国最大的两家钒生产商，其中攀钢集团氧化钒产能 4.2 万吨，河钢承钢氧化钒产能 2.5 万吨。中国钒的供应主要来源于三种途径。第一种是钒渣（V_2O_5 品位 10%～18% 不等），代表性厂家主要包括攀钢、河钢承钢、承德建龙、四川川威等钢厂，目前以该方式供应钒产品占总产量的将近 90%。第二类是通过石煤提钒，代表性的厂家是陕西五洲、华源矿业等。第三类是从石油残渣和含钒废催化剂中提钒，代表性的厂家有从石油飞灰或炉渣中提钒的大连博融和从含钒废催化剂中提钒的辽宁虹京集团。

俄罗斯耶弗拉兹集团（Evraz）是俄罗斯最大的钢铁生产和开采公司之一，也是俄罗斯最大的钒生产商，其子公司广泛分布于俄罗斯、乌克兰、哈萨克斯坦、意大利、捷克、美国、加拿大及南非等国家。耶弗拉兹下属的下塔吉尔钢铁公司是世界著名的钒渣生产企业，该公司采用钒钛磁铁矿转炉提钒生产工艺生产钒渣，目前只出售钒渣，并不生产钒化合物，所采用钒钛磁铁矿来自下塔吉尔以北约 140km 卡奇卡纳尔矿区（Kachkanar Mountain）的钒钛磁铁矿，见表 1-10。卡奇卡纳尔矿山自 1956 年开始开采，为俄罗斯唯一钒钛磁铁矿产地，亦为耶弗拉兹集团的子公司。

表 1-10　近三年耶弗拉兹集团钒运营情况

年份	钒渣产量[①]/t	钒制品销售量/t	钒业营业收入/亿美元
2018	17052	12352	11.52
2019	18030	12883	6.48
2020	19533	12534	4.49

①指折合成金属钒含量。

目前，俄罗斯钒产品的主要生产厂家有丘索夫钢铁厂和钒-图拉钒厂。其中位于莫斯科以南 200km 的钒-图拉钒厂是欧洲最大的钒生产商，该公司于 2009 年被耶弗拉兹集团收购。图拉钒厂所用原料为下塔吉尔冶金厂钒渣，产能为7500t/a V_2O_5 及 5000t/a FeV。另外一家钒生产商是始建于 1879 年的老牌钢铁企业丘索夫钢铁厂（Chusovoy Metallurgical Works），该厂位于乌拉尔地区。2000 年丘索夫钢铁厂加入了由车里雅宾斯克钢管厂、维克松钢厂这两家俄罗斯最大的钢管生产企业，以及俄罗斯部分商贸公司和金融公司组成的联合冶金公司（United Metallurgical Company）。丘索夫钢铁厂主要产品包括：弹簧钢、氮化钒和钒铁，其产品主要聚焦于弹簧钢，汽车用弹簧钢板已占俄国内市场的 90%。

加拿大多伦多拉尔戈资源公司（Largo Resources Ltd.）位于巴西首都巴西利

亚以北 813km，该公司所用钒钛磁铁矿钒含量和铁含量较高、硅含量较低，进而降低了钒的生产成本。

南非东北部布什维尔德（Bushveld）地区的钒钛磁铁矿为南非各厂提供生产钒的原料。该矿区主矿体为火成岩矿体，矿石成分均匀，含 Fe 54%~60%（质量分数），含 V_2O_5 1.5%（质量分数），含 TiO_2 12%~14%（质量分数），估计储量达 20 亿吨。南非主要钒生产企业有三家，分别是耶弗拉兹集团海威尔德（EVRAZ Highveld）钢钒公司、瑞士嘉能可斯特拉塔公司（Glencore Xstrata PLC）及耶弗拉兹集团战略矿业公司（EVRAZ Stratcor）瓦梅特科（Vametco Alloys）合金公司。

美国具有丰富的钒资源，如钒铀矿、磷酸盐矿、碳酸盐矿、含钒黏土矿及沥青岩矿等，但目前都已经失去开采的经济价值。进入 21 世纪美国利用二次资源如含钒粉煤灰、石油渣、废旧催化剂等作为生产 FeV 及 V_2O_5 的唯一原料，这些厂家主要集中在阿肯色州、俄亥俄州、宾夕法尼亚州及得克萨斯州。美国最大的钒生产商是战略矿产公司（Stratcor Inc.），其位于阿肯色州温泉镇（Hot Springs）的钒厂主要产品包括钒铝合金、钒铁合金和 V_2O_5，目前该公司已被俄罗斯耶弗拉兹集团收购。美国既是钒进口国，又是钒出口国。

1.3.1 提钒原理

1.3.1.1 钒的氧化

钒在大多数原生矿物中以稳定的低价氧化物形式存在，无论在酸性还是碱性溶液中都不易浸出，因此，通过氧化焙烧使低价钒氧化物转化为高价可浸出的钒化合物，是钒提取的主要方式。由于钒的组成和矿物学结构不同，钒的氧化通过不同的途径进行。钒铁尖晶石（$FeO\cdot V_2O_3$）是钒钛磁铁矿和钒渣中主要的含钒相，其氧化反应大致可以描述为：

$$FeO\cdot V_2O_3 \xrightarrow{O_2} FeO\cdot V_2O_3 + Fe_2O_3\cdot V_2O_3 \xrightarrow{O_2} FeO\cdot V_2O_3 + Fe_2O_3\cdot V_2O_4 + V_2O_5 \xrightarrow{O_2} Fe_2VO_4 + V_2O_4 + V_2O_5 \longrightarrow Fe_2O_3 + V_2O_5 + V_2O_4 \tag{1-3}$$

在钒被氧化之前，尖晶石中的 FeO 首先被氧化生成 Fe_2O_3，Fe_2O_3 与 V_2O_3 形成固溶体。铁钒尖晶石在 600℃时开始分解，分解速率随着温度的升高而增大。随后，尖晶石相在完全氧化作用下转变为三价铁氧化物和钒氧化物的混合物。尖晶石中的 Fe、V 常被 Cr、Mn、Mg 等部分取代，氧化过程总结见表 1-11。很明显，氧化过程基本遵循相同的途径，低价钒氧化物转化为钒氧化物，并以独立相存在。但是，当 Mn 处于尖晶石结构时，由于 V_2O_5 与 MnO 反应，会形成 $Mn(VO_3)_2$ 相，这一现象是空白焙烧工艺的基础。

表 1-11　氧化条件下含钒尖晶石的分解过程

尖晶石	氧化过程	产物
MnV_2O_4	$MnV_2O_4 \rightarrow Mn_2V_2O_7 \rightarrow Mn(VO_3)_2$	$Mn(VO_3)_2$ V_2O_5
$(Fe_xMn_{1-x})V_2O_4$	$(Fe_xMn_{1-x})V_2O_4 \rightarrow (Fe_xMn_{1-x})_2V_2O_7 + V_2O_5 \rightarrow (Fe_xMn_{1-x})(VO_3)_2 + V_2O_4$	$(Fe_xMn_{1-x})(VO_3)_2$ V_2O_4
$Fe(Cr_xV_{1-x})O_4$	$Fe(Cr_xV_{1-x})O_4 \rightarrow (Fe_xCr_{1-x})V_2O_4 + V_2O_5 \rightarrow$ 固溶体 $+ V_2O_5 + V_2O_4$	V_2O_5 V_2O_4

钒通过取代 Al^{3+} 主要以 V_2O_3 的形式存在于含钒石煤中的云母相中，化学式为 $K(Al, V)_2[AlSi_3O_{10}](OH)_2$。在氧化过程中，钒可以被氧化如下：

$$V_2O_3 \cdot R \xrightarrow{O_2} V_2O_4 \cdot R \xrightarrow{O_2} V_2O_5 \cdot R \rightarrow V_2O_5 + R' \tag{1-4}$$

式中　R——V_2O_3 以外的含钒云母相；

R′——不含钒的硅酸盐相。

综上所述，只要控制焙烧温度，保持足够的氧气供应，就可以实现低价钒氧化物的氧化和独立的钒氧化物相的形成。含钒相的变化如图 1-8 所示。

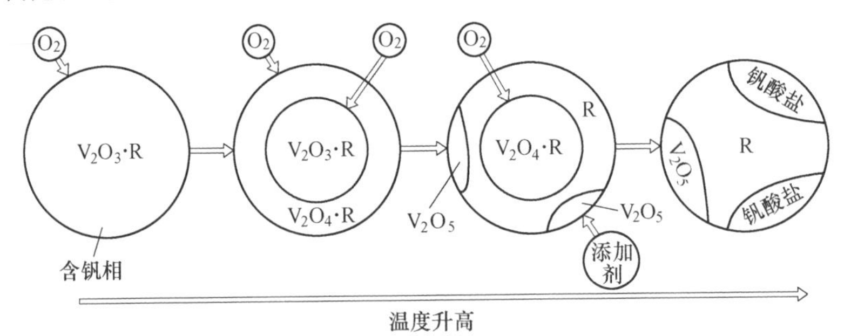

图 1-8　含钒矿物氧化途径示意图

独立的 V_2O_5 相的形成使得钒的浸出成为可能，因为 V_2O_5 具有酸性，可以溶解在碱性溶液中。但是，由于焙烧反应的反应动力学缓慢，钒的完全氧化通常非常困难。在这方面，添加盐/氧化物以促进焙烧反应进行已成为普遍的做法。表 1-12 总结了工业应用和学术研究中使用的添加剂，很明显，由于 V_2O_5 是一种典型的酸性氧化物，碱金属氧化物与 V_2O_5 之间发生中和反应，钠盐和碱金属氧化物的添加可以通过在相对较低的温度下形成不同的金属钒酸盐来促进钒的氧化。图 1-9 示出了氧化物的碱度与钒酸盐的形成温度之间的关系。显然，由于矿物结构的破坏，较强的碱性氧化物（钠盐在高温下会转化为 Na_2O）明显有利于钒的氧化，使钒尖晶石中的钒暴露出来，有助于氧化，以及形成相应的钒酸盐，使反应热力学更有利于反应的发生。

表 1-12　不同焙烧工艺和添加剂的特点

添加剂和有效成分	钒酸盐生成温度/℃	主要钒酸盐	$\Delta G_f^\ominus$/kJ·mol^{-1}
NaCl, Na_2SO_4, Na_2CO_3 (Na_2O)	500~600	$NaVO_3$	-245.33
		Na_4VO_3	-391.45
		$Na_4V_2O_7$	-650.46
$CaCO_3$, CaO	600	CaV_2O_6	-518.57
		$Ca_2V_2O_7$	-691.49
		$Ca_3V_2O_8$	-851.12
MgO	600~700	MgV_2O_6	-478.43
		$Mg_2V_2O_7$	-623.24
MnO_2	700~800	$Mn_2V_2O_7$	—

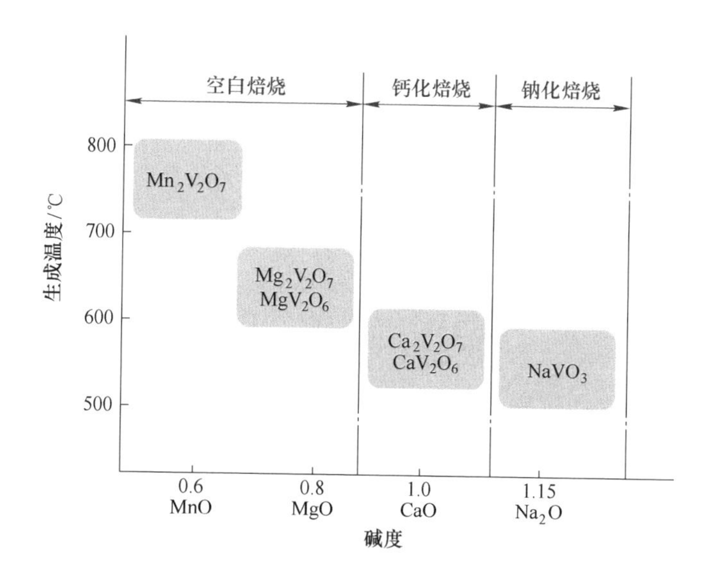

图 1-9　氧化物的碱度与钒酸盐的形成温度之间的关系

在所有盐/氧化物中，钠盐表现出最佳的性能，主要是因为在高温下，钠盐将转化为 Na_2O，Na_2O 是一种非常强的碱，可与酸性 V_2O_5 强烈反应，从而形成钒酸钠。其反应式如下：

$$nNa_2O + V_2O_5 = nNa_2O \cdot V_2O_5 \quad (n = 1,2,3) \tag{1-5}$$

此外，取决于进料中钠与钒的比例，还可以形成 $Na_4V_2O_7$ 和 Na_3VO_4。由于钒酸钠的高溶解度，通常可通过水浸得到富钒溶液，用于随后钒产品的转化。值得注意的是，取决于钠盐的类型，在焙烧过程中会产生不同的气体，例如 SO_2、HCl、Cl_2 等，这些气体已被证实有利于破坏矿物结构，并进一步促进氧化。例如，NaCl 分解过程中产生的 Cl_2 可以有效地增强氧化，降低焙烧反应温度。但是，使用钠盐会产生严重的环境问题，包括焙烧过程中产生的有毒废气及钒沉淀过程中产生的高盐氨氮废水。在这方面，包括碳酸钙/氧化物/氢氧化物及锰和氧化镁/氢氧化物的替代添加剂的焙烧效果被广泛研究。使用钙盐的原理与钠盐相似，根据以下中和反应形成钒酸钙。

$$nCaO + V_2O_5 = nCaO \cdot V_2O_5 \quad (n = 1,2,3) \tag{1-6}$$

由于碱度大大降低，钒酸钙的形成温度高于 600℃，高于钒酸钠。此外，钙与钒不同比例的焙烧将生成不同形式的钒酸钙，所有这些钒酸钙都不溶于水，因此，必须利用酸或碱浸出来使钒酸钙中的钒进入溶液。

除钠盐和钙盐外，研究人员还进行了 MgO 和 MnO_2 焙烧相关研究，MgO 的功能几乎与 CaO 相同，反应式如下：

$$nMgO + V_2O_5 = nMgO \cdot V_2O_5 \quad (n = 1,2,3) \tag{1-7}$$

另外，MnO_2 具有完全不同的反应路径，这可能是因为 MnO_2 是两性氧化物，不具有与 V_2O_5 反应的强烈趋势，并且需要转化为碱性氧化物 Mn_2O_3 才能进行反应。Mn_2O_3 可在 700~800℃的温度下参与低价钒氧化物的氧化。Mn_2O_3 与 V_2O_4 反应形成钒酸锰，反应式如下：

$$4MnO_2 = 2Mn_2O_3 + O_2 \tag{1-8}$$

$$V_2O_4 + Mn_2O_3 = Mn_2V_2O_7 \tag{1-9}$$

总之，氧化焙烧是钒提取过程中非常关键的操作。它的作用是破坏矿物结构，氧化低价钒化合物，并生成相应的钒酸盐。基于所使用的添加剂，钒的后续浸出由于钒酸盐在不同溶液中的溶解度而有很大不同。焙烧的一些主要考虑因素包括焙烧温度，矿物颗粒大小，氧气浓度等。焙烧期间需要考虑的一个关键问题是避免由于形成低熔点相而产生烧结现象，其中大多数是硅酸盐矿物，这显著抑制了氧的转移并因此抑制了钒的氧化。

1.3.1.2 钒的浸出

焙烧后，需要将获得的钒酸盐浸出到溶液中，并与残渣分离。根据焙烧过程中添加的盐的类型及随后形成的钒酸盐，可以使用酸性、碱性和中性溶液浸出钒。表 1-13 总结了可供选择的浸出液的种类，不同 pH 值下溶解的钒离子的种类如图 1-10 所示。

表 1-14 中，由于钒酸钠的高溶解度，可以用水浸出；相反，其他钒酸盐通常在水中溶解度低，因此需要进行化学反应才能形成水溶性钒物质。由于高浸出效率和良好的选择性［通过形成 VO_4^{3-} 或 VO_3^- 阴离子和金属氢氧化物沉淀，见式（1-10）］，碱浸是一种非常普遍的做法。

表 1-13 钒浸出过程的主要浸出剂及特性

浸出剂	酸碱性	适用钒酸盐	钒离子形态
NaOH	强碱	几乎所有钒酸盐	VO_4^{3-}
Na_2CO_3 NH_4HCO_3 $(NH_4)_2CO_3$ $(NH_4)_2C_2O_4$	弱碱	钒酸钙 钒酸镁 钒酸锰	VO_3^-
水	中性	钒酸钠	VO_3^-
强酸（H_2SO_4 等）	强酸	几乎所有钒酸盐	VO_2^+

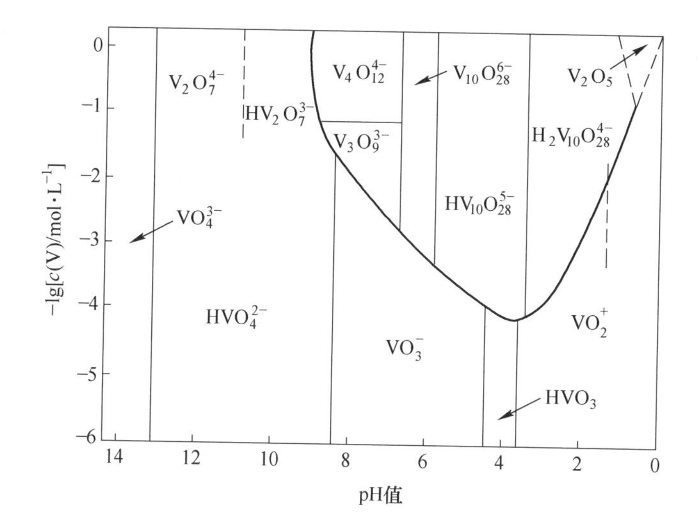

图 1-10 不同 pH 值下钒酸根的存在状态

$$V_2O_5 + 6NaOH = 3H_2O + 2Na_3VO_4 \tag{1-10}$$

表 1-14 难溶盐在弱碱浸出过程中的溶解度

沉淀形式	*K*sp
$CaCO_3$	3.39×10^{-9}
$MgCO_3$	6.28×10^{-6}
$MnCO_3$	2.24×10^{-11}
CaC_2O_4	4×10^{-9}
MgC_2O_4	4.83×10^{-6}
MnC_2O_4	1.7×10^{-7}

值得注意的是，碱浸过程会向溶液中引入诸如 Si、Al 和 P 等杂质。

为了控制 Si、Al 和 P 在强碱溶液中的溶解，通常利用 Na_2CO_3 或 $Na_2C_2O_4$ 弱碱溶液浸出，钒酸盐中的阳离子（如 Ca、Mg 和 Mn）将转化为相应的低溶解度沉淀。其反应式如下：

$$AV_2O_6 + CO_3^{2-} = 2VO_3^- + ACO_3\downarrow \tag{1-11}$$

$$AV_2O_6 + C_2O_4^{2-} = + 2VO_3^- + AC_2O_4\downarrow \tag{1-12}$$

上述反应式中的 A 表示 Ca、Mg、Mn 等。表 1-14 总结了弱碱性条件下形成的沉淀物的溶解度。通常，使用钠盐或铵盐可形成 $NaVO_3$ 或 NH_4VO_3。值得一提的是，NH_4VO_3 在室温下的溶解度较低，需要较高的浸出温度才能更好地回收。

为了进一步提高浸出回收率，可以考虑使用酸性溶液浸出熟料，根据以下反应，钒将在强 H_2SO_4 溶液中转化为水溶性 $(VO_2)_2SO_4$。

$$MO \cdot V_2O_5 + 2H_2SO_4 = (VO_2)_2SO_4 + MSO_4 + 2H_2O \tag{1-13}$$

其中反应式（1-13）中的 M 可以是 Na、Ca、Mg、Mn 等。尽管浸出回收率很高，但其他金属化合物也将通过形成相应的金属硫酸盐（主要是水溶性的）而被浸出，从而将大量杂质引入其中，给后续的纯化过程带来很大困难。

另外，据报道，含钒石煤中的 V^{3+} 可以通过以下反应直接被 H_2SO_4 浸出。

$$V_2O_3 + H_2SO_4 = (VO)_2SO_4 + H_2O \tag{1-14}$$

然而，该工艺要求较高的温度和酸浓度，目前还没有大量的实践。

1.3.1.3 含钒液的纯化与富集

浸出过程中难免会有杂质进入液相，溶液中杂质离子的类型与浸出剂有关。表 1-15 列出了不同浸出工艺中的主要杂质元素。为了提高最终钒产品的纯度，可以采用不同的方法，图 1-11 是不同方法的比较。

表 1-15 不同浸出工艺产生的钒酸盐和杂质

浸出剂	产物	主要杂质
水	$NaVO_3$	Fe、Mn、Cr、Si、P
H_2SO_4	$VOSO_4$ $(VO_2)_2SO_4$ $(VO)_2SO_4$	Fe、Mn、Ca、Si、P 等
NaOH	Na_3VO_4	Cr、Si 等
Na_2CO_3、$(NH_4)_2CO_3$、$(NH_4)_2C_2O_4$ 等	$NaVO_3$ NH_4VO_3	Mg、Si 等

如图 1-11 所示，当含钒液中的钒浓度较高时，采用化学沉淀法去除杂质是合理的。对于表 1-15 中的金属阳离子，它通常通过水解除去。反应式如下：

$$M^{n+} + H_2O = M(OH)_n + nH^+ \tag{1-15}$$

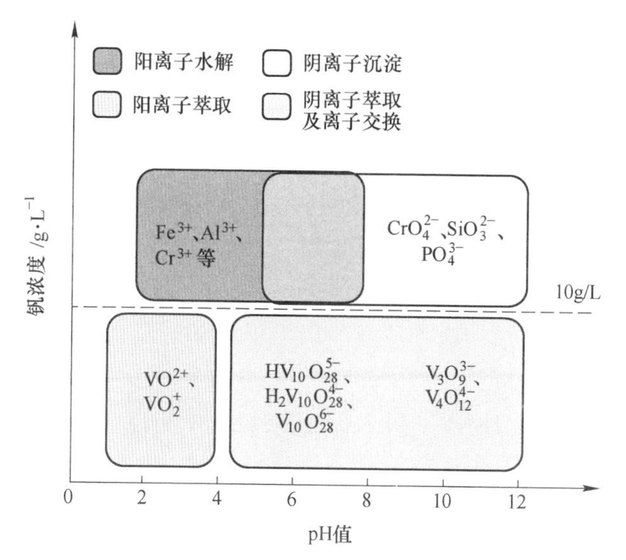

图 1-11 不同溶液 pH 值和钒浓度下除杂方法汇总

式中，M 是 Fe、Ca、Al 和其他元素的阳离子，并且 n 是其化合价。对于聚合阴离子，通过离子沉淀剂（例如 Mg、NH_4^+、Ca^{2+}等）去除了诸如 SiO_3^{2-}、PO_4^{3-} 等杂质。表 1-16 为这些杂质形成的沉淀物的溶度积和 pH 值。

表 1-16 杂质沉淀的溶度积和 pH 值

沉淀物	K_{sp}	要求 pH 值
$Al(OH)_3$	3.16×10^{-34}	4.9
$Fe(OH)_3$	1.58×10^{-39}	3.2
$Cr(OH)_3$	1.58×10^{-30}	5.6
$Mg(OH)_2$	7.08×10^{-12}	11.0
$Mn(OH)_2$	1.58×10^{-13}	10.1
$MgNH_4PO_4$	2.50×10^{-13}	9.5~11.0
$Ca_3(PO_4)_2$	2.0×10^{-29}	—

化学沉淀法具有操作简单、处理能力大的特点，因此已广泛用于使用钒钛磁铁矿和钒渣的钒生产中。在低浓度钒溶液中，溶剂萃取和离子交换法具有更大的优势，这两个过程对钒具有很高的选择性，并且可以同时完成钒的提纯和富集。萃取剂根据其酸度和碱度可分为酸性萃取剂、碱性萃取剂和中性萃取剂三种类型。阳离子交换反应主要发生在用酸性萃取剂萃取的过程中，主要反应如下：

$$nVO^{2+} + m(HA)_2 = (VO)_nA_{2n}(HA)_{2(m-n)} + 2nH^+ \quad (1\text{-}16)$$

式中，$(HA)_2$ 代表萃取剂，$2n$ 是反应过程中 H^+的数目。中性和碱性萃取剂可由 Cyanex 923 和 TOA 代表。中性萃取剂可用于在强酸性条件下萃取 VO^{2+}。典型的反应可由式（1-17）表示。

$$VO_2SO_4^- + H^+ + xTRPO = VO_2HSO_4(TRPO)_x \quad (1\text{-}17)$$

式中，TRPO 为 Cyanex 923。碱性萃取剂通常是胺类，用于萃取液体中的多钒酸盐离子。

由于钒在不同 pH 值溶液中形成的阴离子类型之间的关系，萃取过程可以用式（1-18）表示。

$$H_nV_{10}O_{28}^{(6-n)-} + (6-n)(R_3N) + (6-n)H^+ = (R_3NH)_{6-n}H_nV_{10}O_{28}(n = 0, 1, 2) \quad (1\text{-}18)$$

式中，R 为辛基，n 为钒酸盐离子中 H^+的比例。钒的萃取除需要萃取剂外，还需要稀释剂、反萃剂等试剂才能完成萃取工作。

离子交换是纯化含钒溶液的常用方法。根据在树脂和液体之间交换的离子的类型，离子交换树脂分为阳离子树脂、阴离子树脂和螯合树脂。阳离子交换树脂不适合吸附钒，因为阳离子交换树脂需要用酸清洗，这将导致部分钒进入洗脱液并造成损失。阴离子交换树脂是最重要的吸附剂，这意味着 V^{4+}不能用阴离子树脂处理，因为它不会形成阴离子。一些螯合树脂可以转化为两性树脂以吸附 V^{4+}和 V^{5+}，但它们需要很长的转化时间。钒的典型阴离子交换树脂吸附过程可由式（1-19）表示。

$$(6-n)R \cdot M + H_nV_{10}O_{28}^{(6-n)-} = (6-n)RH_nV_{10}O_{28} + (6-n)M^-(n = 0, 1, 2) \quad (1\text{-}19)$$

式中，R · M 为阴离子交换树脂，M 为可交换阴离子。在萃取钒的过程中，多钒酸盐离子与树脂中的反离子发生交换。表 1-17 列出了不同的含钒离子的性质。

表 1-17 主要萃取剂和离子交换树脂特性

钒离子	萃取剂和树脂类型	代表试剂
VO^{2+}、VO_2^+	酸性萃取剂	P204（D2EHPA） P507（EHEHPA） Cyanex 272
VO_2^+	中性萃取剂	Cyanex 923
$H_2V_{10}O_{28}^{4-}$、$HV_{10}O_{28}^{5-}$、$V_{10}O_{28}^{6-}$	碱性萃取剂	Alamine 336 TOA Aliquat 336
VO^{2+}	螯合萃取剂	LIX 63

续表 1-17

钒离子	萃取剂和树脂类型	代表试剂
$V_4O_{12}^{4-}$、$V_3O_9^{3-}$	强阳离子交换树脂	D269 717
$H_2V_{10}O_{28}^{4-}$、$HV_{10}O_{28}^{5-}$、$V_{10}O_{28}^{6-}$	弱阳离子交换树脂	D314
VO_3^-、VO^{2+}、VO_2^+	螯合树脂	DDAS CW-2 CUW Chelex 100

萃取过程和离子交换过程对钒有较高的选择性，但这种选择性与溶液中钒的形态有关。不同的萃取剂或吸附剂由于含钒离子的形态不同而具有不同的选择性。例如，P204 对 V^{4+}的选择性比 V^{5+}高。因此，有必要根据不同的试剂使用条件对含钒液体进行处理。除上述条件外，萃取和离子交换过程都需要解吸操作。但萃取和离子交换法比较复杂，适用于低钒溶液。此外，提取方法中使用的有机物有毒、易燃。这两种方法主要用于从含钒石煤和废催化剂中提取钒的过程。

1.3.1.4 钒产品的生产

一旦钒溶解在溶液中，就需要进行后续处理以获得可从溶液中分离出的钒沉淀。有多种获得钒沉淀的方法，图 1-12 为不同方法的比较。

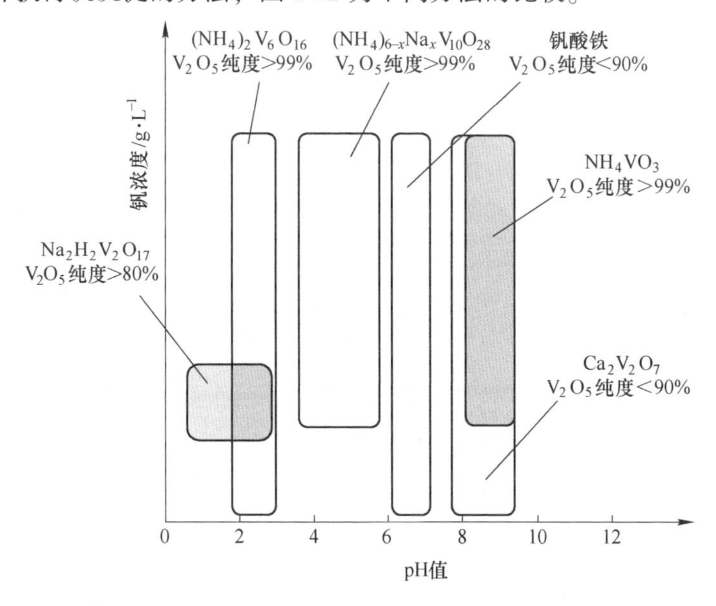

图 1-12 不同 pH 值和钒浓度下沉钒方法比较

如图 1-12 所示，直接沉淀是基于水解反应的过程，因为低 pH 值可以直接获得不溶性钒化合物，反应式如下：

$$6Na_4H_2V_{10}O_{28} + 7H_2SO_4 = 5Na_2V_{12}O_{31}\downarrow + 7Na_2SO_4 + 13H_2O \quad (1\text{-}20)$$

然而，直接水解通常将大量的 Na^+引入产物中，获得含钠较高的钒产品，并且增加了其进一步提纯的难度。已确定阳离子对钒酸根阴离子的亲和力遵循 $K^+ > NH_4^+ > Na^+ > H^+$的顺序，因此将 NH_4^+ 引入溶液将抑制 Na^+与钒酸根阴离子的相互作用，并随后促进形成较少的含 Na 钒沉淀。在这方面，已经利用包括 NH_4Cl、$(NH_4)_2SO_4$ 和 $(NH_4)_2CO_3$ 等的不同铵盐来沉淀钒。根据酸度的不同，可以形成偏钒酸铵（AMV）或聚钒酸铵（APV）并从溶液中沉淀出来。当将溶液的 pH 值控制为 8~9 时，钒阴离子以 VO_3^- 的形式存在，并且铵盐的添加可产生 AMV，其反应式如下：

$$VO_3^- + NH_4^+ = NH_4VO_3\downarrow \quad (1\text{-}21)$$

由于 AMV 溶液的饱和度很高，通常需要晶种来促进沉淀，而且高的 NH_4^+ 浓度有利于 AMV 晶体的形成。另外，当溶液的 pH 值为 4~6 时，钒阴离子以聚钒酸盐的形式存在，并且添加铵盐将形成$(NH_4)_{6-x}Na_xV_{10}O_{28}$，反应式如下：

$$V_{10}O_{28}^{6-} + (6-x)NH_4^+ + xNa^+ + 10H_2O = (NH_4)_{6-x}Na_xV_{10}O_{28}\cdot 10H_2O\downarrow \quad (1\text{-}22)$$

显然，沉淀物中含有 Na，这会降低产物的纯度，因此在实践中不建议采用这种方法。将 pH 值进一步降低至 2~3，发生式（1-23）的反应，生成典型的 APV。

$$3V_{10}O_{28}^{6-} + 10NH_4^+ + 8H^+ = 5(NH_4)_2V_6O_{16}\downarrow + 4H_2O \quad (1\text{-}23)$$

值得注意的是，较低的 pH 值会促进钒酸盐配合物的形成，而钒酸盐配合物所消耗的铵盐较少，对钒的生产在经济和环境方面均有益，因此在中国的大多数工厂中都得到了利用。另外，低 pH 值会产生大量的高盐度酸性铵盐废水，处理起来非常棘手。因此，南非和巴西的钒生产商更喜欢生产 AMV。

为了避免铵盐沉淀的缺点，钙盐和铁盐也已用于钒沉淀。钙盐的沉淀是通过向含钒溶液中加入石灰、$CaCl_2$ 等来实现的，并且取决于溶液的 pH 值，可以生成不同的钒酸钙，例如 $Ca_2V_2O_7$或 $Ca_3V_2O_8$，其中以生成 $Ca_2V_2O_7$ 最为经济，反应式如下：

$$2Ca^{2+} + 2VO_3^- + 2OH^- = 2CaO\cdot V_2O_5\downarrow + H_2O \quad (n = 1, 2, 3) \quad (1\text{-}24)$$

同样，通过加入亚铁盐，按以下反应析出钒酸亚铁：

$$Fe^{2+} + VO_3^- = Fe(VO_3)_2 \quad (1\text{-}25)$$

然而，钒酸钙和钒酸亚铁都不是典型的钒产品，并且需要进一步处理以转化为钒酸铵，因此，与直接铵盐沉淀相比，在经济性上吸引力不大。为了更好地理

解该过程，表 1-18 中汇总了钒沉淀方法的差异。大多数钒沉淀方法会产生废水和废气，这是当前钒生产行业的瓶颈问题。沉淀后，AMV 或 APV 需要进一步煅烧以获得 V_2O_5 的最终产品，其中大部分将用于合金制造。例如，使用铝热还原法、硅热还原法等生产钒铁合金。

表 1-18　含钒溶液中沉钒方法及特点

方法	水解沉钒	沉钒			钙盐及铁盐沉钒	偏钒酸铵结晶
		pH=2~3	pH=4~6	pH=8~9		
沉淀	调 pH 值试剂	NH_4^+	NH_4^+	NH_4^+	Ca^{2+}，Fe^{3+}	—
沉钒率/%	98	>98	>98	>98	>97	94.28
产物	$Na_2H_2V_2O_{17}$	$(NH_4)_2V_6O_{16}$	$(NH_4)_{6-x}Na_xV_{10}O_{28}$	NH_4VO_3	钒酸钙 钒酸铁	NH_4VO_3
V_2O_5 纯度/%	80~90	>99	>99	>99	低纯度	99.5
污染物	废水	废水 废气	废水 废气	废水 废气	废水	—

1.3.2　钒钛磁铁矿中钒的直接提取

钒钛磁铁矿是提取钒的最重要资源。典型的钒钛磁铁矿矿物主要由磁铁矿（Fe_3O_4）、钛铁矿（$FeTiO_3$）和少量赤铁矿（Fe_2O_3）组成，钒主要以钒铁尖晶石（$FeO \cdot V_2O_3$）的形式存在钒钛磁铁矿中，很难通过传统的矿物加工方法释放出来。钒钛磁铁矿中钒含量因来源不同而有很大差异，见表 1-19。

表 1-19　不同地区钒钛磁铁矿成分组成

国家	钒钛磁铁矿组成（质量分数）/%		
	TFe	V_2O_5	TiO_2
中国	51.88~62.20	0.53~0.81	7.48~12.65
南非	55~57	1.4~1.9	12~15
俄罗斯	40~63	0.39~0.60	2.5~4.9
芬兰	63.0~68.1	1.12~1.64	3.20~6.54
澳大利亚	46.0~64.7	1.25~2.00	4.9~26.0
新西兰	57	0.42	8
巴西	60~65	3.21	6~25

从高品位［$w(V_2O_5)>1\%$］精矿中提取钒，通常可以通过直接焙烧工艺或直接还原工艺实现。对于钒含量（质量分数）小于 1%的钒钛磁铁矿精矿，需要从富集的钒渣中提取钒。图 1-13 是钒钛磁铁矿提取钒的利用流程示意图。

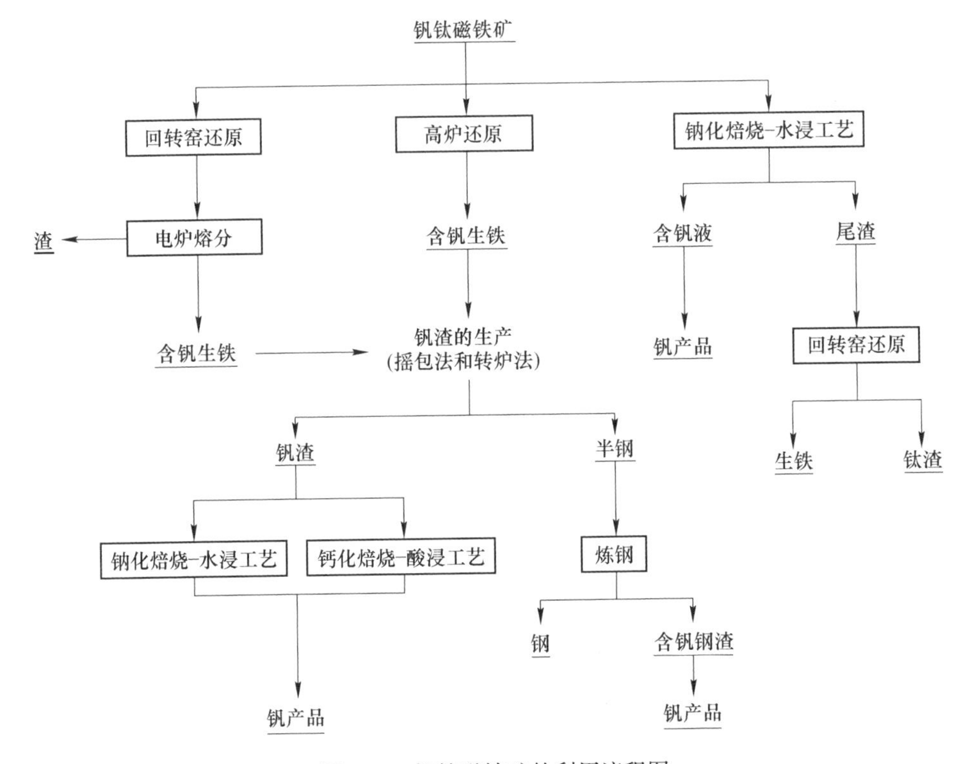

图 1-13　钒钛磁铁矿的利用流程图

由于原始钒钛磁铁矿精矿中的钒含量（质量分数）高（大于 1%），且易于提取，因此南非和巴西的公司可以经济地从精矿中提取钒。从钒钛磁铁矿中直接提取钒通常是通过钠盐焙烧-水浸工艺进行的，该工艺如图 1-14 所示。

如图 1-14 所示，将钒钛磁铁矿在氧化气氛下与钠盐一起在回转窑中焙烧。由于用 NaCl 焙烧时会释放出高腐蚀性的 HCl 气体，因此 Na_2SO_4 和 Na_2CO_3 的混合物更容易在工业生产中得到应用。钒钛磁铁矿焙烧后，经过湿磨并用水浸出，获得含钒液。然后，在纯化含钒溶液后，将 $(NH_4)_2SO_4$ 或 NH_4Cl 添加到溶液中以形成 AMV 和 APV。

尽管钠盐焙烧工艺具有明显的优势，但仍有一些不可避免的局限性。首先，在焙烧和浸出过程会产生高盐度的氨氮废水和酸性废气，通过蒸发回收钠盐不仅昂贵，效率也很低。其次，在焙烧和浸出后，尾矿中会形成一些不溶的钠化合物，由于碱含量高，尾矿很难在钢铁工业中得以消纳。每年生产数百万吨的这种尾矿，并且多年来堆积了超过 1 亿吨，这不仅给环境造成了巨大负担，也浪费了大量宝贵的铁资源。最后，该工艺通常在较高的焙烧温度下进行，这对进料中的硅含量非常敏感。由于硅酸盐矿物的熔点低，会引起窑炉振铃，抑制钒氧化及随

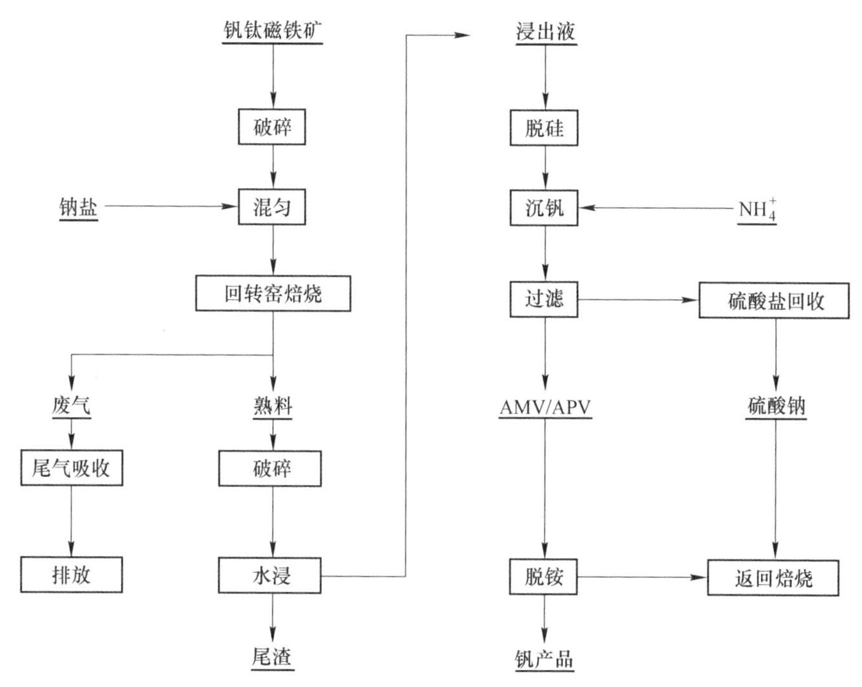

图 1-14 钒钛磁铁矿钠化焙烧-水浸提钒工艺

后的浸出回收，因此需要对精矿进行预处理以去除硅酸盐矿物，并且这种操作在实践中可能非常困难。

为了避免钠盐焙烧过程固有的环境问题，已经提出了钙化焙烧过程。Li 等人研究了钙化焙烧酸浸出过程，在 1200℃下用 $CaCO_3$ 焙烧钒钛磁铁矿精矿，然后在 80℃下用 H_2SO_4 溶液浸出，钒的浸出率可达到 72.1%。但是，如图 1-10 所示，钒在酸性溶液中的浸出对溶液的 pH 值非常敏感，形成的钒酸钙类型很难控制。因此，钒的回收率通常不能与钠盐焙烧法相提并论，因此，迄今为止该方法尚未在工业上获得应用。

钒钛磁铁矿除钒外还包含铁、钛等有价金属，为了实现资源的综合利用，研究人员提出了基于直接还原钒钛磁铁矿精矿来全面利用所有有价金属的工艺，所提出的钠盐焙烧-直接还原耦合（SRC）工艺流程如图 1-15 所示。

在此过程中，将 Na_2CO_3、钒钛磁铁矿和无烟煤混合并在高温下焙烧。根据热力学计算，在将炉中的气氛转换成还原气氛之前，V 的氧化反应已经完成，然后 Fe 就会还原。实验结果表明，在 1200℃焙烧后，浸出后除可回收 86.52%的钒外，还可回收 95.59%的钛和 89.37%的铁。显然，与传统的钠盐焙烧工艺相比，该工艺将显著提高总资源利用率。但是，这种方法需要精确控制熔炼过程中的氧化和还原反应。目前，该工艺已在河北衡水建成了一个 50000t/a 的示范工程。

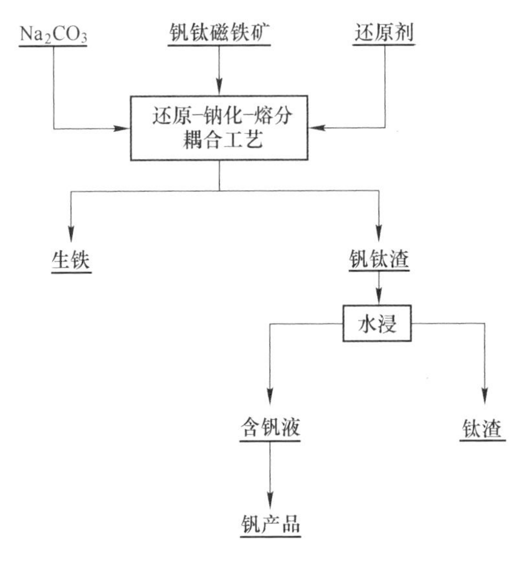

图 1-15　还原-钠化-熔分耦合新工艺（SRC 工艺）

Zhu 等人提出了一种用 H_2SO_4 和 CaF_2 溶液进行酸浸的方法。最终，钒的回收率为 81%，产品纯度为 99.65%。然而，该方法在浸出过程中引入了大量的 F^-，在随后的水处理中造成很大的困难。Zheng 等人开发了一种通过 $FeCl_x$ 从钒钛磁铁矿提取钒的方法。在此过程中，钒的提取率为 32%，并且在焙烧过程中生成了 Cl_2，工艺操作难度大。

综上所述，钠盐焙烧-水浸出工艺效率高，操作成本低，操作简单，因此仍将是钒钛磁铁矿直接提钒的主要工艺。然而，面对日益严格的环境法规，以资源综合利用和从源头减少污染为特色的新工艺将是未来的发展方向。

1.3.3　钒渣提钒技术

1.3.3.1　钒渣生产技术

对于钒含量（质量分数）小于 1%的钒钛磁铁矿精矿，从精矿中直接提取钒在经济性上是不可行的。因此，从钒钛磁铁矿富集的钒渣中提取钒成为一种经济性的主流工艺。钒渣提钒法的特点是提钒和钢铁生产结合在一起，其工艺的基本过程是钒钛磁铁矿在高炉（或电炉）中冶炼成含钒铁水，然后经过选择性氧化使钒进入炉渣而与铁水分离，得到的钒渣作为生产钒的原料。此种方法获得应用之后，钒钛磁铁矿的用量大增，钒的产量也相应增加。目前，该工艺主要在中国、俄罗斯和南非等国应用。钒渣生产流程如图 1-16 所示。

用钒渣生产钒，原料处理量小，产量大，化工原料和燃料消耗低，生产效率高，基建投资比较少，但需要在炼铁和炼钢之间增加吹炼钒渣的工序。虽然吹炼

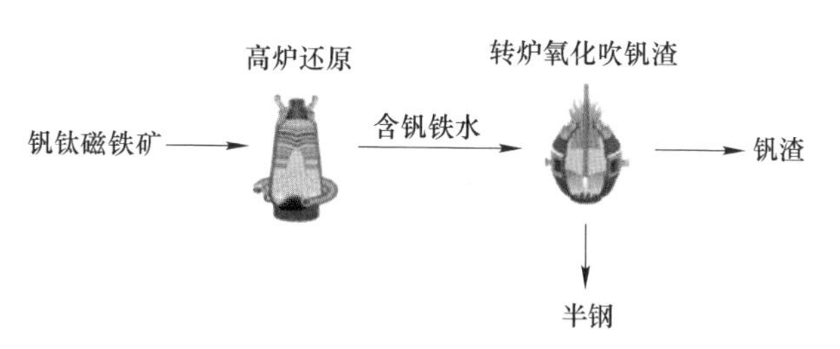

图 1-16　钒渣的生产流程

钒渣能使钢铁生产与提钒工艺结合起来，但是彼此存在矛盾。这主要是因为从生铁吹炼钒渣是在炼钢之前，选择性氧化生铁中的钒时，硅、锰和部分碳也被氧化；因而提钒后的半钢中发热元素减少了，进而减少炼钢产生的化学反应热和物理热，给炼钢带来困难。

含钒铁水吹炼钒渣的工艺是以选择性氧化为基础。吹炼过程必须使生铁中钒迅速氧化，而使其他组分少氧化，以得到含钒高的钒渣。吹炼钒渣时应使生铁中的碳氧化最少来保证炼钢时仍有充足的燃料。含钒铁水的主要成分除了铁、碳、钒外，还有钛、锰、铬、硅、磷、硫等。当温度高于 1400℃时，各元素与氧的结合能力从强到弱为 Al > Ti > Si > V>Mn > Cr > C > Fe，温度低于 1400℃时为Al > Ti > Si> C > Mn > Cr > V > Fe。由此可见，采用选择性氧化的方法可以使钒从生铁中比较彻底地分离出来。吹炼钒渣的过程为了达到“提钒保碳”的目的，需要控制好熔池的温度在 1400℃左右。当温度高于 1400℃时，硅、钛则较钒优先氧化，锰铬则与钒同时氧化，生成的氧化物都成了钒渣的组分，而降低钒在渣中的浓度，铁水中的其他元素对钒渣的质量与钒的氧化过程都有影响。如硅的含量高不仅使钒渣中 SiO_2 高，增加渣量和降低钒渣浓度，而且还会使炉渣稠度降低，不利于半钢和钒渣的分离。钒渣中 SiO_2 高还会增加焙烧添加剂的消耗，给过滤、沉钒带来困难和降低钒的收率。影响钒渣质量的另一组分是 CaO，因为它与钒生成不溶性的钒酸钙而降低氧化钠化焙烧—水浸提钒的回收率；或者需要增加硫酸浸出工序而使工艺流程复杂化。目前，全世界采用含钒铁水吹炼钒渣的企业主要有南非海威尔德钢钒公司、俄罗斯下塔吉尔钢铁公司、新西兰钢铁公司、中国攀钢和承钢。

现代铁水提钒的主流工艺有转炉提钒、震动罐提钒和铁水包提钒等，全球冶炼钒渣工艺流程如图 1-17 所示。

（1）转炉提钒。采用转炉提钒工艺的企业有俄罗斯丘索夫钢铁厂、下塔吉尔冶金厂、中国攀钢和承钢。丘索夫钢铁厂采用空气底吹转炉从含钒铁水中吹炼钒渣，该方法生产效率高、喷溅少、搅拌强度大、反应迅速。吹炼结束后半钢中元素含量（质量分数）分别为 2.5%～3.5% C、0.04%～0.05% V、0.09% P、0.05% S，Si、Mn、Ti 含量均为微量；所得钒渣中元素含量质量分数分别为7% V、

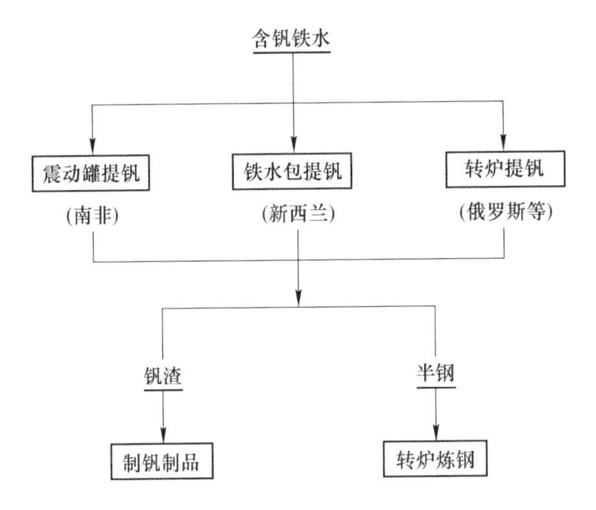

图 1-17 全球火法冶炼钒渣工艺流程简图

7%~10% Cr_2O_3、7.5%~8.5% TiO_2、22%~26% SiO_2、35% FeO、0.1%~0.11% P_2O_5。下塔吉尔冶金厂采用氧气顶吹转炉吹炼钒渣，所得钒渣含 16.0%~19.0% V_2O_5、17.0%~20.0% SiO_2、39.0%~47.0% TFe、10.0%~14.0% Cr_2O_3，钒氧化率 90%~90.5%，半钢收得率 92%~93%。下塔吉尔冶金厂所产钒渣中制取的钒产品产量占俄罗斯钒产量的 80%。下塔吉尔和攀钢都曾进行转炉顶底复吹试验，目前攀钢集团西昌钢钒有限公司采用顶底复吹模式吹炼钒渣。

中国的钒生产始于 20 世纪三四十年代的锦州制铁所，以钒精矿为原料提钒，锦州铁合金厂于 1958 年恢复用承德钒钛磁铁矿精矿为原料生产钒铁，1959 年开始用钒渣生产钒铁。承钢公司始建于 1954 年，是苏联援建的 156 个项目之一，1960 年承钢成功开发出空气侧吹转炉火法提钒工艺，1965 年完成高钛型钒钛磁铁矿高炉冶炼技术攻关，1967 年完成工业规模的水浸提钒新工艺研究。攀钢始建于 1965 年，1970 年建成出铁，1974 年出钢。1995 年，攀钢的转炉提钒实现产业化，并创造了回收率、生产能力、提钒转炉炉龄的世界最高水平，其生产的转炉钒渣较雾化钒渣的 V_2O_5 质量分数减少 1%，CaO 质量分数增加了 1.5%左右。

（2）震动罐提钒（摇包提钒）。南非海威尔德钢钒公司采用震动罐提钒法生产钒渣，工艺为回转窑直接还原→电炉炼铁→摇包提钒→转炉炼钢。它的主要工艺流程包括用回转窑预还原，电炉熔炼生产含钒铁水，在摇包中生产钒渣和半钢，半钢在顶吹氧转炉内炼制成钢并轧成钢材。把电炉生产的含钒铁水装入摇包中，通过顶吹氧吹炼钒渣，得到含量（质量分数）约为 3.17% C、0.07% V、0.01% Si、0.01% Ti、0.01% Mn、0.09% P 的半钢，约含 11% V、25% FeO、18% SiO_2与低于 5%金属铁的钒渣。

(3) 铁水包提钒。新西兰钢铁公司采用回转窑→电炉炼铁→铁水包提取钒渣法，钒渣品位含 V_2O_5 质量分数为 18%~22%。

国内从 1960 年开始重视钒钛磁铁矿的综合开发利用，经过多年的技术攻关，钒渣逐渐成为国内工业上提钒的主要原料。目前我国钒渣生产企业主要是攀钢和承钢，均采用转炉生产钒渣。国内钢企经过长期不懈的科研攻关，建立了顶底复吹工艺生产钒渣，通过加强熔池的搅拌作用，改善元素氧化的动力学条件，从而提高钒的氧化率、改善造渣条件、降低钒渣中铁的损失、提高 V_2O_5 的品位和半钢收率。复吹工艺吹炼平稳、成渣快、不粘枪，是国内外较为领先的转炉提钒技术。攀钢针对现有工艺流程，开发了矿热炉冶炼钒渣技术，生铁中钒的质量分数达 7.45%，对含钒生铁进行提钒，钒渣中 V_2O_5 的质量分数达 35.06%，实现了钒资源的有效提取和综合回收。由于我国的钒钛磁铁矿多为钒铬共伴生矿，且钒铬赋存状态与化学性质相似，因此在钒渣冶炼过程中，铬元素也以铬尖晶石结构进入钒渣，钒渣中铬含量为钒含量的 30%~120%。

表 1-20 总结了不同地区生产的钒渣的成分。参照国家标准，依据不同 V_2O_5 含量可以将钒渣划分成六种不同的牌号：钒渣 11[$w(V_2O_5)$ = 10.0% ~ 12.0%]，钒渣 13[$w(V_2O_5)$ = 12.0% ~ 14.0%]，钒渣 15[$w(V_2O_5)$ = 14.0% ~ 16.0%]，钒渣 17[$w(V_2O_5)$ = 16.0% ~ 18.0%]，钒渣 19[$w(V_2O_5)$ = 18.0% ~ 20.0%] 及钒渣 21[$w(V_2O_5)$ > 20.0%]。

表 1-20 不同地区生产的钒渣组成

组　成	化学成分（质量分数）/%			
	V_2O_5	SiO_2	Cr_2O_3	TFe
攀钢集团	16~18	15~17	1.0~1.5	32~40
埃弗拉兹集团（海维尔德）	25	16	5	26~32
河钢承钢	10~12	16~18	3~5	32~36
新西兰钢铁公司	14~16	20~22	4~6	25.54
德胜集团	15~20	6.5~8.9	7.7~10.6	26.0~27.9
建龙集团	14.4	15.73	9.45	30.5
下塔吉尔钢铁公司（俄罗斯）	15~22	17~18	2~4	26~32

由于产地不同导致钒渣的成分有所不同，但所有钒渣的物相组成都十分相近，其物相组成大体可以分为尖晶石、铁橄榄石、辉石和游离石英四类。

(1) 尖晶石。主要为钒铁尖晶石（$FeO \cdot V_2O_3$）、铬铁尖晶石（$FeO \cdot Cr_2O_3$）、钒锰尖晶石（$FeO \cdot MnO$）和钛铁尖晶石（Fe_2TiO_4），它们都是八面体立方晶系，共同组成了同晶混合物。V(Ⅲ) 集中于钒铁尖晶石内，占钒渣中钒总量的 90%以上。同时，铬会替代尖晶石中钒或者铁原子的位置，形成复杂的钒铬铁尖晶石相(Fe, Mn, Mg)$_x$(V, Cr)$_{3-x}$O$_4$($0 < x < 1$)。

(2) 铁橄榄石。铁橄榄石(Fe_2SiO_4)可以看作 FeO 与 SiO_2 的化合物 $2FeO \cdot SiO_2$,镶嵌在尖晶石的间隙中,是钒渣的重要组成部分。

(3) 辉石。辉石[$Ca(Fe, Mg)Si_2O_6$]是一种偏硅酸盐,在四川攀枝花、河北承德等地区生产的钒渣的物相中比较常见。

(4) 游离石英。游离石英(SiO_2),与 Fe_2SiO_4 和 $Ca(Fe, Mg)Si_2O_6$ 共同镶嵌在尖晶石的间隙之间,三者共同成为了钒渣的结构框架基础。

传统钒渣提钒技术主要有以下工序:

(1) 原料预处理;

(2) 固液分离及溶液净化;

(3) 钒溶液沉淀结晶;

(4) 钒酸盐分解、干燥及熔炼。

其中,原料预处理工序主要是对钒渣通过高温焙烧或酸、碱溶液浸出等方法进行处理,使其中的钒元素完成晶型及结构价态转变,最终形成水溶性、碱溶性或酸溶性的钒盐或钒酸盐;分离净化工序是将预处理后的物料或溶液经水、酸(稀盐酸或稀硫酸)、碱(碳酸钠或氢氧化钠溶液)浸出,固液分离后再对溶液进行净化处理,制得合格的含钒酸、碱溶液;沉淀分离工序是将净化后的钒溶液在碱性(铵盐)或酸性(铵盐)条件下制成固体多钒酸盐、偏钒酸盐等产品;分解熔炼工序是将所得多钒酸盐或偏钒酸盐等产品投入分解窑(炉)、熔炼炉内,经脱水、脱氨及熔炼等制成片状或粉状五氧化二钒。目前,具有代表性的提钒工艺主要有钠化焙烧法、钙化焙烧法及酸浸氧化提钒法等。

1.3.3.2 钒渣钠化焙烧提钒技术

钠化焙烧法是最具代表性且应用最为广泛的钒渣提钒方法,其基本原理是以苏打或食盐为添加剂,通过高温氧化焙烧将多价态的钒转化为水溶性五价钒的钠盐,然后通过水浸得到含钒及少量杂质的浸出液。通过酸性铵盐沉淀法制得偏钒酸铵沉淀,经煅烧得到粗 V_2O_5,再经碱溶、除杂并用铵盐二次沉钒得到偏钒酸铵,焙烧后可得纯度大于98%的 V_2O_5,工艺流程如图1-18所示。

氧化焙烧是钠化焙烧工艺的核心部分,主要由如下两个步骤完成:

(1) 在高温氧化性气氛中,钒渣中钒铁尖晶石相的结构被破坏,低价(Ⅲ)氧化物 V_2O_3 被氧化为高价(Ⅴ)氧化物 V_2O_5;

(2) V_2O_5、Na_2CO_3、NaCl 和 Na_2SO_4 发生反应,生成易溶于水的 $NaVO_3$。

反应方程式见式(1-26)~式(1-31):

$$2FeO \cdot V_2O_3 + \frac{3}{2}O_2 = Fe_2O_3 \cdot V_2O_5 \tag{1-26}$$

$$Fe_2O_3 \cdot V_2O_5 = Fe_2O_3 + V_2O_5 \tag{1-27}$$

$$V_2O_5 + Na_2CO_3 \xlongequal{} 2NaVO_3 + CO_2 \tag{1-28}$$

$$V_2O_5 + Na_2SO_4 \xlongequal{} 2NaVO_3 + SO_2 + \frac{1}{2}O_2 \tag{1-29}$$

$$V_2O_5 + 2NaCl + H_2O \xlongequal{} 2NaVO_3 + 2HCl \tag{1-30}$$

$$V_2O_5 + 2NaCl + \frac{1}{2}O_2 \xlongequal{} 2NaVO_3 + Cl_2 \tag{1-31}$$

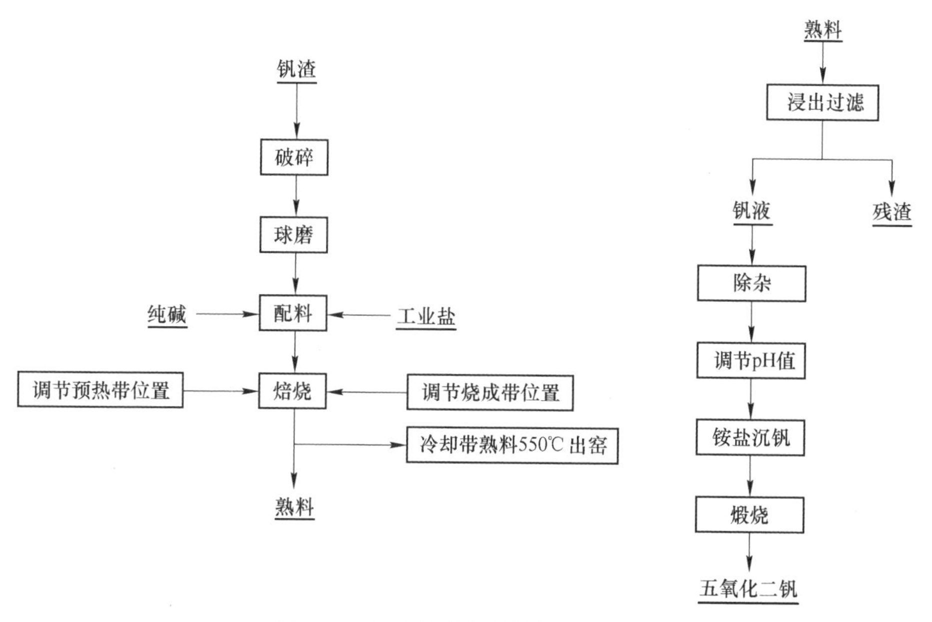

图 1-18 钒渣钠化焙烧提钒工艺流程

图 1-19 为钠化焙烧提钒生产过程。钒渣钠化焙烧提钒工艺成熟，具有操作简单、产品质量稳定等优势，但钒浸出率低，过程污染较严重，具体表现在以下几个方面。

(1) 钒收率低。钒渣中钒主要以尖晶石结构存在，矿相稳定，难以分解，在气-固焙烧反应过程中，氧气传质效果差，在高温下氧气不能将 $FeO \cdot V_2O_3$ 有效氧化，即使采用多次高温焙烧，钒的单程回收率也很难超过 80%；焙烧过程中，钒渣中钒的浸出率随焙烧温度提升明显提高，然而钒渣中存在着大量的含硅低熔点物质（如铁橄榄石），当焙烧温度超过 900℃时，炉料开始烧结和玻璃化，同时 Na_2CO_3 与 SiO_2 反应形成不溶性玻璃体 $Na_2O \cdot V_2O_5 \cdot SiO_2$，极大恶化焙烧过程中氧气传质效果，且对窑操作产生不良影响，由此限制了反应温度的进一步提高。

(2) 有害窑气。高温焙烧过程中钠盐分解产生 HCl、SO_2 及 Cl_2 等有害窑气，污染大气。

（3）高钠尾渣。钠盐焙烧后的尾渣中 Na_2O 含量（质量分数）通常高达6%，Na 是高炉冶炼的有害元素，因此尾渣难以返回高炉配矿冶炼以实现 Fe 资源化利用，只能堆存处理，污染环境。

（4）高盐氨氮废水。沉钒后得到含 Na^+、NH_4^+ 及 SO_4^{2-} 的混合溶液无法返回利用，只能蒸发处理，但吨钒产品的废水产生量高达 30~40t，蒸发能耗高，成本占总成本的 15%~20%。蒸发后得到的 $Na_2SO_4/(NH_4)_2SO_4$ 混合晶体分离提纯困难，堆放处理构成潜在的环境威胁。因此，废水问题已成为制约钒产业健康可持续发展的瓶颈。

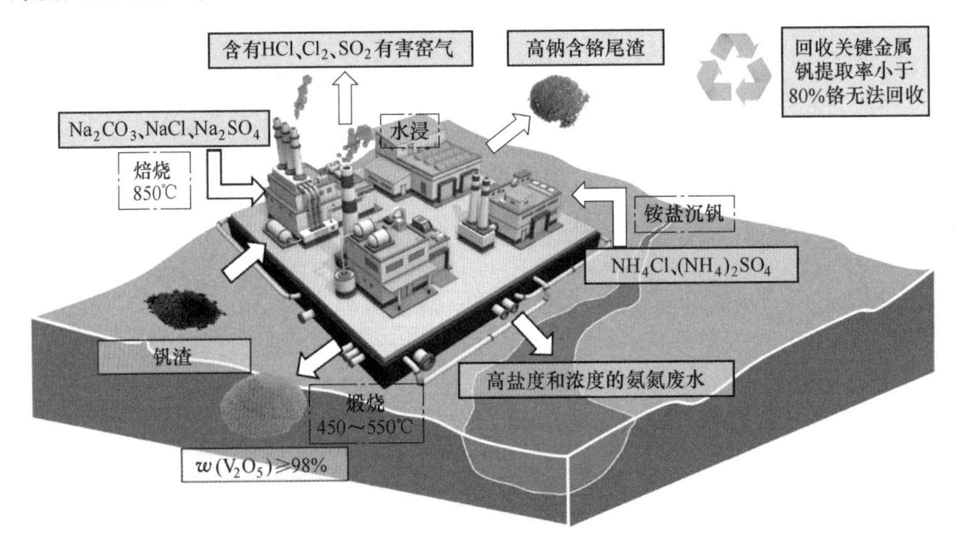

图 1-19 钒渣钠化焙烧提钒生产过程

近些年来，国内外科研专家对钠化焙烧工艺进行诸多改进和优化，开发了复合钠盐焙烧法、球团钠化焙烧法等；然而，高温氧化焙烧存在的气固反应传质差、能耗高、资源综合利用率低下等问题并未从本质上得到破解。

1.3.3.3 钒渣钙化焙烧提钒技术

为解决钠化焙烧过程存在的废气、废水污染及因钠盐熔点低而产生的炉料结块、结圈等问题，国内外相关研究机构相继提出钙化焙烧-酸浸工艺。首先是俄罗斯冶金厂开发了钒渣钙化焙烧，主要是因为该地区钠盐资源有限。攀枝花钢铁集团进一步采用了该工艺，以避免在钠盐焙烧过程中产生废气和废水。该过程如图 1-20 所示。

钙化焙烧法是将钙质化合物（石灰或石灰石）作为熔剂添加到钒渣中造球、焙烧，使钒氧化成不溶于水的钒的钙盐，如 $Ca(VO_3)_2$、$Ca_3(VO_4)_2$、$Ca_2V_2O_7$，然后利用钒酸钙的酸溶性，用稀硫酸将其浸出，并将溶液的 pH 值控制在 2.5~

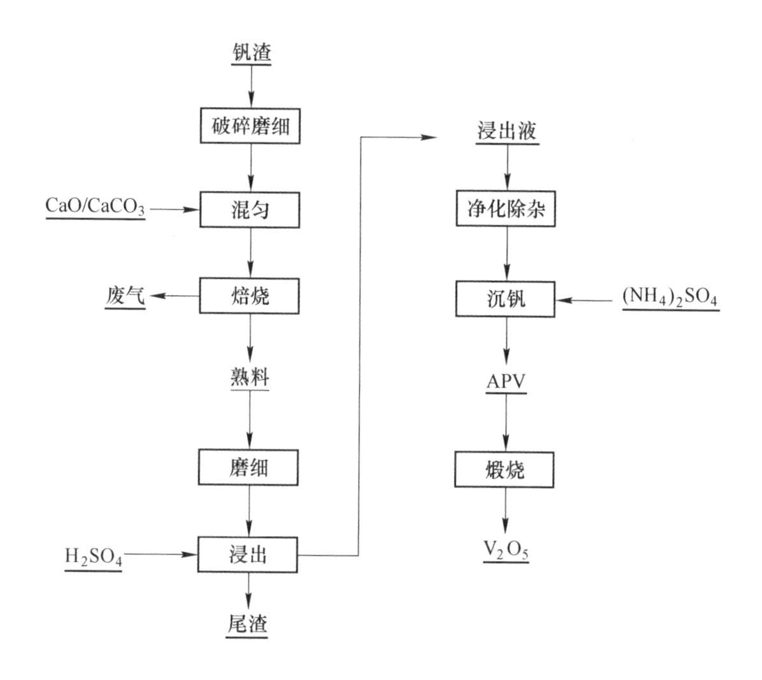

图 1-20　钒渣钙化焙烧-酸浸工艺流程

3.2，使之生成 VO_2^+、$V_{10}O_{28}^-$ 等离子，浸出阶段约 90%的钒被溶解。同时净化浸出液，除去 Fe 等杂质，然后采用铵盐法沉钒，制得钒酸铵并煅烧得 V_2O_5。

陈厚生等采用石灰石作为添加剂从钒渣［含 $w(V_2O_5)=15.43\%$，$w(CaO)=0.595\%$］中提钒，焙烧温度 900℃，焙烧时间 1.5h，CaO/V_2O_5 质量比为 0.6，焙烧后的钒渣用稀硫酸浸出、沉钒，得到纯度 93%~94%的 V_2O_5，钒渣中钒的相浸出率为 90%~92%，钒的总收得率达 85%~88%；张萍等人对 V_2O_5 含量（质量分数）0.9%的低品位钒矿进行钙化焙烧试验，添加钒矿质量 6.7%的 CaO，900~1000℃条件下焙烧 3h，焙烧后的物料用质量分数 6%的碳酸铵溶液浸出，同时向溶液中通入 CO_2 气体，pH 值维持在 8.5，温度 75℃，钒的浸出率为 83.6%，之后经过离子交换和铵沉，钒的总收率达 77.8%；此外，钙化焙烧还在石煤提钒和钒矿提钒中进行了广泛的试验研究。

钙化焙烧法主要反应式见式（1-32）及式（1-33）：

$$FeO \cdot V_2O_3 + CaO + 1.25O_2 = 0.5Fe_2O_3 + Ca(VO_3)_2 \qquad (1\text{-}32)$$

$$Ca(VO_3)_2 + 2H_2SO_4 = (VO_2)_2SO_4 + CaSO_4 + 2H_2O \qquad (1\text{-}33)$$

钙化焙烧工艺具有明显的优点：第一，钙化焙烧过程中由于未添加低熔点钠盐，不会产生含氯废气等有害气体；第二，废水可以在系统中循环；第三，钒的提取率与钠盐焙烧工艺相当；第四，由于使用石灰作为添加剂，生产成本大大降低，有效避免了焙烧过程中炉料结块、结圈等问题，大大提升了焙烧设备的生产效率。然而，在钙化焙烧法中，由于不同类型的钒酸钙对 pH 值十分敏感，浸出率依然偏低，钒的回收率通常远低于实际预期；且浸出过程中钒渣中的 Mn、Fe、P 等杂质也一同进入溶液，导致含钒溶液杂质元素含量高，酸性介质中 P 等杂质难脱除，增加了浸出液的净化除杂负担，导致生产成本提高，得到的 V_2O_5 品质偏低。此外，在浸出过程中，形成的硫酸钙堆积在尾矿中，这对炼铁行业的综合利用产生了重大挑战。

为了提高浸出效率，已经进行了许多研究。Wen 等人提出了 $(NH_4)_2SO_4$-H_2SO_4 协同浸出系统。钒渣与 CaO 混合并焙烧。煅烧炉在 20℃ 下浸入 $(NH_4)_2SO_4$-H_2SO_4 溶液中，钒的最大浸出率为 93.45%。但是，尾矿中硫酸盐含量过高仍然是一个问题，无法实现铬的利用。Li 等人提出了一种碳酸铵溶液浸出的方法。在 $(NH_4)_2CO_3$ 浸出温度为 80℃ 的条件下，钒的最大浸出效率可达 96.0%。但是，由于释放出大量的氨气，在实际应用中使用 $(NH_4)_2CO_3$ 进行高温浸出是非常困难的。然而，进一步处理钒酸钠以获得产品仍然需要在酸性条件下沉淀铵盐，无法避免废水的产生。

综上所述，尽管相对于传统钠化焙烧技术而言，钙化焙烧法存在钒回收率高、环境友好等明显优势，但与钠化焙烧相比，可处理 $[w(CaO)/w(V_2O_5)]$ 较高的钒渣，且可避免高盐氨氮废水的排放。目前全世界钙化焙烧应用最成功的是俄罗斯图拉厂，并于 20 世纪 70 年代建厂投产。我国攀钢于 2008 年在成都青白江地区建成了 500t/a 氧化钒钙化焙烧-酸浸提钒半工业化实验，后在西昌建成 1.88 万吨/a 氧化钒钙化焙烧生产线，技术经济指标和相应的参数、设备还有待进一步探索和完善。

1.3.3.4　钒渣酸浸氧化提钒技术

为破解焙烧法存在的能耗高、资源综合利用率低下的问题，研究者提出酸浸氧化提钒法，是将钒渣与强酸混合，使钒以 VO_2^+、VO^{2+} 等形态浸出，然后加碱将其中和至弱碱性，再用强氧化剂将其氧化成水溶性的五价钒离子，如 VO_3^-、$H_2VO_4^-$，使钒与铁的水合氧化物等共同沉淀，再碱浸制得粗钒。粗钒经碱溶生成 +5 价钒的钠盐，除去杂质后通过铵盐沉淀钒制得多钒酸铵沉淀，经高温煅烧可得高纯 V_2O_5 产品。

酸浸氧化提钒法还可用于其他低品位钒矿提钒，如含磷钒矿、页岩钒矿及石煤等，其中石煤直接酸浸应用最为广泛。在黏土矿物中，钒以 V(Ⅲ) 形式部分取代硅氧四面体和铝氧四面体中的 Al(Ⅲ) 存在于云母晶格中，必须破坏云母结构并氧化才能使钒从云母结构中浸出来。在高温和长时间的浸出条件下，酸可以破坏云母结构浸出钒，使钒以 $VOSO_4$ 的形式浸出，含钒酸浸溶液经氧化、铵沉、热解可得到钒产品。但是，该法用酸量大，硫酸耗量达到了矿石的 40%，甚至

90%；且为得到理想的钒浸出率，需采用高浓度的硫酸，或将反应时间延长至50~60h，由此导致石煤常压硫酸浸出的提钒工艺经济性较差。为了强化浸出，许多学者采用添加氧化剂的方法提高钒的浸出率。例如，在硫酸浸出石煤的过程中，添加石煤质量3%的 $NaClO_3$ 或者 MnO_2，钒的浸出率可以从57.3%分别提高到81.1%和79.4%。

酸浸氧化提钒法在一定程度上提高了钒的浸出率，且无有害气体排放问题，但是酸法提钒普遍存在的问题是需消耗大量高浓度强酸，所有设备必须进行防腐处理，工程造价及维护费用较高。此外，矿石中所有的酸溶成分与钒一同浸出，钒与杂质离子的分离难度大，且其他有毒性重金属离子的浸出会严重污染环境。

1.3.3.5 其他钒渣提钒技术

除了以上提钒工艺之外，近年来研究人员还进行了其他钒渣提钒工艺的开发。如四川大学张国权等采用添加硫酸铵进行焙烧提取钒和钛。

钒渣经高温水淬后以4∶1质量比混入硫酸铵，在370℃进行焙烧，焙烧熟料在质量浓度为6%硫酸溶液中浸出，钒和钛浸出率分别可达91%和77%。北京科技大学王丽君等采用氯化焙烧-熔盐电解工艺回收钒渣中的有价元素。通过添加 $AlCl_3$ 及NaCl-KCl，在900℃氯化8h条件下，钒氯化率为90.3%，钛（以 $TiCl_4$ 形式挥发）挥发率为79.96%；反应生成氯化渣按1∶4质量比配加NaCl-KCl，在3.0V、900℃和4h条件下进行熔盐电解，Fe、V、Cr、Mn以合金形式在石墨阴极析出，电解渣 Al_2O_3 和 SiO_2 可作为建筑材料进行消纳。重庆大学Junyi Xiang等采用氧化钙化焙烧-两段硫酸浸出工艺对钒渣提钒进行研究，钒渣添加碳酸钙后进行机械活化，经焙烧得到氧化钙化焙烧熟料，在pH值为2.5、浸出时间20min、浸出温度50℃、熟料粒度-125μm、液固比10∶1及搅拌转速200r/min条件下，一段钒浸出率为81.8%；在pH值为0及液固比5∶1，其他条件与一段浸出相同的条件下，二段钒浸出率为8.1%。重庆大学Junyi Xiang等采用机械活化-硫酸浸出进行提钒，钒浸出率可达95%；浸出尾渣进行碳基还原-磁选-盐酸浸出工艺提取Fe和Ti。钒渣经氧化钙化焙烧-硫酸浸出后尾渣中Fe和Ti分别得到富集，质量分数分别为31.85%和8.94%，经碳基还原后得到Fe、Cr和V质量分数分别为81.53%、1.31%和2.04%的还原产物和Ti质量分数为16.45%的尾渣。富钛渣经盐酸浸出—净化—水解—煅烧得到二氧化钛产品，钛浸出率可达85%~90%。北京科技大学Yilong Ji等对钒渣提钒和提铬分别进行了研究，在焙烧温度700℃、焙烧时间15min及Na/V摩尔比为7.67条件下，经球团化焙烧钒浸出率可达99.2%；在焙烧温度800℃、焙烧温度2h及Na/Cr摩尔比为18.5条件下，经球团化焙烧铬浸出率可达99.1%。杜浩等人提出了一种通过无盐焙烧-铵盐溶液浸出的钒提取工艺，其中铵盐可以是 NH_4HCO_3、$(NH_4)_2C_2O_4$ 和 $(NH_4)_2CO_3$。浸出结果表明，使用 NH_4HCO_3、$(NH_4)_2CO_3$ 和 $(NH_4)_2C_2O_4$ 浸出钒的比例分别为 85%，85% 和 90%。使用 $(NH_4)_2C_2O_4$ 的浸出速率较高，这是因为 $(NH_4)_2C_2O_4$ 比 NH_4HCO_3 和 $(NH_4)_2CO_3$ 更稳定，采用较高的浸出温度提高了反应效率。由于钠含量低，尾矿可在炼铁过程中得到综合利用。

利用钒渣生产钒具有不可替代的优势：一是钒渣中钒含量高，提钒处理负荷小；二是辅助原料消耗少；三是铁可以被综合利用来炼钢。因此，从钒渣中提取钒在钒生产中占主导地位，但从钒渣中提钒全程钒收率较低。为了从钒钛磁铁矿中获得钒产品，需要首先在高炉中对钒钛磁铁矿精矿进行还原性冶炼以将钒还原成铁水，这一步骤的钒回收率通常为 80%；其次，在典型的碱性氧气炉（BOF）操作中，钒被选择性氧化成炉渣相，回收率为 80%。从钒渣中提取钒，大多数企业的回收率通常为 80%。因此，经过以上工序，钒的总回收率仅为 50%左右。在这方面，仍然迫切需要改进熔炼和炉渣生产技术以提高钒的回收率。直接还原是一种将钒钛磁铁矿精矿和还原剂混合，在高温下还原以获得生铁和钛渣的方法。直接还原工艺通常在回转窑中进行，而熟料在电炉中进一步熔炼，得到含钒的铁熔体和钛渣。Han 等人将钒钛磁铁矿精矿与无烟煤混合并在 1100℃下还原，将熟料在 1550℃下熔炼以获得含钒的生铁和钛渣，Fe、Ti 和 V 的回收率分别为 97.12%、98.34% 和 84.66%。由于具有明显的优势，New Zealand Steel 和 Highveld Steel 都采用了直接还原工艺，可以将 90%的钒还原到铁水中，因此钒的总回收率可以显著提高。由于磁铁矿难以还原，因此将回转窑代替高炉用于还原操作，极大地限制了生产能力。因此，开发更有效的直接还原工艺对钒生产行业及低品位钒钛磁铁矿矿石的综合利用具有重要意义。

对于上述从钒钛磁铁矿提取钒的过程，废水和废渣的处理值得一提。尾矿可用作钢铁冶金工艺中的辅助材料。除钠盐焙烧过程的尾渣外，这是这些钒提取过程的主要目的之一。例如，Xiang 等人通过半熔融还原-磁选法从焙烧过程的尾矿中回收了 V、Cr、Fe，尾矿在 1300℃以上还原，可获得 V_2O_5 含量（质量分数）为 4.1%的生铁，V 的回收率达到 65%。废水主要在 APV 的生产过程中产生，通常包含 Na^+、NH_4^+ 和 V^{5+}。工业废水的处理方法是化学沉淀法，通过蒸发回收 Na^+和 NH_4^+。

1.4 钒钛磁铁矿中伴生铬的利用

1.4.1 普通钒渣中铬的利用及无害化处置

铬主要用于生产不锈钢、特种钢、电真空器件和太阳能电池等，是全球性的稀缺资源，我国铬资源更为紧缺，2020 年我国铬铁矿进口量为 1432.2 万吨，铬资源对外依赖程度达 99%以上。而我国钒钛磁铁矿中伴生铬资源，铬储量约为

900 万吨（以 Cr_2O_3 计），相当于我国已探明铬资源的 80%。

现有钒钛磁铁矿利用流程是将钒钛磁铁矿在高炉中进行冶炼，产生含钒铁水，含钒铁水在转炉中吹炼获得钒的富集物——钒渣，再通过高温钠化氧化焙烧，使钒渣中低价态的钒被氧化后，以可溶性盐形式浸出进入液相。铬是钒钛磁铁矿中的伴生元素，因铬、钒性质相近，在冶炼提钒流程走向一致，铬会随着钒进入含钒铁水、钒渣中，在钒渣钠化焙烧提钒过程，部分的铬会随着钒浸出进入含钒液。为了实现钒、铬的分离，含钒、铬的浸出液首先调节 pH 值在 2~2.5 加入铵盐沉钒获得多钒酸铵，在沉钒过程中，杂质铬留在主要含 Cr^{6+}、V^{5+}、NH_4^+、Na^+、SO_4^{2-}、SiO_3^{2-} 等的沉钒废水中。对于沉钒废水的处理，工业上主要采用化学还原法实现其中铬的脱除，如往沉钒废水中加入还原剂焦亚硫酸钠，使铬由六价还原为三价，钒由五价还原为四价或三价，再调节溶液 pH 值到 8 左右，使钒铬形成沉淀物析出，得到钒铬泥。

因此，铬是现有普通钒渣提钒过程必须分离的杂质元素，而钒铬泥是钒钛磁铁矿利用过程对铬集中处理后产生的毒害废渣，也是自然界中铬作为伴生物存在的两性金属矿物生产流程产生的典型危废。钒铬泥中 V 和 Cr 的含量（质量分数）分别可达到 5%~30%和 10%~30%，远高于钒钛磁铁矿等原矿中钒、铬的含量，极具资源化利用价值，年产生量 7 万~8 万吨。

为了实现钒铬泥的无害化资源化利用，已有研究多从钒铬泥中钒、铬的提取利用展开，可分为以下五种工艺路线：

（1）焙烧-浸出法；

（2）碱介质氧化剂氧化法；

（3）酸浸法；

（4）冶炼钒铬合金法；

（5）碱介质提钒-酸介质提铬分步提取法。

1.4.1.1 焙烧-浸出法

焙烧过程可分为加添加剂焙烧和空白焙烧。在有添加剂焙烧过程中，钒铬转变为相应的可溶性盐浸出到液相中，从而实现钒铬的提取。在空白焙烧过程中，低价态的钒被氧化为 V_2O_5，铬则转变为 Cr_2O_3，根据 V_2O_5 和 Cr_2O_3 的溶解度差异分离钒铬。一般而言，一步焙烧-浸出法只能实现钒的提取，铬的提取则需要进一步的氧化处理。

在钙化/钠化焙烧过程中，钒铬转变为相应的钙盐或钠盐浸出到溶液中。攀钢集团提出了一种氧化气氛下氧化钙焙烧-酸浸提钒的方法，钒的提取率达到 92%以上，但不能实现铬的同步提取，随后又开发了先碳酸钙焙烧-酸浸提取钒后氢氧化钠焙烧-水浸提取铬的两段焙烧浸出工艺，钒和铬的浸出率分别达到 93%和 96%。除了先钙化后钠化焙烧的两段工艺外，北京科技大学吴恩辉等人提出两步钠化焙烧处理钒铬泥的方法：第一步钠化焙烧温度为850℃，钒的提取率为88%，而铬基本不提取；第二步钠化焙烧温度为1100℃，铬的提取率达到80%。由于钒铬泥本身还有少部分钠盐，故在焙烧过程中可不添加钠盐实现钠化焙烧。锦州铁合金厂吴慎初等人利用钒铬泥本身含钠盐特性对其在反射炉内进行焙烧，焙烧温度800℃，获得74%以上的钒浸出率，但铬浸出率不足1.5%，浸出尾渣用于冶炼得到钒铬合金。

空白焙烧-碱浸法在焙烧过程钒铬反应生成中间产物$CrVO_4$，随后$CrVO_4$分解为V_2O_5和Cr_2O_3，因V_2O_5易溶于碱，而Cr_2O_3稳定难溶。基于此，采用碱浸使钒进入溶液实现钒铬的分离，铬富集在渣相再进行后续处理。东北大学杨合等人考察了焙烧过程并探讨了空白焙烧-碱浸条件对浸出钒的影响，在最佳工艺条件下钒、铬浸出率分别为88%和小于1%，铬在渣相中得到富集。攀钢集团蒋霖等采用空白焙烧-碱浸工艺处理攀钢钒铬泥，钒的回收率可达到93%，铬浸出率小于6%。

1.4.1.2　碱介质氧化剂氧化法

研究表明，钒铬泥直接碱浸，钒的浸出率可达68%，而铬则不能被浸出，添加如H_2O_2、$KClO_3$、过硫酸铵等氧化剂后，钒铬的浸出率有所提高。马闯等人以承钢钒铬泥为原料，采用先碱浸后H_2O_2氧化碱浸的方法实现钒铬分步提取，钒铬浸出率分别达到95%和92%。彭浩等人以攀钢钒铬泥为原料，以H_2O_2作为氧化剂实现钒铬共提，钒铬浸出率分别达到94%和90%。除了H_2O_2外，$KClO_3$、过硫酸铵、氧气也被用作钒铬泥氧化浸出的氧化剂。杨康等人对比了H_2O_2和$KClO_3$对钒铬泥的氧化效果，结果发现先在酸性条件下采用$KClO_3$氧化后于碱性条件下浸出钒铬泥的钒浸出率（80%）优于H_2O_2直接氧化（68%），但$KClO_3$酸性氧化-碱性浸出工艺烦琐且不能提取铬。另外，郭超等人对比了H_2O_2、过硫酸铵、氧气、空气对钒铬泥中钒铬的浸出率，见表1-21。对于钒的浸出，氧气和空气的效果最佳，同时铬富集在渣相中，可实现钒铬在渣相中的分离；而对于铬的浸出，采用H_2O_2是更好的选择。在碱介质中添加氧化剂有利于实现钒铬泥中钒铬共提，但条件较为苛刻。

表1-21　不同氧化剂浸出钒铬泥的效果对比

氧化剂	浸出率/%	
	V	Cr
H_2O_2	71.5	23.5
过硫酸铵	58.7	0.52
氧气	97.3	2.2
空气	95.7	0.16

1.4.1.3 酸浸法

钒铬泥中的铬以 $Cr(OH)_3$ 存在，采用酸浸法更容易实现铬的提取。硫酸浓度对钒铬浸出率影响较大，当硫酸浓度从 1mol/L 增加至 2mol/L 时，钒和铬的浸出率分别从 0.06%、0.03%增加至 75.81%、92.11%。酸性条件下钒铬泥中的铁及少量的钙、镁、硅也会浸出至液相，导致后续杂质分离困难、浸出液过滤性能差。

1.4.1.4 冶炼钒铬合金法

冶炼钒铬合金法是将钒铬泥在高温下先除去硫、磷、碳等杂质，然后用还原剂将钒、铬、铁还原为金属单质，进而得到钒、铬等多元合金。锦州铁合金厂将钒铬泥的焙烧熟料混合一定比例的铝粉、氯酸钾、石灰，装炉冶炼得到钒铬合金，合金中的 V、Cr、Si、Fe、S 含量（质量分数）分别为 20%、60%、9%、4%、1%，含 S 较高，V、Cr、Si、S 的回收率分别为 69%、76%、58%、15%。葛秉礼等人采用碱预处理钒铬泥后，除去部分钒的同时使铬富集，得到的浸出渣冶炼钒铬合金得到高 Cr 合金，合金含 Cr 质量分数大于 82%、含 S 质量分数为 0.035%，钒和铬的回收率分别达到 75%和 99%。王文等人先将钒铬泥经过回转窑焙烧除去有害元素 S、P、C 后得到富含钒和铬的熟料，按一定比例加入硅铁和石灰，在电炉内进行还原冶炼合金，可得到 $w(V) = 15\%$、$w(Cr) = 44\%$、$w(Si) = 14\%$ 的 VCrSi 复合合金。冶炼钒铬合金法得到的合金中有害杂质 S、P、C 含量高，合金质量差，仅停留在研究阶段，未能推广应用。

1.4.1.5 碱介质提钒-酸介质提铬分步提取法

如前所述，V(Ⅴ) 和 Cr(Ⅲ) 在碱介质中的溶解度存在很大的差异性，利用这种差异性，先在碱介质中加入弱氧化剂选择性氧化浸出钒，而 $Cr(OH)_3$ 由于结构稳定不能被氧化浸出，得到的尾渣再酸浸提铬，从而实现钒铬分步提取。中国科学院过程工程研究所张洋等采用碱介质氧化浸出-酸性浸出的方法实现钒铬在原料中的分离回收，先将钒铬泥经三级逆流水洗预处理后，在碱介质中选择性氧化低价钒后浸出，浸出液冷却结晶可得到正钒酸钠产品；提钒尾渣酸性浸出，酸性浸出的含铬酸液经过杂质脱除工艺后，调节 pH 值进而得到碱式硫酸铬产品。该工艺可实现钒铬的分步提取，但铬产品制备阶段杂质脱除难，硫酸铬产品纯度难保障。

1.4.2 高铬型钒钛磁铁矿中铬的利用

攀西地区近 36 亿吨高铬型钒钛磁铁矿（红格矿）资源为攀枝花四大矿区之首，与周边的攀枝花矿、白马矿等资源不同，红格矿除富含铁、钒、钛等金属外，还共伴生铬、镍、钴等金属，是我国为数不多的特大型多元素共生矿，具有很高的综合利用价值。红格矿原矿中铁、钒的品位与攀西其他矿区的原矿品位相当，钛品位比其他矿区高10%左右；铬的储量以 Cr_2O_3 计约900万吨，Cr_2O_3 品位为0.25%，是其他矿区的5~10倍，经过选矿后的铁精矿 Cr_2O_3 品位可达到1%，是 V_2O_5 品位的2倍左右。红格矿属高铬型钒钛磁铁矿，是攀西地区唯一尚未规模化开发利用的矿区。

为保证攀西红格矿能够规模化、集约化回收，《钒钛资源综合利用和产业发展“十二五”规划》建议，在铬、镍、钴等共伴生金属资源能够综合回收利用以前，作为我国紧要的战略资源贮备，权且进行封闭性保护措施。迄今为止，尚未对攀西地区的红格钒钛磁铁矿资源进行规模化开发利用。由于我国铬资源匮乏，每年都需要高成本大量进口，因此，在开发利用红格南矿时，必须同时考虑铁、钒、铬、钛等有价元素的综合利用。研究表明，“高炉炼铁-转炉提钒铬”是目前最为成熟、最具产业化前景的工艺流程，采用该流程钒和铬共存于渣中，即钒铬渣。钒铬渣是进一步回收钒、铬的原料，由于钒、铬性质十分相似，从钒铬渣中如何经济有效地提取及分离钒、铬一直是红格矿综合开发利用的核心技术难题，也是制约红格矿能否大规模开发的主要因素。

目前工业生产氧化钒、铬盐的主要原料是钒渣和铬铁矿，主流工艺均为钠化焙烧-水浸工艺，但两者钠化焙烧温度差异较大。其中，钒渣钠化焙烧温度一般为800~850℃，钒转浸率为85%~90%；铬铁矿钠化焙烧温度一般为1050~1150℃，铬浸出率约80%。钒铬渣按照已有工艺配碱后在800~850℃焙烧时，钒浸出率较高，但铬浸出率较低，不能有效回收铬资源；焙烧温度提高到950℃以上，铬浸出率适当提高，但会出现明显的物料烧结和钒浸出率降低的现象，难以产业化。

为实现钒铬渣中钒、铬的分离提取，现有钒铬渣分离提取钒铬研究的技术思路主要有两种：一种是使钒和铬同时进入溶液，然后从溶液中分离钒与铬，代表性工艺为攀钢集团自主开发的高碱钠化焙烧-水浸提钒铬；另一种是钒、铬分步提取技术，第一步只控制钒进入溶液，铬残留在提钒尾渣中并进一步回收，代表性工艺包括一次钠化焙烧提钒-二次钠化焙烧提铬（两次焙烧温度分别为830℃和1100℃，钒、铬浸出率分别为88.6%和80%）、一次钙化焙烧提钒-二次钠化焙烧提铬（两次焙烧温度均为950℃，钒、铬浸出率均为95%左右）、钒铬渣焙烧-浸出提钒-含铬残渣冶炼铬铁和空白焙烧提钒-尾渣还原制备含铬铁合金等。

1.4.2.1 钒铬渣钠化焙烧钒铬共提技术

钒铬渣中的铬含量与铬盐企业的提铬尾渣铬含量相当，因铬含量低，作为单独的提铬原料工艺成本高，经济上不合理，采用钠化焙烧同步提取钒铬的工艺比一次焙烧提钒-二次焙烧提铬的两次焙烧分步提取钒和铬工艺更为合适；与萃取、离子交换、水解沉钒等钒铬溶液分离工艺相比，选择铵盐沉钒有可能直接获得合

格的钒产品，有利于缩短钒产品制备工艺流程，降低生产成本；分离钒后的铬溶液利用铬行业成熟的工艺技术加工成高附加值的三氧化二铬（铬盐四大主要产品之一），可直接销售或者进一步加工成金属铬；沉淀钒铬后的废水中含有硫酸钠和硫酸铵，铵盐分离后可循环用于沉钒，也有利于提高副产物硫酸钠的纯度。基于上述分析，攀钢研究设计了“钒铬渣钠化焙烧-水浸-铵盐沉钒-还原沉铬-废水分步结晶”工艺，具体工艺流程如图 1-21 所示。

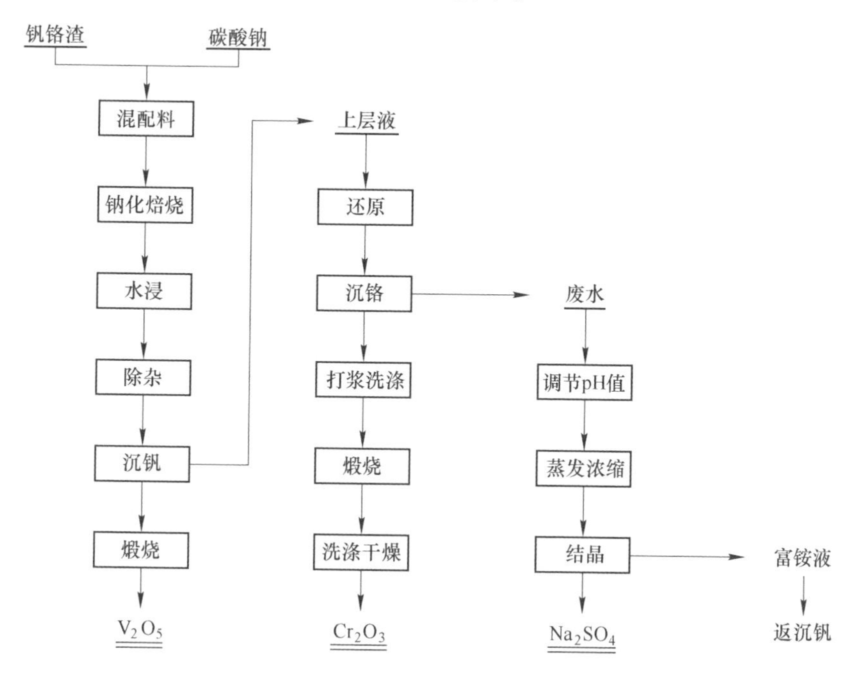

图 1-21　攀钢钒铬渣钠化焙烧提钒铬工艺流程

该工艺取得的主要进步如下。

（1）钒铬渣低温钠化焙烧钒铬同步转化及温度制度控制技术。针对铬铁尖晶石氧化分解温度高，钒、铬转化温度差异大导致钒铬渣钠化焙烧时铬浸出率低的问题，采取提高碳酸钠配比钠化焙烧技术措施降低铬的转化温度，实现了钒铬渣低温钠化焙烧钒、铬同步高效转化，工艺参数为：钒铬渣粒度-0.074mm，碳酸钠用量 50%～53%，焙烧时间 60～70min 和焙烧温度 790～850℃，相应的钒、铬浸出率分别为 98.31%和 93.53%。针对钒铬渣钠化焙烧产业化过程中出现的物料氧化反应放热造成回转窑窑尾温度升高、结圈等问题，通过配加熟料吸收反应热的技术措施，实现了工业回转窑温度制度的稳定控制。

（2）钒铬溶液低成本选择性分离技术。针对钒铬溶液沉钒存在的沉钒率低、钒产品质量差的问题，通过控制溶液中钠、铬离子浓度并采取酸性铵盐沉钒的技术措施，提高了沉钒率并降低了钒产品钠含量，钒产品质量满足相应标准要求，实现了钒铬溶液低成本选择性分离。

（3）沉钒铬废水铵、钠分离及资源化利用技术。针对行业废水处理典型工艺存在的工艺成本高和副产物硫酸钠产量增大的问题，通过废水体系结晶规律基础理论和 Na^{+}、$NH_4^{+}\parallel SO_4^{2-}$-$H_2O$ 等温相图的研究，提出了沉钒铬废水分步结晶和铵盐循环利用的技术措施，利用少量廉价的硫酸替代大量昂贵的氢氧化钠，使工艺成本大幅度降低，形成了沉钒铬废水铵、钠分离及资源化利用技术。

上述研究成果于 2017 年 7 月在攀钢集团钒钛资源股份有限公司攀枝花钒制品厂 20000t/a 氧化钒（V_2O_5）工业生产线上试用，并完成了“7 万吨高铬型钒钛磁铁矿高炉-转炉冶炼工业试验”，所得钒铬渣生产氧化钒和三氧化二铬。试用期间得到的五氧化二钒、三氧化二铬产品质量分别满足 YB/T 5304—2017 和 HG/T 2775—2010 标准要求，全流程钒收率为 92.88%，铬收率为 86.34%。

该工艺与传统的钒渣钠化焙烧-水浸提钒工艺相似，技术成熟；不足之处在于铬产品定位三氧化二铬，且采用还原沉淀的方式制备，应用领域受限，总体市场容量较小，副产固废硫酸钠量大、难处理。

另外，东北大学薛向欣等为提取高铬钒渣中的钒铬，选用高铬钒渣外配部分菱镁矿进行钠化焙烧-水浸-酸性铵盐沉钒-还原沉氢氧化铬的方法来实现高铬型钒钛磁铁矿中钒铬的提取分离，其工艺基本参数为 1∶1.6 的碱比，外配 1/10 的菱镁矿，在 750℃条件下焙烧 1h，能浸出约 80%的钒和 70%的铬。含钒和铬的溶液经沉钒煅烧制得纯度为 99%的五氧化二钒产品，经还原沉铬煅烧制得纯度为 85%的三氧化二铬产品。

1.4.2.2 钒铬渣钒铬分步提取技术

吴恩辉、杨绍利等通过对钒铬渣物相进行研究，认为钒铬渣尖晶石相位于内部，硅酸盐相包裹在尖晶石相外部；热力学分析表明，在钒铬渣氧化钠化过程中，生成钒酸钠比生成铬酸钠具有明显优势，可通过控制焙烧温度及碳酸钠添加比例，采用两步氧化钠化焙烧分离钒、铬。钒铬渣氧化钠化焙烧提钒适宜的工艺参数为：一次焙烧温度 830℃，焙烧时间 2.5h，Na_2CO_3 与渣中 V_2O_5 的质量比 1.3，钒的浸出率均值为 88.6%，铬的浸出率均值为 1.28%，一次焙烧熟料的主要物相为 Fe_2O_3、$FeTiO_3$、$Na_2Si_2O_3$、$NaVO_3$ 和 Cr_3O_8；二次焙烧温度 1100℃，焙烧时间 2.5h，Na_2CO_3 与渣中 Cr_2O_3 的质量比 2.4，铬浸出率为 80%，提钒残渣氧化钠化过程中 Na_2CrO_4 的生成主要是通过 CrO_3 与 Na_2SiO_3 发生的置换反应进行的。

重庆大学李鸿乂等公开了一种从转炉钒铬渣中提取钒和铬的方法（专利 CN103614566A），该专利采用两步钠化焙烧的方法提取钒铬，总体思路为：第一步采用传统的钠化焙烧提钒方法，将钒铬渣配加 20%～30%的碳酸钠在 800℃焙

烧 2h，水浸得到钒含量高、铬含量低的浸出液，该溶液可正常沉钒。浸出后的残渣中 V 和 Cr 含量（质量分数）分别为 1.59%和 4.5%；钒浸出率 88.26%，铬浸出率 7.21%。第二步采用钠化焙烧提铬的方法，将提钒后的残渣配加约 50%碳酸钠后在 950℃焙烧 2h，钒、铬进入溶液，两次焙烧总的钒浸出率 98.9%、铬浸出率 95.7%。

东北大学姜涛、温婧等采用一次钙化焙烧提钒-二次钠化焙烧提铬工艺提取钒和铬，两次焙烧温度均为 950℃，得到的钒、铬浸出率均为 95%左右。孙红艳、温婧等认为，钒铬渣钙化焙烧过程中钒元素与钙元素通常结合形成钒酸钙，而大部分铬与铁结合形成铁铬固溶体，少量生成铬酸钙；在后续浸出过程中，钒元素绝大部分进入浸出液，铬主要残留在提钒尾渣中，从而实现钒、铬分离。以钒铬渣为原料的钙化焙烧工艺虽能实现钒与铬的有效分离，但钒回收率略低，且尾渣中含大量的硫，难以资源化利用。为了实现尾渣的资源化利用，温婧等开发了钒铬渣锰盐焙烧酸浸工艺。锰盐在焙烧过程中与钒结合生成钒酸锰，浸出时锰离子不被硫酸根沉淀，不会干扰钒浸出且尾渣基本不含硫。后续锰离子还可被沉淀并继续投入焙烧工序，实现工艺闭路循环。

两步焙烧法可避免钒铬同时进入溶液而带来的分离困难的问题，但两步焙烧能耗高、钙化提钒/钠化提钒时部分铬将会进入含钒浸出液，对后续沉钒和废水循环利用造成困难。

徐红彬等提出了一种钒铬渣提钒及联产铬基合金的工艺方法（专利 CN104313361A），该方法使用钙盐或镁盐为添加剂与钒铬渣一起焙烧选择性氧化其中的钒，然后使用氨水、铵盐或碳酸钠、碳酸氢钠溶液为浸取剂提钒，含铬尾渣配加铬铁矿冶炼铬铁合金或硅铬合金。该方法较好地实现了钒、铬分离，而且含铬尾渣也得到了无害化综合利用。但是，该方法存在铬被部分浸出会对钒的后续分离产生影响、铵浸取剂用量大、钠盐为浸取剂会使尾渣中钠含量升高而影响后续合金冶炼等问题。李明等公布了一种钒铬渣焙烧酸浸提钒制备钒铬合金的方法（专利号 CN112011693A），将钒铬渣以碱土金属氧化物或盐为添加剂在 700~950℃焙烧，焙烧熟料在 pH 值为 2.5~3.0 及 0.5~2.0 两级酸浸选择性提钒，含钒液经铵盐沉钒获得多钒酸铵，尾渣经低 pH 值浸出脱磷，并与碳酸盐反应脱硫，脱除磷硫后的含铬尾渣经还原熔炼得到含铬生铁，再进一步添加合金元素冶炼得到钒铬合金产品，全程钒收率 92.5%，铬收率 85.6%，实现了钒铬的高效分步提取，废水可在系统内循环，废渣资源化利用。

攀钢集团的高官金、付自碧等公开了一种钒铬渣空白焙烧提钒-含铬尾渣与现有提铬工艺对接的方法（CN107699705A），该方法在 600~900℃对钒铬渣进行空白氧化焙烧，使其中的钒选择性氧化，焙烧熟料用 $pH<6$ 或 $pH>9$ 的水溶液将钒浸出，所得浸出液中 Cr 含量在 0.1g/L 以下，铬浸出率极低，而钒浸出率可达

99%以上。同时，提钒后剩余的含铬尾渣可对接现有提铬工艺，进一步实现铬的回收。

为了避免高温焙烧过程带来的尾渣含钠及六价铬，东北大学张廷安等以转炉钒渣为原料，采用无焙烧直接加压酸浸的方法进行了实验室试验研究，以-75μm（-200 目）钒渣为原料，在液固比 10：1、浸出反应温度 130℃、初始的酸浓度 200g/L、浸出反应时间 120min、搅拌转速 500r/min 的条件下酸浸，获得的钒浸出率 98.06%，铬浸出率 93.86%。酸浸液用亚硫酸钠进一步还原、调节 pH=2 后用萃取的方法将钒分离。

以上分步提钒铬技术均取得一定效果，但均停留在实验室开发阶段，未进行进一步放大扩试及产业化应用。

1.5 本章小结

现行主流钒渣钠化焙烧提钒工艺简单，产品质量较好，但存在钒回收率低、铬不能回收、环境代价高等资源环境问题，具体表现在以下几个方面。

（1）钒铁尖晶石结构稳定，且钒渣高温气固焙烧传质效果差，使得钒回收率不足 80%。钒渣中钒主要以致密的钒铁尖晶石结构存在，化学矿相稳定，需高温分解；而在高温气固焙烧过程中，氧气传质效果差，很难实现钒铁尖晶石的充分氧化，即使采用多次高温焙烧，钒的单程回收率也只有 80%。

（2）铬铁尖晶石较钒铁尖晶石更难分解，使得铬不能回收利用。钒渣中铬以铬铁尖晶石结构存在，其钠化氧化焙烧需 1150℃以上的高温，大大高于钒铁尖晶石分解温度。在现有 850℃钒渣提钒条件下，铬铁尖晶石基本不能被分解，铬基本不能回收，未利用的铬资源随尾渣废弃，极易造成二次污染。

（3）受钒渣中硅含量高、钠盐产物熔点低的限制，难以通过提高温度的方法提高钒、铬的回收率。钒渣中二氧化硅含量（质量分数）达 20%以上，高温焙烧过程以硅酸盐为主体成分的熔化玻璃体包裹在尖晶石周围，阻碍氧的传质、扩散和钒酸盐的生成；而提高反应温度将使焙烧料中的液相量显著增多，物料易黏结，致使反应传质效果变差并引起结圈结窑，甚至导致焙烧设备不能正常顺行。

（4）现有工艺使用钠盐添加剂及铵盐原料，产生大量有害废气与高盐度氨氮废水。由于使用食盐或芒硝等钠盐添加剂，钒渣高温焙烧过程中会产生含 HCl、Cl_2、SO_2 的有毒有害气体；此外，沉钒过程加入氯化铵或硫酸铵等铵盐原料进行复分解反应，将会产生大量含硫酸钠或氯化钠的高盐度、高氨氮的沉钒废水，严重污染环境，且治理代价大。

因此，钒渣提钒的出路在于建立一种从生产源头实现钒铬共提且消除污染的清洁生产技术，将资源高效综合利用与环境污染治理有效结合，从根本上破除制约钒产业发展的瓶颈，为我国钒渣资源高效清洁利用提供技术支撑，实现我国钒产业的绿色化升级。

参考文献

[1] Rostoker B W. The metallurgy of vanadium [M]. New York: John Wiley & Sons, 1958.

[2] 杨守志．钒冶金 [M]. 北京：冶金工业出版社，2010.

[3] 廖世明，柏谈论．国外钒冶金 [M]. 北京：冶金工业出版社，1985.

[4] Imtiaz M, Rizwan M S, Xiong S, et al. Vanadium, recent advancements and research prospects: A review [J]. Environ Int, 2015, 80: 79-88.

[5] Yang J, Teng Y, Wu J, et al. Current status and associated human health risk of vanadium in soil in China [J]. Chemosphere, 2017, 171: 635-643.

[6] Clark R J H, Brown. The chemistry of vanadium, niobium and tantalum [M]. Oxford: Pergamon Press, 1975.

[7] Kornilov I I , Matveeva N M. The metal chemistry of vanadium [J]. Russian Chemical Reviews, 1962, 31 (9): 512-528.

[8] Costa Pessoa J. Thirty years through vanadium chemistry [J]. J Inorg Biochem: 2015, 147: 4-24.

[9] El-Nadi Y A, Awwad N S, Nayl A A. A comparative study of vanadium extraction by Aliquat-336 from acidic and alkaline media with application to spent catalyst [J]. International Journal of Mineral Processing: 2009, 92 (3/4): 115-120.

[10] 波良可夫．钒冶金原理 [M]. 北京：中国工业出版社，1962.

[11] 杨绍利．钒钛材料 [M]. 北京：冶金工业出版社，2007.

[12] 陈东辉．钒产业 2015 年年度评价 [J]. 河北冶金，2016 (11): 1-9.

[13] 陈东辉．钒产业 2016 年年度评价 [J]. 河北冶金，2017 (10): 8-17.

[14] 陈东辉．钒产业 2017 年年度评价 [J]. 河北冶金，2018 (12): 1-6，72-80.

[15] 陈东辉．钒产业 2018 年年度评价 [J]. 河北冶金，2019 (8): 5-15，82.

[16] 陈东辉．钒产业 2019 年年度评价 [J]. 河北冶金，2021 (1): 1-11，27.

[17] Langeslay R R, Kaphan D M, Marshall C L, et al. Catalytic applications of vanadium: a mechanistic perspective [J]. Chemical Reviews, 2018, 119 (4): 2128-2191.

[18] 杨绍利，彭富昌，潘复生，等．钒系催化剂的研究与应用 [J]. 材料导报，2008，22 (4): 53-56.

[19] Sutradhar M, Pombeiro A J L, Silva J A L D. Vanadium catalysis [M]. Royal Society of Chemistry, 2020.

[20] Nikiforova A, Kozhura O, Pasenko O. Leaching of vanadium by sulfur dioxide from spent catalysts for sulfuric acid production [J]. Hydrometallurgy, 2016, 164: 31-37.

[21] Eriksen K M, Fe Hrmann R, Bjerrum N J. ESR investigations of sulfuric acid catalyst deactiva-

tion [J]. Journal of Catalysis, 1991, 132 (1): 263-265.

[22] BS Bal' Zhinimaev, Belyaeva N P, Reshetnikov S I, et al. Phase transitions in a bed of vanadium catalyst for sulfuric acid production: experiment and modeling [J]. Chemical Engineering Journal, 2001, 84 (1): 31-41.

[23] Wu J Q, Li Y S. Well-defined vanadium complexes as the catalysts for olefin polymerization [J]. Coordination Chemistry Reviews, 2011, 255 (19-20): 2303-2314.

[24] Duprez D, Cavani F. Handbook of advanced methods and processes in oxidation catalysis: From laboratory to industry [M]. World Scientific, 2014.

[25] 杨超，程华，黄碧纯．工业催化抗 SO_2 和 H_2O 中毒的低温 NH_3-SCR 脱硝催化剂研究进展 [J]. 化工进展，2014，33 (4)：907-913.

[26] 谭青，冯雅晨．我国烟气脱硝行业现状与前景及 SCR 脱硝催化剂的研究进展 [J]. 化工进展，2011 (S1)：5.

[27] Zheng Y, Jensen A D, Johnsson J E. Deactivation of V_2O_5-WO_3-TiO_2 SCR catalyst at a biomass-fired combined heat and power plant [J]. Applied Catalysis B Environmental, 2005, 60 (3-4): 253-264.

[28] Choi C, Kim S, Kim R, et al. A review of vanadium electrolytes for vanadium redox flow batteries [J]. Renewable and Sustainable Energy Reviews, 2017, 69: 263-274.

[29] Parasuraman A, Lim T M, Menictas C, et al. Review of material research and development for vanadium redox flow battery applications [J]. Electrochimica Acta, 2013, 101: 27-40.

[30] Bhattarai A, Wai N, Schweiss R, et al. Advanced porous electrodes with flow channels for vanadium redox flow battery [J]. Journal of Power Sources, 2017, 341: 83-90.

[31] Yao J, Li Y, Massé R C, et al. Revitalized interest in vanadium pentoxide as cathode material for lithium-ion batteries and beyond [J]. Energy Storage Materials, 2018, 11: 205-259.

[32] 王欣然．两性金属化合物在高性能锂离子电池电极材料制备中的应用 [D]. 北京：中国科学院研究生院（过程工程研究所），2016.

[33] 杜光超．钒在非钢铁领域应用的研究进展 [J]. 钢铁钒钛，2015，36 (2)：49-56.

[34] 谭红艳，韩爱军，叶明泉．新型无机黄色颜料钒酸铋的研究进展 [J]. 材料导报，2009，23 (z1)：172-174，177.

[35] 王凡．钒酸铋颜料的合成，结构及性能研究 [D]. 北京：北京师范大学，2000.

[36] 李伟洲，李月巧，梁天权，等．铋钒氧系颜料的研究进展 [J]. 材料导报，2006，20 (6)：49-51，55.

[37] Suwalsky M, Fierro P, Villena F, et al. Human erythrocytes and neuroblastoma cells are in vitro affected by sodium orthovanadate [J]. Biochim Biophys Acta, 2012, 1818 (9): 2260-2270.

[38] Wu Y, Ma Y, Xu Z, et al. Sodium orthovanadate inhibits growth of human hepatocellular carcinoma cells in vitro and in an orthotopic model in vivo [J]. Cancer Lett, 2014, 351 (1): 108-116.

[39] Rehder D. Implications of vanadium in technical applications and pharmaceutical issues [J]. Inorganica Chimica Acta, 2017, 455: 378-389.

[40] Polyak D E. Vanadium, In Mineral commodity summaries 2020: U. S. Geological Survey [M]. U. S. Geological Survey, 2020.

[41] Moskalyk R R, Alfantazi A M. Processing of vanadium: A review [J]. Minerals Engineering, 2003, 16: 793-805.

[42] 黄道鑫. 提钒炼钢 [M]. 北京: 冶金工业出版社, 2000.

[43] 张一敏. 石煤提钒 [M]. 北京: 科学出版社, 2014.

[44] Gao F, Olayiwola A U, Liu B, et al. Review of vanadium production part I: Primary resources [J]. Mineral Processing and Extractive Metallurgy Review, 2021: 1-23.

[45] Schulz K J, Deyoung J H, Seal R R, et al. Critical mineral resources of the United States—Economic and environmental geology and prospects for future supply [J]. U. S. Geological Survey Professional Paper, 2017, 1802: 1-36.

[46] 陈东辉. 钒产业2020年年度评价 [J]. 河北冶金, 2021 (12): 33-43.

[47] 曾瑞, 郝永利. 废弃SCR催化剂回收利用项目建设格局的分析 [J]. 中国环保产业, 2014 (9): 5.

[48] Liu W, Chen X, Li W, et al. Environmental assessment, management and utilization of red mud in China [J]. Journal of Cleaner Production, 2014, 84, 606-610.

[49] Gilligan R, Nikoloski A N. The extraction of vanadium from titanomagnetites and other sources [J]. Minerals Engineering, 2020, 146: 1-18.

[50] 付自碧. 钒钛磁铁矿提钒工艺发展历程及趋势 [J]. 中国有色冶金, 2011, 40 (6): 29-33.

[51] Dean J A. Lange's handbook of chemistry (Vol. 15) [M]. New York: McGraw-Hill, 1992.

[52] Li H, Wang C, Yuan Y, et al. Magnesiation roasting-acid leaching: A zero-discharge method for vanadium extraction from vanadium slag [J]. Journal of Cleaner Production, 2020: 1-10.

[53] Li M, Du H, Zheng S, et al. Extraction of vanadium from vanadium slag via non-salt roasting and ammonium oxalate leaching [J]. JOM, 2017a, 69: 1970-1975.

[54] Li M, Liu B, Zheng S, et al. A cleaner vanadium extraction method featuring non-salt roasting and ammonium bicarbonate leaching [J]. Journal of Cleaner Production, 2017b, 149: 206-217.

[55] Li M, Zheng S, Liu B, et al. A clean and efficient method for recovery of vanadium from vanadium slag: nonsalt roasting and ammonium carbonate leaching processes [J]. Mineral Processing and Extractive Metallurgy Review, 2017c, 4: 228-237.

[56] Wen J, Jiang T, Wang J, et al. Cleaner extraction of vanadium from vanadium-chromium slag based on MnO_2 roasting and manganese recycle [J]. Journal of Cleaner Production, 2020, 261: 1-10.

[57] 陈厚生. 钒渣石灰焙烧法提取V_2O_5工艺研究 [J]. 钢铁钒钛, 1992, 13 (6): 1-9.

[58] Greenwood N N, Earnshaw A. Chemistry of the Elements [M]. Elsevier, 2012.

[59] 张萍, 蒋馥华, 何其荣. 低品位钒矿钙化焙烧提钒的可行性 [J]. 钢铁钒钛, 1993, 14 (2): 20-22.

[60] Jiang J, Ye G, Zhang S. Process in direct acid leaching vanadium from stone coal [J]. Mining and Metallurgy, 2016, 25: 35-39.

[61] Wang M, Zhang G, Wang X, et al. Solvent extraction of vanadium from sulfuric acid solution [J]. Rare Metals, 2009, 28: 209-211.

[62] Soldi T, Pesavento M, Alberti G. Separation of vanadium (Ⅴ) and -(Ⅳ) by sorption on an iminodiacetic chelating resin [J]. Analytica Chimica Acta, 1996, 323: 27-37.

[63] Zhang P, Inoue K, Yoshizuka K, et al. Extraction and selective stripping of molybdenum (Ⅵ) and vanadium (Ⅳ) from sulfuric acid solution containing aluminum (Ⅲ), cobalt (Ⅱ), nickel (Ⅱ) and iron (Ⅲ) by LIX 63 in Exxsol D80 [J]. Hydrometallurgy, 1996, 41: 45-53.

[64] Zhang Y, Fan B, Peng D, et al. Technology of extracting V_2O_5 from the stone coal acid-leaching solution with TOA [J]. Journal of Chengdu University of Technology, 2001, 28: 107-110.

[65] Bal Y, Bal K E, Cote G. Kinetics of the alkaline stripping of vanadium (Ⅴ) previously extracted by Aliquat® 336 [J]. Minerals engineering, 2002, 15: 377-379.

[66] Lozano L J, Godınez C. Comparative study of solvent extraction of vanadium from sulphate solutions by primene 81R and alamine 336 [J]. Minerals Engineering, 2003, 16: 291-294.

[67] Hu J, Wang X, Xiao L, et al. Removal of vanadium from molybdate solution by ion exchange [J]. Hydrometallurgy, 2009, 95: 203-206.

[68] Li Q, Zeng L, Xiao L, et al. Completely removing vanadium from ammonium molybdate solution using chelating ion exchange resins [J]. Hydrometallurgy, 2009, 98: 287-290.

[69] Zeng L, Li Q, Xiao L. Extraction of vanadium from the leach solution of stone coal using ion exchange resin [J]. Hydrometallurgy, 2009, 97: 194-197.

[70] Huang J, Su P, Wu W, et al. Concentration and separation of vanadium from alkaline media by strong alkaline anion-exchange resin 717 [J]. Rare Metals, 2010, 29: 439-443.

[71] Li X, Wei C, Deng Z. Selective solvent extraction of vanadium over iron from a stone/black shale acid leach solution by D2EHPA/TBP [J]. Hydrometallurgy, 2011b, 105: 359-363.

[72] Li X, Wei C, Wu J, et al. Co-extraction and selective stripping of vanadium (Ⅳ) and molybdenum (Ⅵ) from sulphuric acid solution using 2-ethylhexyl phosphonic acid mono-2-ethylhexyl ester [J]. Separation and Purification Technology, 2012, 86: 64-69.

[73] Zhang J, Zhang W, Zhang L, et al. A critical review of technology for selective recovery of vanadium from leaching solution in V_2O_5 production [J]. Solvent Extraction & Ion Exchange, 2014c, 3: 221-248.

[74] 梁坚. 钒钛磁铁矿提钒的氧化焙烧过程的探讨 [J]. 广西化工技术, 1975 (4): 50-60.

[75] 张仁礼. 芬兰钠化球团——湿法提钒 [J]. 烧结球团, 1979 (3): 58-69.

[76] 李兰杰, 张力, 郑诗礼, 等. 钒钛磁铁矿钙化焙烧及其酸浸提钒 [J]. 过程工程学报, 2011, 11 (4): 573-578.

[77] Zhang Y, Yi L, Wang L, et al. A novel process for the recovery of iron, titanium, and vanadium from vanadium-bearing titanomagnetite: sodium modification - direct reduction coupled process [J]. International Journal of Minerals, Metallurgy, and Materials, 2017b, 24:

504-511.

[78] Zhu X, Li W, Guan X. Vanadium extraction from titano-magnetite by hydrofluoric acid [J]. International Journal of Mineral Processing, 2017, 157 : 55-59.

[79] Zheng H, Sun Y, Jin W, et al. Vanadium extraction from vanadium-bearing titanomagnetite by selective chlorination using chloride wastes ($FeCl_x$) [J]. Journal of Central South University, 2017, 24: 311-317.

[80] Wu K, Wang Y, Wang X, et al. Co-extraction of vanadium and chromium from high chromium containing vanadium slag by low-pressure liquid phase oxidation method [J]. Journal of Cleaner Production, 2018, 203: 873-884.

[81] Xiang J, Huang Q, Lv X, et al. Effect of mechanical activation treatment on the recovery of vanadium from converter slag [J]. Metallurgical and Materials Transactions B, 2020, 48: 2759-2767.

[82] Wen J, Jiang T, Zhou W, et al. A cleaner and efficient process for extraction of vanadium from high chromium vanadium slag: Leaching in $(NH_4)_2SO_4$-H_2SO_4 synergistic system and NH_4^+ recycle [J]. Separation and Purification Technology, 2019, 216: 126-135.

[83] Li H, Wang K, Hua W, et al. Selective leaching of vanadium in calcification-roasted vanadium slag by ammonium carbonate [J]. Hydrometallurgy, 2016, 160: 18-25.

[84] 罗小兵，冯雅丽，李浩然，等．湿法浸出黏土钒矿中钒的研究 [J]. 矿冶工程，2007，27 (6)：48-50，53.

[85] 北京科技大学．一种提取钢铁厂钒渣中钛、铁、锰、钒和铬的方法 [P]. 中国专利：105838892A.

[86] Xiang J, Huang Q, Lv X, et al. Extraction of vanadium from converter slag by two-step sulfuric acid leaching process [J]. Journal of Cleaner Production, 2018, 170: 1089-1101.

[87] Yang H, Jing L, Zhang B. Recovery of iron from vanadium tailings with coal-based direct reduction followed by magnetic separation [J]. Journal of Hazardous Materials, 2011, 185 (2-3): 1405-1411.

[88] Ji Y, Shen S, Liu J, et al. Cleaner and effective process for extracting vanadium from vanadium slag by using an innovative three-phase roasting reaction [J]. Journal of Cleaner Production, 2017, 149: 1068-1078.

[89] 韩吉庆，张力，崔东，等．提钒后钒钛磁铁精矿直接还原研究 [J]. 材料与冶金学报，2018，17 (2)：101-106，113.

[90] Xiang J, Huang Q, Lv W, et al. Co-recovery of iron, chromium, and vanadium from vanadium tailings by semi-molten reduction-magnetic separation process [J]. Canadian Metallurgical Quarterly, 2018, 3: 262-273.

[91] 王震宇，王少伟，周雅平．钒冶金废水污泥资源化利用 [J]. 冶金与材料，2018，38 (4)：164-167.

[92] 攀钢集团攀枝花钢铁研究院有限公司．一种从钒铬渣中分离回收钒和铬的方法 [P]. 中国专利：104357671B，2018.

[93] 攀钢集团攀枝花钢铁研究院有限公司．一种从钒铬渣中分离回收钒和铬的方法［P］．中国专利：104178637B，2016.
[94] 吴恩辉，朱荣，杨绍利，等．钒铬渣两步氧化钠化焙烧分离钒，铬［J］．稀有金属，2015，39（12）：1130-1138.
[95] 吴慎初．钒，铬共沉渣的综合利用［J］．环境工程，1990，8（3）：25-31.
[96] 杨合，毛林强，薛向欣．煅烧-碱浸法从钒铬还原渣中分离回收钒铬［J］．化工学报，2014，65（3）：948-953.
[97] 蒋霖，伍珍秀．钒铬还原渣富氧焙烧-碱浸提钒工艺研究［J］．现代化工，2015，35（3）：87-89，91.
[98] 马闯，高峻峰，黄振宇，等．从含钒铬泥中提取V，Cr的工艺研究［J］．稀有金属与硬质合金，2016，44（3）：17-20.
[99] 彭浩，郭静，李港，等．H_2O_2强化钒铬还原渣中钒和铬的浸出［J］．钢铁钒钛，2018，39（4）：24-29.
[100] Yang K，Zhang X，Tian X，et al. Leaching of vanadium from chromium residue［J］. Hydrometallurgy，2010，103（1-4）：7-11.
[101] 郭超，张洋，乔珊，等．钒铬还原渣碱浸提钒工艺及其动力学［J］．过程工程学报，2015，15（3）：400-405.
[102] 闻诗祖，杨明亮．从钒铬还原渣中提取钒［J］．上海金属．有色分册，1988（2）：42-47.
[103] 葛秉礼．钒铬中和渣碱浸提钒及残渣冶炼铬钒合金工艺研究［J］．铁合金，1990（6）：39-42，63.
[104] 王文．V_2O_5废水渣的处理及利用［J］．铁合金，2000，31（6）：46-48.
[105] 中国科学院过程工程研究所，攀钢集团攀枝花钢钒有限公司，攀钢集团研究院有限公司．一种从钒铬还原废渣中分离回收钒和铬的方法［P］．中国专利：102329964B，2014.
[106] 薛向欣，毛林强，杨合，等．钠化焙烧-浸出法从高铬型钒渣中提取钒铬［C］．第三届钒产业先进技术研讨与交流会论文集，2015：160-169.
[107] 重庆大学．一种从转炉钒铬渣中提取钒和铬的方法［P］．中国专利：CN201310677718.X，2013.
[108] 温婧，姜涛，高慧阳，等．高铬钒渣两步选择性焙烧-浸出分离提取钒铬［C］．第三届钒钛微合金化高强钢开发应用技术暨第四届钒产业先进技术交流会，2017：188-193.
[109] 温婧，姜涛，余唐霞，等．钒铬渣锰盐焙烧酸浸过程中钒、铬的分离行为［J］．中国有色金属学报，2021，31（4）：977-983.
[110] 中国科学院过程工程研究所．一种含铬钒渣提钒及联产铬基合金的工艺方法［P］．中国专利：201410549725.6，2014.
[111] 攀钢集团攀枝花钢铁研究院有限公司．钒铬渣焙烧酸浸提钒制备钒铬合金的方法［P］．中国专利：202011018309.5，2020.
[112] 攀钢集团攀枝花钢铁研究院有限公司．从含钒铬渣中提钒的方法［P］．中国专利：

107699705A, 2018.
[113] 余彬，孙朝晖，张廷安，等．钒渣无焙烧加压酸浸过程研究 [J]. 稀有金属，2014，38 (6)：1-7.
[114] 侯腾飞．耶弗拉兹集团公布 2020 年钒运营情况 [J]. 钢铁钒钛，2021 (2)：9.

2 碱介质分解钒渣钒铬高效提取

针对现有钒渣高温焙烧提钒工艺存在的资源环境瓶颈难题，中国科学院过程工程研究所、河钢集团、河钢承钢科研人员研究设计了碱介质钒渣钒铬高效提取-多组分清洁分离-钒铬产品转化为技术特色的原创性钒渣湿法提钒新技术，工艺流程如图 2-1 所示。

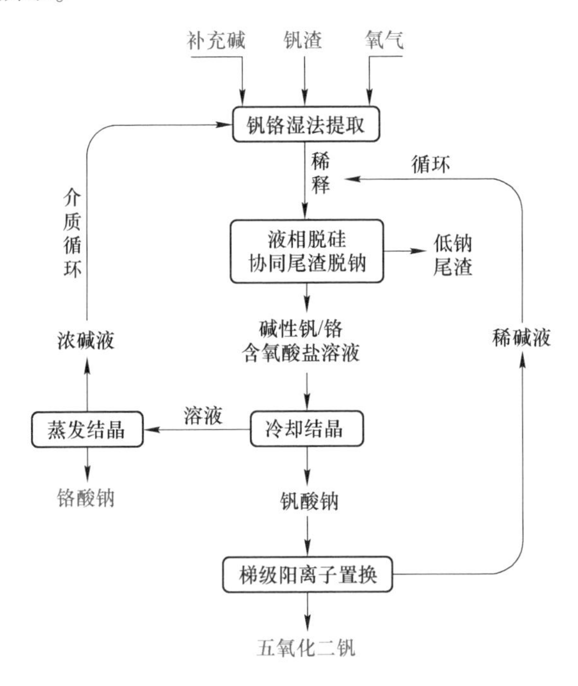

图 2-1　碱介质钒渣湿法提钒工艺流程图

碱介质钒渣湿法钒铬共提工艺分为以下关键环节。

(1) 钒铬湿法高效同步氧化浸出。钒渣中钒、铬以尖晶石物相存在，其基本构架为金属氧键（Me—O），焙烧工艺通过高温（不低于 750℃）实现矿物结构破坏及钒、铬的氧化转化，不仅能耗高、过程污染重，而且由于气固焙烧过程氧气传质效果差，钒、铬浸出率低（钒浸出率小于 80%，铬浸出率小于 5%）。新工艺采用外场强化调控碱介质反应活性，改变了钒、铬氧化转化的热力学途径，并通过调控气-液-固拟均相反应的热量及物质传递，强化了钒铬氧化浸出动

力学过程，在温和反应条件下（常压，反应温度不高于 150℃）实现了钒铬的高效同步氧化浸出，钒浸出率由传统工艺的 80%提高到 95%以上，铬浸出率由基本不能回收提高至 80%以上。

（2）钒酸盐清洁分离及高纯钒产品短流程制备。传统提钒工艺采用水浸获得含钒溶液，经多级除杂、铵盐沉淀获得钒产品。工艺过程产生大量高盐氨氮废水，末端治理困难，且产品纯度低（不大于 98.5%），深度提纯代价大。新工艺基于钒酸盐在碱介质中的溶解度规律，开发了冷却结晶分离钒酸钠、梯级阳离子置换直接制备不低于 99.5%高纯氧化钒新技术，实现了钠/钒清洁分离及高附加值钒产品短流程制备的耦合，从源头避免钒化工高盐氨氮废水产生，同时实现碱介质的封闭循环回用。

（3）铬产品清洁相分离及介质高效循环耦合。传统高温氧化焙烧会导致少量 Cr^{6+}（小于 5%）进入浸出液，通过在酸性介质中将 Cr^{6+} 还原为 Cr^{3+} 实现其以杂质形式分离，形成大宗钒铬泥固废，无害化消纳难度大。新工艺基于反应分离耦合原理，采用蒸发结晶方法分离铬酸钠，获得易于深加工的铬盐产品，同步实现介质的高效循环回用，突破了钒铬共存多元体系铬分离难题。

（4）尾渣含钠物相结构重构与温和解离实现大配比全量化协同利用。传统钠化焙烧提钒尾渣中含钠物相为弥散分布的锥辉石相，在高温焙烧及酸浸条件下难以分解，导致尾渣中钠解离困难，高钠尾渣难以利用。新工艺开发了碱介质中以钙替钠尾渣调质新技术，在温和条件下实现钠的高效解离和循环利用，尾渣中 Na_2O 含量（质量分数）降至小于 1%，配矿炼铁比例提升 3 倍（由 20kg/t 提高至 60kg/t），作为烧结矿原料实现全量化协同利用。

2.1 钒渣在 NaOH 碱介质中分解反应热力学

2.1.1 不同类型钒渣成分物相对比

全球各地钒渣成分差别较大，表 2-1 为典型的低铬钒渣（来自芬兰 Mustavaaran Kaivos Oy 公司）、中铬钒渣（来自河钢承钢）、高铬钒渣（来自四川德胜集团）的化学成分对比（全粒度范围内成分）。

表 2-1 不同来源钒渣的化学成分对比（质量分数） （%）

来源地	V_2O_5	Cr_2O_3	FeO	CaO	MgO	SiO_2	MnO	TiO_2	Al_2O_3
芬兰	34.51	1.08	38.23	1.65	2.15	11.77	4.95	3.55	0.97
承钢	10.20	4.15	44.44	1.12	1.90	16.89	5.04	10.83	2.47
德胜	13.49	8.35	35.90	4.33	1.70	8.66	6.06	8.75	2.26

三种钒渣中，芬兰钒渣的钒含量（质量分数）最高，高达 34.51%，铬含量（质量分数）为 1.08%，为典型高品质低铬钒渣；承钢钒渣的钒含量（质量分数）最低，只有 10.20%，为国内典型钒渣成分，钒含量低，铬含量也低；而德胜高铬钒渣的钒含量（质量分数）为 13.49%，铬含量（质量分数）为 8.35%，其中的铬极具提取价值，为高钒高铬型钒渣。

表 2-2~表 2-4 分别为不同粒度承钢钒渣、德胜钒渣、芬兰钒渣的成分分析。从表 2-2 可以看出，在承钢钒渣颗粒较大［大于 150μm（100 目）］时，渣中铁化合物含量明显高于其他粒度区间钒渣中的铁含量，初步判断为大量金属铁颗粒的存在造成。在其他粒度范围内，随着钒渣颗粒度的减小，钒、铬、硅、钛元素的含量逐渐增高，而铁化合物的含量呈现逐渐减少的趋势，因此可以推断尖晶石类矿物主要存在颗粒度较小的钒渣中。

表 2-2 不同粒度承钢钒渣的成分

粒度/μm	占比/%	成分（质量分数）/%									
		Al_2O_3	CaO	Cr_2O_3	FeO	K_2O	MgO	MnO	SiO_2	TiO_2	V_2O_5
+150	15.70	0.70	0.86	1.9	64.08	0.43	1.36	3.08	11.6	5.71	6.31
75~150	17.55	0.67	1.25	2.9	33.83	0.75	1.00	3.37	9.93	6.87	6.12
45~75	30.65	1.35	1.35	4.1	41.96	0.56	2.06	4.42	20.00	11.40	10.60
-45	36.10	2.12	1.88	4.5	41.71	0.10	2.03	4.59	20.7	12.50	12.20

从表 2-3 可以看出，德胜高铬钒渣具有较高的铬含量（大于 10%，质量分数），当钒渣颗粒尺寸大于 250μm（60 目）时，铁化合物的含量明显较高，V_2O_5 和 Cr_2O_3 的含量非常有限。随着粒径减小，V_2O_5 和 Cr_2O_3 的含量增加。然而，当粒径小于 75μm（200 目）时，因为这些样品的化学成分相似，所以这些颗粒的 XRD 图谱几乎相同，且 ICP 结果显示化学成分含量的差异变得不明显。

表 2-3 不同粒度德胜高铬钒渣的成分

粒度/μm	成分（质量分数）/%								
	Cr_2O_3	Fe_2O_3	MgO	Al_2O_3	V_2O_5	CaO	SiO_2	MnO_2	TiO_2
+250	0.56	91.20	0.05	0.43	1.42	1.81	1.88	0.91	1.74
125~250	7.74	49.57	0.71	2.04	15.22	5.84	6.53	5.48	6.87
75~150	9.53	39.62	0.85	2.74	18.84	6.31	7.94	6.55	7.62
45~75	10.40	34.58	0.89	2.56	20.56	6.90	8.61	7.15	8.35
-45	34.41	0.89	2.52	20.81	6.52	8.48	7.27	8.52	34.41

由表 2-4 可以看出，芬兰钒渣中（-75μm，-200 目）含量（质量分数）较高的元素有 Fe（38.23%，以 Fe_2O_3 计）、V（34.51%，以 V_2O_5 计）、

Si（11.77%，以 SiO_2 计）、Mn（4.95%，以 MnO 计），芬兰钒渣的铬含量（质量分数）为 1.08%，相对于钒含量来说极低，芬兰钒渣属于高品位钒渣，钒铬比为 31.9，铬基本不包裹钒，在全球钒渣中可作为最为典型的钒尖晶石结构来研究。

表 2-4 不同粒度芬兰钒渣成分

粒度/μm	占比/%	成分（质量分数）/%								
		CaO	MgO	SiO_2	MnO	TiO_2	Al_2O_3	V_2O_5	Cr_2O_3	Fe_2O_3
+150	44.66	0.90	0.51	2.95	0.96	1.72	0.34	6.94	0.34	89.49
96~150	10.34	1.48	2.10	11.46	4.74	3.33	0.76	32.11	0.88	48.19
75~96	9.98	1.36	2.12	12.03	5.04	3.40	0.82	33.64	0.95	42.70
-75	35.03	1.65	2.15	11.77	4.95	3.55	0.97	34.51	1.08	38.23

图 2-2 分别是承钢钒渣、德胜钒渣、芬兰钒渣的 XRD 图。由图 2-2（a）可知，承钢钒渣的成分最复杂，主要物相包括尖晶石相［(Mn，Fe)(V，Cr，Ti)$_2$O$_4$］、橄榄石相（Fe_2SiO_4）和辉石相（$FeCr_2O_4$）等，其中钒、铬均以尖晶

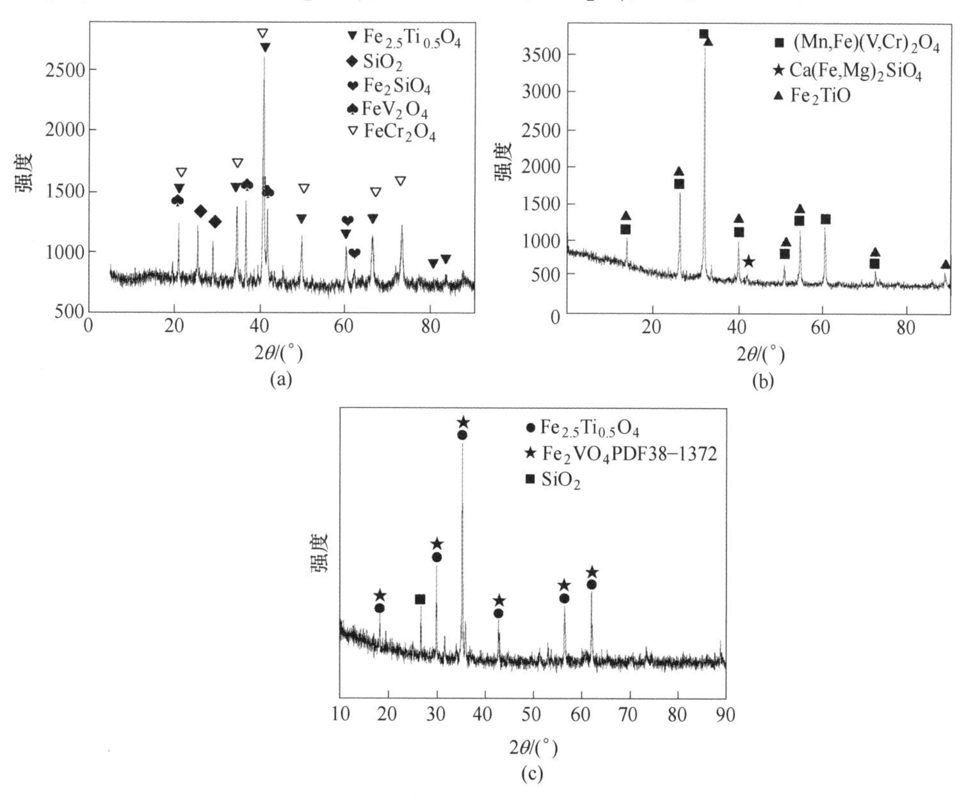

图 2-2 三种典型钒渣的 XRD 图

(a) 承钢钒渣；(b) 德胜钒渣；(c) 芬兰钒渣

石的形态存在，而硅则以铁橄榄石和辉石相状态赋存。德胜高铬钒渣由于铬含量更高，造成其晶型更加稳定，XRD 强度更高，如图 2-2（b）所示。芬兰钒渣主要物相有铁橄榄石、钛磁铁矿和钒铁尖晶石，还有少量的石英，其中尖晶石结构为立方形，属于典型的钒渣结构，如图 2-2（c）所示。

图 2-3 为承钢钒渣的光学显微照片。从图 2-3（a）中可以看出承钢钒渣有三种不同的物相，白色的 a1 相、灰色的 a2 相和深灰色的 a3 相。图 2-3（b）中除了含有图 2-3（a）中明显的三相外还出现了亮白色 b1 相。根据转炉钒渣的形成过程可推测：a1 相为钒铁尖晶石相，平均粒度在 20~40μm，最大粒度约 50μm，颗粒呈不规则形状；a2 和 a3 相分别为橄榄石和辉石等富硅相，钒铁尖晶石相均匀地分布在富硅相中。根据含钒相和富硅相的分布规律，若要使尖晶石相中钒氧化则需要破坏外层富硅包裹相。b1 为单质铁，源自转炉吹钒时的含钒铁水。单质铁是钒渣中的有害物质，因为在焙烧时会放出大量热使液相量增大、增加结窑风险，在钒渣破碎-磁选除铁时应尽可能多地除去。

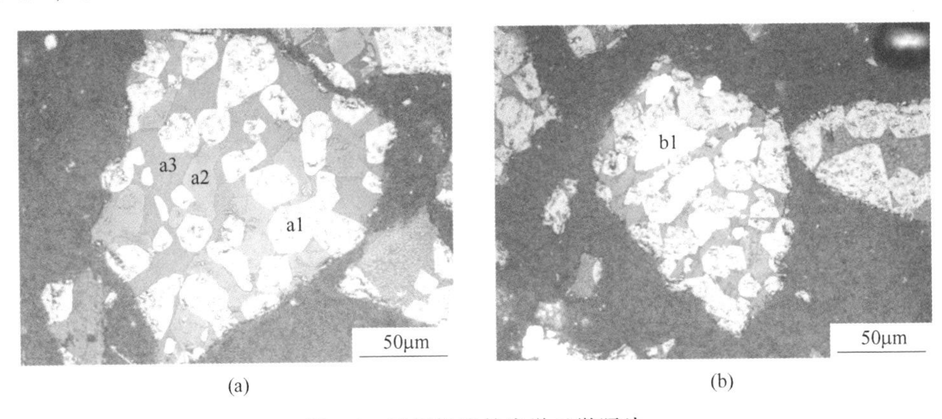

图 2-3　承钢钒渣的光学显微照片

图 2-4 为承钢钒渣面扫描结果。由图 2-4 可知，硅含量从高到低依次分布在橄榄石相和辉石相，尖晶石相中无硅元素；钒和铬只在尖晶石相有分布；钙主要分布在辉石相；铁含量从高到低依次分布在单质铁、尖晶石相和橄榄石相；氧含量从高到低依次分布在橄榄石相、辉石相和尖晶石相；锰含量从高到低依次分布在橄榄石相、尖晶石相和辉石相。从图 2-4（i）可以看出，V 主要分布在尖晶石相并且被富硅黏结相包裹。Si 是黏结相的主要元素，橄榄石相和辉石相包裹在钒尖晶石相周围，这是由于钒尖晶石相质地坚硬、熔点高，在成渣过程中会优先于硅酸盐相析出。在含钒铁水转炉提钒过程中尖晶石晶粒细小，形成过程中以钒、铬的氧化物为结晶中心，二氧化硅和钒尖晶石互不相溶，全部钒渣中尖晶石是唯一的含钒结晶相。因此，想使钒铁尖晶石氧化，需先打破深色区域富硅相的包裹。尖晶石相是所用钒渣原料的唯一含钒相，这与前文分析一致。

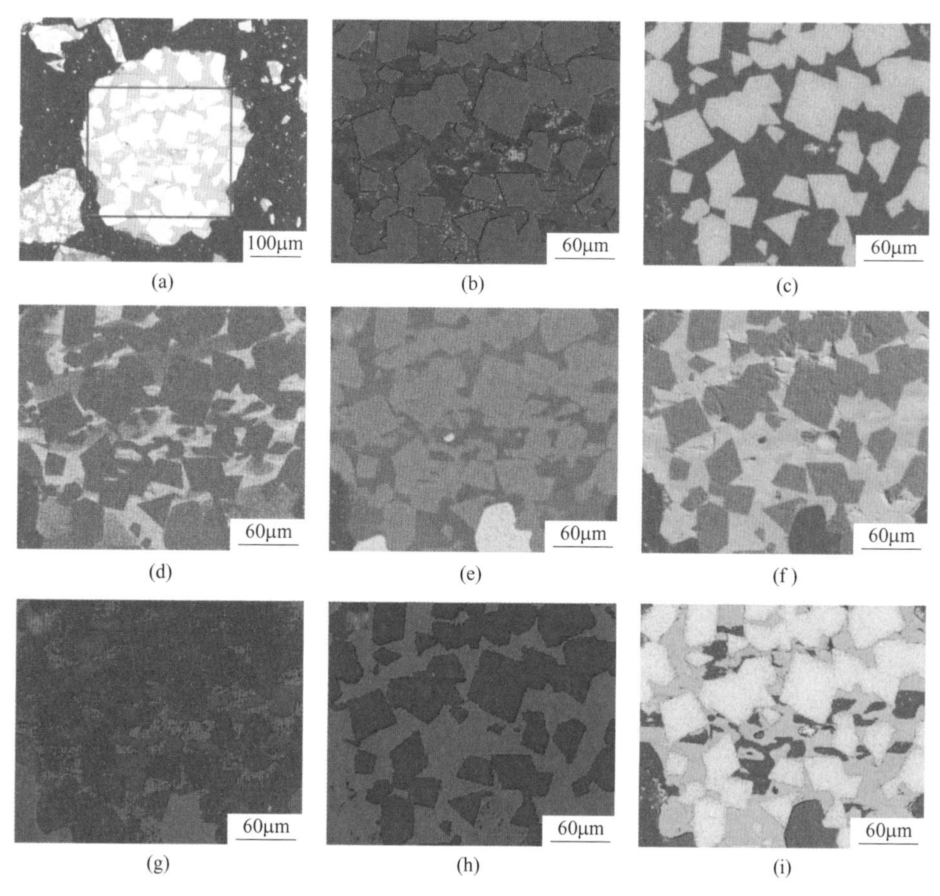

图 2-4 承钢钒渣的背散射及元素分布图

(a) 背散射图；(b) Si；(c) V；(d) Ca；(e) Fe；(f) O；(g) Mn；(h) Cr；(i) Si，V

图 2-5 为钒渣的背散射图，表 2-5 是钒渣中不同相中点的能谱分析。从图 2-5 可以看出尖晶石相被橄榄石相和辉石相包裹，有些尖晶石分散分布，有些尖晶石连接在一起，尖晶石平均粒度为 20~40μm。从表 2-5 能谱分析可知，尖晶石相主

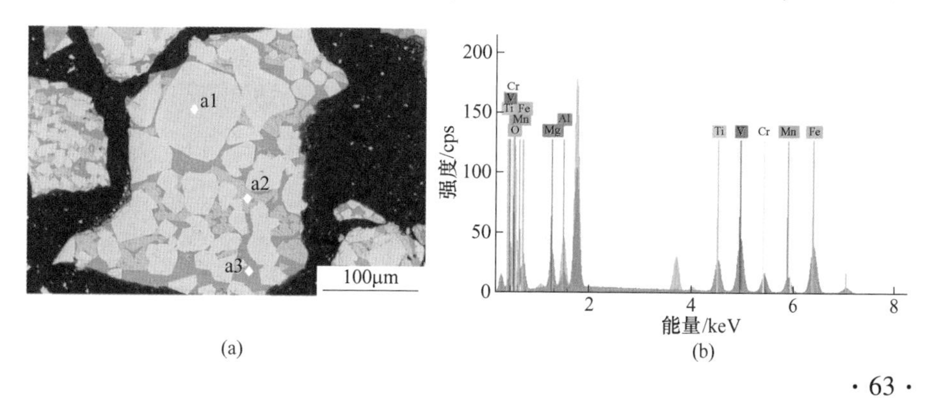

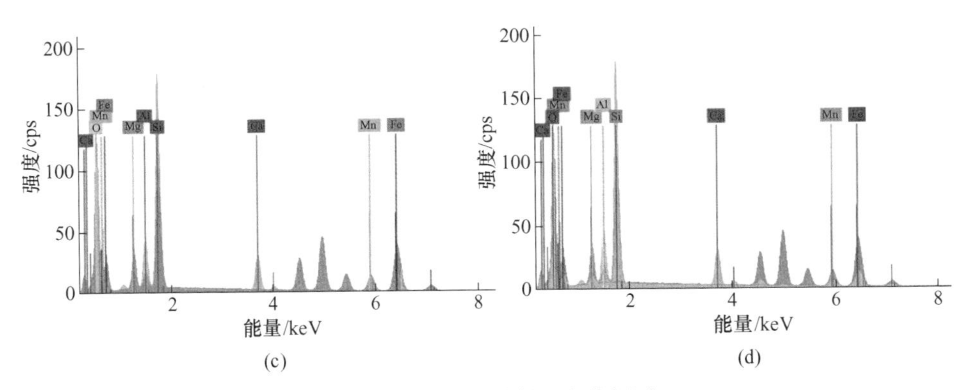

图 2-5 钒渣的背散射和点分析图

（a）钒渣颗粒截面的微观形貌；（b）a1 处元素组成；（c）a2 处元素组成；（d）a3 处元素组成

要含有 Ti、V、Cr、Mn、Fe 和 Mg 等元素；铁橄榄石相主要有 Mg、Si、Mn 和 Fe 等元素及微量 Al 和 Ca；辉石相主要含有 Al、Si、Ca 和 Fe 等元素及少量 Al 和 Mn。氧分布于所有区域；铁元素含量自尖晶石相、铁橄榄石相、辉石相依次减少。

表 2-5 钒渣中相点的扫分析结果

序号	元素（摩尔分数）/%									
	O	Mg	Al	Si	Ca	Ti	V	Cr	Mn	Fe
1	45.67	3.73	2.46	—	—	7.43	13.61	3.47	3.29	20.34
2	55.00	6.33	0.19	14.76	0.22	—	—	—	5.26	18.24
3	60.50	0.74	5.13	21.27	5.18	—	—	—	1.89	5.29

图 2-6 是德胜高铬钒渣 SEM-EDS 分析。图 2-6（a）是具有典型钒渣颗粒的相关 EDS 结果的背散射电子图像，采用不同灰度标识两个不同的物相。显然，深灰色区域包裹浅灰色区域，证实了原始钒渣的包裹特性。为了检测包裹结构中核心和壳层的组分，图 2-6（b）~（i）描绘了高铬钒渣中主要元素的 EDS 结果，包括钒、铬、钛、硅、钙、铁、锰和镁元素。根据 EDS 结果，V、Cr 和 Ti 的元素主要分布在浅灰色区域，而 Ca 和 Si 元素主要分布在深灰色区域，Fe、Mg 和 Mn 元素均匀分布在浅灰色和深灰色这两相中。将高铬钒渣 XRD、SEM 和 EDS 结果结合分析可以得出结论，颗粒的核心（浅灰色区域）主要是钒和铬尖晶石 [$(Mn, Fe)(V, Cr)_2O_4$]，而钛铁尖晶石（Fe_2TiO_4）相以同构的形式嵌入。颗粒的壳层（深灰色区域）是辉石 [$Ca(Fe, Mg)Si_2O_6$]、石英（SiO_2）和铁橄榄石（Fe_2SiO_4）相。图 2-6 中观察到明显的包裹现象，证明钒和铬尖晶石表面包裹着辉石、石英和铁橄榄石等物相。

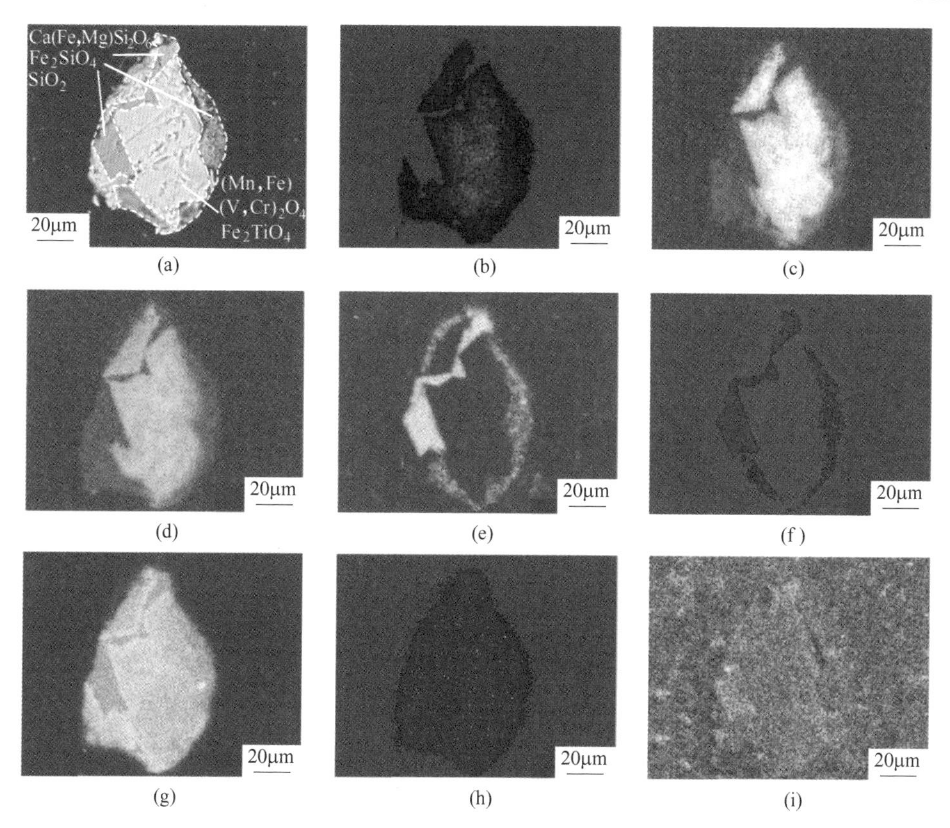

图 2-6 德胜钒渣颗粒元素分布的背散射 SEM 图像

(a) 背散射 SEM 图像；(b) V；(c) Cr；(d) Ti；(e) Si；(f) Ca；(g) Fe；(h) Mn；(i) Mg 元素分布

对芬兰钒渣进行切面 SEM 分析，所得结果如图 2-7 所示。其不同区域的成分见表 2-6，可以看出，芬兰钒渣的主要相为钒尖晶石相（CO）、辉石相（PX 和 GL）、铁橄榄石相（OL）。

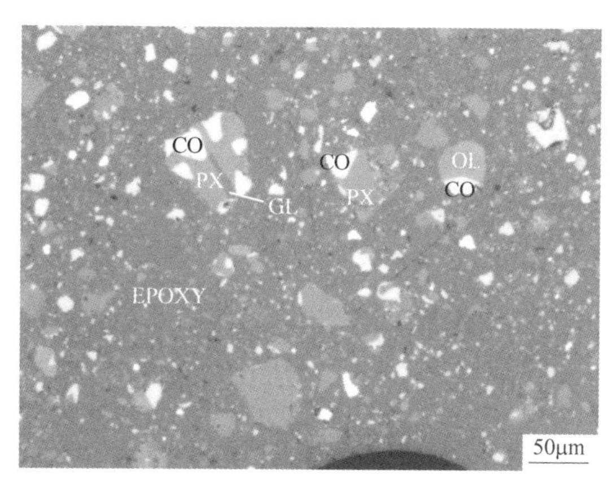

图 2-7 芬兰钒渣 SEM 图

表 2-6 图 2-7 中不同区域芬兰钒渣成分表（质量分数） （%）

物相	V	Cr	Fe	Mg	Al	Ca	Si	Mn	Ti
CO	39.26	2.85	18.52	2.82	1.44	0.04	0.07	4.20	0.70
PX	1.49	0.18	10.44	9.13	2.59	6.85	22.99	6.07	0.53
GL	1.04	0.23	12.99	2.48	5.27	10.25	21.82	4.70	0.54
OL	0.88	—	36.38	5.68	—	0.75	15.20	9.22	—

对芬兰钒渣进行 EDS 面扫描分析，所得结果如图 2-8 所示。从图 2-8 可以看出，芬兰钒渣的主要元素是 V 和 Fe，Cr 元素极少，钒尖晶石主要以钒铁尖晶石和钒锰尖晶石存在，表面光滑，有部分钒铁尖晶石被硅所包裹，钒铬铁锰钛元素共存，硅钙元素共存。

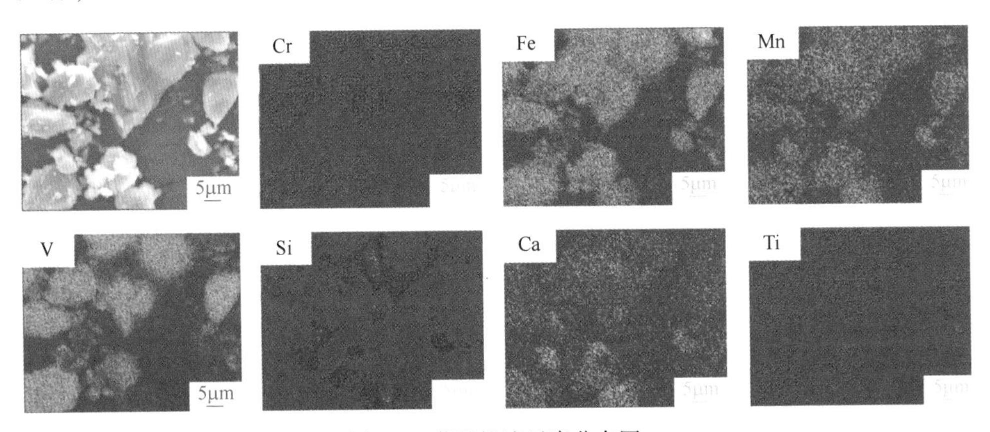

图 2-8 芬兰钒渣元素分布图

2.1.2 钒渣自身热分解过程分析

钒渣在空气气氛下高温热分解所得 TG-DTA 曲线如图 2-9 所示。

整个实验过程中，钒渣的 TG 曲线呈现出先略微降低，随后逐渐升高，最终较为平缓的规律。在 240℃ 时失重最大，700℃ 处增重速率达到最大，950℃ 处是增重的最大值。期间发生的物相变化主要可以描述为如下三个阶段。

（1）20~240℃ 时，由于钒渣失去结晶水和游离水样品微小失重 0.28%。

（2）240~700℃ 时，样品增重 4.38%，单质铁、氧化亚铁和铁橄榄石等复合氧化物被氧化，发生如下反应：

$$Fe + \frac{1}{2}O_2 = FeO \qquad (2-1)$$

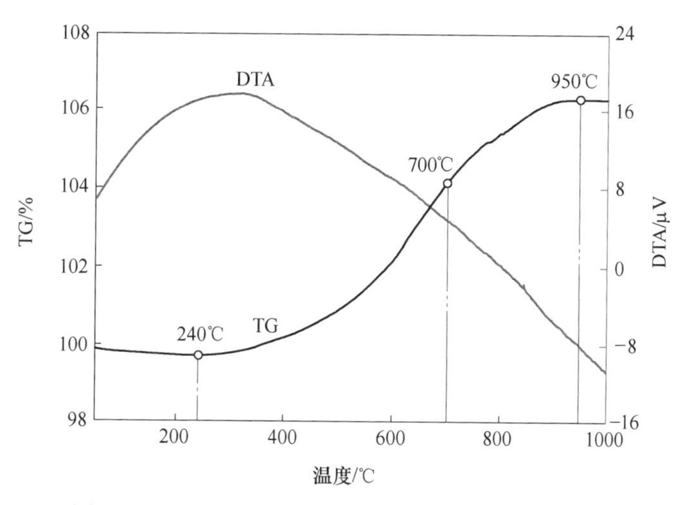

图 2-9 4℃/min 升温速率时钒渣氧化的 TG-DTA 曲线

$$2FeO + \frac{1}{2}O_2 = Fe_2O_3 \tag{2-2}$$

$$2FeO \cdot SiO_2 + \frac{1}{2}O_2 = Fe_2O_3 \cdot SiO_2 \tag{2-3}$$

$$Fe_2O_3 \cdot SiO_2 = Fe_2O_3 + SiO_2 \tag{2-4}$$

（3） 700～1000℃时，样品增重 2.18%，钒铁尖晶石氧化分解，Fe(Ⅱ) V(Ⅲ)和被氧化成 Fe(Ⅲ) 和 V(Ⅴ)，在 950℃出现了平台后质量保持不变，说明此时钒铁尖晶石已全部分解。

$$FeO \cdot V_2O_3 + FeO + \frac{1}{2}O_2 = Fe_2O_3 \cdot V_2O_3 \tag{2-5}$$

$$Fe_2O_3 \cdot V_2O_3 + \frac{1}{2}O_2 = Fe_2O_3 \cdot V_2O_4 \tag{2-6}$$

$$Fe_2O_3 \cdot V_2O_4 + \frac{1}{2}O_2 = Fe_2O_3 \cdot V_2O_5 \tag{2-7}$$

$$Fe_2O_3 \cdot V_2O_5 = Fe_2O_3 + V_2O_5 \tag{2-8}$$

综上所述，由于气-固相反应传质困难，尖晶石矿相结构稳定，在较高的温度下钒渣中的钒铁尖晶石才能在空气中氧化分解，且铬铁尖晶石分解的条件更为苛刻。要想在较为温和的条件下实现钒铬尖晶石同步分解，则需要采用新型的反应介质，大幅提高传质效率。

2.1.3 钒铬尖晶石分解热力学

根据钒渣的主要物相成分，NaOH 碱介质分解钒渣主要涉及以下主要反应体系：FeV_2O_4-NaOH-O_2，$FeCr_2O_4$-NaOH-O_2 尖晶石相体系；Fe-O_2，FeO-O_2，Fe_3O_4-O_2，$FeSiO_4$-NaOH-O_2 铁相体系；Al_2O_3-NaOH，SiO_2-NaOH，$NaAlO_2$-Na_2SiO_3 硅相体系。

在碱性氧化浸出系统（NaOH-H_2O-O_2）中，钒渣中的钒、铬尖晶石通过气-液-固三相反应被溶解氧氧化，根据以下反应转化为其相应的钠盐：

$$FeO\cdot V_2O_3(s)+6NaOH(aq)+\frac{5}{4}O_2(aq)=\!=\!=\frac{1}{2}Fe_2O_3(s)+3H_2O(l)+2Na_3VO_4(aq) \tag{2-9}$$

$$FeO\cdot Cr_2O_3(s)+4NaOH(aq)+\frac{7}{4}O_2(aq)=\!=\!=\frac{1}{2}Fe_2O_3(s)+2H_2O(l)+2Na_2CrO_4(aq) \tag{2-10}$$

基于这两个反应和其他地方提出的相应热力学数据，通过 HSC Chemistry 热力学计算软件可以计算出反应温度在 25~300℃范围内，氧化浸出过程的标准吉布斯自由能（$\Delta_r G^{\ominus}$）和焓（$\Delta_r H_m^{\ominus}$）。以 $FeO\cdot V_2O_3$ 的氧化为例，基本参数列于表 2-7，最终计算结果见表 2-8。

从图 2-10 中可以清楚地看出，钒铁尖晶石和铬铁尖晶石的转化过程都是放热反应且热力学可行，见式（2-9）和式（2-10）中 $\Delta_r G^{\ominus}$和 $\Delta_r H_m^{\ominus}$的负值。

相比之下，对于铬铁尖晶石来说，钒铁尖晶石的 $\Delta_r G^{\ominus}$ 值更小，这表明氧化浸出过程中，钒铁尖晶石在理论上比铬铁尖晶石更容易被氧化。

2.1.4 硅质包裹层分解热力学

根据 SEM-EDS 分析的结果可知，高铬钒渣中钒铬尖晶石外包裹层中含有大量的硅质化合物，结合 XRD 分析结果，这些硅质化合物主要为铁橄榄石（$2FeO\cdot SiO_2$）、石英（SiO_2）和辉石[$Ca(Fe,Mg)Si_2O_6$]，可以近似等效为 FeO、SiO_2、MgO 和 CaO 组成的复合物 $(FeO)_x\cdot(SiO_2)_y\cdot(MgO)_z\cdot(CaO)_h$。王中行等相关研究表明，在 NaOH 溶液中 SiO_2 会发生如下反应（以 SiO_2 为例）：

$$SiO_2(s)+NaOH(aq)=\!=\!=\frac{1}{2}Na_2Si_2O_5(aq)+\frac{1}{2}H_2O(l) \tag{2-11}$$

$$SiO_2(s)+2NaOH(aq)=\!=\!=Na_2SiO_3(aq)+H_2O(l) \tag{2-12}$$

$$SiO_2(s)+3NaOH(aq)=\!=\!=\frac{1}{2}Na_6Si_2O_7(aq)+\frac{3}{2}H_2O(l) \tag{2-13}$$

$$SiO_2(s)+4NaOH(aq)=\!=\!=Na_4SiO_4(aq)+2H_2O(l) \tag{2-14}$$

表 2-7 物质热力学参数一览表

成分	CAS 序号	状态①	焓 (*H*) /kg·mol^{-1}	熵 (*S*) /J·(mol·K)$^{-1}$	$c_p = A + B \times 10^{-3}T + C \times 10^5 T^{-2} + D \times 10^{-6} T^2$				温度 (*T*) 范围/K	
					A	*B*	*C*	*D*	T_1	T_2
Na^+	17341-25-2	aq	−240. 300	58. 409	11370. 863	−46769. 459	−1983. 674	54484. 673	273. 15	333. 15
Na^+	17341-25-2	aq			−197. 031	1400. 587	−0. 272	−1981. 956	333. 15	473. 15
OH^-	14280-30-9	aq	−230. 024	−10. 711	40928. 517	−169401. 057	−7180. 118	197089. 624	273. 15	333. 15
OH^-	14280-30-9	aq			−1918. 448	8830. 259	182. 977	−11628. 816	333. 15	473. 15
H_2O	7732-18-5	l	6. 007	21. 992	186. 884	−464. 247	−19. 565	548. 631	273. 15	495. 00
FeV_2O_4	12022-76-3	s	−1505. 989	156. 900	174. 310	27. 384	−26. 288	0. 418	298. 15	2000. 00
VO_4^{3-}	14333-18-7	aq	−1132. 190	−147. 277	−123. 351	1893. 911	129. 480	−4810. 123	273. 15	333. 15
VO_4^{3-}	14333-18-7	aq			−9281. 822	38116. 612	1869. 038	−45131. 934	333. 15	473. 15
$FeCr_2O_4$	12068-77-8	s	−1458. 124	141. 963	162. 883	22. 338	−31. 882		298. 15	2123. 00
CrO_4^{2-}	13907-45-4	aq	−881. 150	50. 208	61699. 401	−255493. 656	−10825. 238	297045. 172	273. 15	333. 15
CrO_4^{2-}	13907-45-4	aq			−3695. 397	16380. 121	425. 898	−21165. 595	333. 15	473. 15
Fe_2O_3	1317-60-8	s	−823. 000	87. 400	143. 566	−36. 323	−31. 433	71. 792	298. 15	700. 00
O_2	7782-44-7	aq	−11. 715	110. 918	229. 162				298. 15	700. 00

①aq、l 和 s 是指水溶液的状态（非离子化状态）、液态和固态。

表 2-8 物质热力学参数一览表

T/℃	$\Delta_r H_m^{\ominus}$/kJ	$\Delta_r S_m^{\ominus}$/J·K^{-1}	$\Delta_r G^{\ominus}$/kJ	K	lg$K$
25.000	-632.595	-272.285	-551.414	4.106×10^{96}	96.613
45.000	-619.013	-228.102	-546.442	5.292×10^{89}	89.724
65.000	-609.396	-198.736	-542.193	5.762×10^{83}	83.761
85.000	-602.305	-178.335	-538.434	3.427×10^{78}	78.535
105.000	-596.986	-163.863	-535.021	8.122×10^{73}	73.910
125.000	-593.057	-153.725	-531.851	6.041×10^{69}	69.781
145.000	-590.267	-146.880	-528.850	1.171×10^{66}	66.069
165.000	-588.468	-142.667	-525.958	5.106×10^{62}	62.708
185.000	-587.586	-140.692	-523.128	4.445×10^{59}	59.648
205.000	-587.614	-140.743	-520.317	7.012×10^{56}	56.846
225.000	-588.590	-142.738	-517.486	1.848×10^{54}	54.267
245.000	-590.582	-146.651	-514.595	7.596×10^{51}	51.881
265.000	-593.672	-152.496	-511.607	4.596×10^{49}	49.662
285.000	-597.970	-160.330	-508.482	3.894×10^{47}	47.590
300.000	-602.056	-167.552	-506.024	1.321×10^{46}	46.121

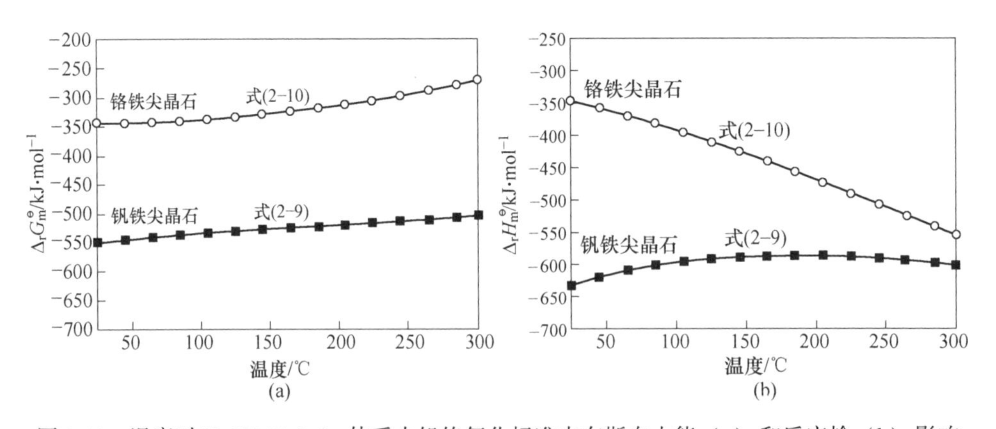

图 2-10 温度对 NaOH-H_2O-O_2 体系中钒铬氧化标准吉布斯自由能（a）和反应焓（b）影响

同 2.1.3 节所述，通过 HSC Chemistry 热力学计算软件可以计算出反应温度在 25~300℃ 范围内，SiO_2 与 NaOH 反应的标准吉布斯自由能（$\Delta_r G^{\ominus}$）和焓（$\Delta_r H_m^{\ominus}$），结果如图 2-11 所示。

从图 2-11 中可以看出，上述反应均为放热反应，当温度低于 100℃时，上述 4 个反应均不能自发进行；当温度高于 100℃时，反应式（2-12）的反应趋

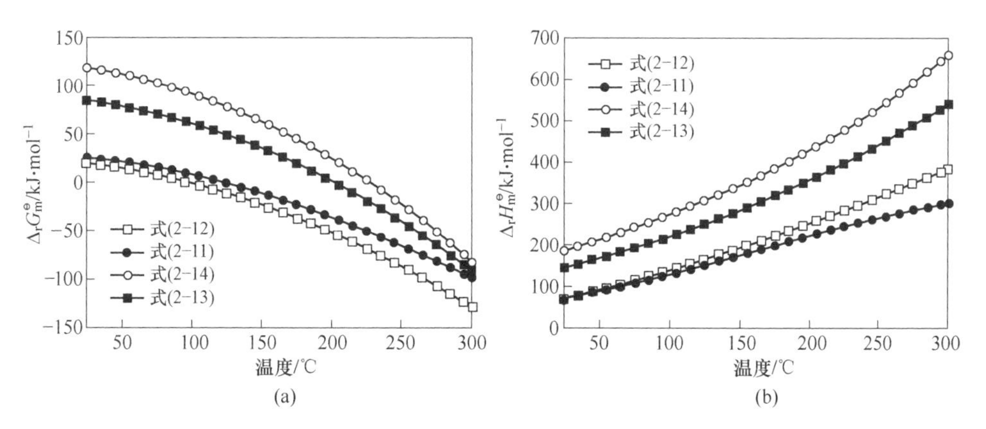

图 2-11 温度对 $NaOH-H_2O-O_2$ 体系中 SiO_2 的标准吉布斯自由能（a）和反应焓（b）的影响

势较大，且反应能自发进行生成 Na_2SiO_3。若要分解钒铬尖晶石需先破坏包裹层，因此证明在碱介质中高铬钒渣最低的可能分解温度为 100℃；当温度高于 125℃时，式（2-11）的反应才能自发进行；当温度高于 200 ℃时，反应式（2-13）的反应才能自发进行；当温度高于 230℃时，反应式（2-14）的反应才能自发进行。本节研究 $NaOH-H_2O-O_2$ 体系碱介质钒渣氧化分解的温度范围为 115~220℃，此时溶液中可溶性硅酸盐主要为 Na_2SiO_3、$Na_2Si_2O_5$ 和 Na_6SiO_7 的混合物。在整个反应阶段和结束后浆料稀释洗涤的过程中，溶液中的上述硅酸盐混合物和铝酸盐会发生反应，形成 $NaAlSiO_4$ 沉淀，导致尾渣中含有少量的钠。其反应式如下：

$$Na_2SiO_3(aq) + NaAlO_2(aq) + H_2O(l) = NaAlSiO_4(s) + 2NaOH(aq) \tag{2-15}$$

$$Na_2Si_2O_5(aq) + 2NaAlO_2(aq) + H_2O(l) = 2NaAlSiO_4(s) + 2NaOH(aq) \tag{2-16}$$

$$Na_6Si_2O_7(aq) + 2NaAlO_2(aq) + 3H_2O(l) = 2NaAlSiO_4(s) + 6NaOH(aq) \tag{2-17}$$

2.2 外场强化 NaOH 碱介质分解钒渣技术原理

2.2.1 NaOH 碱介质分解钒渣单独提钒

考察了 NaOH 碱介质分解钒渣过程主要因素反应温度 T、碱矿比 M、碱浓度 N、反应时间 t 等对钒浸出率的影响，筛选−75μm（−200 目）的钒渣，控制反应条件为：氧气流量 1L/min，搅拌转速 700r/min。设计 $L_9(3^4)$ 正交表进行实验，其因素和水平选取见表 2-9，正交实验结果分析见表 2-10，表 2-10 中 $Y(V_2O_5)$ 为尾渣中 V_2O_5 含量，图 2-12 为各因素的影响趋势图。

表 2-9 实验因素及水平

水平	因素			
	温度 T/℃	碱矿比 M	碱浓度 N/%	时间 t/min
水平 1	150	2∶1	70	120
水平 2	180	4∶1	80	240
水平 3	210	6∶1	90	360

表 2-10 $L_9(3^4)$ 正交实验结果

序号		因素				
		T	M	N	t	$Y(V_2O_5)$（质量分数）/%
1		150	2	90	240	7.06
2		150	4	70	360	4.19
3		150	6	80	120	8.89
4		180	2	70	120	8.11
5		180	4	80	240	1.20
6		180	6	90	360	0.35
7		210	2	80	360	5.13
8		210	4	90	120	4.06
9		210	6	70	240	0.66
V	$K_{1/3}$	6.713	6.767	4.320	7.020	
	$K_{2/3}$	3.220	3.150	5.073	2.973	
	$K_{3/3}$	3.283	3.300	3.823	3.223	
	R	3.493	3.617	1.250	4.047	

极差越大表明该影响因素越显著，终渣中 V_2O_5 的含量越低越好，由正交实验结果表及各因素影响趋势图可知：对于钒渣中钒的浸出，各因素显著程度差别不大，显著程度由高到低为时间、碱矿比、温度、碱浓度。总体上随着时间的延长，碱矿比的增大，温度的提高，碱浓度的增大，钒的浸出效果会越来越好，但达到一定限度后，其增大对钒浸出率影响不再明显。

通过正交实验可以得出，-75μm（-200 目）钒渣在氧气流量为 1L/min 条件下反应的最佳工艺条件为反应温度 210℃，碱矿比为 4∶1，碱浓度（质量分数）为 80%，反应时间为 300min。

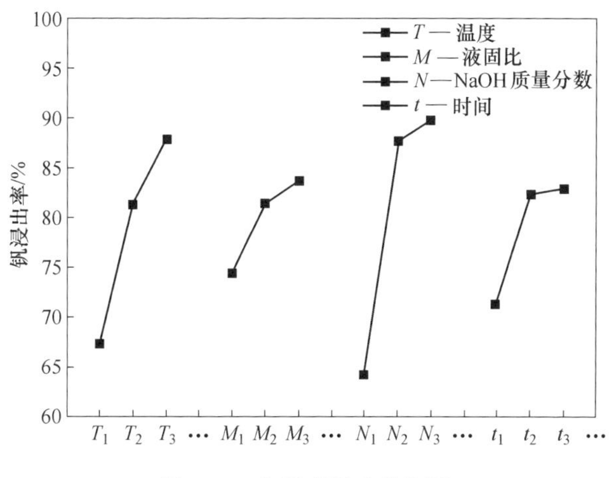

图 2-12 各因素影响趋势图

为了进一步研究各反应因素对钒浸出率的影响，以正交实验结果为基准，考察了反应温度、碱浓度、碱矿比、通气量（氧气）、钒渣粒度、搅拌转速等对反应的影响（各条件下的实验反应时间均为 360min）。

控制反应条件为碱矿比 4∶1，通气量 1L/min，碱浓度（质量分数）80%，搅拌转速 700r/min，钒渣粒度-75μm（-200 目），反应时间 6h，不同温度条件（120℃、150℃、180℃、210℃）下的工艺实验结果如图 2-13 所示。

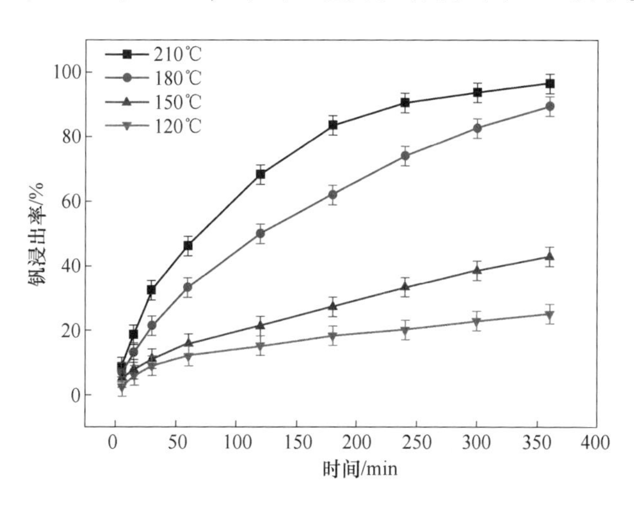

图 2-13 温度对钒浸出率的影响

由图 2-13 可以看出，钒的浸出率随温度升高逐步提高，120℃和 150℃时，终渣中钒的浸出率仅为 23.28%和 42.66%，180℃和 210℃时，钒浸出率则达到了 85.76%和 96.53%。因为随着温度的升高，NaOH 溶液体系黏度会不断降低，介质流动性变好，介质与钒渣接触更充分，反应效果便越好；此外，NaOH 介质活度随温度提高逐渐增大，钒浸出率也会增大。但如果温度超过了 NaOH 溶液的沸点，会出现安全隐患、操作不便、能耗过高等问题，且 210℃时钒浸出率已达 95%以上，高出传统焙烧工艺单次提钒效率 15%以上，故选择反应温度为 210℃。由于 NaOH 溶液沸点随碱浓度变化显著，为了实现在 210℃的常压操作，溶液最低碱浓度（质量分数）为 80%，因此确定其他条件实验的碱浓度（质量分数）均为 80%以上。

控制反应条件为反应温度 210℃，碱浓度（质量分数）为 80%，通气量 1L/min（氧气），搅拌转速 700r/min，反应时间 360min，钒渣粒度 -75μm（-200 目），不同碱矿比（3：1、4：1、5：1、6：1）条件实验结果如图 2-14 所示。

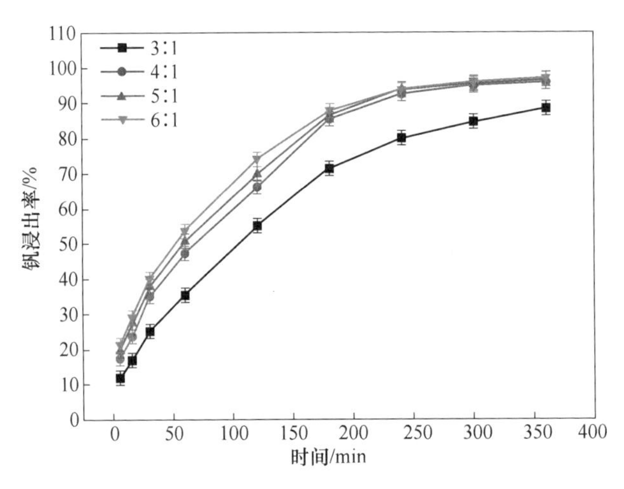

图 2-14 碱矿比对钒浸出率的影响

由图 2-14 可见，反应开始前期，尤其是前 2h，钒的浸出率急剧提升，4h 后浸出速度有所减缓，最终钒的浸出率分别达到 88.25%、90.96%、95.31%和 96.18%。碱矿比越大，钒的浸出率越高，因为碱矿比越高，反应体系中液相含量越大，黏度越低，氧气传送效果越好，钒渣与氧气接触概率越大，钒的浸出率就越高。碱矿比为 4：1、5：1 和 6：1 时，终渣中钒的浸出率差别不明显，考虑成本问题，选定碱矿比为 4：1。

充足的氧气是钒渣氧化分解的必要条件，前期探索实验表明 NaOH 体系中没有氧气存在时，钒渣中的钒是无法浸出的。控制反应条件如下：反应温度 210℃，碱浓度（质量分数）80%，碱矿比 4：1，搅拌转速 700r/min，反应时间 360min，钒渣粒度 -75μm（-200 目），不同通气量（0.1L/min、0.4L/min、0.7L/min、1.0L/min）条件实验结果如图 2-15 所示。

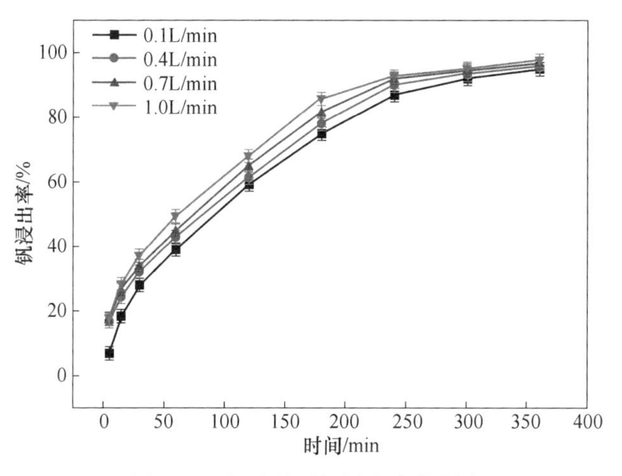

图 2-15 气流量对钒浸出率的影响

由图 2-15 可见，在现有实验条件下，通气量对钒渣浸出率的影响不大，通气量 1.0L/min 和 0.1L/min 时，钒渣中钒的浸出率都能达到 95%以上。这主要是由于高碱介质中氧气的溶解度极低（210℃时氧气溶解度约为 0.05mol/L），高碱体系介质黏度也很大（流动黏度约为 30m^2/s），仅通过增加气体流量，无法有效改善介质溶氧量及氧化能力，对钒渣中钒的氧化浸出影响较小。考虑操作难度及反应通气管堵塞等问题，选择 1L/min 的通气量。

不同粒度的钒渣中钒铁尖晶石含量有明显差别，相关杂质元素也不尽相同，因此不同粒度的钒渣钒浸出率也不一样。在反应温度 210℃，碱矿比 4∶1，碱浓度（质量分数）80%，通气量 1L/min（氧气），搅拌转速 700r/min，反应时间 360min 的条件下，不同粒度钒渣［+250μm(+60 目)、250~96μm(60~160 目)、96~58μm(160~250 目)、−58μm（−250 目）］浸出实验结果如图 2-16 所示。

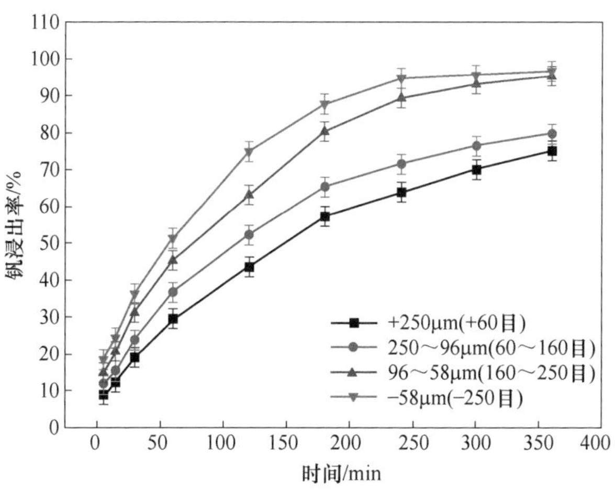

图 2-16 钒渣粒度对钒浸出率的影响

从图 2-16 中可看到，钒渣粒度越小，钒的浸出率越大。当粒度小到 250~96μm（60~160 目）后，钒浸出率变化不再明显，都在 93%左右。其原因是粒度小的钒渣，与 NaOH 介质接触面积较大，化学反应活性点更多，钒更容易被氧化浸出；再者，大颗粒钒渣分布不均匀，比表面积较小，不利于活性氧组分在矿物表面富集，氧气传质效果不佳，使得被铁、铁橄榄石、石英包裹的钒尖晶石相难以与氧气充分接触发生氧化反应。考虑磨矿能耗等操作因素，确定钒渣粒度为-75μm（-200 目）。

搅拌转速直接影响到体系传质和氧气扩散，对钒浸出率影响显著。控制反应条件为碱矿比 4∶1，反应温度 210℃，碱浓度（质量分数）80%，通气量 1L/min（氧气），反应时间 360min，钒渣粒度-75μm（-200 目），不同搅拌转速（300r/min、500r/min、700r/min、900r/min）条件下的实验结果如图 2-17 所示。

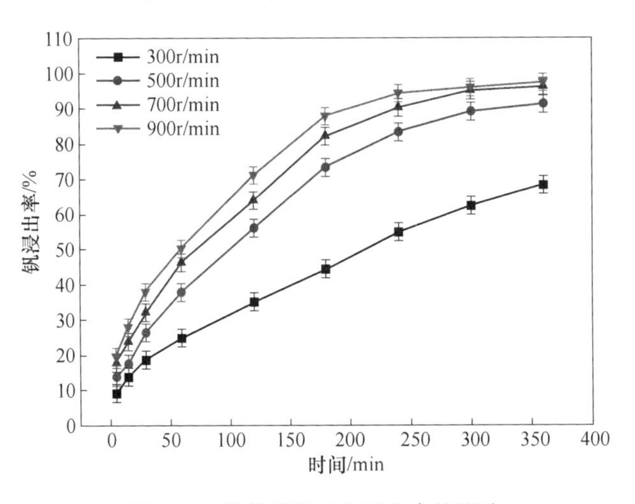

图 2-17　搅拌转速对钒浸出率的影响

在反应温度 210℃、碱矿比 4∶1、通气量 1L/min、碱浓度（质量分数）80%、搅拌转速 700r/min、钒渣粒度-75μm（-200 目）条件下，对不同反应时间（0min、30min、60min、120min、240min、360min）渣相进行物相分析，结果如图 2-18 所示。由图 2-18 可以看出，在碱介质中含硅物相石英和铁橄榄石首先发生氧化分解，并且消失不见，钛磁铁矿其次被分解，钒铬尖晶石结构最稳固，缓慢被氧化，峰强逐渐减弱，4h 已经检测不到钒铁尖晶石的峰，铬铁尖晶石的峰则一直未消失，铬一直无法浸出。

对不同反应时间浸出渣进行成分分析，测试结果见表 2-11。由表 2-11 可以看出，随着反应时间的延长，尾渣中钒的含量逐渐降低，钒浸出率逐渐提高，终渣中钒的质量分数降至 0.37%；而铬的质量分数只是由于其他元素的析出略有变化，结合终渣洗水接近无色可判断，铬在此反应条件下是不浸出的。

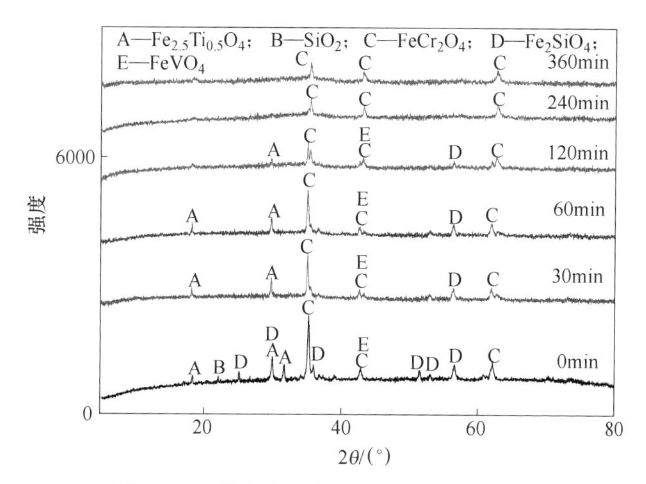

图 2-18 不同反应时间的钒渣的 XRD 图谱

表 2-11 钒渣化学成分随反应时间变化

反应时间/min	化学成分（质量分数）/%							
	Cr_2O_3	Fe_2O_3	MgO	Al_2O_3	TiO_2	MnO	V_2O_5	SiO_2
0	3.97	47.53	2.35	1.48	11.16	7.45	10.47	21.56
10	4.41	48.17	2.51	1.02	10.13	6.96	9.68	2.48
30	4.35	48.89	2.33	0.80	10.03	6.58	7.98	2.39
60	4.16	49.72	2.31	0.72	9.85	6.37	6.46	2.27
120	4.06	47.60	2.55	0.58	9.75	6.12	4.43	2.18
180	3.99	47.92	2.13	0.55	9.66	5.88	1.23	2.05
240	3.82	49.78	2.08	0.50	9.54	5.73	1.06	1.99
300	3.76	47.68	2.06	0.45	9.57	5.66	0.79	1.91
360	3.71	47.59	2.15	0.37	9.61	5.51	0.37	1.84

2.2.2 外场强化 NaOH 碱介质分解钒渣钒铬共提技术原理

由反应式（2-9）和式（2-10）可知，氧气是钒铬尖晶石分解的氧化剂，而氧气在液相体系中溶解度通常较低。因此，如何进行氧的调控，提高碱介质中的溶解氧、吸附氧等有效氧量，以强化钒渣分解特别是其中铬铁尖晶石的分解，是实现钒渣中钒铬共提的关键。

由 Tromans 方程计算发现，氧气在常压下、80% NaOH 溶液中的溶解度仅为 4.73×10^{-5} mol/L，溶解度极低，此时反应式（2-10）在 220℃ 条件下的 ΔG 为 2.10×10^{5}kJ，远远大于零，铬铁尖晶石根本无法氧化分解。热力学计算表明：只有 NaOH 溶液中的氧气溶解度达到 8.9×10^{-4}mol/L 以上时，才能在热力学上满足反应式（2-10）发生条件。

氧气在溶液中溶解度可按式（2-18）计算：

$$C_{aq}=\left[\frac{1}{1+k(C_1)^y}\right]^n p_{O_2}f(T) \tag{2-18}$$

$$f(T)=\exp\left[\frac{0.046T^2+203.35T\ln(T/298)-(299.378+0.092T)(T-298)-20.591\times10^3}{8.3144T}\right] \tag{2-19}$$

由式（2-18）和式（2-19）可知，当增加氧气压力时，相同温度条件下氧气在溶液中的溶解度与氧分压成正比，也就意味着当氧气压力达到 1.925kPa（19atm）时，氧气溶解度可达到 8.92×10^{-4}mol/L 以上，此时的 ΔG 为负值，反应在热力学上是可以进行的。

随着碱介质强化氧化基础理论研究的深入，碱介质中活性氧组分赋存状态、量化测定以及与矿物作用规律研究取得重大进展，活性氧组分对矿物中低价金属氧化物的强化氧化作用也被进一步证实，通过外场强化手段实现活性氧组分的大量生成及稳定存在，提升介质的反应活性，进而实现温和条件下钒渣的高效氧化分解，成为钒渣湿法钒铬高效同步提取技术的方向。

因此，基于介质中溶解氧及活性氧调控原理，开发了惰性材料催化、压力场、电化学场、微气泡等系列外场强化碱介质中钒渣分解技术。

2.3 压力场强化 NaOH 碱介质分解钒渣钒铬共提

2.3.1 压力场强化技术原理

湿法氧化分解钒渣为典型气液固三相反应，氧气从气相主体进入液相碱介质的溶解过程往往成为许多氧化浸取过程的控制因素。在氧气从气相主体向液相传递的过程中，传质阻力集中在气相边界层，而气相和液相主体中阻力较小可忽略。在气液搅拌系统中的氧气传质速率（OTR）主要由传质系数 k_L，两相接触比表面积 A，以及两相间的传质推动力（$p_{O_2}/h-C_L$）所决定。OTR 可由式（2-20）计算确定：

$$OTR=k_LA(p_{O_2}/h-C_L) \tag{2-20}$$

式中 p_{O_2}——气相中氧气分压；

C_L——氧气在液相主体中的浓度；

h——亨利系数。

由于难以确定氧气溶解过程中具体的气液比表面，常常将传质系数和相接触

面积结合成一个参数（$k_L A$）加以研究，$k_L A$ 称为体积传质系数。在搅拌反应釜中气液传质过程复杂，$k_L A$ 受许多因素影响，其中最主要的影响因素有搅拌功率、气体表观流速及液相物性如离子强度、黏度和表面张力等。$k_L A$ 与这些因素之间的关系已经有很多文献进行了报道，它们大多具有相似的回归方程，这些方程的计算精度为 20%~40%。对实验级别搅拌釜中的强离子溶液内氧气的传递速率一般用式（2-21）描述。

$$K_L A = 1.09 \times 10^{-3}\left(\frac{W}{V}\right)^{1.029} v_s^{0.723} \tag{2-21}$$

式中　W——搅拌功率；

V——浸取剂体积；

v_s——氧气的表观气速。

由此可见，提高氧气流速、搅拌功率及增大氧气分压可以显著提高氧气在介质中的传质速率。另外，如 2.2.2 节所述，钒、铬尖晶石氧化为气液固三相反应，氧气作为钒、铬尖晶石氧化的氧化剂参与反应，相同温度下氧气在溶液中的溶解度与氧分压成正比，氧分压对提高介质氧势、增强反应热力学驱动力至关重要，通过增加氧分压形成的压力场强化对于钒渣中铬铁尖晶石的氧化分解在理论上是有效的。

2.3.2　压力场强化 NaOH 碱介质分解承钢含铬钒渣钒铬共提

本节所用钒渣来自河钢承钢，其中 Cr_2O_3 含量（质量分数）为 4.15%，系统考察了反应温度、体系压力、碱浓度、液固比、钒渣粒度、搅拌转速等对铬浸出率的影响。

2.3.2.1　反应温度对钒铬浸出率的影响

在碱浓度（质量分数）50%，液固比 6∶1，搅拌转速 700r/min，压力 1MPa 条件下，考察了较高的温度区间（140~220℃）下，不同温度对铬浸出率的影响。为了对比，同时也给出了钒浸出情况，结果如图 2-19 所示。

从图 2-19 中可以看出，反应温度提高后，钒的浸出速度明显提高，当温度高于 160℃时，3h 后钒的浸出率已经达到了 90%以上，低于这个温度，当温度为 140℃时 3h 后钒的浸出率仅为 75.04%。但是温度 200℃时，钒的浸出率达到 97%，高于单提钒。铬的浸出过程与钒相似，但铬的浸出要相对慢一些，也进一步证明铬尖晶石要比钒尖晶石稳定。温度高于 160℃，3h 后铬的浸出率达到 80%以上，温度在 200℃时，铬的浸出率也接近 90%。但当温度达到 220℃时，钒和铬的浸出率反而降低，这是由于没通氧气之前体系水蒸气压力就已经达到甚至大于 1MPa，导致体系内氧分压降低，碱介质中溶解的氧极少。综合考虑，提铬的温度选择 200℃较为合适。

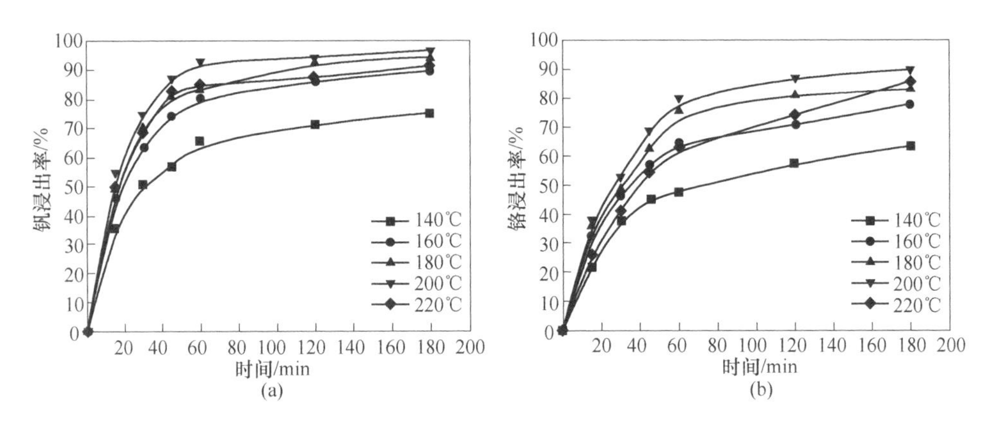

图 2-19 温度对钒（a）和铬（b）浸出率的影响

2.3.2.2 碱浓度对铬浸出率的影响

温度 200℃，液固比 6∶1，搅拌转速 700r/min，压力 1MPa 条件下，选取碱浓度（质量分数）35%~55%的范围内，研究了不同碱浓度下钒渣中铬浸出率的变化，结果如图 2-20 所示。

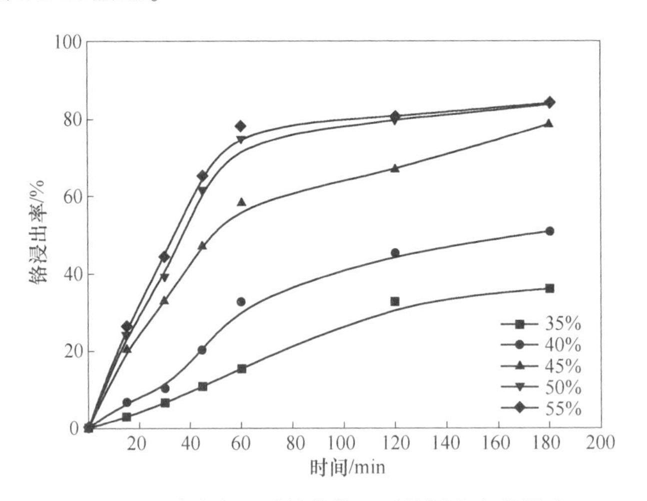

图 2-20 碱浓度（质量分数）对铬浸出率的影响

从图 2-20 中可以看出，碱浓度对于铬浸出率的影响比较明显，碱浓度（质量分数）在 35%~55%的范围内，随着碱浓度的提高，铬的浸出率明显升高，但是相比较提钒而言，铬的浸取速度明显要慢，进一步说明了铬尖晶石相更加稳定。当碱浓度（质量分数）达到 50%的时候，反应 3h 铬的浸出率达到了 89.65%。前面也已经提到，碱浓度越高越有利于反应向正方向移动，故随碱浓度升高铬的转化速率明显提高。但是当碱浓度（质量分数）达到 55%的时候，

铬的浸出率增加不显著。为降低反应碱耗，同样选择50%的 NaOH 浓度（质量分数）作为本实验的最佳碱浓度。

2.3.2.3 体系压力对铬浸出率的影响

研究了在压力为0.6MPa、0.75MPa、1MPa 和1.25MPa 下铬的浸出情况。反应条件为：反应温度200℃，碱浓度（质量分数）50%，搅拌转速700r/min，液固比为6∶1，结果如图2-21所示。

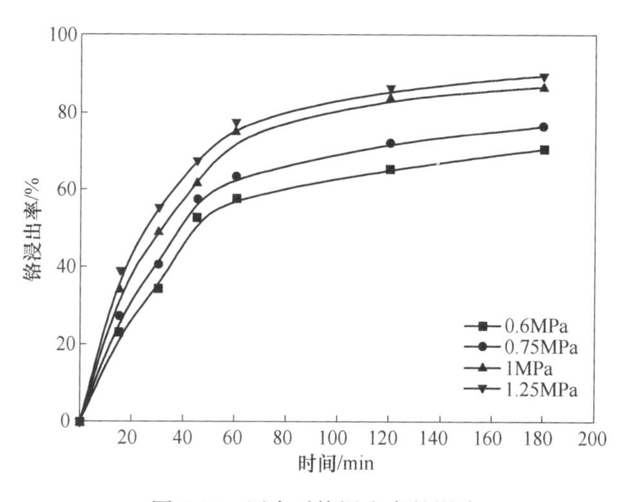

图2-21 压力对铬浸出率的影响

由图2-21可知，压力对钒渣中铬的浸出率影响显著。氧气压力从0.6MPa上升到1MPa，反应3h后的铬浸出率从70.31%上升到89.36%。当压力到达1.25MPa时，铬的浸出率变化也就很小了。因此，将压力定为1MPa。

2.3.2.4 搅拌速度对铬浸出率的影响

在考察影响铬浸出率的因素时，反应时的搅拌转速也在考虑范围内。反应条件为：反应温度200℃，碱浓度（质量分数）50%，液固比6∶1，压力1.0MPa，搅拌转速分别为100r/min、300r/min、500r/min、700r/min、900r/min，实验结果如图2-22所示。

从图2-22中可以看出，搅拌转速对铬的浸出率和对钒的影响趋势相似，随着搅拌转速增加，浸出率显著提高。当搅拌转速为300r/min时，铬的浸出率只有49.23%；当搅拌转速为700r/min时，铬的浸出率达到90%。但是当搅拌转速达到900r/min，反应3h时铬浸出率相比在700r/min时基本没增加。因此，对于提铬实验，搅拌转速选择为700r/min。

2.3.2.5 钒渣粒度对铬浸出率的影响

同时，在温度取160℃，液固比6∶1，碱浓度（质量分数）50%，搅拌转速700r/min，压力为0.6MPa的条件下，分别选取了+250μm（+60目）、250～

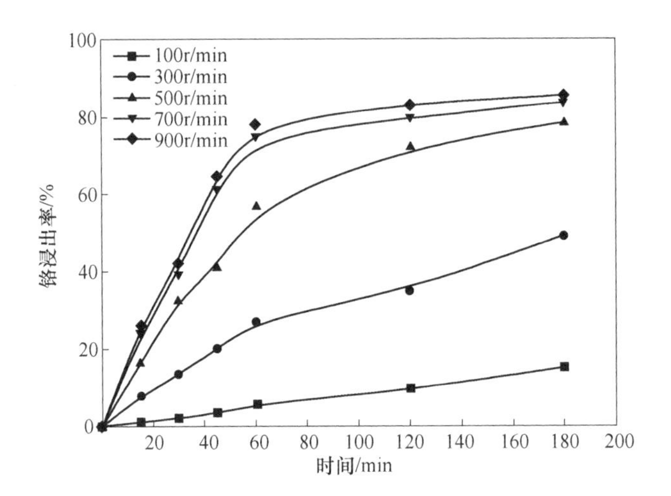

图 2-22　搅拌转速对铬浸出率的影响

106μm（60~150 目）、106~75μm（150~200 目）、75~45μm（200~325 目）及 -45μm（-325 目），研究了钒渣粒度对铬浸出率的影响，结果如图 2-23 所示。

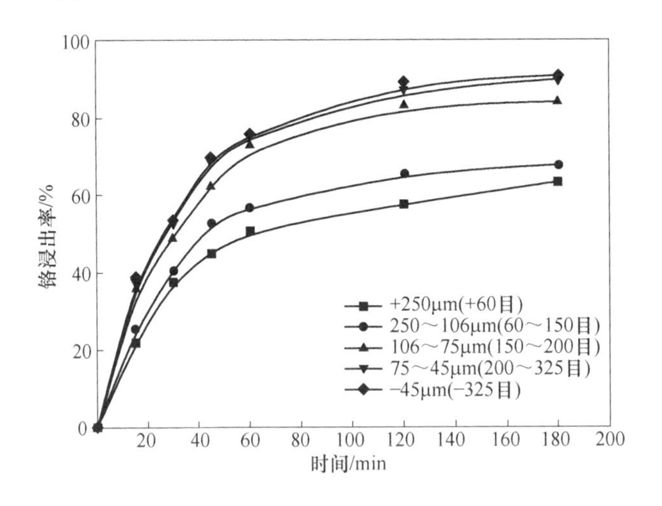

图 2-23　钒渣粒度对铬浸出率的影响

图 2-23 表明，粒度对于铬浸出率的影响也是类似于钒的浸出率，在此不再赘述。总体来说钒渣粒径越小，越有利于铬的浸出，选择-106μm（-150 目）的粒度最终铬浸出率达到了 90.64%。

2.3.2.6　液固比对铬浸出率的影响

通常，高液固比有利于增大介质与固体的接触面积，改善反应传质。基于对钒渣中钒的浸出研究，研究了液固比为 2∶1、4∶1、6∶1 和 8∶1 的条件下，铬

的浸出效果。反应条件为：反应温度 200℃，碱浓度（质量分数）50%，搅拌转速 700r/min，压力 1MPa。经过 3h 的反应后，结果如图 2-24 所示。

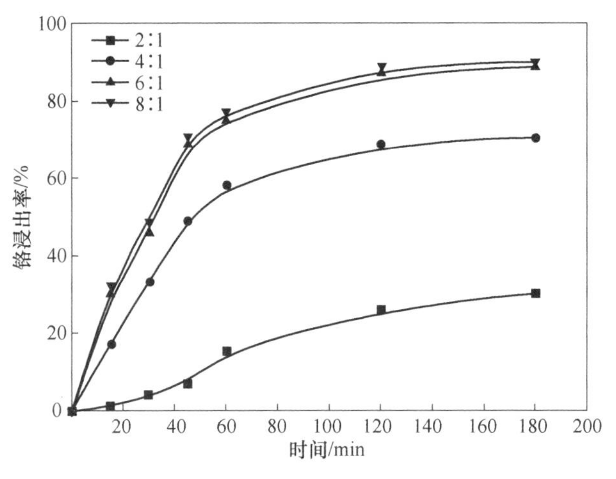

图 2-24 液固比对铬浸出率的影响

从图 2-24 可以看出，液固比对铬的浸出率影响也是非常显著。液固比大于 6：1的时候，铬的浸出率达到了 90%左右。继续提高液固比，铬浸出率基本没有变化。

2.3.3 压力场强化 NaOH 碱介质分解德胜高铬钒渣钒铬共提

本节研究压力场强化对高铬钒渣［来自四川德胜集团，其中 Cr_2O_3 含量（质量分数）为 8.35%］钒铬共提的影响，目的在于考察压力场强化对不同来源含铬钒渣钒铬共提的适应性。

2.3.3.1 NaOH 质量分数对钒铬浸出效率的影响

提高碱浓度可以促进氧化反应，但同时会增大溶液黏度，阻碍传质和氧溶解。因此，在 40%～60% NaOH 质量分数范围内，研究了 NaOH 质量分数对德胜高铬钒渣中钒和铬浸出率的影响。图 2-25 总结了在 200℃，1MPa，液固比为 6：1，搅拌转速为 700r/min，钒渣粒径在 45～75μm 之间，反应 180min 后随 NaOH 质量分数变化的钒铬浸出率。

当 NaOH 质量分数在 40%～55%范围内时，从图 2-25 中可以看出，钒和铬的浸出率随着 NaOH 质量分数的增加而增加。在氧化浸出过程中，蒸气压随着 NaOH 质量分数的增加而降低，当高压釜中的总压力固定时，氧分压也相应地增加，从而促进氧化反应。结果表明，正面效应比负面效应更明显，包括 NaOH 质量分数和氧分压的增加。有趣的是，观察到当 NaOH 质量分数继续增加至 60%时，钒的浸出率反而降低至 98.02%。这表明，NaOH 质量分数值为 60%时一定程度上会影响浸出过程，导致氧溶解和传质效率降低。铬的浸出率表现出与钒浸出率相似的行为，但铬的浸出率低于钒的浸出率。在 NaOH 质量分数为 55%时，铬的浸出率达到 94.94%，随着 NaOH 质量分数进一步增加到 60%，铬的浸出率降至 90.52%。铬的浸出率相对较低，被认为是与铬铁尖晶石相比钒铁尖晶石具有更稳定的晶体结构。

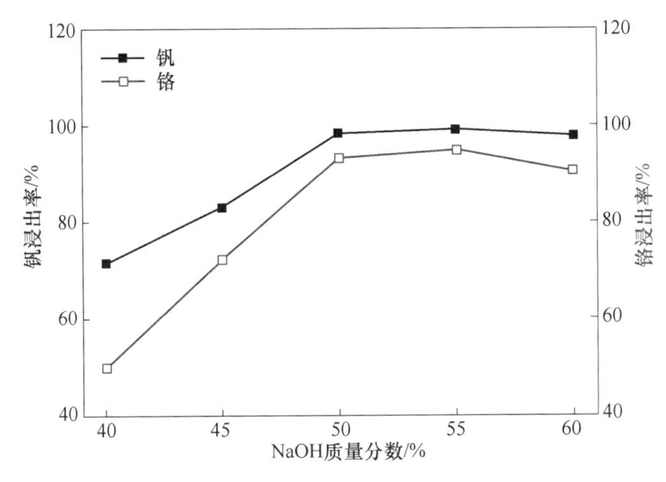

图 2-25　NaOH 质量分数对钒和铬浸出率的影响

由 Pizter 理论可知，增大 NaOH 质量分数和温度，从热力学角度而言，能增加溶解氧和 OH^-的活性。但从动力学角度而言，减少 O_2 的溶解度，从而增大体系的黏度，影响气-液相间传质和 O_2 溶解，抑制反应的进行。因此，高浓度 NaOH 系统不适合流态化和氧气溶解。当 NaOH 质量分数从 40%增加到 60%时，溶液的黏度增加，溶解氧能力显著降低（40%~60%），导致在相对高的 NaOH 质量分数下钒和铬的浸出率较低，不利于钒渣分解。然而，当 NaOH 质量分数从 50%增加到 55%时钒和铬的浸出率没有明显差异，因此，为了降低能量消耗和原料成本，选择最佳 NaOH 质量分数为 50%。

2.3.3.2　*液固比对钒铬浸出率的影响*

不同的液固比决定了浆料体系中的传质及液固混合条件，从而影响了钒和铬的浸出率。因此，在液固比（2~8）∶1 的范围内，研究了液固比对钒和铬浸出率的影响。图 2-26 总结了在 200℃，50%NaOH，1MPa，搅拌转速为 700r/min，钒渣粒径在 45~75μm 之间，反应 180min 后随液固比变化的钒和铬浸出率。

图 2-26 的结果表明，液固比越大，钒和铬的浸出率越高。随着液固比从 2∶1增加到 6∶1，钒和铬的浸出率显著增加，并在液固比超过 4∶1 时几乎被完全氧化。这是因为当液固比较高时，由于钒渣量减小，介质的黏度和流动性得到

优化，可增强碱介质中氧气传质效率和溶氧，单位面积的钒渣颗粒与 NaOH 溶液和氧气接触更充分，宏观表现为钒和铬的浸出率增加。同时，提高液固比能有效改善钒渣颗粒堵塞通气管道问题，促进钒渣的氧化。

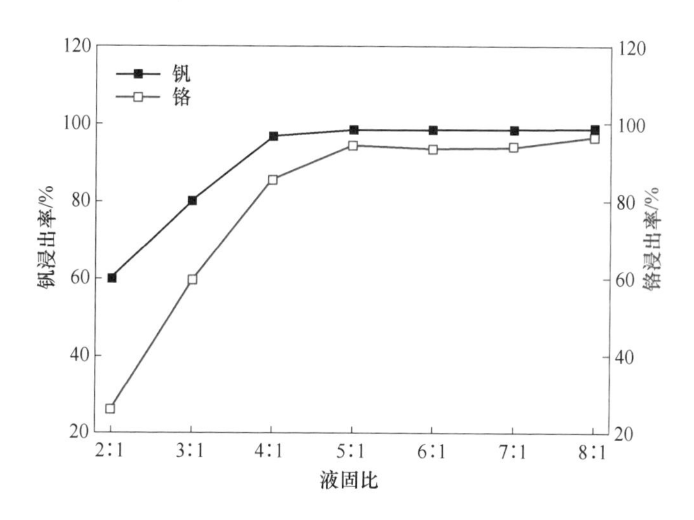

图 2-26 液固比对钒和铬浸出率的影响

此外，观察到液固比对铬的浸出影响比钒的更显著，与钒铁尖晶石相比，铬铁尖晶石的热力学性质更稳定。因此，为促进氧化反应，铬铁尖晶石的氧化需要更加强效的传质。当液固比为 6∶1 时，钒和铬的浸出率分别达到 98.33%和 93.29%。当液固比从 5∶1 增大到 8∶1 时，浸出率没有显著变化，表明已形成具有充分混合条件的均匀浆料。因此，表明液体与固体比例从 5∶1 到 8∶1 的条件都可用于有效的浸出过程。然而，考虑到后续步骤的过滤效率（用于从含 V 和含 Cr 溶液中分离残留物），当液固比为 5∶1 时由于其黏度高而耗时长，而液固比 6∶1 时，悬浮液的过滤效率得到了很大改善；当液固比超过 6∶1 时，增大液固比牺牲生产效率来提高浸出率的意义不大。综合考虑，液固比 6∶1 更适合整个浸出过程。

2.3.3.3 反应压力对钒和铬浸出率的影响

在 200℃的 NaOH 溶液中，氧气在不同分压下的饱和浓度可表示如下：

$$C_{O_2} = 1.3909 \times 10^{-3}\left[\frac{1}{1 + 0.102078 \times C_{NaOH}^{1.00044}}\right]^{4.3089} \times p_{O_2} \qquad (2\text{-}22)$$

根据式（2-22）可得，在恒定温度下，氧的饱和浓度与氧的分压成比例。因此，分别在 0.6MPa、0.8MPa、1.0MPa、1.2MPa 和 1.3MPa 的压力下研究压力对钒和铬浸出率的影响。同时保持其他参数不变：200℃，NaOH 质量分数 50%，液固比为 6 : 1，搅拌转速为 700r/min，钒渣粒径在 45 ~ 75μm 之间，反应 180min，结果如图 2-27 所示。

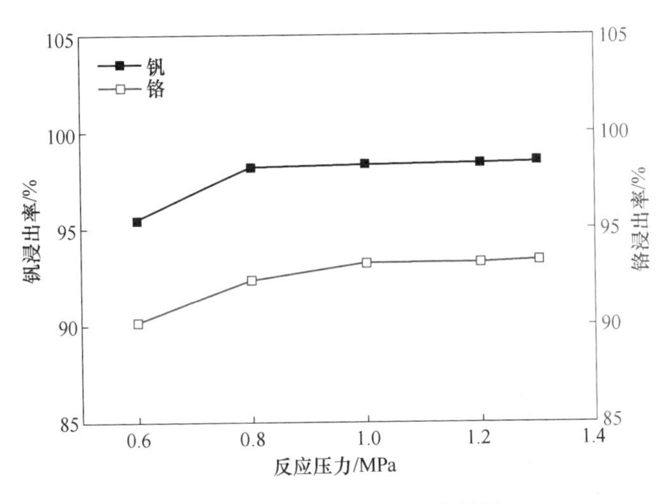

图 2-27　压力对钒和铬浸出率的影响

氧气压力对钒和铬的浸出率有显著影响。增加氧分压可以增加氧气在溶液中的溶解度，因此促进生成更多的活性氧。当氧气压力从 0. 6MPa 增加到 1. 0MPa 时，钒和铬的浸出率分别增加到 98. 33% 和 93. 29%。但是当压力继续增加到 1. 2MPa 时，钒和铬的浸出率变化可以忽略不计，最终选择 1. 0MPa 作为后续实验的最佳压力。

2. 3. 3. 4　反应温度对钒和铬浸出率的影响

在 NaOH 质量分数 50%，液固比 6 : 1，搅拌转速 700r/min，系统压力 1. 0MPa，钒渣粒径在 45 ~ 75μm 之间，反应 180min 的条件下，研究了不同温度（140 ~ 220℃）下钒和铬浸出率的影响。

图 2-28 表明温度对钒和铬浸出率有较明显影响，因为高温（高于 180℃）可以显著提高钒和铬的浸出率。具体而言，当温度从 140℃ 升至 200℃ 时，钒的浸出率从 86. 55%增加到 98. 33%，而铬的浸出率分别从 56. 19%增加到 93. 29%。高温降低了反应体系的黏度，从而加强了氧化过程中的传质，这也有助于提高钒和铬的浸出率。虽然温度对提高铬浸出率的影响更大，但仍然低于钒的值，这表明铬铁尖晶石具有更加稳定的晶体结构。特别是在低于 160℃ 的温度下，铬的浸出率远低于钒的浸出率。当温度升至 200 ~ 220℃ 时，钒和铬都可以获得高浸出率（大于 90%）。因此，得出铬铁尖晶石需要更高的温度才能达到足够高的氧化速率的结论。考虑到能量消耗、操作可行性和浸出之间的平衡，将反应温度选择为 200℃。

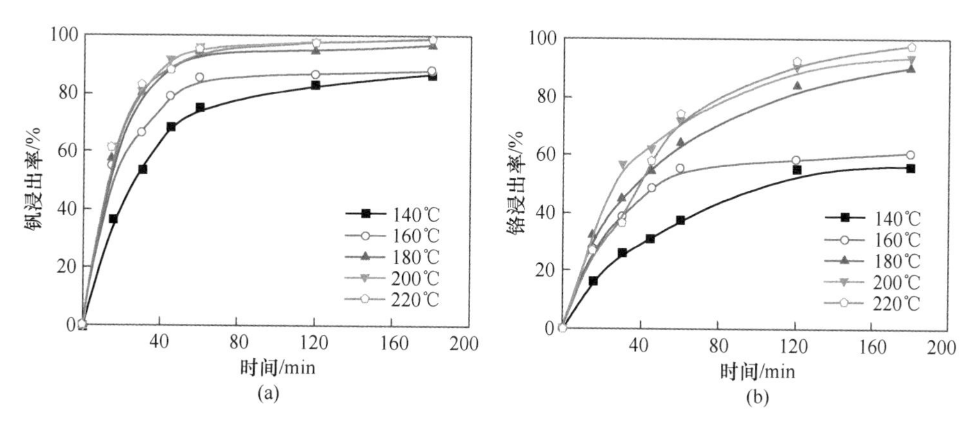

图 2-28 温度对钒和铬浸出率的影响

（a）钒；（b）铬

2.3.4 压力场强化钒和铬浸出动力学

图 2-29 为 160℃时的钒和铬不同时间浸出率分别用动力学方程 $X = kt$、$1 - (1 - X)^{\frac{1}{3}} = kt$、$1 - \frac{2}{3}X - (1 - X)^{\frac{2}{3}} = kt$ 进行拟合的结果。由图 2-29 可知，对钒和铬的浸出过程用方程 $1 - \frac{2}{3}X - (1 - X)^{\frac{2}{3}} = kt$ 拟合结果均比较理想，线性相关系数分别达 0.9967 和 0.9992，因此判断钒和铬的浸出受内扩散控制。

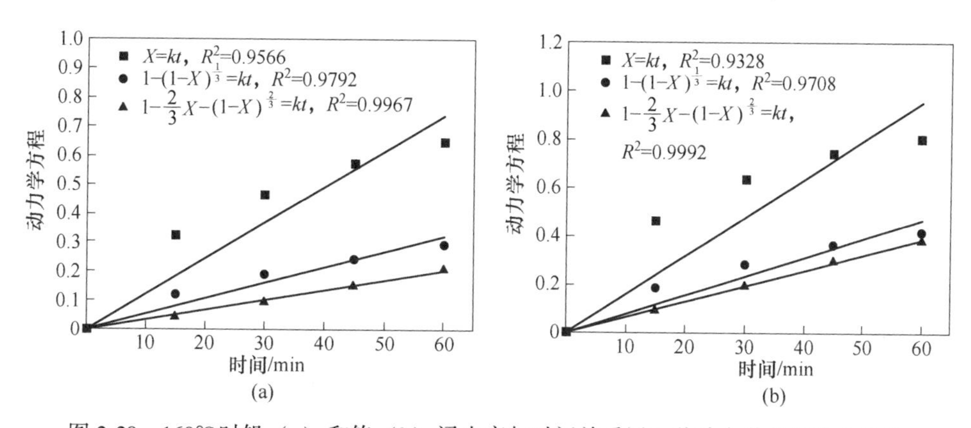

图 2-29 160℃时钒（a）和铬（b）浸出率与时间关系用三种动力学方程拟合结果

将 140~200℃时钒和铬的浸出率与时间的关系用 $1 - \frac{2}{3}X - (1 - X)^{\frac{2}{3}} = kt$ 进行拟合，并根据 Arrehenius 公式计算，获得钒和铬浸出过程的表观活化能为

26.22kJ/mol 和 32.79kJ/mol，浸出动力学方程分别如下：

$$1-\frac{2}{3}X(1-X)^{\frac{2}{3}}=2.99\exp\left(-\frac{26220}{RT}\right)t \tag{2-23}$$

$$1-\frac{2}{3}X(1-X)^{\frac{2}{3}}=43.42\exp\left(-\frac{32790}{RT}\right)t \tag{2-24}$$

2.4 活性炭催化强化 NaOH 碱介质分解钒渣钒铬共提

2.4.1 活性炭催化强化技术原理

活性炭是具有微晶结构的碳系材料之一，具有较大的活性比表面积和微孔体积。当活性炭与碱介质中氧气接触时，氧气会物理吸附在活性炭上，活性炭表面的氧气浓度比液相体系中高数千倍，增加了富集在活性炭上的氧气与钒渣的接触机会。更重要的是，活性炭中的微晶赋存大量不饱和氧化官能团，包括羧基、内酯基、羰基、酚羟基、酸酐、醚基等，这些不饱和价键具有类似于结晶缺陷的结构，是催化活性的中心，可以与氧气反应生成活性氧组分，对其催化氧化性能有极其重要的作用。基于其高催化活性，活性炭已被广泛用于各种有机物如苯酚、对羟基苯甲酸、H-酸、染料等的湿式催化氧化反应。A. Santos 等利用活性炭的催化氧化特性处理含酚废水，可将酚氧化的反应条件由反应温度 200~300℃、压力 7~15MPa 降低至反应温度 160℃、压力 1.65MPa，实现了反应条件的大幅优化。

钒渣在 NaOH 碱介质中的反应与酚氧化同为湿式氧化反应，条件接近，且活性炭在碱性溶液中不仅结构稳定，并且碱性溶液更有利于提高活性炭的催化活性。Andrey Bagreev 等在催化氧化处理 H_2S 研究中，采用 NaOH 溶液对活性炭进行了浸渍改性，经 10% NaOH 溶液浸渍后，活性炭基本结构未发生变化，且穿透容量增加到初始的 4~5 倍。

2.4.1.1 NaOH 介质对活性炭表面含氧官能团影响规律

A 典型活性炭表面含氧官能团差异

活性炭的表面化学特性对活性炭的表面反应、表面行为、亲（疏）水性、催化性质和表面电荷等具有极大的影响，这些特性影响着催化剂的分散性和活性、吸附剂的吸附性行为等。活性炭的表面化学性质主要由其表面官能团的种类和数量所决定，最常见的官能团是含氧官能团。活性炭表面含氧官能团分为：酸性含氧官能团，如羧基、酚羟基和内酯基，其中羧基酸性最强，内酯基次之；中性官能团亦称为弱酸性官能团，如酚羟基、苯醌基和醚基；碱性官能团。这些不同种类的含氧官能团是活性炭上的主要活性位，它们能使活性炭表面呈现微弱的酸性、碱性、氧化性、亲水性和疏水性。

选取五种典型活性炭，对其羧基、酚羟基、弱酸性基团、总酸性基团进行了测定，结果见表 2-12。从总酸性基团含量来看，五种活性炭的总酸性基团含量从高到低分别是煤基柱状活性炭、木质粉状活性炭、椰壳活性炭、果壳活性炭、煤基颗粒活性炭。

表 2-12 典型活性炭表面含氧官能团差异 (mmol/g)

活性炭种类	羧基	酚羟基	弱酸性基团	总酸性基团
椰壳炭	0.5141	2.9962	0.1832	3.6935
果壳炭	0.3269	1.6373	1.0126	2.9768
木质粉状炭	0.7407	1.8683	2.6083	5.2173
煤基柱状炭	2.0767	5.7725	1.5658	9.4150
煤基颗粒炭	1.2178	0.3057	0.9170	2.4405

B NaOH 溶液对椰壳炭含氧官能团的影响

采用不同质量分数的 NaOH 溶液处理椰壳活性炭，处理的条件为反应温度 90℃，液固比 6∶1，搅拌转速 500r/min，反应时间 4h。对反应后的椰壳活性炭表面含氧官能团进行了测定，实验所得结果如表 2-13 和图 2-30 所示。

表 2-13 NaOH 溶液对椰壳活性炭表面含氧官能团的影响

NaOH 质量分数/%	羧基 /mmol·g^{-1}	酚羟基 /mmol·g^{-1}	弱酸性基团 /mmol·g^{-1}	总酸性基团 /mmol·g^{-1}
0	0.5141	2.9962	0.1832	3.6935
20	0	1.8835	0.1859	1.7281
33.3	0	1.6532	0.1964	1.4562
60	0	0.9851	0.1684	0.3115
80	0	0.9327	0.2005	0.1231

由上述结果可以发现，经不同质量分数的 NaOH 处理后，羧基含量均不能被检测出，主要原因是羧基与氢氧化钠发生反应：

$$—COOH + NaOH \longrightarrow —COO^- + H_2O + Na^+ \qquad (2\text{-}25)$$

羧基与 NaOH 反应后生成了内酯基，且由于氢氧化钠与活性炭表面的酸性含氧官能团作用，H^+部分被 Na^+取代，形成强碱弱酸盐而表现较强的碱性。酚羟基含量表现为随着碱浓度的升高而减小，是因为酚羟基与氢氧化钠反应，消耗了酚羟基。内酯基和酚羟基含量略有增加但变化不大，是因为虽然碱消耗了一部分内酯基，但是羧基与碱反应生成了一部分内酯基，整体表现为略有增加但变化不大，总酸性基团含量随碱浓度升高而降低。

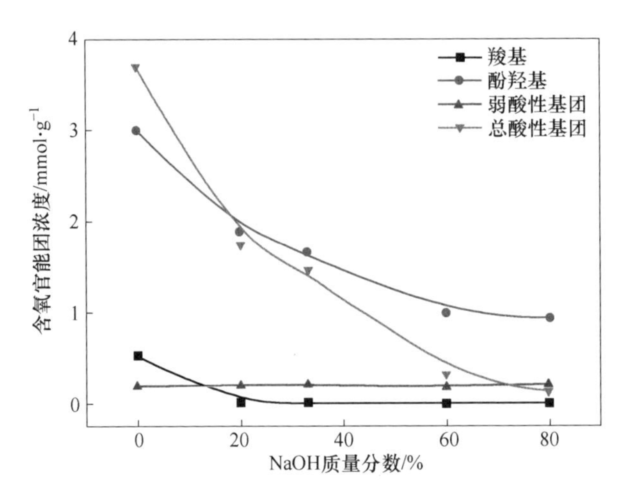

图 2-30 NaOH 质量分数对椰壳活性炭含氧官能团的影响

2.4.1.2 NaOH 介质对活性炭表面碘值影响规律

A 典型活性炭表面碘值差异

碘值是活性炭常用的吸附指标之一，用来表示活性炭对液体物质的吸附能力，指标越高，说明活性炭的吸附能力越强。对典型活性炭的碘值进行了测定，结果见表 2-14。由表 2-14 可以得出，椰壳活性炭的碘值最高，说明其微孔含量最高。

表 2-14 典型活性炭表面碘值

活性炭种类	椰壳炭	果壳炭	木质粉状炭	煤基柱状炭	煤基颗粒炭
碘值/$mg \cdot g^{-1}$	1075	326	698	571	577

B NaOH 溶液质量分数对椰壳活性炭碘值的影响

采用不同浓度的 NaOH 溶液处理椰壳活性炭，处理的条件为反应温度 90℃，液固比 6∶1，搅拌转速 500r/min，反应时间 4h。对反应后的椰壳活性炭的碘值进行了测定，实验所得结果如图 2-31 所示。由以上数据得出，经 NaOH 溶液处理后，椰壳活性炭的碘值含量先降低后升高，但最大变化幅度不超过 20%。

2.4.1.3 NaOH 介质对活性炭亚甲基蓝值影响规律

A 典型活性炭表面亚甲基蓝值差异

亚甲基蓝值代表活性炭的脱色能力，是检测活性炭产品质量的重要指标，活性炭亚甲基蓝值取决于活性炭孔隙中直径 1.6nm 的微孔发达程度。对典型活性炭的亚甲基蓝值进行了测定，结果见表 2-15。由表 2-15 可以得出，椰壳活性炭的亚甲基蓝值最高，且大大优于其他种类活性炭，其次从高到低依次为木质粉状活性炭、煤基颗粒活性炭、果壳炭、煤基柱状活性炭。综合碘值和亚甲基蓝值测定结果可知，孔隙发达的椰壳活性炭有助于钒铬催化氧化反应的发生。

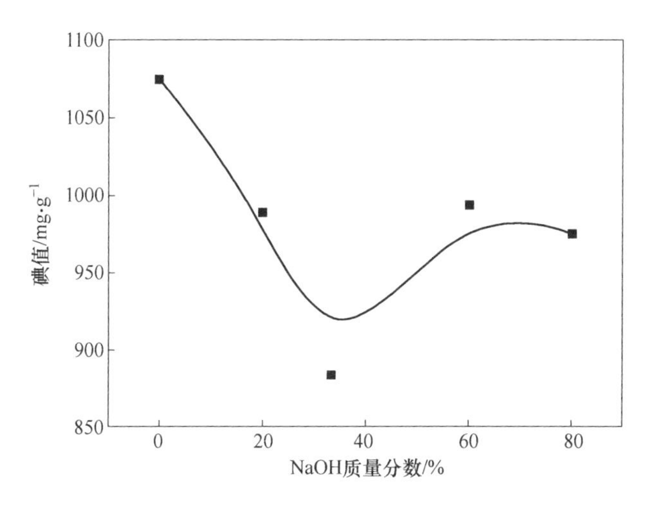

图 2-31 NaOH 质量分数对椰壳活性炭碘值的影响

表 2-15 典型活性炭表面亚甲基蓝值

活性炭种类	椰壳炭	果壳炭	木质粉状炭	煤基柱状炭	煤基颗粒炭
亚甲基蓝值 /mg·g^{-1}	105	18	45	3	41

B NaOH 溶液质量分数对椰壳活性炭亚甲基蓝值的影响

采用不同浓度的 NaOH 溶液处理椰壳活性炭，处理的条件为反应温度 90℃，液固比 6∶1，搅拌转速 500r/min，反应时间 4h。对反应后的椰壳活性炭的亚甲基蓝值进行了测定，实验所得结果如图 2-32 所示。经 NaOH 溶液处理后，椰壳活性炭的亚甲基蓝值略有降低，呈现先降低后升高的趋势，与碘值结果类似。

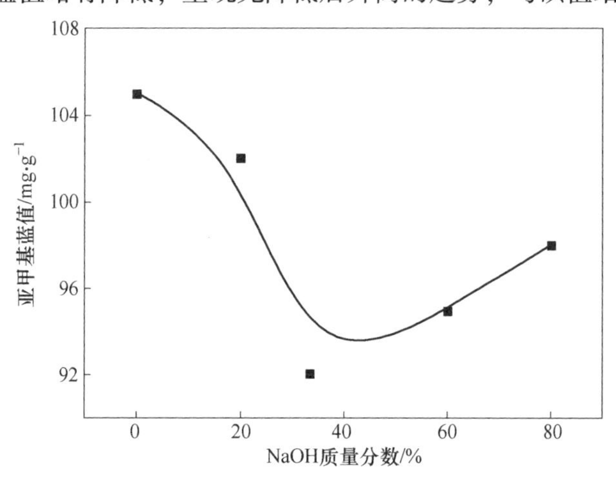

图 2-32 NaOH 质量分数对椰壳活性炭亚甲基蓝值的影响

2.4.1.4 NaOH 介质对活性炭表面活性氧影响规律

研究发现，活性氧尤其是超氧根（O_2^-）的生成对活性炭强化碱介质分解钒渣起到催化氧化作用。不同种类活性炭的 ESR 测试结果如图 2-33 所示，图 2-33 中（a）为椰壳活性炭、煤基颗粒活性炭、煤基柱状活性炭、木质粉状活性炭的 ESR 测试结果，图 2-33（b）为果壳活性炭的 ESR 测试结果。由图 2-33 可以看出，果壳活性炭、木质粉状活性炭上检测不到超氧自由基，煤基柱状、煤基颗粒及椰壳活性炭可检测到超氧基，且反应强化效果最为明显的椰壳活性炭上检测到的超氧自由基 O_2^-信号最强。

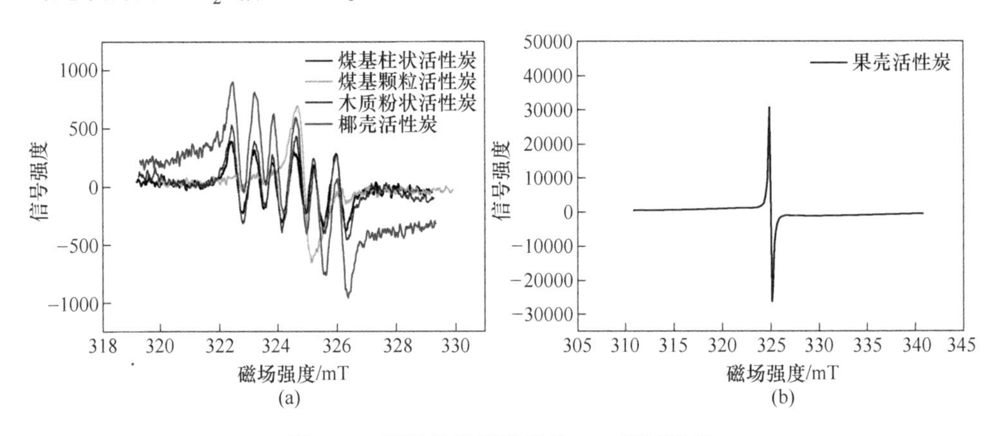

图 2-33 不同种类活性炭的 ESR 测试结果

（a）煤基柱状活性炭、煤基颗粒活性炭、木质粉状活性炭、椰壳活性炭；（b）果壳活性炭

椰壳活性炭经碱介质处理后，其表面的超氧根含量大量增加，且随着碱浓度的升高而增大（见图 2-34），说明活性炭在碱介质中确实促进了氢氧根离子向超氧的转化，超氧根附着在活性炭表面，通过反应中活性炭与钒渣的接触，可进一步促进反应的进行。另外，超氧自由基附着于活性炭巨大的比表面上和发达的孔隙结构中，通过活性炭与钒渣在液相中的接触对矿物进行氧化分解，如图 2-35 所示。

2.4.1.5 活性炭形貌、孔径及红外分析

研究表明，活性炭对钒渣中铬浸出的强化作用主要与其比表面积及孔道体积相关，吸附饱和活性炭因为比表面积和孔道体积小，对钒渣浸出过程的强化作用较弱。在吸附饱和活性炭强化浸出的后续阶段，铬浸出率出现了较明显的提高，可能是由于所吸附的亚甲基蓝发生了分解或解离，新的吸附位在氧气传递过程中开始发挥作用。由此可以确认，活性炭对浸出过程的强化效果受其比表面积和孔道体积影响，与电化学反应无关。

活性炭吸附是一个十分复杂的过程，为了确认活性炭促进钒渣中的铬高效溶

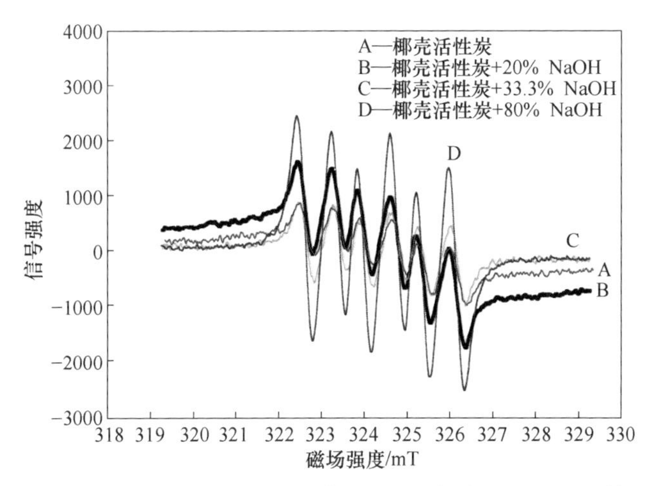

图 2-34 不同质量分数 NaOH 溶液处理后椰壳炭 ESR 测试结果

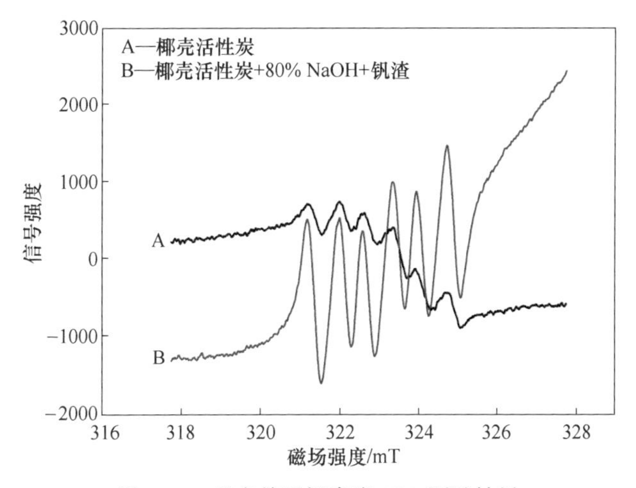

图 2-35 反应前后椰壳炭 ESR 测试结果

出是化学吸附、物理吸附还是离子交换起主导作用，对所用的各种活性炭进行了分析表征。

由不同原料制得的活性炭能够保持原料的基本骨架和管胞结构，通常采用扫描电镜（SEM）研究活性炭的孔结构及其表面形貌，通过电镜图片可以初步分析不同原料制得活性炭的孔隙结构及表面形貌的区别。不同种类活性炭 SEM 图片如图 2-36 所示。

由图 2-36 可知，不同种类活性炭均具有丰富的孔结构，木质活性炭大孔壁上有丰富的小孔，且分布均匀；椰壳活性炭表面光滑，含有大量的孔结构，分布较均匀；果壳活性炭呈蜂窝状结构，且向活性炭内部延伸。三种活性炭孔隙大小

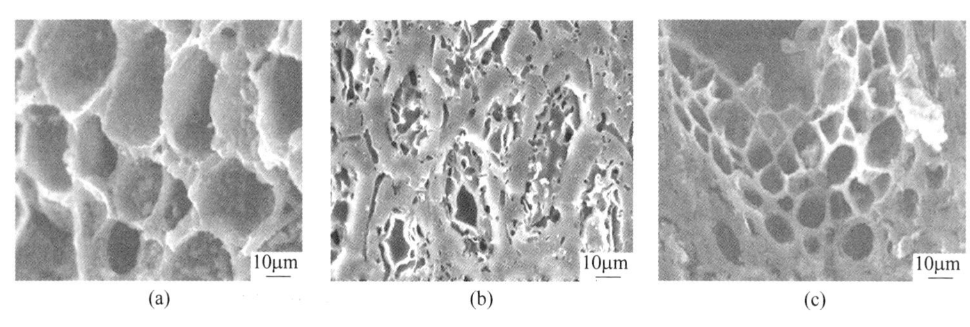

图 2-36 不同种类活性炭 SEM 图片
(a) 木质活性炭；(b) 椰壳活性炭；(c) 果壳活性炭

顺序为木质活性炭>果壳活性炭>椰壳活性炭，椰壳活性炭和果壳活性炭表面致密光滑，机械强度高，在高温高碱体系中能够保持原有物理化学性质。

影响活性炭吸附性能很重要的一个因素就是孔结构，如比表面积、孔径大小和孔分布等，通常情况下，活性炭的吸附量与其比表面积成正比关系。通过对孔体积分析来考察不同种类活性炭的吸附能力，孔结构分析结果如图 2-37 所示。

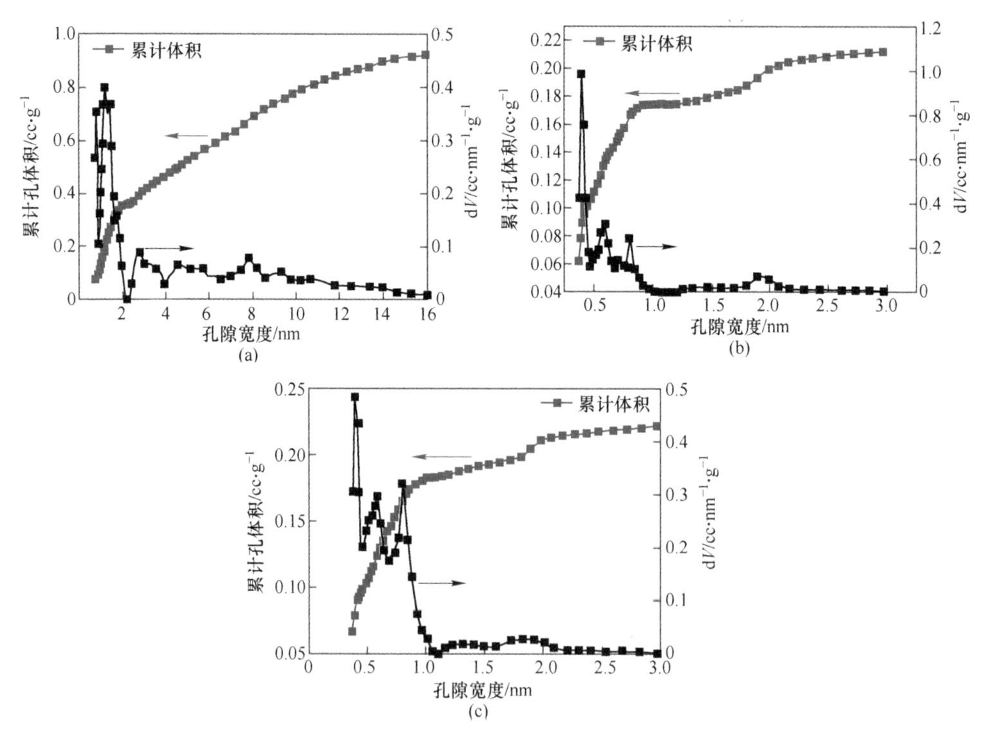

图 2-37 不同种类活性炭的孔径分布
(a) 木质活性炭；(b) 椰壳活性炭；(c) 果壳活性炭

由图 2-37 可以看到，椰壳活性炭和果壳活性炭孔的累计体积变化趋势类似，都是在 0.3~1.0nm 范围内孔累计体积迅速增加，之后出现平台；而木质活性炭则是在 0.5~2.0nm 之间孔累计体积迅速提高，之后出现平台。椰壳活性炭和果壳活性炭主要由微孔构成，而木质活性炭除了微孔还含有大量中孔，对于气相吸附，以微孔吸附为主。

活性炭的化学吸附性能不仅取决于其孔隙结构，还取决于其表面化学性质。活性炭氧化改性后，其表面会引入大量的含氧官能团，液相条件下活性炭的吸附性能受到其表面化学性质的影响更加显著。因此本研究试图通过红外测试来对比不同种类活性炭的表面化学性质有何差别，不同种类红外测试结果如图 2-38 所示。

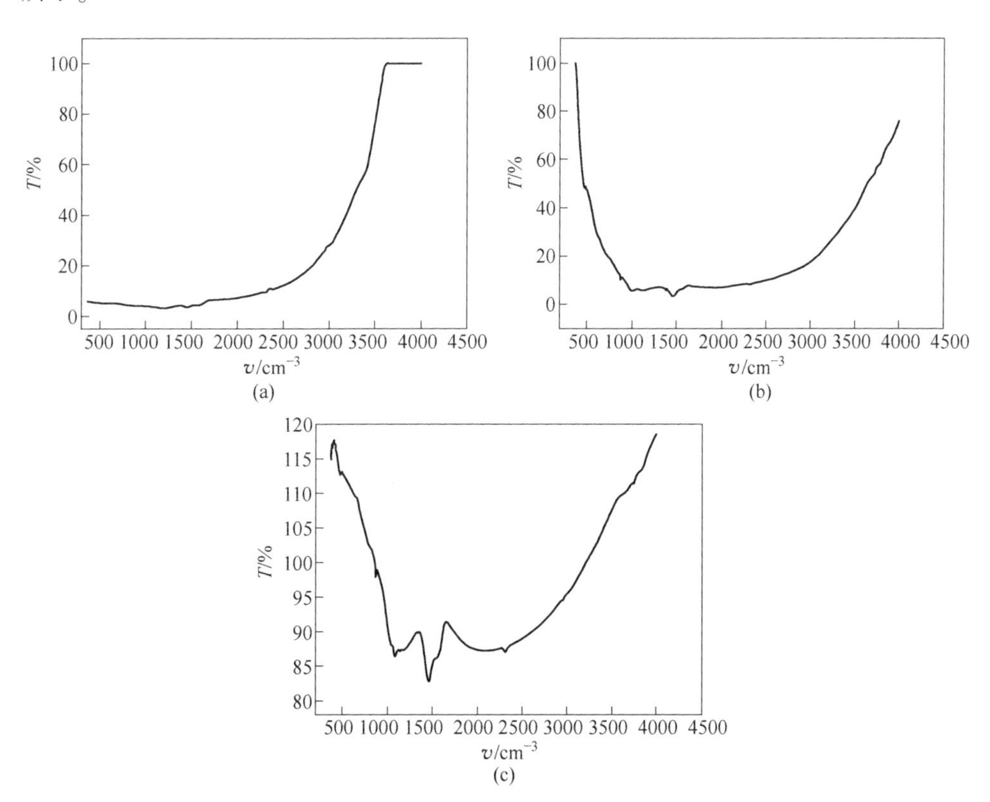

图 2-38 不同种类活性炭的红外测试结果

（a）木质活性炭；（b）椰壳活性炭；（c）果壳活性炭

由图 2-38 可以看出，在 1500cm^{-3}附近椰壳活性炭和果壳活性炭都出现了特征峰，分析判断为羧基官能团，而木质活性炭未检测到特征峰，说明椰壳活性炭和果壳活性炭都经过活化处理出现了官能团，而导致孔体积变小，微孔数量有所增加。

综上所述，得到一个初步推论：活性炭促使钒渣中的铬高效浸出是物理吸附和化学吸附共同作用的结果，活性炭与氧气接触时，氧气会物理吸附在活性炭上，活性炭表面的氧气浓度比液相体系中高数千倍，由于活性炭易于漂浮，增加了富集在活性炭上的氧气与钒渣的接触机会；同时氧会化学吸附在活性炭表面，形成过氧化物，与羧基等含氧官能团一起构成活性表面。

2.4.2 活性炭催化强化 NaOH 碱介质钒铬共提

2.4.2.1 活性炭种类对钒渣中钒铬浸出率的影响

不同种类活性炭在孔隙率、比表面积、机械强度等方面的性质差异很大，其物理化学性质也必然存在很大的不同。因此，分别采用椰壳活性炭、果壳活性炭和木质活性炭进行了工艺探索，与不添加活性炭的实验进行对比，以确定最适合的活性炭作为添加剂来实现钒渣中的钒铬共提。控制反应条件为：反应温度215℃，NaOH 质量分数 80%，搅拌转速 900r/min，通气量 1L/min（氧气），钒渣粒度-75μm（-200 目），反应时间 10h，活性炭添加量 10%。钒、铬的浸出率随时间变化曲线如图 2-39 所示。

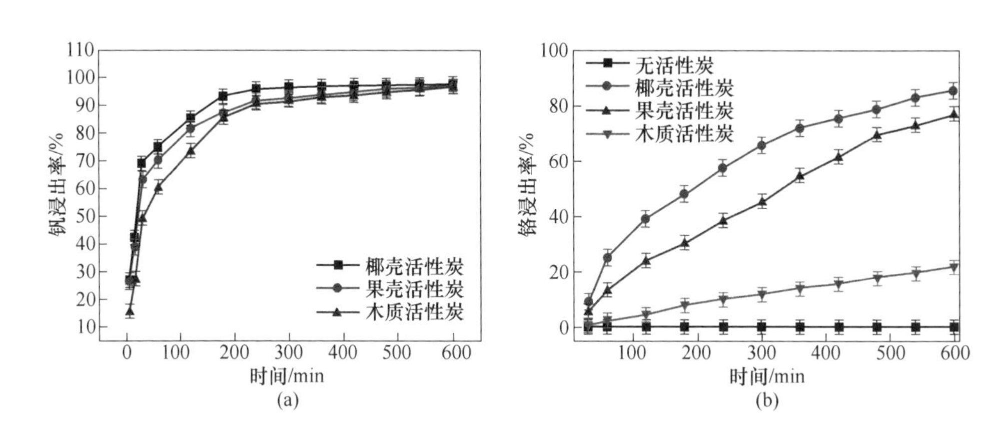

图 2-39 活性炭种类对钒（a）和铬（b）浸出率的影响

由图 2-39 可见，对比于单一 NaOH 体系，添加活性炭后钒的前期浸出速度大幅度提高，30min 时钒浸出率已达 70%，钒最终浸出率略微提高，添加三种活性炭对钒浸出率影响差别并不明显。但活性炭对铬浸出率的影响非常显著，添加三种不同种类活性炭，铬的浸出效果由好到差的顺序为：椰壳活性炭>果壳活性炭>木质活性炭。可见，由于不同种类的活性炭的孔隙度、比表面积及表面官能团不同，对铬溶出效果影响不同，其中椰壳活性炭的吸附性能及催化氧化性能最好，故溶出效果最佳。

2.4.2.2 活性炭添加量对铬浸出率的影响

由于添加椰壳活性炭时钒渣中铬的浸出率最高，因此选用椰壳活性炭来进行不同活性炭添加量的对比实验，以确定最经济的活性炭添加量。控制反应条件为：反应温度 215℃，NaOH 质量分数 80%，搅拌转速 900r/min，通气量 1L/min（氧气），钒渣粒度 -75μm（-200 目），反应时间 10h，分别添加 10%、5% 和 2.5% 的椰壳活性炭进行实验，实验结果如图 2-40 所示。

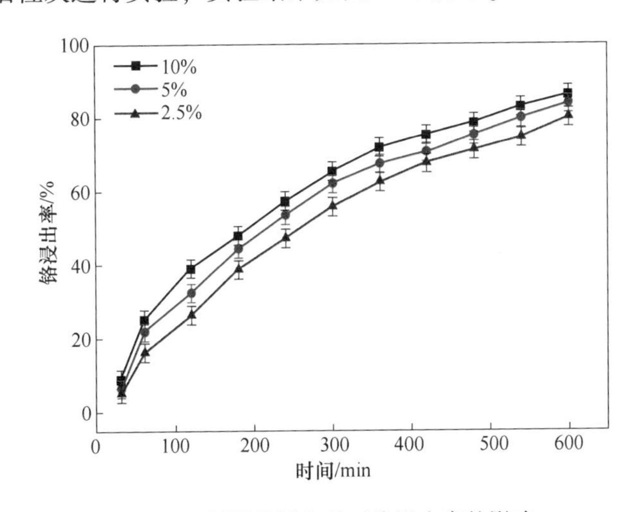

图 2-40 活性炭添加量对铬浸出率的影响

由图 2-40 可知：随着活性炭添加量的增多，铬的浸出率越来越高、浸出速度越来越快，但添加 10%、5% 和 2.5% 的活性炭，铬的最终浸出率差别并不明显，可以进一步减少添加量，以减少生产成本。

2.4.2.3 活性炭粒度对钒渣中铬浸出率的影响

活性炭粒度大小关系到活性炭的机械强度及其回收利用的难易程度，因此选用效果较好的椰壳活性炭和果壳活性炭进行探索实验，对比不同粒度活性炭对铬浸出率的影响情况，以确定最佳的活性炭粒度。控制反应条件为：反应温度 215℃，NaOH 质量分数 80%，搅拌转速 900r/min，氧气气量 1L/min，钒渣粒度 -75μm（-200 目），反应时间 10h，活性炭添加量 10%，分别添加椰壳 1~2mm 和 2~4mm 活性炭、果壳 1~2mm 和果壳 2~4mm 活性炭进行探索实验，实验结果如图 2-41 所示。

由图 2-41 可见，活性炭粒度对铬浸出率影响不显著，添加 1~2mm 和 2~4mm 的活性炭，铬的浸出速度和最终浸出率差别不大。为了方便后续回收利用，选用相对较大颗粒的活性炭。

2.4.2.4 温度对钒渣中铬浸出率的影响

采用椰壳活性炭作为添加剂，进行了不同温度条件下钒渣中铬的浸出比较，

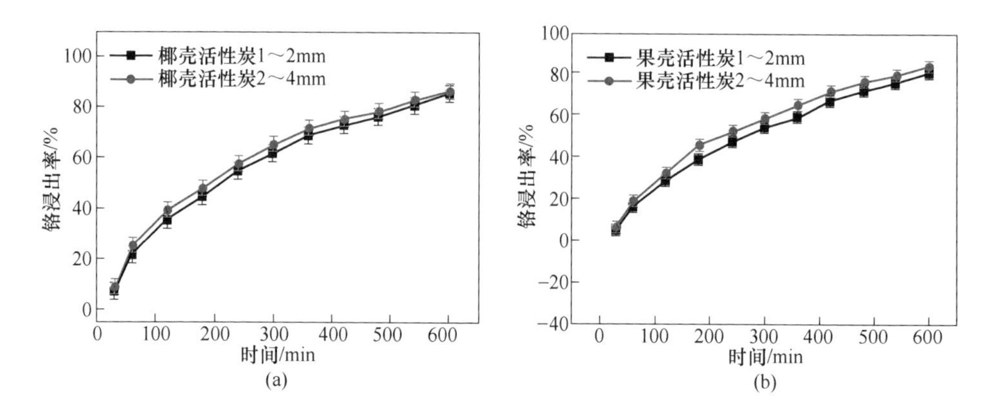

图 2-41 椰壳活性炭（a）和果壳活性炭（b）粒度对铬浸出率的影响

以确定最佳的反应温度。控制反应条件为：NaOH 质量分数 80%，搅拌转速 900r/min，氧气通气量 1L/min，钒渣粒度-75μm（-200 目），反应时间 10h，活性炭添加量 10%，反应温度分别为 200℃、215℃、225℃，实验结果如图 2-42 所示。

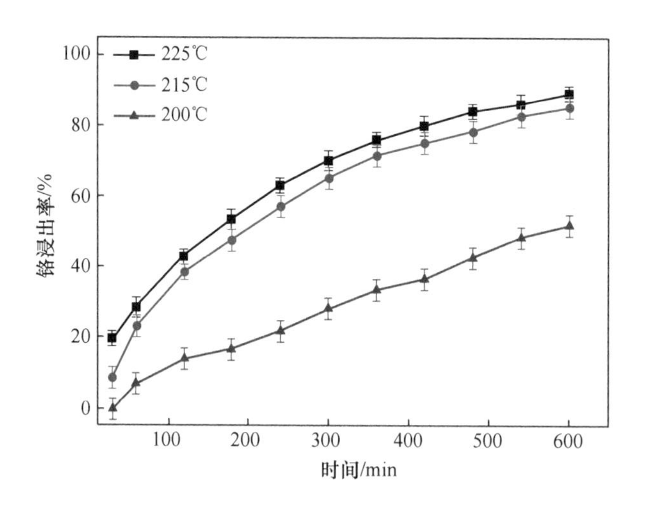

图 2-42 温度对铬浸出率的影响

由图 2-42 可知，温度对铬的浸出率及浸出速度影响十分显著，200℃时铬的浸出效果较差，最终浸出率只有 52.35%，225℃前期浸出速度很快，30min 已浸出接近 20%，但最终浸出率与 215℃时差别不大。综合考虑，反应温度定为 215℃为宜。

综上所述，获得催化强化 NaOH 介质钒铬共提的最佳浸出条件见表 2-16。

表 2-16 活性炭催化强化碱介质钒铬共提工艺条件

参数	温度	NaOH 质量分数	时间	炭添加量	炭粒度	氧气流量	搅拌速度	钒渣粒度
数值	215℃	80%	10h	2.5%	2~4mm	1.0L/min	900r/min	-75μm(-200 目)

2.4.3 活性炭催化强化钒浸出动力学

将钒渣在 215℃条件下不同时间钒浸出率分别用动力学方程 $X=kt$（外扩散控制）、$1-(1-X)^{\frac{1}{3}}=kt$(界面化学反应控制)、$1-\frac{2}{3}X-(1-X)^{\frac{2}{3}}=kt$（产物层内扩散控制）进行拟合，拟合结果如图 2-43 所示。

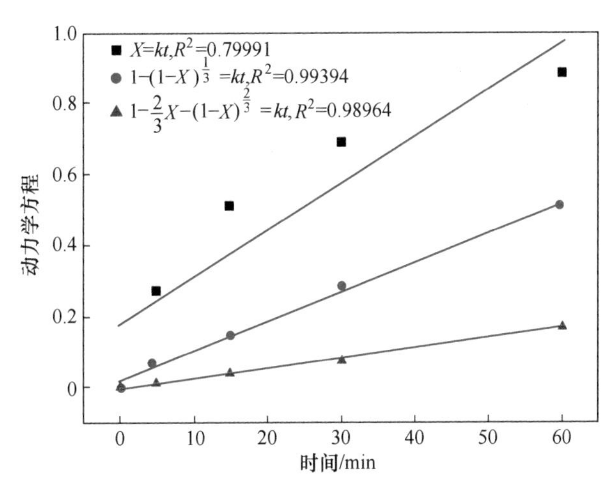

图 2-43 215℃时钒浸出率 X 与时间关系用三种动力学方程拟合结果

（添加活性炭后）

由图 2-43 可知，在反应的初期阶段，方程 $1-(1-X)^{\frac{1}{3}}$ 和 $1-\frac{2}{3}X-(1-X)^{\frac{2}{3}}$ 与反应时间的线性相关性均比较显著，其中前者更加显著，线性相关系数为 0.99394。

将不同温度（225℃、215℃、208℃、200℃）条件下钒的浸出率与时间的关系用速率方程 $1-(1-X)^{\frac{1}{3}}=kt$ 进行拟合，拟合结果如图 2-44 所示。

由图 2-44 可知，不同温度条件下钒的浸出动力学用 $1-(1-X)^{\frac{1}{3}}=kt$ 均拟合较好，可推断添加活性炭后钒渣中的钒浸出仍然符合界面化学反应控制。

反应速率常数和活化能可通过阿伦尼乌斯方程关联：

$$\ln k=\ln A-E/(RT) \tag{2-26}$$

式中 A——频率因子，min^{-1}；

E——活化能，J/mol；

R——气体常数，取 8.314J/(K·mol)。

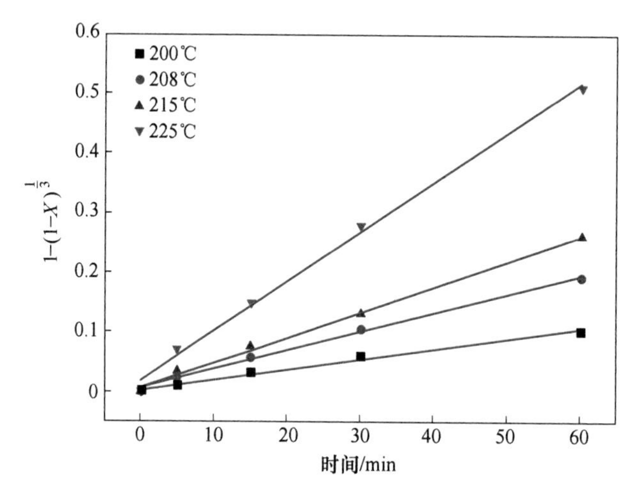

图 2-44 不同反应温度下钒的浸出动力学曲线

（添加活性炭后）

由图 2-43 计算得到不同反应温度下的反应速率常数见表 2-17，二者关系如图 2-45 所示。计算的浸出活化能为 54.79kJ/mol，比单一 NaOH 体系中钒的浸出活化能（63.13kJ/mol）略有降低，可见通过添加活性炭可以降低钒氧化浸出的热力学壁垒，强化浸出。进而得到在温度为 180~225℃，碱矿比为 6∶1，碱浓度（质量分数）为 80%，钒渣粒度为−75μm（−200 目），搅拌转速为 900r/min，活性炭添加量 10%，氧气流量为 1L/min 常压反应条件下，钒尖晶石在 NaOH 体系中浸出动力学方程为：

$$1 - (1 - X)^{\frac{1}{3}} = 106.45\exp\left(\frac{-54790}{RT}\right) \tag{2-27}$$

表 2-17 不同温度的反应速率常数

T/K	k/min^{-1}	ln$k$	$1/T$/K^{-1}
423	0.95×10^{-4}	−9.26	2.11×10^{-3}
453	1.18×10^{-4}	−9.02	2.08×10^{-3}
473	1.39×10^{-4}	−8.82	2.05×10^{-3}
483	3.24×10^{-4}	−8.56	2.01×10^{-3}

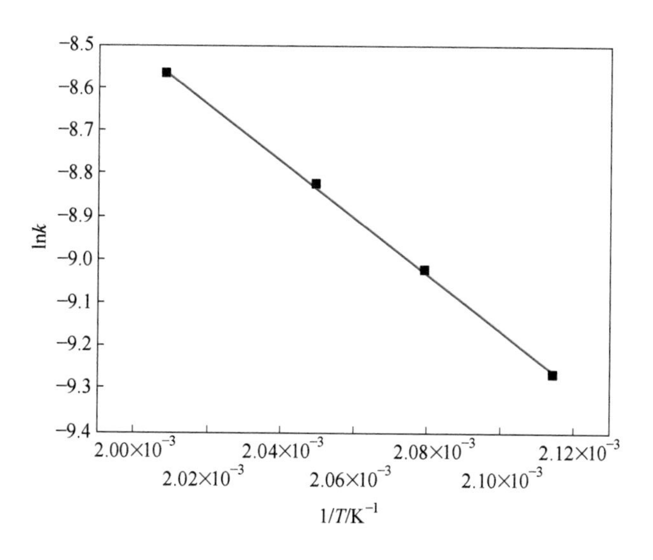

图 2-45 ln$k$ 与 $1/T$ 的关系图
（添加活性炭后）

2.4.4 反应前后活性炭物理化学性质变化分析

以椰壳活性炭为研究对象，对其强化浸出钒渣反应前后的 SEM 和比表面积进行了分析，结果如图 2-46 和图 2-47 所示。

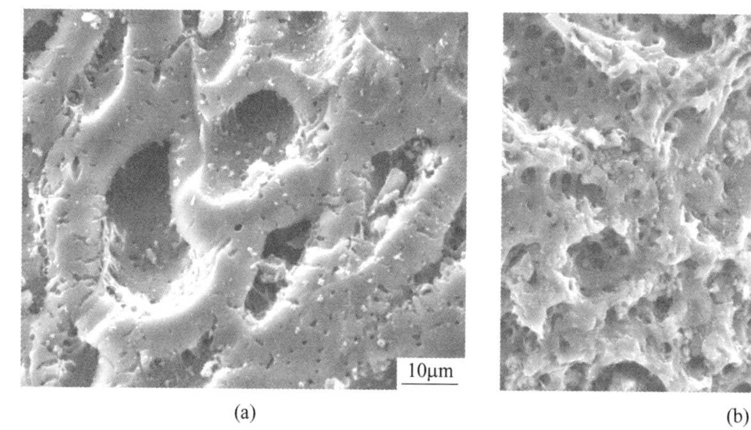

(a)

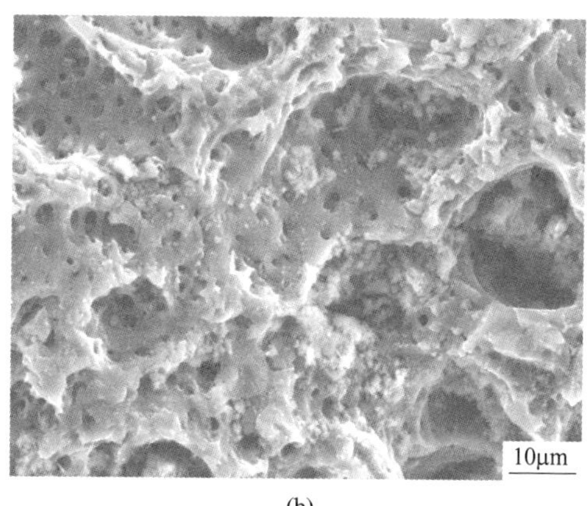

(b)

图 2-46 活性炭强化钒渣浸出反应前（a）后（b）的 SEM 图

由图 2-46 可知，反应后的活性炭外观形貌没有太大变化，活性炭的孔道结

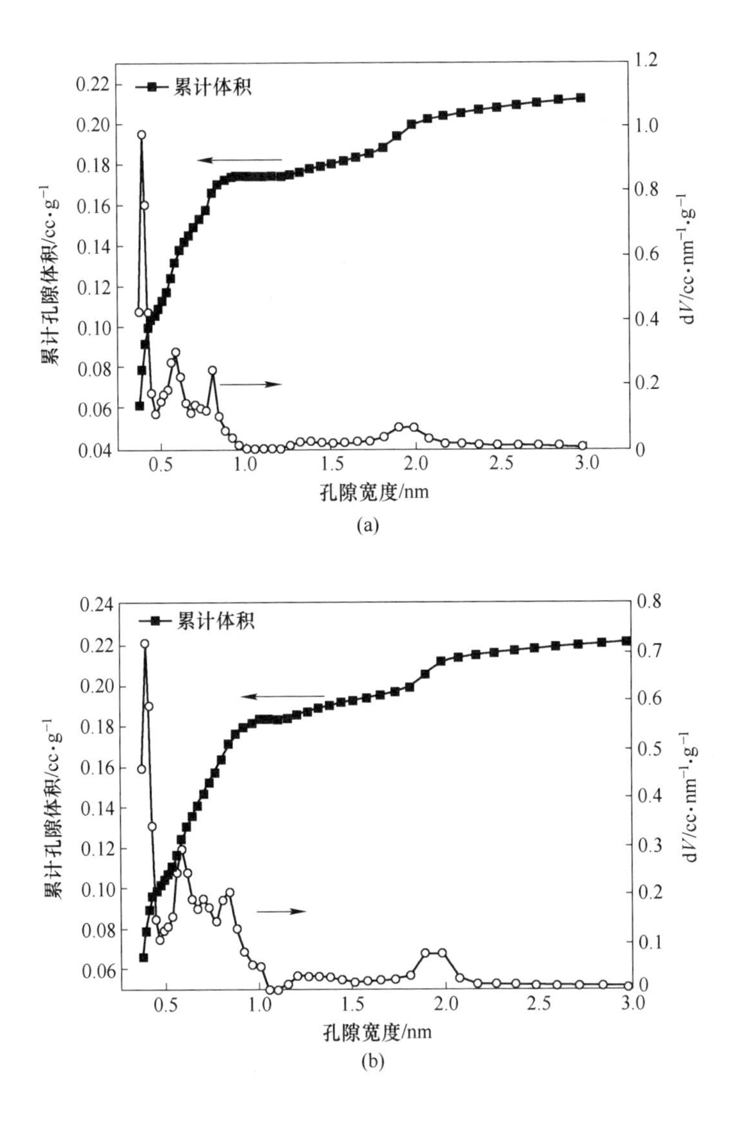

图 2-47 活性炭强化钒渣浸出反应前（a）后（b）的孔隙分布

构没有因为搅拌和矿物的磨蚀而破坏。图 2-47 是通过 BET 方法检测的活性炭参与钒渣浸出反应前后的比表面积及孔道体积数据，计算发现反应前后两种数据的变化不大。活性炭反应前的比表面积为 820. 8m^2/g，反应后的比表面积为 924. 3m^2/g，而活性炭孔道体积和孔径分布也基本没有变化。另外，活性炭反应前后表面含氧官能团变化不大。因此可以推断，活性炭在反应过程中自身的物理化学性质不发生变化，主要由于其优异的吸附能力起到氧载体作用及产生的催化氧化作用。

2.5 电化学场强化 NaOH 碱介质分解钒渣钒铬共提

2.5.1 电化学场强化技术原理

基础研究表明，在碱介质中存在诸如 O^-、O^{2-}、O_2^-、O_2^{2-} 等活性氧组分。在电化学场作用下，介质溶氧可在低电势条件下通过氧气还原反应转化为可稳定存在的 O_2^-、HO_2^- 等形态；高电势条件下，氢氧根可在阳极发生析氧反应，同样可形成 HO_2^- 等活性中间体。尽管在氧化性能上略次于介质中的溶氧，然而活性氧组分大都携带处于较高能级的孤对电子（或单电子），极易与低价态组分作用以释放能量，回归稳定基态；此外，与溶氧不同，活性氧完全呈离子态，更易于与矿物发生碰撞，由此推断，活性氧相对于溶氧更易于实现矿物中低价态组分的氧化。

在高浓度 NaOH 溶液中，钒铬尖晶石中钒、铬、铁倾向于形成正钒酸根、铬酸根及氧化铁。由此推断，除直接电化学氧化和溶氧化学氧化作用外，钒铬尖晶石还可能通过以下反应实现氧化分解：

$$FeO \cdot V_2O_3 + \frac{7}{2}OH^- + \frac{5}{2}HO_2^- = \frac{1}{2}Fe_2O_3 + 2VO_4^{3-} + 3H_2O \tag{2-28}$$

$$FeO \cdot V_2O_3 + OH^- + 5O^- = \frac{1}{2}Fe_2O_3 + 2VO_4^{3-} + \frac{1}{2}H_2O \tag{2-29}$$

$$FeO \cdot V_2O_3 + \frac{13}{3}OH^- + \frac{5}{3}O_2^- = \frac{1}{2}Fe_2O_3 + 2VO_4^{3-} + \frac{13}{6}H_2O \tag{2-30}$$

$$FeO \cdot V_2O_3 + OH^- + \frac{5}{2}O_2^{2-} = \frac{1}{2}Fe_2O_3 + 2VO_4^{3-} + \frac{1}{2}H_2O \tag{2-31}$$

$$FeO \cdot Cr_2O_3 + \frac{1}{2}OH^- + \frac{7}{2}HO_2^- = \frac{1}{2}Fe_2O_3 + 2CrO_4^{2-} + 2H_2O \tag{2-32}$$

$$FeO \cdot Cr_2O_3 + \frac{3}{2}H_2O + 7O^- = \frac{1}{2}Fe_2O_3 + 2CrO_4^{2-} + 3OH^- \tag{2-33}$$

$$FeO \cdot Cr_2O_3 + \frac{5}{3}OH^- + \frac{7}{3}O_2^- = \frac{1}{2}Fe_2O_3 + 2CrO_4^{2-} + \frac{5}{6}H_2O \tag{2-34}$$

$$FeO \cdot Cr_2O_3 + \frac{3}{2}H_2O + \frac{7}{2}O_2^{2-} = \frac{1}{2}Fe_2O_3 + 2CrO_4^{2-} + 3OH^- \tag{2-35}$$

采用 HSC Chemistry 对上述反应在 25~200℃ 范围内的标准 Gibbs 自由能变化及反应焓变进行计算，结果如图 2-48 所示。

由图 2-48 可以看出，上述氧化反应相对于溶氧氧化反应而言，标准 Gibbs 自由能变化量更负，呈现出更强的热力学反应趋势，表明活性氧的存在会促进钒渣分解。

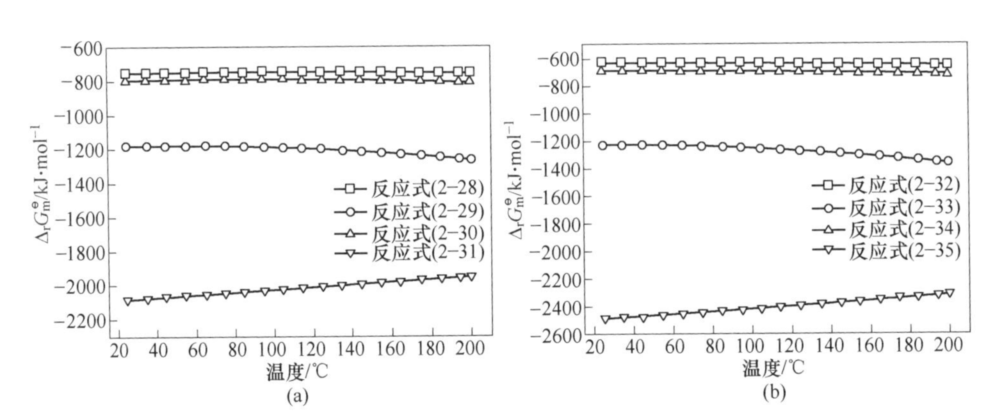

图 2-48 钒尖晶石（a）和铬尖晶石（b）活性氧氧化反应标准 Gibbs 自由能变化

基于电场强化技术可实现介质中活性氧组分量化调控并引发矿物颗粒直接电化学氧化分解的原理，提出碱介质电化学场强化新方法。将传统碱介质液相氧化技术与电化学冶金技术进行有机结合，利用电化学手段促进温和条件下（低温、低浓度）碱介质中活性氧组分的大量形成及稳定赋存，促进矿物的催化氧化作用；阳极析氧反应的出现，使大量微米/纳米级小粒径氧气被释放，提升介质氧势，进而促进矿物的化学氧化作用；同时直接电化学氧化作用的引入进一步强化矿物分解。上述三种氧化作用相辅相成，相互促进，共同实现电化学场强化的碱介质中矿物的深度复合高效氧化，反应示意图如图 2-49 所示。

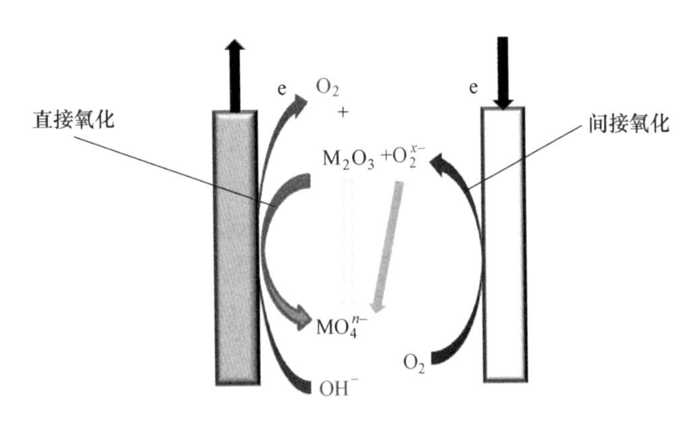

图 2-49 钒渣电化学场强化浸出示意图

2.5.2 电化学场强化 NaOH 碱介质钒铬共提工艺基础

系统研究了碱浓度、温度及槽电流密度等因素对钒渣中钒铬电化学浸出的影响，并在此基础上确定了最佳电解条件。

2.5.2.1 碱浓度对钒铬电化学浸出的影响

鉴于碱浓度直接决定操作温度区间选择（凝固点及沸点决定），同时对介质黏度及传质存在重要影响，实验过程中将碱浓度作为首要考察因素，考察 30%~60%浓度（质量分数）范围内钒渣中钒铬电化学氧化浸出率随碱浓度的变化；其他反应条件控制为：反应温度 120℃，液固比 15∶1，搅拌转速 1000r/min，氧气流量 1.0L/min，槽电流密度 1000A/m^2，实验过程中采用蠕动泵持续补水（补水速率随碱浓度不同而不同），不同碱浓度条件下，钒铬浸出曲线如图 2-50 所示。

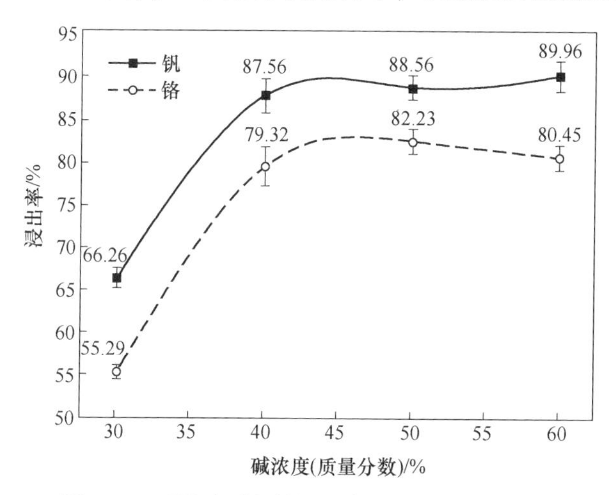

图 2-50 碱浓度对钒铬浸出率的影响（反应 6h）

由图 2-50 可看出，碱浓度（质量分数）（*AC*）由 30%提升至 40%，钒铬浸出率分别由 66.26%和 55.29%大幅提升至 87.56%和 79.32%，随碱浓度进一步升高，钒铬浸出曲线呈现出不同的变化规律，钒浸出率基本不再随碱浓度增加而变化，而铬浸出率则随碱浓度变化呈现出抛物线形变化，40%<*AC*<50%时，随 *AC* 增加，铬浸出率曲线轻微上扬；当 *AC*>50%时，随 *AC* 进一步增加，铬浸出率开始下降。综合考虑钒铬浸出率随碱浓度变化趋势，最终选定碱浓度（质量分数）为 40%。

2.5.2.2 反应温度对钒铬电化学浸出的影响

由前述正交实验部分分析可知，操作温度对钒铬浸出均具有重要影响，因此考察了 80~130℃范围内不同操作温度条件下钒渣中钒铬浸出效果；其他因素控制为：碱浓度（质量分数）40%，槽电流密度 1000A/m^2，搅拌转速 1000r/min，液固比 15∶1，氧气流量 1.0L/min，反应时间 6h，反应过程中采用蠕动泵持续补水，补水速率随反应温度不同而不同。反应结果如图 2-51 所示。

由图 2-51 可知，钒铬浸出率随温度升高均呈现典型的抛物线特性，温度由 80℃提升至 120℃，由于传质性能提升及组分反应活性增加等因素导致钒铬尖晶

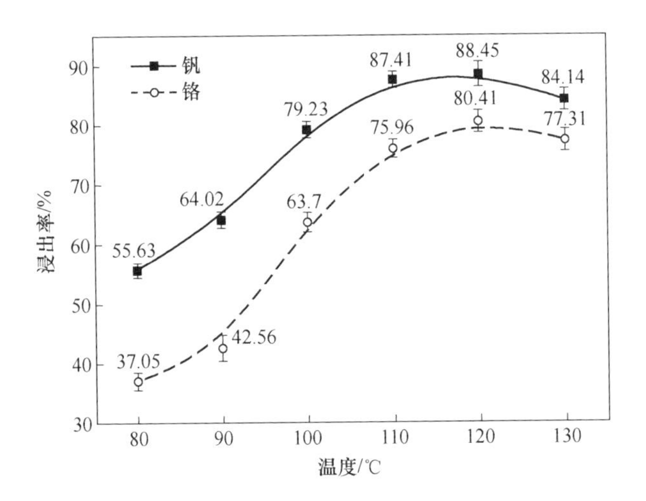

图 2-51　温度对钒铬浸出率的影响（反应 6h）

石氧化反应更易于进行，因此钒铬浸出率均迅速增加；$T>120$℃时，由于溶液接近沸腾状态（质量分数为 40%的 NaOH 溶液沸点约为 128.5℃），介质溶氧量较小，而充足的氧气含量对于氧化反应的进行至关重要。鉴于此，最终选定操作温度为 120℃。

2.5.2.3　液固比对钒铬电化学浸出的影响

除温度和碱浓度外，液固比也是影响介质传质性能的重要因素，实验中考察液固比为（5~15）：1 时，钒渣中钒铬浸出率变化情况，结果如图 2-52 所示。

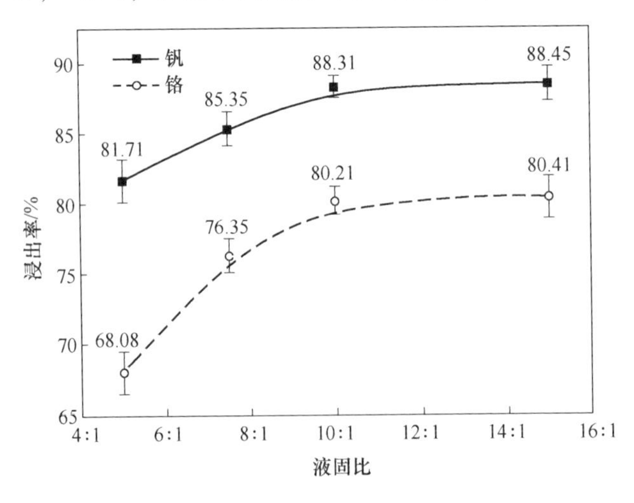

图 2-52　液固比对钒渣中钒铬浸出率的影响（反应 6h）

由图 2-52 可看出，随液固比增加，介质黏度减小，传质性能得以优化，进

而有利于氧化反应进行，宏观表现为钒铬浸出率大幅增加。当 $LTO>10$ 时，随液固比增加，钒铬浸出率均几乎不再发生变化，表明此时液固比提升对介质传质的提升已基本可以忽略。由此选定最佳液固比为 10∶1。

2.5.2.4 槽电流密度对钒铬电化学浸出的影响

由前文可知，槽电流密度（*SCD*）的变化对钒渣电化学分解具有重要影响，大电流密度更有利于钒铬尖晶石的直接电化学氧化，同时也更利于阳极析氧，促进介质氧势提升，进而强化尖晶石的氧化等作用。故前期试验均采用 1000A/m² 槽电流密度，以充分发挥电化学场强化作用，为降低电耗，试验中考察了槽电流密度 0~1000A/m² 范围内，槽电流密度对钒渣中钒铬浸出的影响，结果如图 2-53 所示。

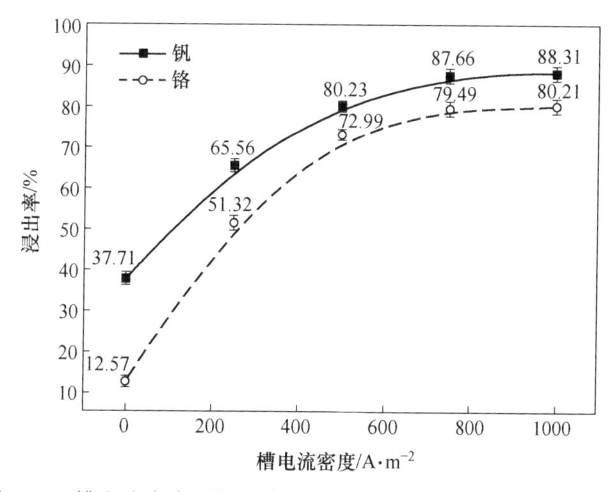

图 2-53 槽电流密度对钒渣中钒铬浸出率的影响（反应时间 6h）

由图 2-53 可看出，$SCD<750\text{A/m}^2$ 时，钒渣中钒铬浸出率均随 *SCD* 增大而迅速增加，而当 $SCD>750\text{A/m}^2$ 时，钒铬浸出率不再随 *SCD* 增加而增加。这可能是由于氧气在高浓碱介质中溶解度较小，*SCD* 达到一定数值后，尽管阳极析氧过程更为剧烈，所得氧气无法实现在介质中长期稳定赋存，引发电能浪费。由此选定 *SCD* 为 750A/m²。

2.5.2.5 搅拌转速对钒铬电化学浸出的影响

为实现良好的矿物分散效果，实验中同时采用机械搅拌和气体搅拌，考察了搅拌转速在 500~1000r/min 范围内，钒铬电化学浸出率变化曲线，结果如图 2-54 所示。

由图 2-54 可看出，大搅拌转速更利于钒铬浸出过程，对比 750r/min 及 1000r/min 时钒铬浸出率变化曲线可看出，搅拌转速大于 750r/min 时，钒铬浸出效果并未因搅拌转速的增加而进一步提升。鉴于此，选定搅拌转速为 750r/min。

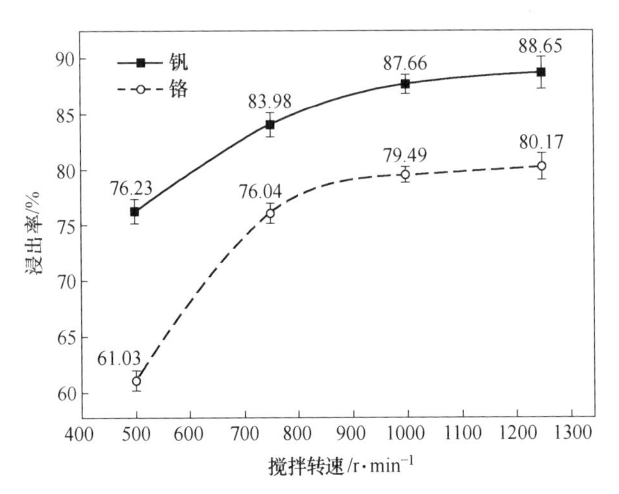

图 2-54　搅拌转速对钒铬浸出效果的影响（反应时间 6h）

2.5.2.6　*矿物粒度对钒铬电化学浸出的影响*

在上述实验基础上，考察不同矿物粒度对钒渣中钒铬浸出率影响，结果如图 2-55 所示。

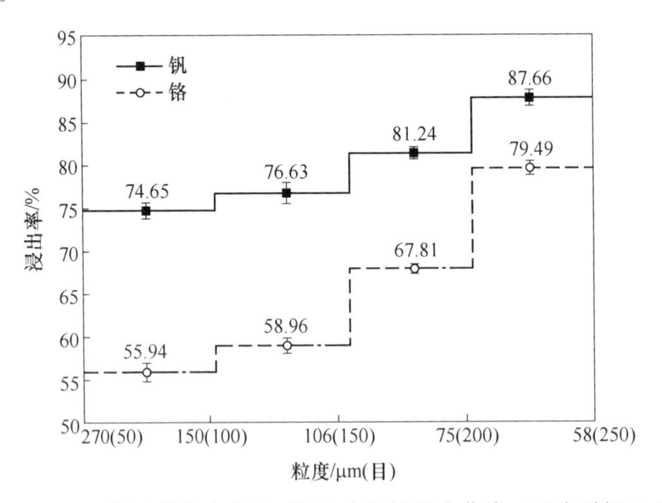

图 2-55　不同矿物粒度条件下钒渣中钒铬浸出曲线（反应时间 6h）

由图 2-55 可看出，小矿物粒度更利于钒渣中钒铬浸出，这是由于钒渣颗粒呈现典型的包裹层结构，外围为石英及铁橄榄石等包裹相，内部为尖晶石相；随矿物粒度减小，钒铬尖晶石更多地暴露于介质中，更易于反应进行。因此最终选定矿物粒度为-75μm（-200 目）。

系统考察碱浓度、温度、液固比、槽电流密度、搅拌转速及矿物粒度等因素对钒渣中钒铬尖晶石电化学浸出效果的影响，最终选定最佳电解条件为：温度 120℃，

碱浓度（质量分数）40%，液固比 10∶1，槽电流密度 750A/m²，搅拌转速 750r/min，氧气流量 1.0L/min（针对现有反应器而言），矿物粒度−75μm（−200 目）；在该反应条件下反应 6h，钒渣中钒铬浸出率可分别达 93.71%和 87.52%，尾渣中 V_2O_5 及 Cr_2O_3 含量（质量分数）可分别降至 0.95% 和 0.76%，如图 2-56 所示。

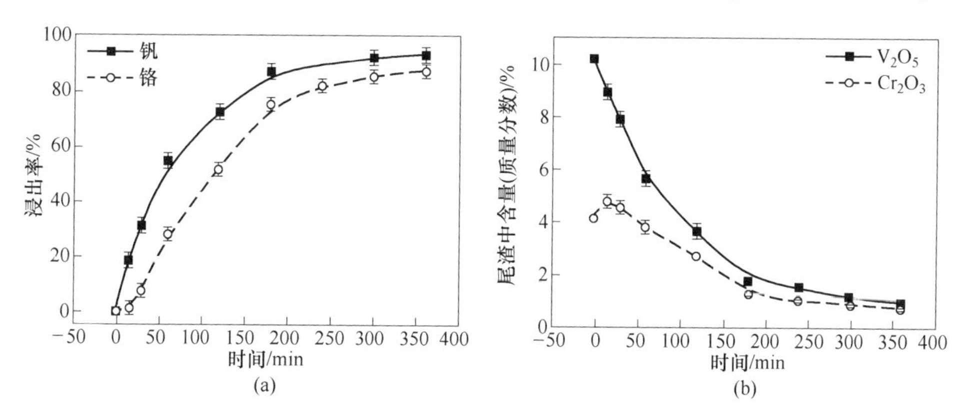

图 2-56 最佳电解条件下钒渣中钒铬浸出曲线

（a）钒铬浸出率变化曲线；（b）尾渣中 V_2O_5 及 Cr_2O_3 含量变化曲线

［温度 120℃，碱浓度（质量分数）40%，液固比 10∶1，槽电流密度 750A/m²，搅拌转速 750r/min，氧气流量 1.0L/min，矿物粒度−75μm（−200 目），反应时间 6h］

2.5.3 电化学场强化钒铬浸出动力学

钒渣的氧化分解过程为典型液-固反应体系，随反应进行，在钒渣颗粒外表会形成以氧化铁为主的疏松固体产物层，由此钒铬尖晶石氧化反应历程将主要包括如图 2-57 所示的五个步骤。

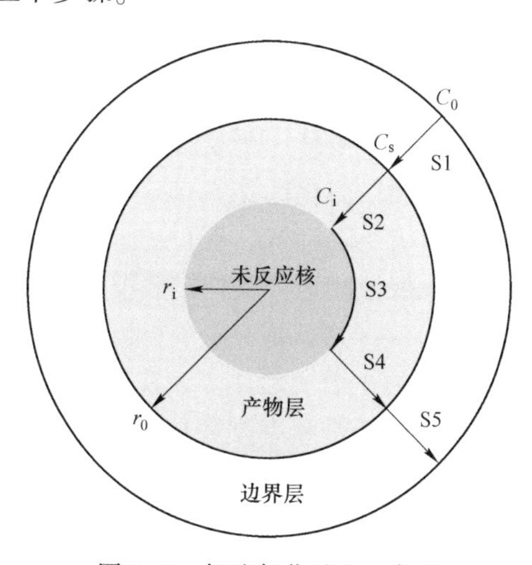

图 2-57 钒渣氧化过程示意图

（1）S1：本体溶液中反应组分通过液相边界层向固体颗粒外表面扩散（外扩散）。

（2）S2：反应组分通过固体产物层向反应界面的扩散（内扩散）。

（3）S3：反应物与固体颗粒在界面上发生化学反应（界面反应）。

（4）S4：可溶反应产物离开反应界面从固体内部向固体颗粒外表面的内扩散（内扩散）。

（5）S5：可溶反应产物离开固体颗粒表面向液相主体的扩散（外扩散）。

以上五个步骤在反应过程中相互串联，按照各步骤的共性可以将其归纳为液相边界层外扩散、固体产物层内扩散及界面反应三部分。在每个部分都会产生反应阻力，三部分阻力之和构成了钒渣氧化反应的总阻力，反应总速率方程可表述为：

$$\frac{\delta}{3D_1}X + \frac{r_0}{2D_e}\left[1 - \frac{2}{3}X - (1 - X)^{\frac{2}{3}}\right] + \frac{1}{k_r}\left[1 - (1 - X)^{\frac{1}{3}}\right] = \frac{MC_0}{y\rho r_0}t \quad (2\text{-}36)$$

式中 δ——液相边界层厚度；

D_1——反应组分在液相边界层中的传质系数；

X——铬浸出率；

r_0——钒渣颗粒原始半径；

D_e——反应组分在固体产物层中的传质系数；

k_r——界面反应速率常数；

M——钒渣相对分子质量；

y——反应组分化学计量系数；

C_0——反应组分本体浓度；

ρ——钒渣密度；

t——反应时间。

式（2-36）即为有固体产物层形成时液固反应体系的宏观动力学方程。在实际浸出过程中，整体浸出速率通常由某一个或两个步骤决定，此时可相应地忽略式（2-36）中除决速步外其他项以简化计算。

（1）外扩散控制。若 $\delta/3D_1 \gg r_0/2D_e$ 及 $1/k_r$，式（2-36）中左侧第二、三项可忽略，此时整体反应速率受液相边界层外扩散控制，式（2-36）可简化为：

$$X = k_1 \cdot t \quad (2\text{-}37)$$

（2）固体产物层内扩散控制。若 $r_0/2D_e \gg \delta/3D_1$ 及 $1/k_r$，式（2-36）中左侧第一、三项可忽略，此时整体反应速率受固体产物层内扩散控制，式（2-36）可简化为：

$$1 - \frac{2}{3}X - (1 - X)^{\frac{2}{3}} = k_2 \cdot t \quad (2\text{-}38)$$

（3）界面化学反应控制。若 $1/k_r \gg \delta/3D_1$ 及 $r_0/2D_e$，式（2-36）中左侧第一、二项可忽略，此时整体反应速率受界面化学反应速率控制，式（2-36）可简化为：

$$1 - (1 - X)^{\frac{1}{3}} = k_3 \cdot t \tag{2-39}$$

2.5.3.1 钒浸出过程动力学

依照式（2-37）~式（2-39）左侧形式对 80℃ 条件下所得钒渣中钒浸出率进行形式变换，并对反应时间作图，结果示于图 2-58 中。

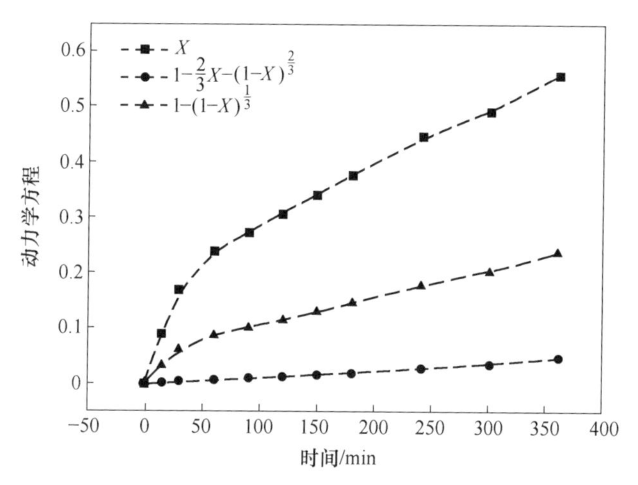

图 2-58 80℃条件下钒浸出动力学方程与时间关系曲线

可以看出，反应初期（0~30min）浸出率随反应时间近似线性增加，随后曲线明显出现弯曲；60min 后，浸出率再次呈现出随反应时间线性增加的特征。由此，分别采用式（2-37）~式（2-39）对反应初期（0~30min）及后期（>30min）不同阶段动力学过程进行拟合处理，结果如图 2-59 所示。

在反应初期，主要发生钒渣颗粒外围硅质包裹层的分解反应，硅质层主要转化为游离硅酸根、硅酸钠或铝硅酸钠等形式，此时钒渣颗粒外表尚未形成明显的固体产物层，反应物及可溶性产物的内扩散过程对整体反应速率并未产生明显的影响，此时钒的浸出过程主要受控于液相边界层传质速率及界面化学反应速率；反应 30min 后，硅质层几乎完全被分解，尖晶石中钒、铬、铁等低价态金属氧化物开始通过电化学氧化、溶氧氧化和活性氧氧化等途径转化为钒酸根、铬酸根、铁酸根和氧化铁，所得氧化铁大量附着于矿物颗粒外表，形成疏松多孔的固体产物层。随反应时间增加，固体产物层厚度逐渐增加，内扩散阻力愈发明显，逐步成为主导性因素。

采用类似方法对其他不同温度条件下钒浸出过程动力学过程进行拟合处理，拟合结果列于表 2-18 和表 2-19 中。

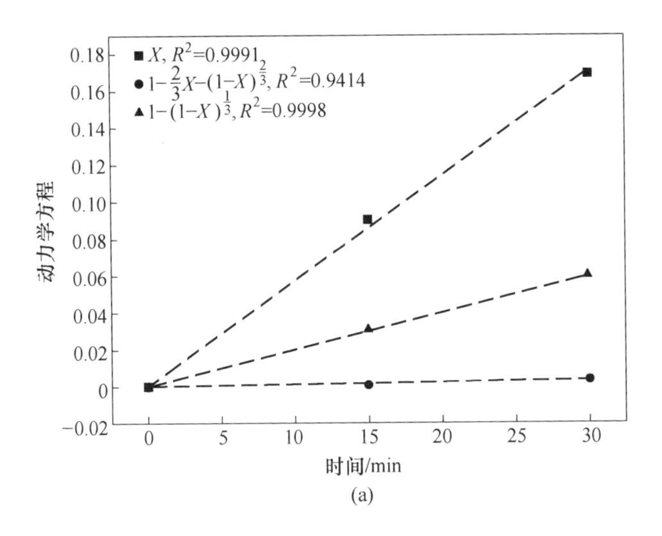

(a)

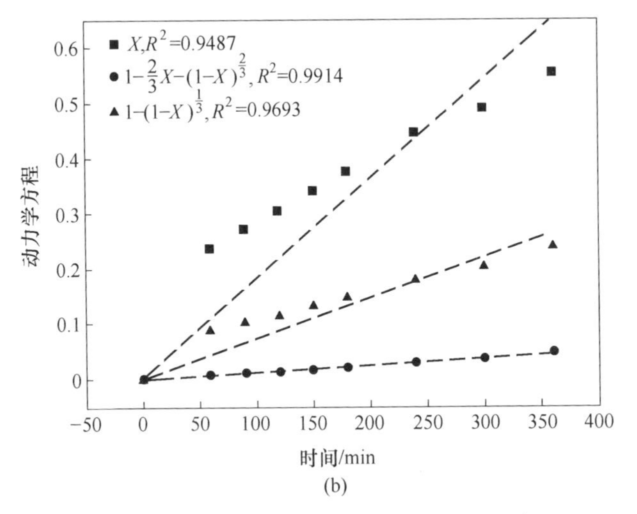

(b)

图 2-59 80℃条件下钒浸出过程动力学拟合

（a）0~30min；（b）60~360min

表 2-18 不同温度条件下钒渣中钒浸出过程动力学拟合结果（0~30min）

T/℃	式（2-37）		式（2-38）		式（2-39）		RDS
	10^3k_1	R^2	10^4k_2	R^2	10^3k_3	R^2	
80	3.53	0.9400	1.09	0.9414	1.29	0.9998	界面反应
90	4.52	0.9904	0.63	0.9780	1.57	0.9923	界面反应
100	5.20	0.9459	3.60	0.9630	2.12	0.9857	界面反应
110	7.46	0.9638	1.73	0.9686	2.67	0.9999	界面反应

续表 2-18

T/℃	式（2-37）		式（2-38）		式（2-39）		RDS
	10^3k_1	R^2	10^4k_2	R^2	10^3k_3	R^2	
120	8.91	0.9853	5.65	0.9532	3.58	0.9959	界面反应
130	11.0	0.9657	3.98	0.9994	4.08	0.9732	内扩散

表 2-19 不同温度条件下钒渣中钒浸出过程动力学拟合结果（>30min）

T/℃	式（2-37）		式（2-38）		式（2-39）		RDS
	10^3k_1	R^2	10^4k_2	R^2	10^3k_3	R^2	
80	1.81	0.9487	1.19	0.9914	0.73	0.9693	内扩散
90	2.13	0.9545	1.76	0.9904	0.90	0.9761	内扩散
100	3.07	0.9218	4.50	0.9875	1.56	0.9675	内扩散
110	3.03	0.9504	4.55	0.9892	1.56	0.9825	内扩散
120	4.96	0.9543	5.86	0.9976	2.32	0.9789	内扩散
130	4.70	0.9603	5.11	0.9984	2.15	0.9816	内扩散

与前文分析类似，在 0~30min 内，由于钒渣颗粒外表尚未形成明显的固体产物层，内扩散影响较为微弱，此时反应整体速率主要受控于界面反应步骤；30min 后，伴随硅质层的破解及尖晶石物相的大量氧化分解，钒渣颗粒外表固体产物层越来越厚，内扩散影响愈发显著，此时反应速率主要受内扩散控制。

为获得不同反应阶段钒浸出过程表观活化能，以 ln$k$ 对 1/T 作图，并以 Arrhenius 方程式（2-40）进行拟合处理，结果如图 2-60 所示。

$$\ln k = \ln A - \frac{E_a}{R} \cdot \frac{1}{T} \tag{2-40}$$

式中 k——反应速率常数；

A——指前因子；

E_a——表观活化能；

R——气体常数；

T——温度，K。

采用图 2-60 中关系式分别计算得到反应初期（t<30min）及后期（t>30min）钒浸出反应表观活化能分别为 29.64kJ/mol 和 48.36kJ/mol。所得活化能数值再次表明，钒渣颗粒表面固体产物层的形成对钒渣中钒尖晶石的氧化分解过程形成较大阻力，导致反应后期钒浸出率增长速率明显小于反应初期阶段。

将式（2-40）分别代入式（2-38）和式（2-39）中可获得不同反应阶段钒渣中钒浸出过程动力学方程。

$t<30$min 时：

$$1-(1-X)^{\frac{1}{3}}=30.0\exp\left(-\frac{3564.88}{T}\right)t \tag{2-41}$$

$t>30$min 时：

$$1-\frac{2}{3}X-(1-X)^{\frac{2}{3}}=1708.5\exp\left(-\frac{5816.76}{T}\right)t \tag{2-42}$$

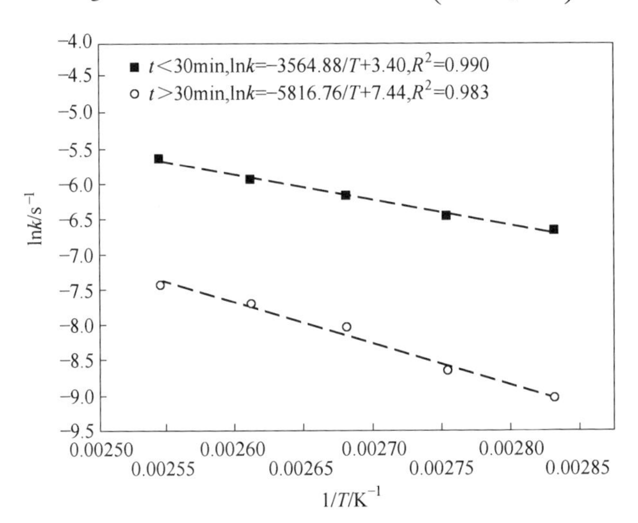

图 2-60 钒浸出速率常数与温度拟合曲线

2.5.3.2 铬浸出过程动力学

相对于钒尖晶石而言，钒渣中铬尖晶石更为致密坚硬，热力学更为稳定，浸出条件要求更为苛刻。由此铬的浸出曲线呈现出与钒不同的特性，如图 2-61 所示。

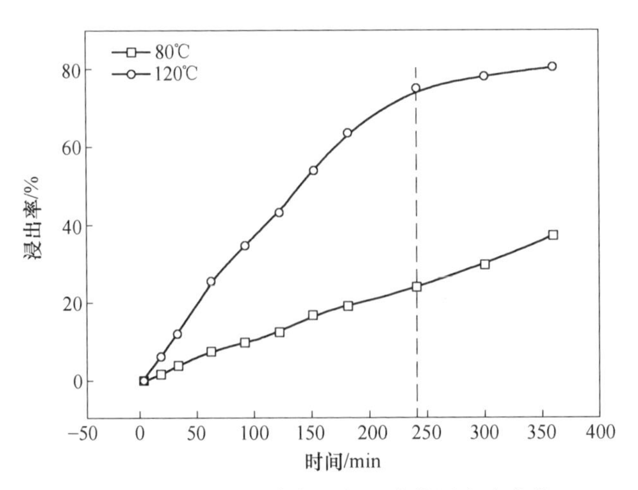

图 2-61 不同温度条件下钒渣中铬浸出率曲线

对比图 2-58 中钒浸出曲线可看出，与钒的浸出过程不同，钒渣中铬的浸出率曲线并未呈现出明显转折点，仅在高温条件下，反应 240min 后，浸出率曲线出现明显弯曲。由此推断，钒渣中铬的浸出过程主要受制于铬尖晶石自身氧化反应速率，反应物组分及铬酸根在固体产物层内的扩散过程并未成为总浸出过程速率控制步骤。

为验证上述猜测，分别采用式（2-36）~式（2-38）对 0~240min 反应时间段内铬的浸出动力学进行考察，结果列于表 2-20 中。

表 2-20 不同温度条件下钒渣中铬浸出过程动力学拟合结果

T/℃	式（2-37）		式（2-38）		式（2-39）		RDS
	10^3k_1	R^2	10^4k_2	R^2	10^3k_3	R^2	
80	1.03	0.9941	0.37	0.8909	0.37	0.9952	界面反应
90	1.12	0.9980	0.53	0.8885	0.41	0.9988	界面反应
100	2.02	0.9854	1.65	0.9514	0.75	0.9988	界面反应
110	2.15	0.9880	2.13	0.8734	0.96	0.9956	界面反应
120	3.43	0.9910	3.49	0.9236	1.54	0.9981	界面反应
130	3.06	0.9950	2.66	0.9080	1.31	0.9970	界面反应

在所考察温度范围（80~130℃）内，钒渣中铬的浸出过程均受制于界面反应步骤。相同地，采用 Arrhenius 方程对不同温度条件下铬浸出速率常数随 $1/T$ 变化速率进行拟合处理，结果示于图 2-62 中。

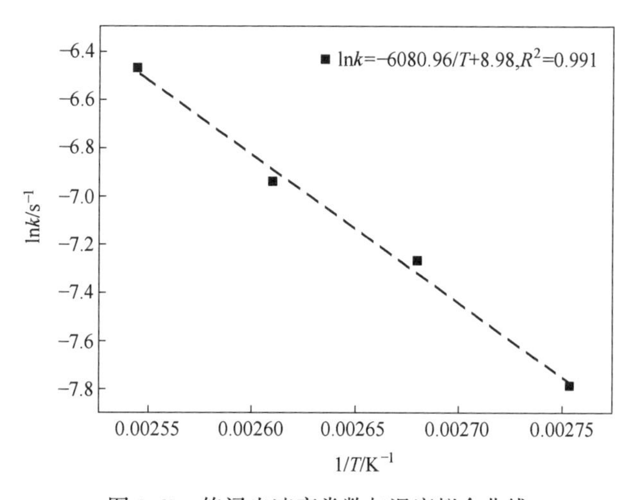

图 2-62 铬浸出速率常数与温度拟合曲线

采用图 2-62 中的关系式计算得铬浸出过程表观活化能为 50.56kJ/mol。进而可得铬浸出动力学方程为：

$$1-(1-X)^{\frac{1}{3}}=7942.6\exp\left(-\frac{6081.0}{T}\right)t \tag{2-43}$$

钒渣中钒铬电化学浸出过程呈现出不同的动力学特性。反应初期（$t<$ 30min），钒的浸出过程主要受界面化学反应控制。随反应进行，钒渣颗粒外表附着越来越多以氧化铁为主要成分的蓬松多孔产物层，使钒的浸出过程逐步受阻；反应 30min 后，钒的浸出过程开始主要受反应组分在固体产物层内的扩散过程控制。相应地，其浸出过程表观活化能由反应初期的 29.64kJ/mol 提升为 48.36kJ/mol，钒的浸出愈发困难，浸出率增长速率明显变小；对铬而言，其自身反应步骤即为浸出过程速控步骤，产物层的形成尽管对其浸出过程不利，然而并未成为决速步骤，由此铬的浸出曲线随反应时间延长呈现出近似线性增长的特征，仅当反应 240min 后，内扩散的影响开始占据主导，铬浸出率几乎不再随时间延长而大幅增加。

2.6 微气泡强化 NaOH 碱介质分解钒渣钒铬共提

2.6.1 微气泡强化技术原理

2.6.1.1 碱介质中微气泡强化活性氧生成规律

对气泡在溶液中赋存及转化规律的研究表明，随着气泡尺寸的变化，气泡在溶液中的行为差异显著。当气泡直径大于 100μm 时，上升浮力作用显著，气泡自发上升，浮力随之降低，内压降低导致气泡体积增大，进一步增加了上升浮力，加速上升过程，最终在气液界面破裂。当气泡直径小于 50μm 时（微气泡），在介质中的上升浮力可忽略不计，理论上气泡可长时间稳定悬浮于介质中，其物理化学性质发生质的变化：气泡表面张力大于气泡内压，气泡内气体溶解驱动力大、速率高，介质中非平衡态溶氧量显著增加；更重要的是，气泡在溶液中形成的气-液界面上常带负电，带负电荷的表面倾向于吸附溶液中的高价反电荷离子，进而构成稳定的双电层结构。当大量的微米级气泡在溶液中体积不断缩小时，狭小的气泡界面上的电荷离子会快速地浓缩聚集，微米级气泡破裂瞬间将在气-液界面处形成极大的 ζ 电位，富集在界面上的高浓度离子将瞬间释放出积蓄的化学能，产生大量活性氧负离子和自由基，显著提高介质氧化能力，如图 2-63 所示。

前期研究表明，活性氧的存在是碱介质能够分解两性金属矿物的关键，氧气的存在可以大大促进活性氧的生成，因此氧气浓度是决定活性氧生成浓度的一大重要影响因素。图 2-64 为不同曝气头尺寸下氧气的溶解度。通过对 NaOH 溶液中不同气泡尺寸对氧气溶解度影响的研究表明，气泡纳微化可以有效提高氧气在碱溶液中的溶解度，从而促进氧气的溶解，提高矿物氧化分解速率。

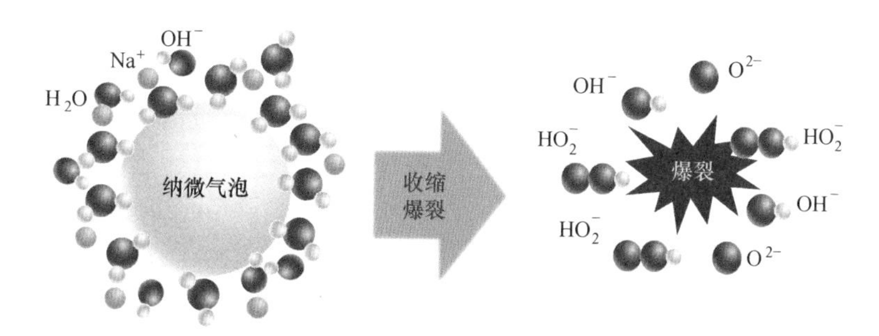

图 2-63 微气泡收缩爆裂生成活性氧示意图

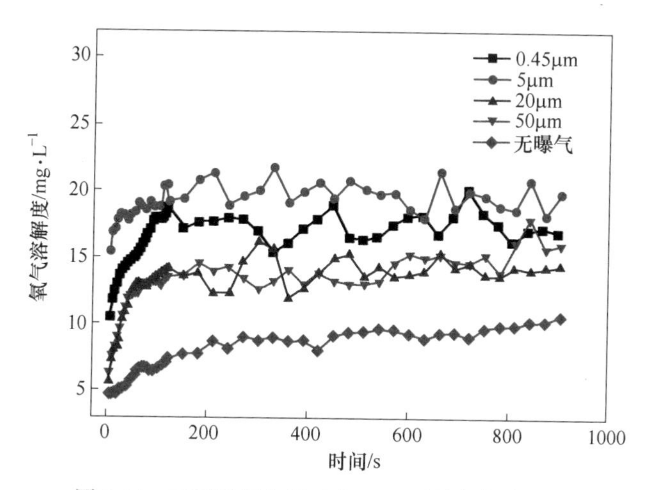

图 2-64 不同曝气头尺寸在 40℃时的氧气溶解度

研究了气泡尺寸对碱介质活性氧含量的影响。实验温度恒定在 70℃，配制好 2mol/L NaOH 溶液待用，每次称取 1.4mg 荧光探针 H_2DCFDA 溶于 100mL KOH 溶液中，依次通过图中尺寸规格的钛棒滤芯向 NaOH 溶液中通入氧气，氧气流量恒定在 0.8L/min，每间隔 10min，取 2mL 溶液进行紫外-可见分光光度计法检测，结果如图 2-65 所示。

由图 2-65 可知，随着通氧时间的增加，紫外-可见光谱的峰强逐渐增加，这是由于随着更多的氧气进入液相中，体系产生的活性氧负离子越多，及时与荧光探针相结合氧化为 DCF，因而峰强越大。

2.6.1.2 碱介质中微气泡赋存状态

对微气泡在纯水和碱介质中的行为进行了研究。纯水中微气泡的赋存状态如图 2-66 所示，微气泡在纯水中会发生持续的聚并，形成毫米级气泡，上升至液面爆裂。微气泡在氢氧化钾溶液中的赋存状态如图 2-67 所示，在 4mol/L KOH 溶液中，曝气头周围气泡最大直径为 727μm，最小可见气泡直径为 90.9μm，平均

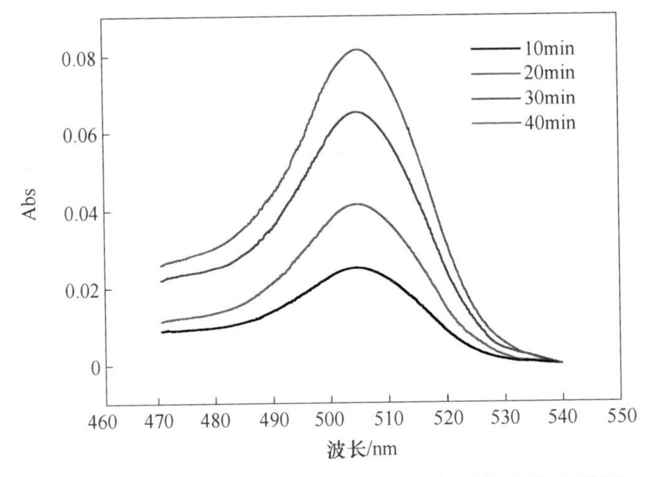

图 2-65 通过 20μm 钛棒滤芯时不同时间下的紫外光谱图

直径 194μm。曝气头周围可见大气泡包小气泡的准聚并结构。在均匀液相中最大气泡直径 208.33μm，最小气泡直径为 41.66μm，平均直径 79μm。由此，在 KOH 溶液中，在远离气泡产生的区域，气泡并没有明显的体积增大，而是以 300μm 以内的直径存在。

图 2-66 微气泡在纯水中的行为状态

（a）$D_m = 362\mu m$；（b）$D_m = 1590\mu m$；（c）$D_m = 3018\mu m$

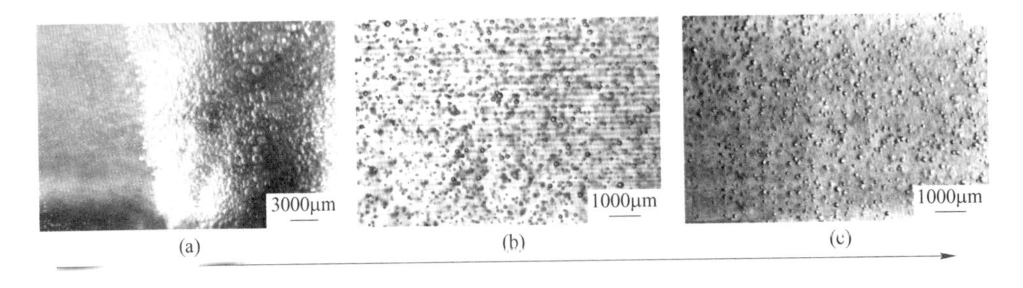

图 2-67 微气泡在碱介质中行为状态

（a）$D_m = 194\mu m$；（b）$D_m = 79\mu m$；（c）$D_m = 93\mu m$

2.6.1.3 微气泡介尺度结构形成机制

采用分子动力学模拟重点研究了不同尺寸微气泡的稳定性，稳定存在的微气泡的径向分布函数及介质环境改变对气泡的结构影响规律。

通过对纯水体系中半径为 0.5nm、1nm 以及 2nm 的氧气泡的分子动力学模拟发现，当氧气泡的半径为 0.5nm 时，在体系中很快通过扩散而消失，这主要是由于当气泡半径太小时，气泡体内压力太大，而且周围介质中没有溶解氧，不能与之形成动态平衡，故当半径为 0.5nm 时，在纯水体系中不能稳定存在。当半径为 1nm 或者 2nm 时，氧气泡在水中可稳定存在。但是半径为 1nm 时，需要体系中溶解氧大于 2nm 时的溶解氧。

氧气分子与水分子间作用比较弱，径向分布函数的第一个峰出现在比较大的位置处。这主要是由于氧气分子是疏水性的，所以与水分子间作用力比较弱。半径为 1nm 和 2nm 的氧气泡与水分子间的径向分布函数对比如图 2-68 所示。

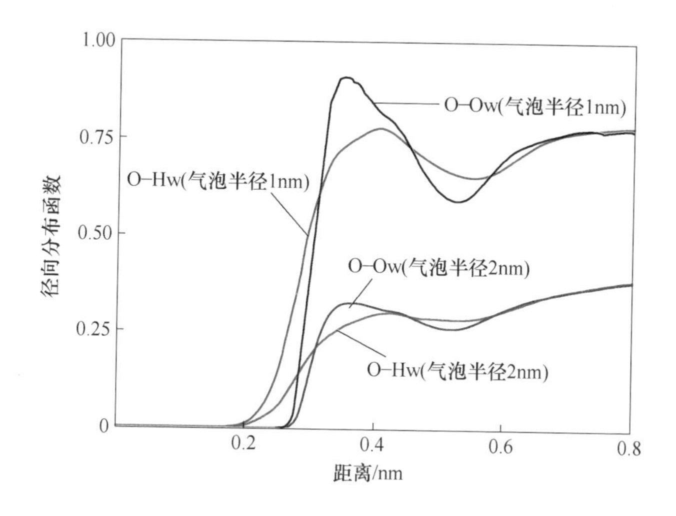

图 2-68 半径为 1nm 和 2nm 的氧气泡与水分子间的径向分布函数对比

从图 2-68 中可以看出，氧气分子与水分子间的作用距离一致。但是半径为 1nm 时氧气分子与水分子间作用更强，这说明半径为 1nm 时，氧气分子与水分子接触更密集一些，即半径为 1nm 时氧气泡的结构应该不太紧凑，增大了水分子在边界处与氧气分子接触概率。

通过在体系中引入氢氧化钠研究纳微气泡的稳定性，分别对半径为 0.5nm、1nm 及 2nm 的氧气泡进行了分子动力学模拟。研究发现，氢氧化钠的加入有助于氧气泡的稳定性，但是不能彻底改变氧气泡与稳定性的依赖关系，稳定性规律与纯水体系中一致。但是相同条件下，氢氧化钠体系中氧气泡的稳定性均大于纯水体系，且需要的体系中溶解氧低于纯水体系。

2.6.1.4 微气泡表面电荷产生机制及变化规律

自主编程计算了气泡界面水分子的单位面积数密度曲线，如图 2-69 所示。以气泡界面处氧气分子数密度降为最高点的 50%时作为零点，从图中可以看出在气泡界面 0.2nm 范围内，半径为 1nm 时水分子的数密度大于半径为 2nm 时的数密度，这说明半径为 1nm 的气泡边界处结构不紧凑，形状变化比较剧烈。从拉普拉斯方程方向考虑，这是由内部压力较大引起的。当距离气泡界面为 0.2nm 以上时，气泡尺寸对水分子的密度影响不大，均趋于一定值并随着距离基本不再改变，说明此时已到达溶剂介质中。

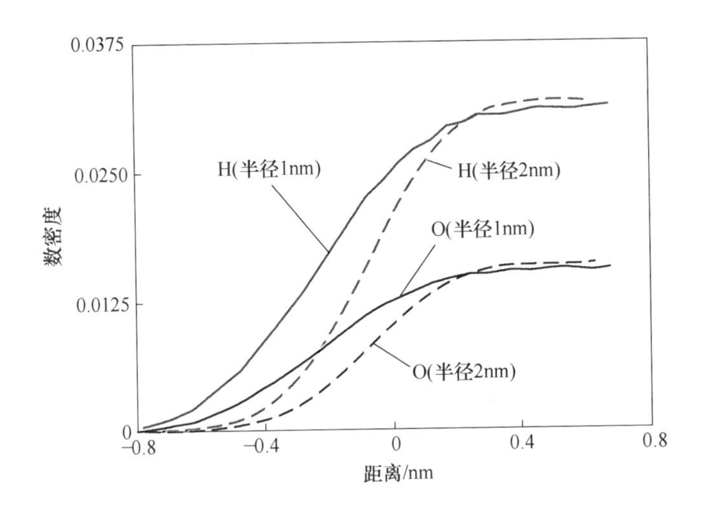

图 2-69 半径为 1nm 和 2nm 的气泡界面水分子的单位面积数密度曲线

基于气泡界面处水分子的数密度分析，对气泡界面处电荷密度进行了计算，结果如图 2-70 所示。从图 2-70 中可以看出当气泡半径为 1nm 时，表面电荷密度大于半径为 2nm 时的表面电荷密度。气泡半径越小，界面处水分子极化现象越明显。这不仅说明界面电荷有助于气泡稳定性，也说明气泡半径越小越不稳定，对介质环境要求越高。

在介质体系中引入了氢氧化钠，考察界面电荷对气泡的影响。半径为 1nm 和 2nm 时气泡的数密度曲线如图 2-71 所示。从图中可以看出气泡半径为 1nm 时，氢氧化钠的加入使得气泡分布更集中，显著增加了气泡的稳定性。气泡半径为 2nm 时，由于纯水体系中已经比较稳定，所以氢氧化钠的加入对于气泡的数密度分布影响不大。为了证明气泡稳定性是由氢氧化钠的加入引起的，计算得到了氢氧化钠的数密度曲线，如图 2-72 所示。

从图 2-72 可以看出，气泡界面处吸附了部分 Na^+ 和 OH^-，这也证明了界面电荷有助于气泡的稳定性，与前面研究结果一致。另外，氢氧化钠介质中与气泡平

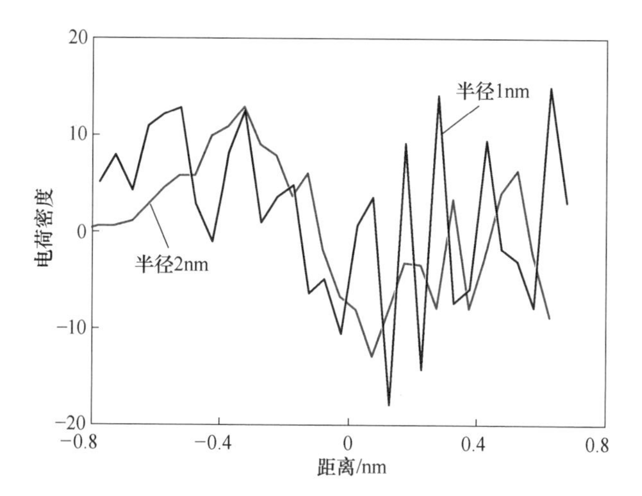

图 2-70 半径为 1nm 和 2nm 时电荷密度随距离气泡中心的变化规律

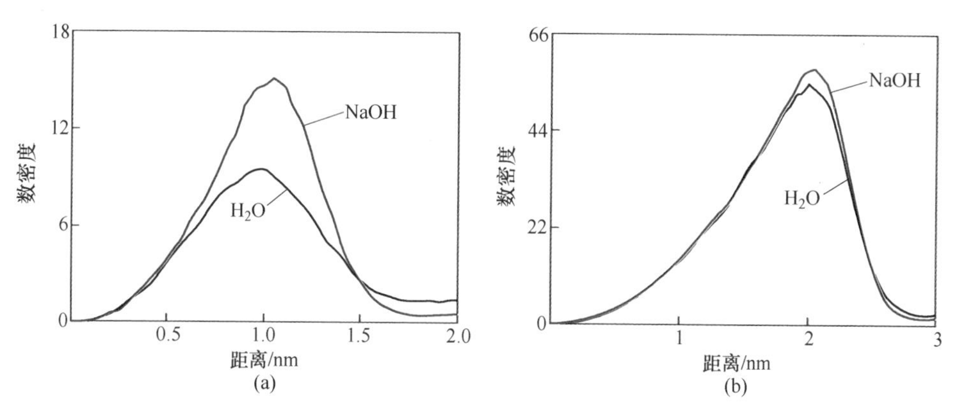

图 2-71 氧气泡在纯水和氢氧化钠介质中数密度曲线

（a）半径为 1nm；（b）半径为 2nm

衡的介质中溶解氧浓度更低一些，这也是由于气泡界面 Na^+和 OH^-的吸附而导致气泡更稳定引起的。

气泡界面 Na^+和 OH^-的吸附而导致的界面处电荷密度变化如图 2-73 所示。从图中可以看出，界面处的电荷密度随着距离界面长度的增加先增加后降低，而且由正值逐渐变成负值。刚开始由于 Na^+为疏水性的离子，其在界面处吸附得比较多，所以界面处电荷密度为正值。紧接着此带正电荷的分子层，在范德华吸引力的作用下，OH^-吸附在相邻的分子层，导致此分子层带负电荷。模拟结果与斯特恩双电层理论一致，气泡界面处存在双电层。

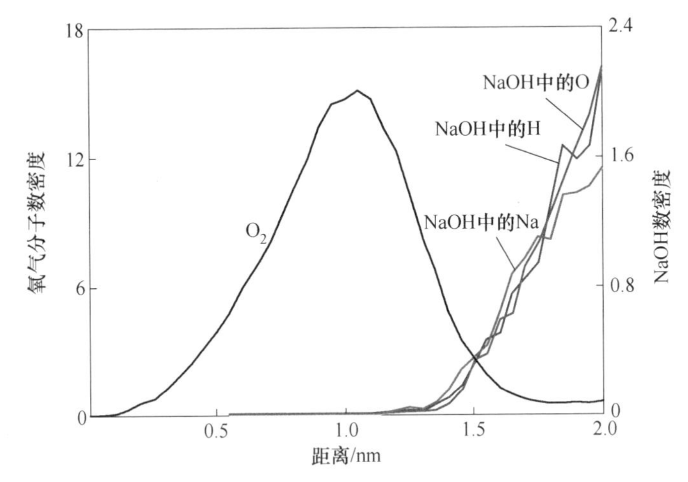

图 2-72 半径为 1nm 氧气和氢氧化钠的数密度曲线

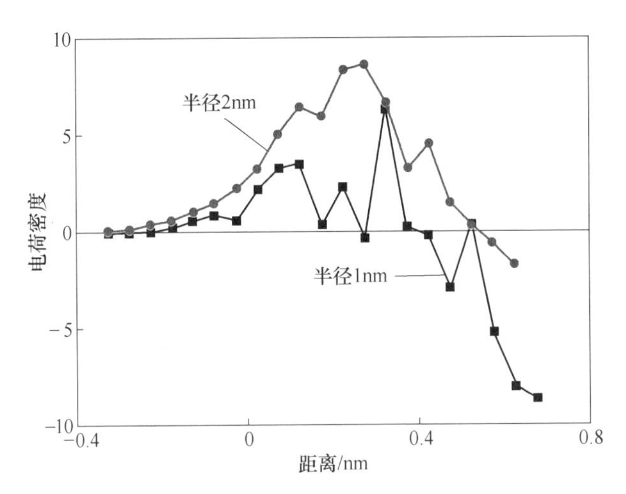

图 2-73 半径为 1nm 和 2nm 时 Na^+ 和 OH^- 的吸附而引起的界面电荷密度变化规律

2.6.2 微气泡强化 NaOH 碱介质钒铬共提工艺基础

2.6.2.1 碱浓度对微气泡强化钒铬共提的影响

考察了不同碱浓度对钒渣中钒铬共提的影响，反应结果如图 2-74 所示。

从图 2-74 可以得知，碱浓度（质量分数）由 40%提升至 60%，钒浸出率由 77.43%大幅提升至 98%。然而随碱浓度（质量分数）进一步升高至 70%，钒浸出率反而出现下降。根据 Pizter 理论，随着碱浓度的提高，溶解氧的活性和氢氧根的活性提高，热力学上更有利于反应；但是同时随着碱浓度的提高，氧气的溶解度降低，体系的黏度增加，不利于气液传质和氧气溶

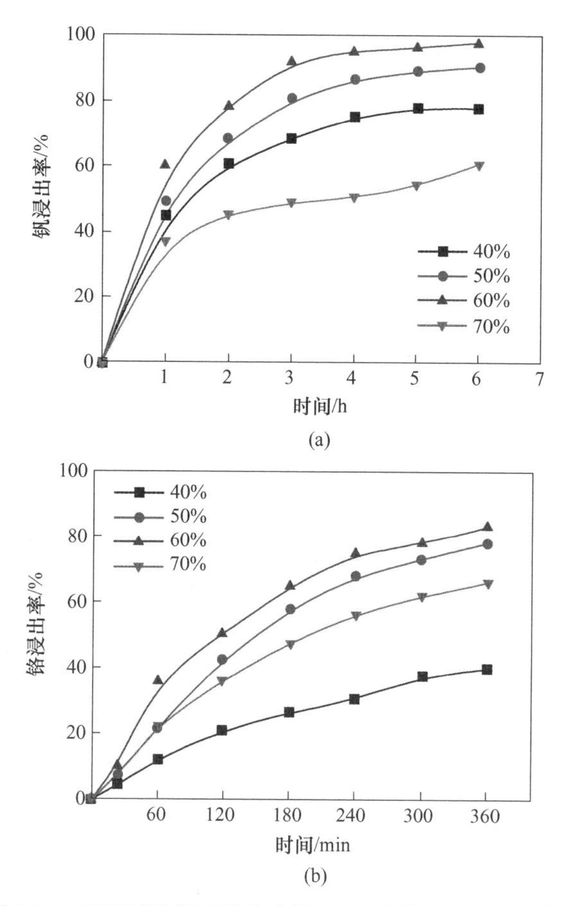

图 2-74 不同碱浓度下钒渣中钒（a）和铬（b）浸出效果

解，会降低钒的提取。因此，过高碱浓度（质量分数）不利于钒渣分解，选取 60%为最优反应条件。同样地，随着碱浓度的上升铬的浸出呈现和钒浸出一样的规律，即当碱浓度（质量分数）从 40%上升为 60%，反应 6h 铬浸出率从 39.7%上升为 83%，而当碱浓度进一步上升，铬的浸出率反而下降。这与在温度 130℃、碱浓度（质量分数）为 60%时活性氧生成量最大相一致，该条件下钒和铬的浸出率最高。

2.6.2.2 液固比对微气泡强化钒铬共提的影响

液固比是影响介质传质性能的重要因素，液固比增大，则介质的黏度和流动性得到优化。实验中考察液固比为 3∶1 至 6∶1 时，钒渣中钒浸出率变化情况，结果如图 2-75 所示。从图中可以看出，随着液固比增加钒的浸出率逐渐增大，这是由于钒渣颗粒与反应介质得到充分接触，介质传质优化有利于氧气传质和反应进行，宏观表现为钒浸出率增加。液固比为 6∶1 得到的钒浸出率最高。同时还考察了液固比对铬浸出率的影响，如图 2-76 所示。其反应条件为 130℃，60% NaOH（质量分数），反应时间 6h。从图中可以看出，液固比对铬浸出率的影响较大，随着液固比从 3∶1 提高至 6∶1，铬的浸出率从 39%提高至 83%，可见氧气在介质中充分地传质和反应对铬的氧化至关重要。综合考虑，液固比选择6∶1 作为钒铬共提的最佳条件。

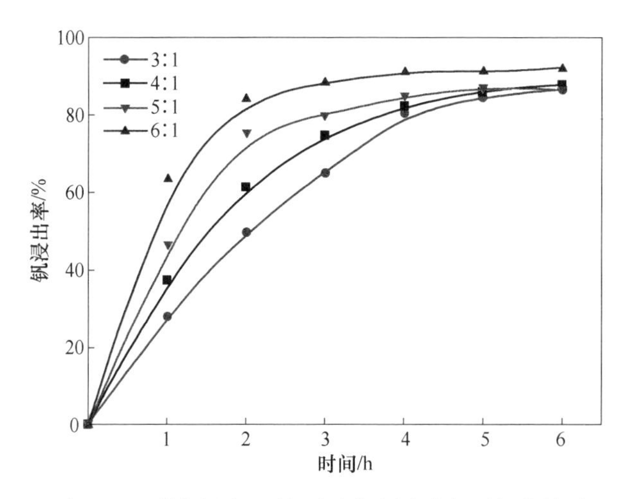

图 2-75　不同液固比下钒渣中钒浸出率与时间的关系

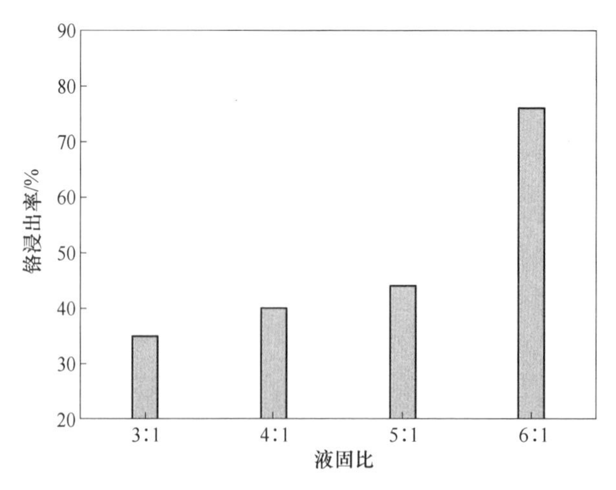

图 2-76　不同液固比下反应 6h 钒渣中铬浸出率与液固比的关系

2.6.2.3　反应温度对微气泡强化钒铬共提的影响

考察了不同操作温度条件下钒渣中钒浸出效果，反应温度为 110~140℃，所得反应结果如图 2-77 所示。由图 2-77 可知，钒浸出率随着反应温度提高而逐步

升高，温度由 110℃提升至 140℃，由于传质性能提升及组分反应活性增加等因素导致钒尖晶石氧化反应更易于进行，因此钒浸出率均迅速增加。铬的浸出率随着反应温度的上升也呈上升趋势，说明在该碱浓度下，温度有利于活性氧的生成。

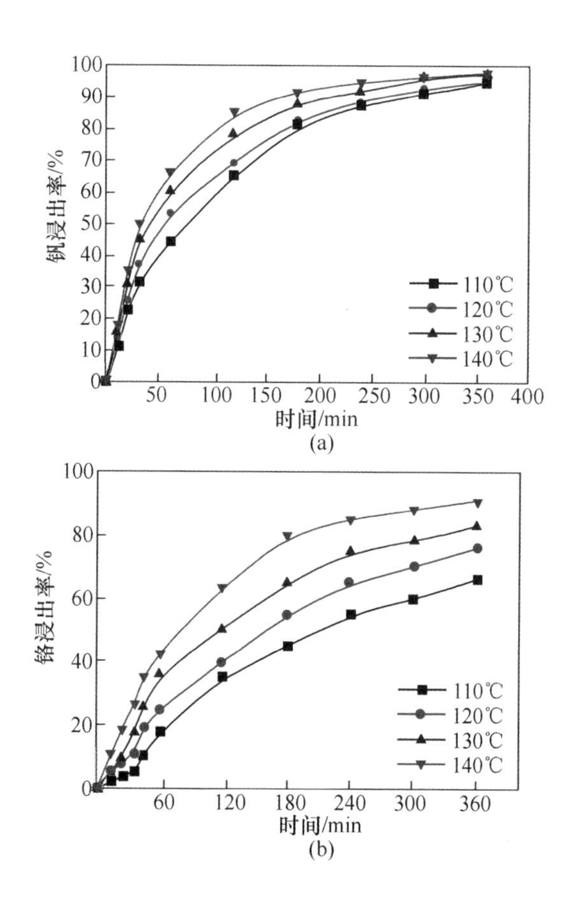

图 2-77 反应温度对钒（a）和铬（b）浸出的影响

微气泡强化提高了氧气在碱介质中的扩散和溶解能力，显著提高了钒铬的浸出率，使钒渣碱介质湿法钒铬共提技术的碱浓度（质量分数）从 80%~90%降至 40%~60%，反应温度从 180~220℃降至 130~150℃，实现了低温、温和条件下钒铬的高效浸出，极大地降低了碱介质蒸发能耗，对钒渣湿法钒铬共提技术的扩大推广具有重要的技术意义和经济价值。

综上所述，可获得微气泡强化 NaOH 碱介质钒铬共提的最佳浸出条件，结果见表 2-21。

表 2-21　微气泡强化 NaOH 碱介质钒铬共提工艺条件

参数	温度	碱浓度（质量分数）	时间	液固比	氧气流量	转速	钒渣粒度
数值	130℃	60%	6h	6∶1	1.0L/min	500r/min	-75μm（-200 目）

2.6.3　微气泡强化碱介质中钒铬浸出动力学

图 2-78 为 130℃时的钒和铬不同时间浸出率分别用动力学方程 $X = kt$，$1 - (1 - X)^{\frac{1}{3}} = kt$，$1 - \frac{2}{3}X - (1 - X)^{\frac{2}{3}} = kt$ 进行拟合的结果。由图 2-78 可知，对钒和

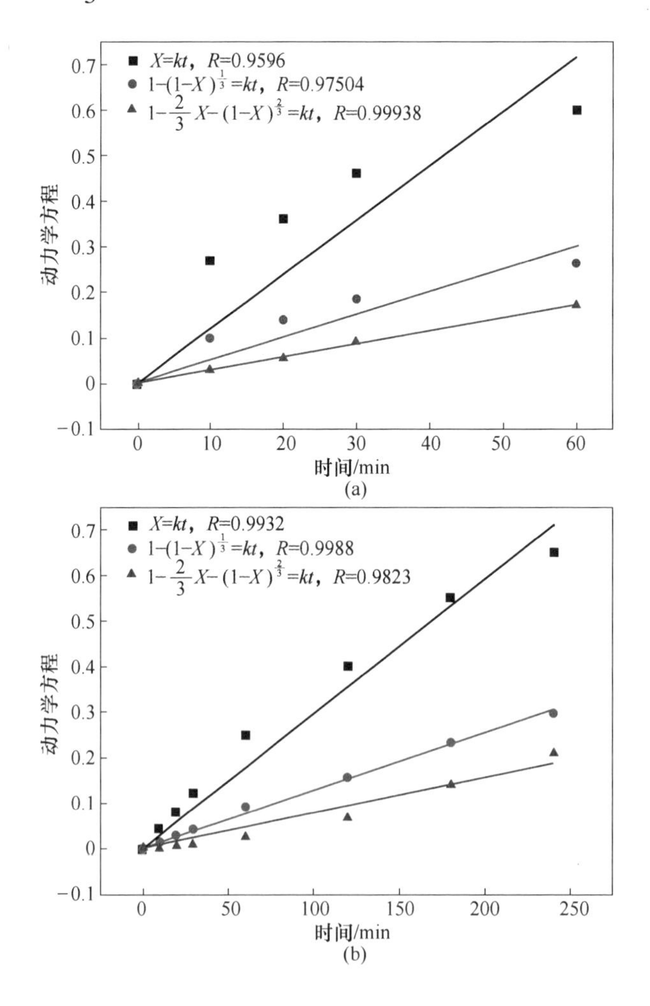

图 2-78　130℃时钒（a）和铬（b）浸出率与时间关系用三种动力学方程拟合结果

铬的浸出过程分别使用方程 $1-(1-X)^{\frac{1}{3}}=kt$ 和 $1-\frac{2}{3}X-(1-X)^{\frac{2}{3}}=kt$ 拟合结果均比较理想，线性相关系数分别达 0.9994 和 0.9988，因此判断，钒和铬的浸出分别受内扩散控制和界面化学反应控制。

将不同温度下钒和铬的浸出率与时间的关系分别用 $1-(1-X)^{\frac{1}{3}}=kt$ 和 $1-\frac{2}{3}X-(1-X)^{\frac{2}{3}}=kt$ 进行拟合，并根据 Arrehenius 公式计算，获得钒和铬浸出过程的表观活化能为 36.43kJ/mol 和 45.25kJ/mol，浸出动力学方程分别如下：

$$1-\frac{2}{3}X-(1-X)^{\frac{2}{3}}=\exp\left(5.63-\frac{4382.12}{T}\right)t \tag{2-44}$$

$$1-(1-X)^{\frac{1}{3}}=\exp\left(1.24-\frac{5442.3}{T}\right)t \tag{2-45}$$

2.6.4 微气泡强化技术对不同钒渣原料的适用性

以上强化技术均针对河北承德地区产的含铬钒渣进行研究，针对含铬钒渣微气泡强化技术体现出优异的钒铬共提特性。为确定微气泡强化技术的适用性，考察了微气泡强化技术对于攀西地区高铬钒渣及芬兰地区优质钒渣（铬含量很低，钒含量很高）钒、铬提取的效果。

2.6.4.1 微气泡强化芬兰钒渣高效提钒

在碱浓度（质量分数）40%，碱矿比 4∶1，反应温度 110℃，搅拌转速 700r/min，氧气流速 1L/min，芬兰钒渣-75μm（-200 目），采用不同曝气头尺寸 5μm、20μm、50μm，进行了芬兰钒渣微气泡强化与普通布气反应的对比，结果如图 2-79 所示。

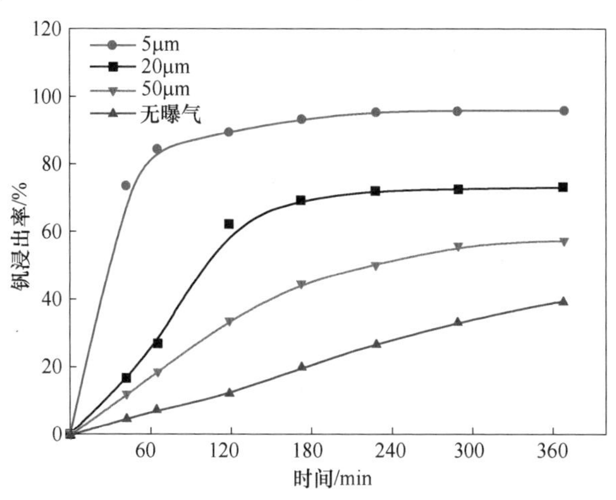

图 2-79　110℃采用微孔曝气与普通通气管对芬兰钒渣钒浸出率的影响

由图 2-79 可知，微气泡强化可有效促进芬兰钒渣中钒的浸出。通过微孔曝气，钒的浸出率在 60min 即可达到 84.91%，而此时采用普通布气钒浸出率只有 5%。经过反应 360min 后，钒的浸出率达到 96%，而普通布气钒的浸出率仅为 30.1%。这说明采用微孔曝气有效促进了钒渣中钒的浸出，使碱介质分解钒渣反应条件更为温和。

考察了反应温度、碱浓度对微气泡强化碱介质分解芬兰钒渣的影响，结果如图 2-80 和图 2-81 所示。

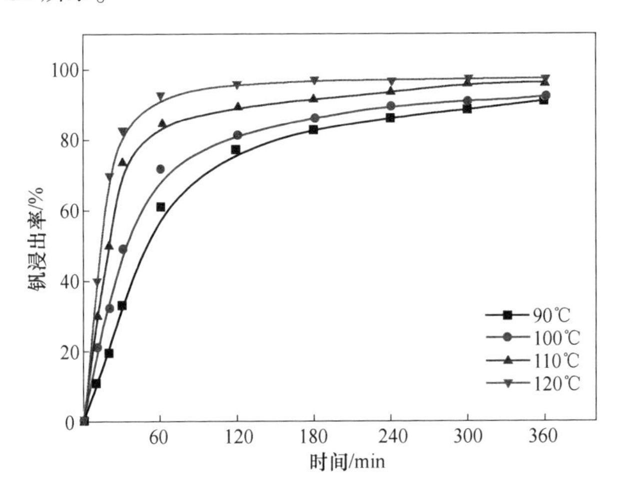

图 2-80　反应温度对微气泡强化芬兰钒渣分解的影响

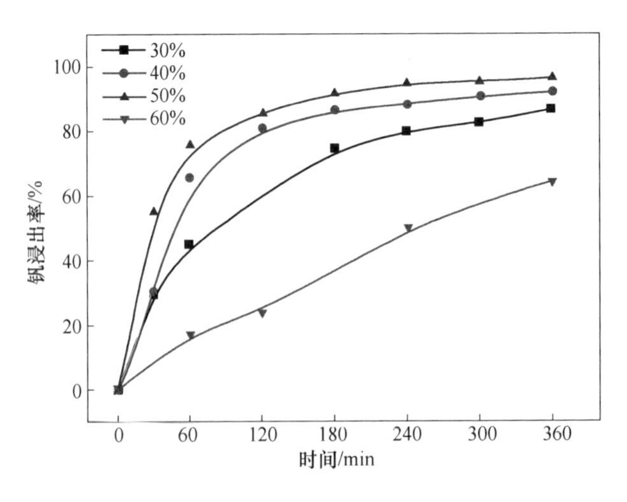

图 2-81　碱浓度对微气泡强化芬兰钒渣分解的影响

由图 2-80 可知，反应温度上升会促进钒渣的分解，但同时会降低碱介质中

氧气的溶解度。当反应温度提高至 110℃，钒浸出率从 91%提高到 96%。反应温度在 110℃和 120℃钒的浸出率差别不大（从 96%提高到 97.23%）。考虑到温度为 120℃时接近反应介质 40% NaOH 溶液的沸点（127℃），此时氧气的溶解度下降，采用微孔曝气所产生的微气泡会迅速从介质中溢出，不利于提钒反应效果，因此选择反应温度为 110℃。

由图 2-81 可知，当碱浓度从 30%上升到 50%时，钒的浸出率上升，随着碱浓度（质量分数）进一步从 50%上升为 60%，钒的浸出率不升反而降低。碱浓度升高会增大反应介质的黏度，导致传质系数和氧气的溶解度下降，阻碍了钒的浸出。反应温度 110℃时，活性氧的生成浓度最优碱浓度（质量分数）为 50%，一方面该碱浓度下提供了足够的 OH^-；另一方面，该碱浓度、温度下反应体系的氧气溶解度和传质降低又不足以抑制活性氧的生成。综合考虑反应效果和蒸发能耗，选定最优反应碱浓度（质量分数）为 40%。

综上所述，可获得芬兰钒渣微气泡强化碱介质浸出的最佳反应条件，结果见表 2-22。从表中可以看出，对于不含铬的芬兰钒渣，在 40% NaOH、110℃的低温、低碱的温和条件下，可以实现钒渣中钒的高效提取，钒浸出率达到 96%，微气泡强化技术体现出显著的优越性。

表 2-22 微气泡强化碱介质分解芬兰钒渣最佳条件

参数	温度	碱浓度（质量分数）	气泡尺寸	时间	液固比	转速	钒渣粒度
数值	110℃	40%	5μm	6h	4 : 1	700r/min	-75μm（-200 目）

2.6.4.2 微气泡强化高铬钒渣钒铬共提

考察了不同碱浓度对高铬钒渣中铬浸出的影响，反应条件为：钒渣粒度 -75μm（-200 目），反应温度 130℃，碱浓度（质量分数）为 40%~70%，曝气头尺寸 5μm，液固比 10 : 1，搅拌转速 500r/min，所得高铬钒渣的铬浸出率如图 2-82 所示。从图中可知，随着碱浓度的上升，铬的浸出整体呈现上升趋势，当碱浓度（质量分数）达到 60%时，铬浸出率达 82%。而当碱浓度进一步上升时，铬的浸出率急剧下降。因此可以初步认为，铬的氧化主要受碱性介质中活性氧生成浓度的影响，活性氧浓度决定了铬的浸出率。铬浸出的最优碱浓度（质量分数）为 60%，在此碱浓度下产生活性氧最多。

考察了不同碱矿比下铬的浸出率。反应条件为：钒渣粒度 -75μm（-200 目），反应温度 130℃，碱浓度（质量分数）为 60%，曝气头尺寸 5μm，液固比 10 : 1，搅拌转速 500r/min，所得结果如图 2-83 所示。随着液固比的上升，铬浸出率总体呈现上升趋势，液固比 10 : 1，铬的浸出率在 78.76%，提高碱矿比为

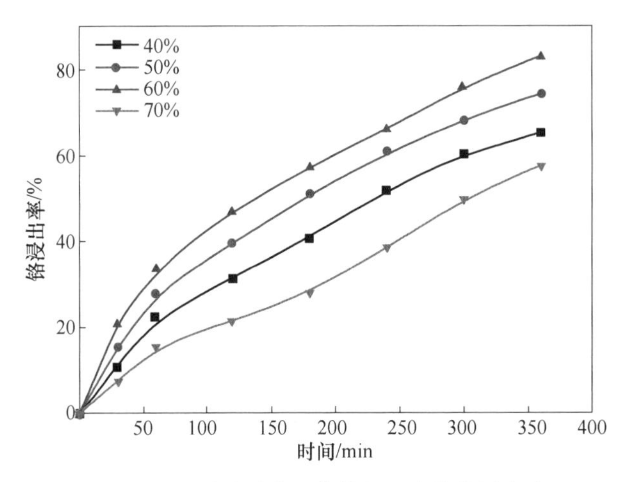

图 2-82　不同碱浓度下高铬钒渣中的铬浸出率

15∶1，铬的浸出率为 79.4%，由生产效率的降低带来的铬提高影响不大。因此，最佳反应碱矿比为 10∶1。

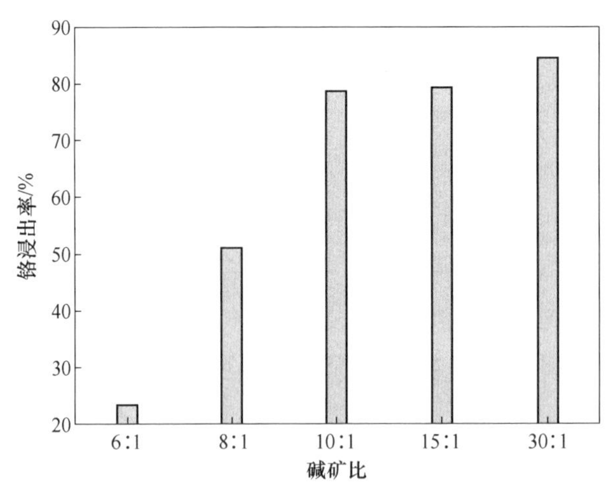

图 2-83　不同碱矿比条件下 130℃时，60% NaOH 溶液中高铬钒渣铬浸出对比

提高温度是促进碱介质液相氧化分解两性金属矿物的有效手段，考察了不同反应温度对铬浸出率的影响，反应条件为：钒渣粒度-75μm（-200 目），反应温度 110~140℃，碱浓度（质量分数）为 60%，曝气头尺寸 5μm，液固比 10∶1，搅拌转速 500r/min，结果如图 2-84 所示。由图 2-84 可知，铬的浸出率随着反应温度的上升而逐渐上升，说明在该碱浓度下，提高温度有利于活性氧的生成，经过 6h，在 140℃下，高铬钒渣的铬浸出率可达到 85%。

综上所述，可获得微气泡强化碱介质分解高铬钒渣钒铬共提的最佳浸出条

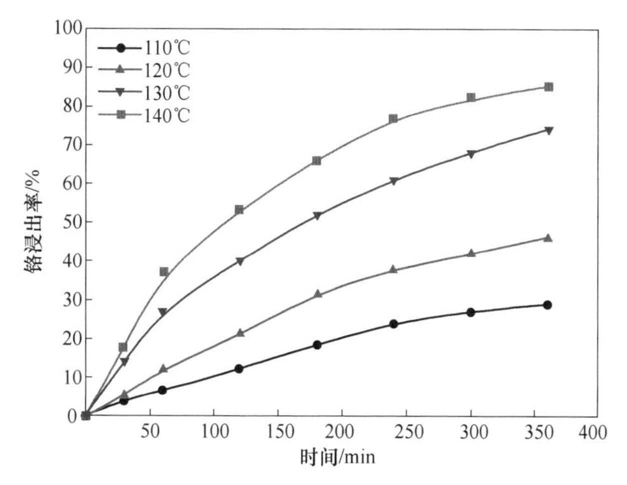

图 2-84 不同温度下 60% NaOH 溶液中钒渣的铬浸出率变化曲线

件，结果见表 2-23。由于该高铬钒渣铬含量比承德钒渣更高，微气泡强化浸出的反应条件更为苛刻，碱浓度（质量分数）需提高至 60% NaOH，温度需提高至 140℃，液固比需提高至 10∶1，但仍可以在常压下实现钒和铬的高效提取，钒、铬浸出率分别达到 97%和 85%，说明微气泡强化技术可以实现难处理高铬钒渣的有效浸出。

表 2-23 微气泡强化碱介质分解高铬钒渣钒铬共提工艺条件

参数	温度	碱浓度（质量分数）	气泡尺寸	时间	液固比	转速	钒渣粒度
数值	140℃	60%	5μm	6h	10∶1	700r/min	-75μm（-200 目）

2.7 外场强化湿法分解钒渣钒铬共提技术比较与评价

通过以上外场强化的方法可以明显降低反应条件，提高钒铬的浸出率，特别是使铬的浸出率达到 80%以上，几种强化方法对比见表 2-24。

表 2-24 不同外场强化手段的比较

工艺条件	压力场强化	催化强化	电化学场强化	微气泡强化
反应温度/℃	200	215	120	130
反应时间/h	3	10	6	6
碱浓度/%	50	80	40	60

续表 2-24

工艺条件	压力场强化	催化强化	电化学场强化	微气泡强化
钒浸出率/%	97	97	94	90
铬浸出率/%	90	85	87	80

压力场强化法是在增加氧压的条件下大幅降低了 NaOH 溶液的反应浓度，缩短了反应时间，但需在压力条件下操作，对设备材质和操作要求较高。催化强化是通过活性炭对氧气的活性吸附作用增大介质中的氧浓度，利用活性炭本身的超氧离子催化活性，提高碱介质体系的氧化性，可使铬的浸出率从不能提取提高至80%，实现了铬的氧化浸出，但是该方法所需反应时间较长，意味着较高的反应能耗，且活性炭的回收过程相对复杂，不宜大规模工业实施。电化学场强化后反应温度、碱浓度等条件大幅度降低，钒铬的浸出率分别大于 88%和 80%。但由于电解的引入，反应能耗大幅增加。微气泡强化可通过外部布气提高氧气溶解度和介质中活性氧含量，可在 60% NaOH 浓度（质量分数）、130℃的温和条件下实现钒和铬的高效同步提取。与碱介质液相氧化技术开发初期反应条件相比，微气泡技术反应温度降低 80℃以上，碱浓度（质量分数）降低 25%，钒铬共提技术取得重大突破。对不同外场强化技术的浸出宏观动力学进行了研究，得到不同强化方法下钒铬浸出的速控步骤和表观活化能，结果见表 2-25。

表 2-25　不同强化方法下钒铬浸出的速控步骤和表观活化能

强化方法	碱浓度（质量分数）/%	温度/℃	元素	速控步骤	E/kJ · mol^{-1}
压力场强化	50	140~200	钒	内扩散	26.22
			铬	内扩散	32.79
催化强化	80	200~225	钒	界面化学反应	54.79
			铬	界面化学反应	411.15
电化学强化	40	80~130	钒	界面化学反应	48.36
			铬	化学反应控制	50.56
微气泡强化	60	130~150	钒	内扩散	36.43
			铬	界面化学反应	45.25

从表 2-25 中可以看出，随着外场强化技术的升级，反应温度和碱浓度逐步降低，而钒和铬浸出的活化能也逐渐降低，说明外场强化技术的应用改变了反应路径或改善反应动力学，降低钒铬氧化浸出的能量壁垒，可实现温和条件下钒和铬的高效提取。动力学研究结果表明，钒的氧化浸出条件较铬更低，反应活化能更低，反应更容易进行，因此，界面化学反应通常不是速控步骤，内扩散是反应进行的决速步骤；而铬的氧化浸出更难进行，活化能更高，在同样的反应条件

下，界面化学反应是反应的速控步骤。鉴于此，为实现钒渣中铬的高效提取，需采用相对较高的反应温度、碱浓度或氧气分压，以提高铬氧化的反应动力学。

参 考 文 献

[1] Wu K H, Wang Y R, Wang X R, et al. Co-extraction of vanadium and chromium from high chromium containing vanadium slag by low-pressure liquid phase oxidation method [J]. Journal of Cleaner Production, 2018, 203: 873-884.

[2] Yu X B, Wang Z, Lv Y Q, et al. Effect of microbubble diameter, alkaline concentration and temperature on reactive oxygen species concentration [J]. Journal of Chemical Technology & Biotechnology, 2017, 92: 1738-1745.

[3] Lv Y Q, Wang X R, Yu X B, et al. Adsorption behaviors and vibrational spectra of hydrogen peroxide molecules at quartz/water interfaces [J]. Physical Chemistry Chemical Physics, 2017, 19 (10): 7054-7061.

[4] Liu L J, Du H, Zhang Y, et al. Leaching of chromite ore in concentrated KOH by catalytic oxidation using CuO as catalyst [J]. Transactions of Nonferrous Metals Society of China, 2017, 27: 891-900.

[5] Liu L J, Wang Z H, Du H, et al. Intensified decomposition of vanadium slag via aeration in concentrated NaOH solution [J]. International Journal of Mineral Processing, 2017, 160: 1-7.

[6] 王少娜，王亚茹，杜浩，等. 活性炭强化氧化亚熔盐介质中钒渣分解机理 [J]. 中国有色金属学报，2017，8：1729-1737.

[7] 贾美丽，王亚茹，李昊男，等. NaOH 介质中活性炭催化氧化性能变化规律 [J]. 有色金属工程，2021，11 (6)：126-133.

[8] Lv Y Q, Zheng S L, Wang S N, et al. Vibrational spectra and molecular dynamics of hydrogen peroxide molecules at quartz/water interfaces [J]. Journal of Molecular Structure, 2016, 1113: 70-78.

[9] 潘自维，郑诗礼，王中行，等. 亚熔盐法高铬钒渣钒铬高效同步提取工艺研究 [J]. 钢铁钒钛，2014，35 (2)：1-8.

[10] Wang Z H, Zheng S L, Wang S N, et al. Electrochemical decomposition of vanadium slag in concentrated NaOH solution [J]. Hydrometallurgy, 2015, 151: 51-55.

[11] Liu H B, Du H, Wang D W, et al. Kinetics analysis of decomposition of vanadium slag by KOH sub-molten salt method [J]. Transactions of Nonferrous Metals Society of China, 2013, 23 (5): 1489-1500.

[12] 刘挥彬，杜浩，刘彪，等. KOH 亚熔盐中钒渣的溶出行为 [J]. 中国有色金属学报，2013，23 (4)：1129-1139.

[13] Wang Z H, Zheng S L, Wang S N, et al. Research and prospect on extraction of vanadium from vanadium slag by liquid oxidation technologies [J]. Transactions of Nonferrous Metals Society of

China, 2014, 24 (5): 1273-1288.

[14] 王大卫，郑诗礼，王少娜，等．钒渣 NaOH 亚熔盐法提钒工艺研究 [J]. 中国稀土学报，2012, 30: 684-691.

[15] Liu B, Du H, Wang S N, et al. A novel method to extract vanadium and chromium from vanadium slag using molten NaOH-$NaNO_3$ binary system [J]. AIChE Journal, 2013, 59 (2): 541-552.

[16] Eftaxias A, Font J, Fortuny A, et al. Catalytic wet air oxidation of phenol over active carbon catalyst global kinetic modelling using simulated annealing [J]. Applied Catalysis B: Environmental, 2006, 67: 12-23.

[17] Ania C O, Bandosz T J. Importance of structural and chemical heterogeneity of activated carbon surfaces for adsorption of dibenzothiophene [J]. Langmuir, 2005, 21: 7752-7759.

[18] Karthikeyan S, Anandan C, Surbramanian J, et al. Characterization of iron impregnated polyacrylamide catalystand its application to the treatment of municipal wastewater [J]. RSC Advances, 2013, 3: 15044-15057.

[19] Karthikeyan S, Titue A, Gnanamani A, et al. Treatment of textile wastewater by homo-geneous and heterogeneous Fenton oxidation processes [J]. Desalination, 2011, 281: 438-445.

[20] Karthikeyan S, Sekaran G. In situ generation of a hydroxyl radical by nanoporous activated carbon derived from rice husk for environmental applications: kinetic and thermodynamic constants [J]. Physical Chemistry Chemical Physics, 2014, 16: 3924-3933.

[21] Logemann F P, Annee J H. Water treatment with a fixed bed catalytic ozonation process [J]. Water Science and Technology, 1997, 35 (4): 353-360.

[22] Cao S, Chen G, Hu X, et al. Catalytic wet air oxidation of wastewater containing ammonia and phenol over activated carbon supported Pt catalysts [J]. Catalysis Today, 2003, 88: 37-47.

[23] Quintanilla A, Casas J A, Zazo J A, et al. Wet air oxidation of phenol at mild conditions with a Fe activated carbon catalyst [J]. Applied Catalysis B: Environmental, 2006, 62: 115-120.

[24] Zhang Y, Quan X, Chen S, et al. Microwave assisted catalytic wet air oxidation of H-acid in aqueous solution under the atmospheric pressure using activated carbon as catalyst [J]. Journal of Hazardous Materials, 2006, 137: 534-540.

[25] Sheng H L, Cheng L L. Catalytic oxidation of dye wastewater by metal oxide catalyst and granular activated carbon [J]. Environment International, 1999, 25: 497-504.

[26] Cordero T, Mirasol R, Bedia J. Activated carbon as catalyst in wet oxidation of phenol: Effect of the oxidation reaction on the catalyst properties and stability [J]. Applied Catalysis B: Environmental, 2008, 81: 122-131.

[27] Bagreev A, Bandosz T J. A role of sodium hydroxide in the process of hydrogen sulfide adsorption/oxidation on caustic-impregnated activated carbons [J]. Industrial & Engineering Chemistry Research, 2002, 41 (4): 672-679.

[28] 潘自维，王大卫，杜浩，等．活性炭强化钒渣中钒、铬提取技术 [J]. 中国有色金属学

报，2014，8：2171-2180.

［29］王大卫．钒渣钠系亚熔盐法钒铬共提工艺应用基础研究［D］．北京：中国矿业大学，2013.

［30］郑诗礼，杜浩，王少娜，等．亚熔盐法钒渣高效清洁提钒技术［J］．钢铁钒钛，2012，1：15-19.

3 碱介质中钒铬清洁分离技术

钒渣的主要组分为 Fe、V、Si、Ti、Cr、Mn、Mg、Ca 等，不同来源的钒渣主要组分基本相同，仅在含量上有所差别。钒渣经 NaOH 介质氧化反应后，其中杂质 Fe、Ti、Mn、Mg 及部分的 Si 进入渣相，主元素 V、Cr、Si 会同步浸出进入溶液，得到主要组成为 $NaOH\text{-}Na_3VO_4\text{-}Na_2CrO_4\text{-}Na_2SiO_3\text{-}H_2O$ 的浸出液。多元素高效分离是工艺顺行的关键，前期研究表明，伴生杂质 Si 的存在对后续钒和铬的结晶分离会产生负面影响。为此，首先需要将浸出液中的 Si 脱除至不影响其他组分分离及产品纯度。随后，根据钒、铬在 NaOH 溶液中溶解度特性，确定了先冷却结晶分离钒酸钠、后蒸发结晶分离铬酸钠的方法，并对钒酸钠、铬酸钠的结晶分离机理及工艺进行了研究，得到了合格的钒酸钠、铬酸钠产品。碱介质中钒铬清洁分离过程关键环节如图 3-1 所示。

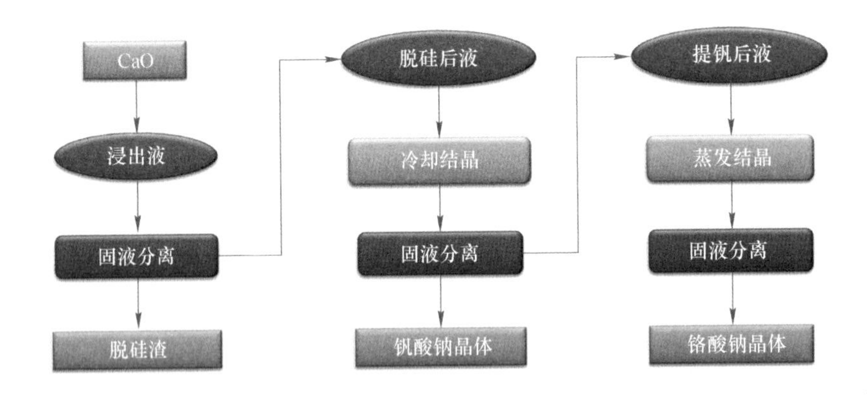

图 3-1　钒铬硅多元素清洁分离工艺设计

3.1 碱介质中杂质 Si 的脱除

通过加入 CaO 生成硅酸钙的方式脱除浸出液中的硅是目前最为经济有效的脱硅方法，脱硅反应式如下：

$$1.5Ca(OH)_2 + Na_2SiO_3 = 1.5CaO \cdot SiO_2 + 2NaOH + 0.5H_2O \quad (3\text{-}1)$$

3.1.1 钒铬硅高选择性分离设计

3.1.1.1 钒硅高选择性分离设计

CaO 与溶液中的钒也会反应生成钒酸钙，为了避免脱硅时溶液中钒的损失，首先测定了 40℃、80℃时 $NaOH-Na_3VO_4-H_2O$ 和 $NaOH-Na_3VO_4-Ca(OH)_2-H_2O$ 体系 Na_3VO_4 的溶解度数据，如图 3-2 所示。由图 3-2 可以看出，在 $NaOH-Na_3VO_4-H_2O$ 体系中加入 $Ca(OH)_2$ 后，当 NaOH 浓度小于 200g/L 时，Na_3VO_4 的溶解度急剧降低，钒酸钙大量生成；碱浓度 200~250g/L 之间稍有影响，在大于 250g/L 之后基本无影响，即使添加氧化钙钒酸钠溶解度也在 60g/L 以上。因此，将浸出液中脱硅浓度定为 NaOH 浓度在 250~400g/L 之间，既可实现硅的脱除，也不会造成钒的损失。

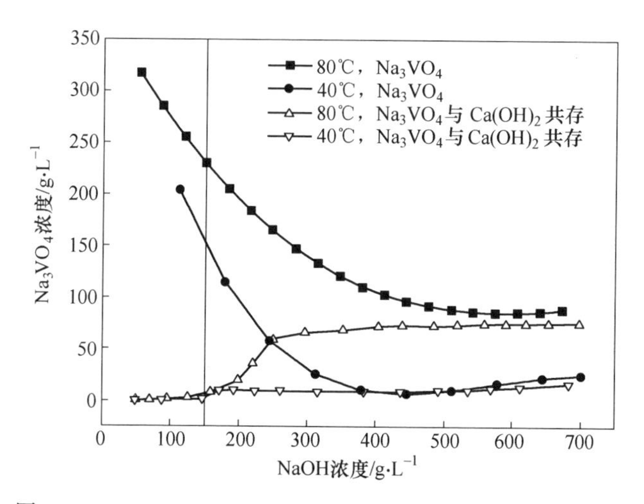

图 3-2 $NaOH-Na_3VO_4-Ca(OH)_2-H_2O$ 体系 Na_3VO_4 的溶解度

3.1.1.2 铬硅高选择性分离设计

因浸出液中含有较多的铬酸钠，是否会在加氧化钙脱硅过程生成铬酸钙，即发生反应如式（3-2）是值得高度关注的问题，为此进行了理论计算。

$$Ca(OH)_2 + K_2CrO_4 = CaCrO_4 \downarrow + 2KOH \tag{3-2}$$

各含钙化合物的溶度积常数及铬酸钙的溶解度数据见表 3-1 和表 3-2。

表 3-1 各含钙化合物的溶度积常数

化合物	$CaCO_3$	$Ca(OH)_2$	$CaSO_4$	$CaSiO_3$
K_{sp}	2.8×10^{-9}	5.5×10^{-6}	3.16×10^{-7}	2.5×10^{-8}
pK_{sp}	8.54	5.26	5.04	7.60

表 3-2 铬酸钙的溶解度（以 $CaCrO_4$ 计）

温度/℃	0	18	25	40	50	60	70	100
$w(CaCrO_4)$/%	4.3	2.27	1.89		1.11	0.82	0.79	0.42
$w(CaCrO_4 \cdot 0.5H_2O)$/%	6.8	4.4	3.7^{31}	$2.6^{38.5}$	1.6	1.1	1.1	0.8
$w(\beta\text{-}CaCrO_4 \cdot 2H_2O)$/%	11.5	9.6	9.1	7.8		5.7		3.1
$w(\alpha\text{-}CaCrO_4 \cdot 2H_2O)$/%	14.7	14.2^{20}	13.9^{30}	12.5^{45}				

按温度为100℃，$CaCrO_4 \cdot 0.5H_2O$ 溶解度为0.8%计，其 K_{sp} 为：

$$CaCrO_4(s) \rightleftharpoons Ca^{2+} + CrO_4^{2-}$$

$$K_{sp(CaCrO_4)} = [Ca^{2+}][CrO_4^{2-}] = 0.051 \times 0.051 = 2.6 \times 10^{-3}$$

对于反应式（3-2），有：

$$K = \frac{[OH^-]^2}{[CrO_4^{2-}]} = \frac{K_{sp[Ca(OH)_2]}}{K_{sp[CaCrO_4]}} = \frac{5.5 \times 10^{-6}}{2.6 \times 10^{-3}} = 2.1 \times 10^{-3}$$

按现设定的浸出液组成：

NaOH 浓度 50 ~ 500g/L = 1.25 ~ 12.5mol/L，Na_2CrO_4 浓度 100g/L = 0.62mol/L

以最低 NaOH 浓度计算（此时 Q 最小），

$$Q = \frac{[OH^-]^2}{[CrO_4^{2-}]} = \frac{1.25 \times 1.25}{0.62} = 2.52,\ Q \gg K$$

当温度为60℃时，$\beta\text{-}CaCrO_4 \cdot 2H_2O$ 溶解度为5.7%，为60℃以上铬酸钙溶解度最高值，计算得：

$$K_{sp(CaCrO_4)} = [Ca^{2+}][CrO_4^{2-}] = (5.7 \times 10/156)(5.7 \times 10/156) = 1.34 \times 10^{-1}$$

$$K = \frac{[OH^-]^2}{[CrO_4^{2-}]} = \frac{K_{sp[Ca(OH)_2]}}{K_{sp[CaCrO_4]}} = \frac{5.5 \times 10^{-6}}{1.34 \times 10^{-1}} = 4.1 \times 10^{-5}$$

$Q \gg K$，故反应逆向进行，不会生成铬酸钙。

因此，在本项目的加钙脱硅过程不会生成铬酸钙，不会有铬的夹带损失。

3.1.2 反应条件对脱硅效果的影响

3.1.2.1 碱浓度对脱硅效果的影响

在反应温度80℃，V_2O_5 浓度 25g/L，SiO_2 浓度 12g/L，反应时间为 3h 的条件下，改变碱浓度为 250g/L、280g/L、310g/L、340g/L、370g/L、400g/L、450g/L，研究了其对脱硅率的影响，实验结果如图 3-3 和图 3-4 所示。

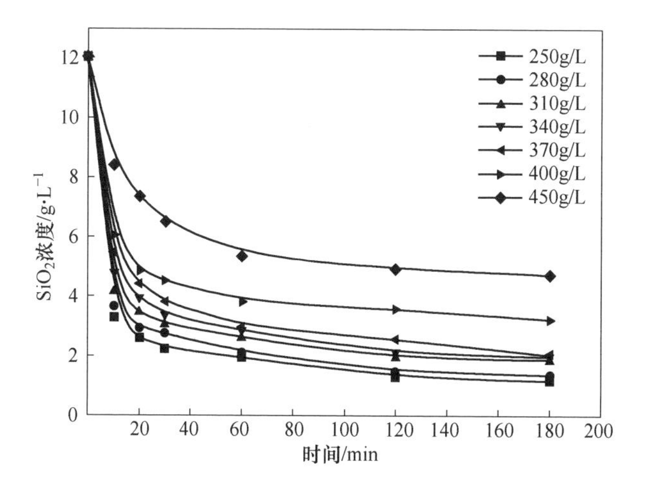

图 3-3　不同碱浓度下硅浓度变化

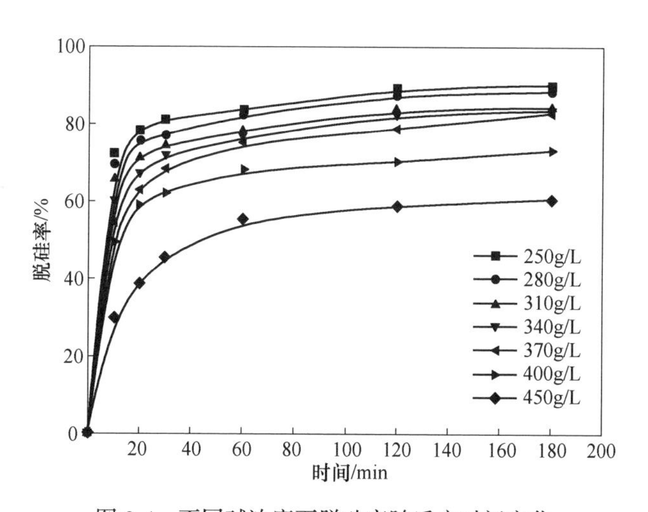

图 3-4　不同碱浓度下脱硅率随反应时间变化

随着脱硅前液碱浓度的增大，脱硅后液中最终硅浓度呈上升的趋势，说明脱硅率随着碱浓度增大逐渐降低。原因在于：一方面较高的 NaOH 浓度导致溶液的黏度增大，影响了反应物的扩散传质；另一方面 NaOH 的浓度增大，导致式(3-2)化学平衡负移，极大地影响了液相中硅的脱除。在碱浓度为 370g/L、400g/L、450g/L 时最终硅浓度分别为 2.04g/L、3.21g/L、4.73g/L，对应脱硅率分别为 82.96%、73.21%、60.57%，说明在高碱浓度也有着很好的脱硅效果。脱硅率在反应时间 30min 前变化较大，30min 后放缓，1h 基本反应完毕。

3.1.2.2　钙硅比对脱硅效果的影响

在反应温度 80℃，碱浓度 250g/L，V_2O_5 浓度 25g/L，SiO_2 浓度 12g/L，反

应时间为3h的条件下，选择钙硅比为0.3、0.7、1.0、1.2、1.5、1.8、2.0、3.0，研究了其对脱硅率的影响，实验结果见图3-5和图3-6所示。

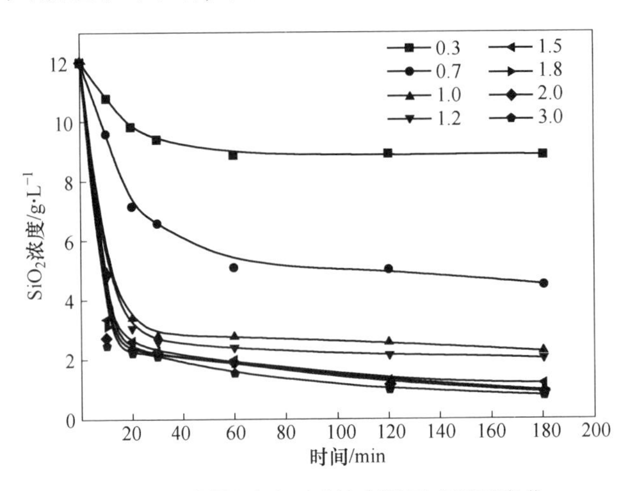

图3-5　不同钙硅比下硅浓度随反应时间变化

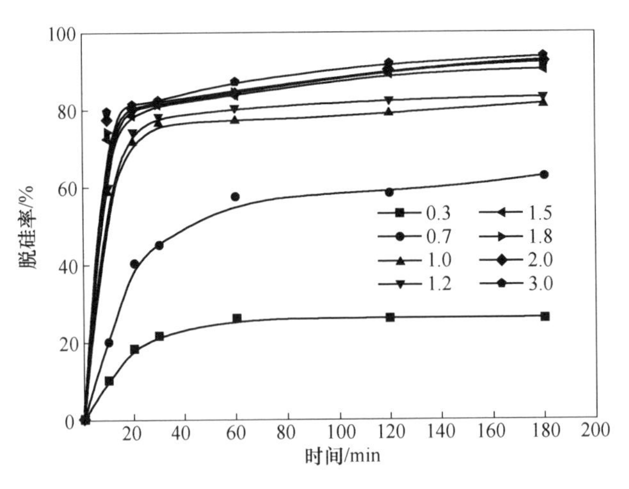

图3-6　不同钙硅比下脱硅率变化

图3-5和图3-6表明，随着钙硅比的增加、反应时间的延长，脱硅率逐渐上升。当钙硅比为0.3、0.7、1.0、1.2时，3h后硅浓度分别只降到了8.87g/L、4.51g/L、2.24g/L、2.04g/L；而当钙硅比为1.5时，1h后硅浓度就降到了1.96g/L，3h后降到了1.17g/L，对应于脱硅率90.23%。随着钙硅比的进一步增加，脱硅效果进一步增强，当钙硅比为1.8、2.0、3.0时分别达到了92.15%、92.50%、93.42%，这一方面是由于增加了反应物CaO的量促进了反应平衡向右移动，另一方面是过量的CaO起到了吸附硅的作用。

对不同钙硅比下得到的脱硅终渣进行了物相分析，结果如图 3-7 和图 3-8 所示。

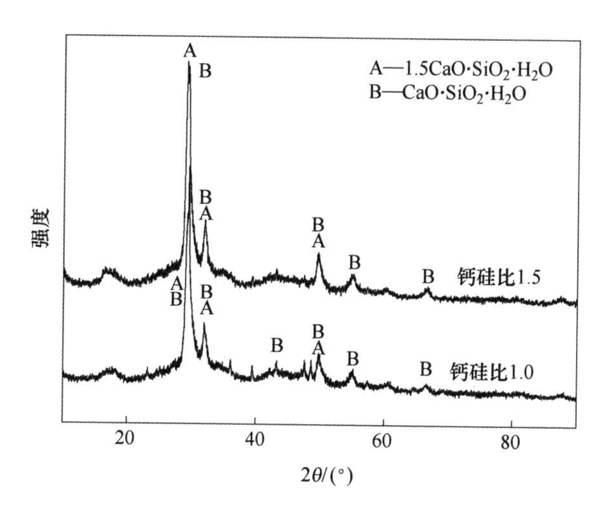

图 3-7 钙硅比为 1.0、1.5 时的脱硅渣物相分析

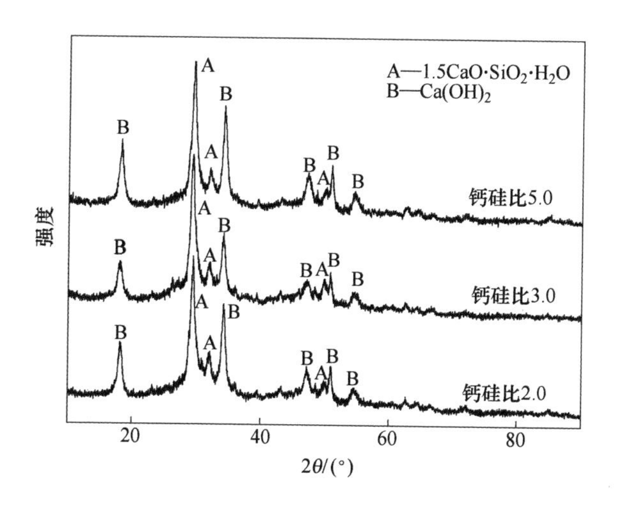

图 3-8 钙硅比为 2.0、3.0、5.0 时的脱硅渣物相分析

图 3-7 和图 3-8 的 XRD 图谱表明，当钙硅比小于 1.5 时，得到的脱硅渣相主要是 $1.5CaO \cdot SiO_2 \cdot H_2O$ 和 $CaO \cdot SiO_2 \cdot H_2O$；当钙硅比大于 2.0 时，得到的渣相主要为 $1.5CaO \cdot SiO_2 \cdot H_2O$ 和 $Ca(OH)_2$，$Ca(OH)_2$ 是由于过量未反应的 CaO 与水反应生成的。因而为获得较好的脱硅效果，同时减少氧化钙的损失，选择钙硅比 1.5 作为最优脱硅条件。

3.1.2.3 磷、铝等微量杂质的协同脱除

加 CaO 脱硅条件试验表明，在 250g/L 碱浓度下，通过添加 CaO 可以有效地脱除液相中的硅，最终降到 2g/L 以下，这一硅浓度对后续钒铬结晶基本没有负面的影响。在此基础上，按 nCaO：$n\mathrm{SiO_2}$ 为 2 进行了钒渣实际浸出液的脱硅，所用浸出液条件见表 3-3，结果如图 3-9 和图 3-10 所示。

表 3-3 实际浸出液各元素成分分析

成分	NaOH	V_2O_5	Cr_2O_3	SiO_2	P_2O_5	TiO_2	FeO	MgO	Al_2O_3
浓度/$g \cdot L^{-1}$	256. 25	20. 93	2. 78	10. 56	0. 45	0. 81	0. 31	0. 35	0. 69

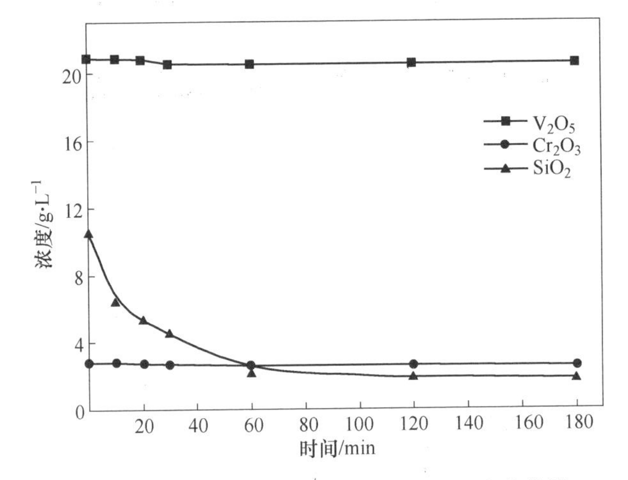

图 3-9 实际浸出液中硅钒铬浓度随时间变化曲线

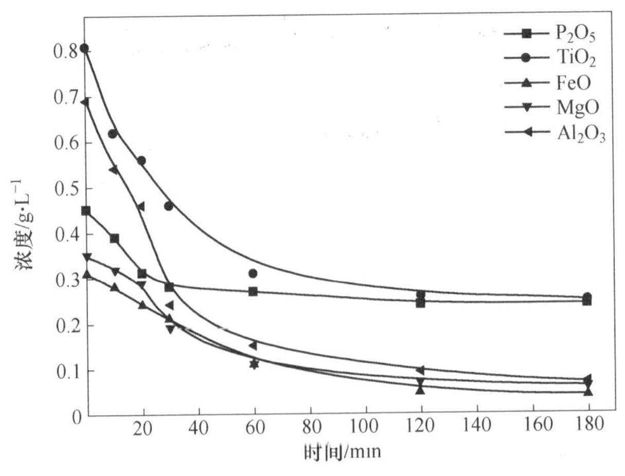

图 3-10 实际浸出液脱硅过程中其他成分浓度随时间变化

图3-9表明，在整个脱硅过程中，SiO_2的浓度逐渐降低，在1h后就降到了2.06g/L，3h后降到了1.78g/L，达到了工艺的脱硅要求。而主要元素钒、铬的浓度基本没有改变，表明脱硅的同时没有明显造成钒、铬的夹带损失，保证了钒、铬的收率。

图3-10是浸出液脱硅过程中磷、钛、铁、镁、铝的浓度变化。磷是钒渣提钒过程中的主要杂质，磷的存在会严重影响钒产品的质量和纯度，以及后续钒铁的生产。钒渣中含P_2O_5约0.05%（质量分数），会与NaOH反应生成可溶性磷酸钠，反应式如下：

$$P_2O_5 + 6NaOH = 2Na_3PO_4 + 3H_2O \tag{3-3}$$

由于磷酸钠在NaOH溶液中溶解度较大，如不除去，会在溶液中累积，从而影响钒、铬产品的纯度。在此脱硅碱浓度下，部分磷酸钠会与氧化钙反应生成不溶性磷酸钙，进入渣相，反应式如下：

$$2Na_3PO_4 + 3CaO + 3H_2O = Ca_3(PO_4)_2 + 6NaOH \tag{3-4}$$

虽然加钙脱磷在碱性条件下无法将磷完全脱除，但是可以有效控制磷酸钠在体系中的浓度，使其达到一个平衡，避免过量的累积从而影响钒、铬结晶。从图3-10可以看出，通过加钙脱磷，可以避免浸出液中磷的浓度累积，磷的浓度为0.24g/L。

钒渣中钛可能会有少量浸出，以钛酸钠的形式存在，反应式如下：

$$2NaOH + TiO_2 = Na_2TiO_3 + H_2O \tag{3-5}$$

Na_2TiO_3在碱液中溶解度很小，但是钛酸钠会以胶体存在于体系中，浸出液中TiO_2的浓度为0.81g/L。液相中的钛酸钠胶体在加钙脱硅过程中会吸附在氧化钙或硅酸钙表面，实现从液相中的分离，最终浓度为0.25g/L。

铝在碱性条件下很容易反应生成铝酸钠，浸出液中氧化铝浓度为0.69g/L。通过加入氧化钙，反应生成的$NaAlO_2$和浸出液中的Na_2SiO_3一同生成铝硅酸钙而除去，最终脱硅后液中氧化铝的浓度为0.07g/L，反应式如下：

$$Al_2O_3 + 2NaOH = 2NaAlO_2 + H_2O \tag{3-6}$$

$$2NaAlO_2 + CaO + Na_2SiO_3 + 3H_2O = CaO \cdot Al_2O_3 \cdot SiO_2 \cdot H_2O + 4NaOH \tag{3-7}$$

钒渣中的铁会在反应过程中生成少量的铁酸钠，加水稀释过程中铁酸钠水解生成$Fe(OH)_3$，随终渣一同沉淀进入渣相，最终脱硅前液中FeO的浓度达到0.31g/L。然后在加钙脱硅过程中，活性氧化钙和硅酸钙对浸出液中的铁具有物理吸附作用，导致脱硅后液中FeO的浓度降到了0.04g/L。至于镁同样由于上述原因，浓度从0.35g/L降到了0.06g/L。

总体来说，在脱硅的同时，各种杂质元素同时进入硅渣，从液相中分离除去，加钙脱硅对于净化浸出液具有良好的协同效果。

同时对实际料液脱硅后的渣进行了物相分析，从图 3-11 可以看出，经洗涤后的硅渣里只有 1.5CaO · SiO_2 · H_2O 和 $Ca(OH)_2$，一方面表明脱硅渣经充分洗涤钒、铬、钠能够进一步得以回收，另一方面产生了 $Ca(OH)_2$ 表明脱硅是充分的，硅渣中 CaO 和 SiO_2 是按 1.5 的比例生成沉淀的，进一步验证了前面的结论。

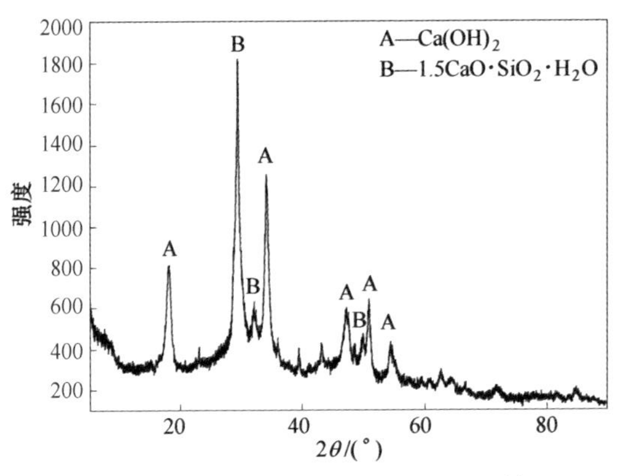

图 3-11　实际料液脱硅渣 XRD 图谱

3.2 钒铬在 NaOH 碱介质体系中溶解度及相互作用规律

通过对碱介质中钒酸钠、铬酸钠溶解度相图进行研究，设计了钒、铬高效结晶分离方法（见图 3-12），通过介稳状态调控获得了大颗粒的钒酸钠晶体，通过离子强度调控获得合格铬酸钠晶体的同时，实现了碱介质的耦合循环。

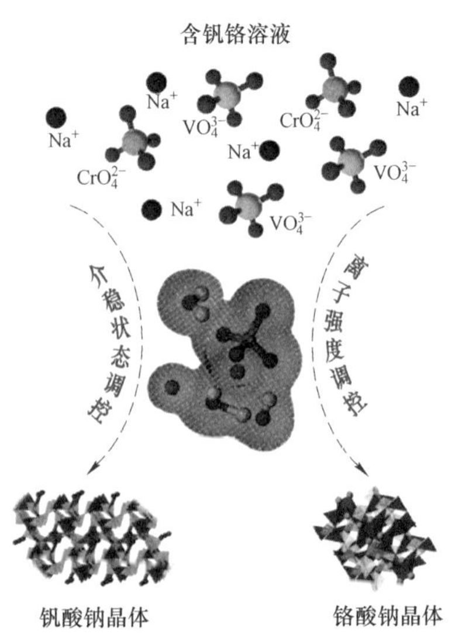

图 3-12　碱介质含钒铬溶液中钒铬结晶分离方法

3.2.1 $NaOH-Na_3VO_4-Na_2CrO_4-H_2O$ 体系溶解度

浸出液经加钙脱硅后，体系主要为 $NaOH-Na_3VO_4-Na_2CrO_4-H_2O$。为此，首先测定了 40℃和 80℃时四元水盐体系 $NaOH-Na_3VO_4-Na_2CrO_4-H_2O$ 的溶解度，数据列于表 3-4 和表 3-5，得到图 3-13，平衡固相的 XRD 如图 3-14 所示。

表 3-4　40℃时 $NaOH-Na_3VO_4-Na_2CrO_4-H_2O$ 四元体系溶解度

样品号	ρ/g·cm^{-3}	碱性溶液成分/g·L^{-1}			碱性溶液成分（质量分数）/%		
		NaOH	Na_3VO_4	Na_2CrO_4	NaOH	Na_3VO_4	Na_2CrO_4
1	1.4465	11.83	62.28	544.26	0.82	4.58	37.63
2	1.4717	63.75	40.16	537.40	4.33	2.73	342.00
3	1.4333	125.28	20.33	475.41	8.74	1.42	33.17
4	1.4430	205.32	10.70	431.17	14.23	0.74	29.88
5	1.4389	244.32	9.53	405.00	16.98	0.66	28.15
6	1.3855	289.49	12.06	338.95	20.89	0.87	24.46
7	1.4002	384.08	12.72	218.73	27.43	0.91	15.62
8	1.4726	431.06	13.45	186.18	29.27	0.91	14.68
9	1.3903	469.90	11.61	139.69	33.80	0.83	10.05
10	1.4188	520.06	27.11	119.04	36.66	1.91	8.39
11	1.4839	591.99	34.69	95.70	39.89	2.34	35.00
12	1.4399	643.32	40.73	59.91	44.68	2.83	4.16
13	1.5025	754.63	13.69	42.23	50.23	0.91	3.08

表 3-5　80℃时 $NaOH-Na_3VO_4-Na_2CrO_4-H_2O$ 四元体系溶解度

样品号	ρ/g·cm^{-3}	碱性溶液成分/g·L^{-1}			碱性溶液成分（质量分数）/%		
		NaOH	Na_3VO_4	Na_2CrO_4	NaOH	Na_3VO_4	Na_2CrO_4
1	1.5758	2.51	156.11	608.43	0.16	9.91	38.61
2	1.5485	27.52	77.42	660.77	1.78	5.00	42.67
3	1.5539	59.83	64.33	631.49	3.85	4.14	40.64
4	1.4929	113.33	49.61	566.69	7.59	3.32	37.96
5	1.4633	173.73	44.16	477.59	11.87	3.02	32.64
6	1.4820	285.68	35.28	373.22	19.28	2.38	25.18
7	1.4738	320.65	36.87	329.30	21.76	2.50	22.34
8	1.4571	370.99	44.20	278.92	25.46	3.03	19.14
9	1.4635	429.55	77.89	219.79	29.35	5.33	15.02
10	1.5041	548.74	70.24	142.78	338	4.82	9.49
11	1.5431	621.49	58.19	113.21	40.28	3.77	7.34
12	1.4893	633.19	50.80	104.74	42.52	3.41	7.03
13	1.5571	729.24	22.93	90.84	46.83	1.47	5.83
14	1.4743	737.57	15.24	82.09	50.03	1.03	5.57

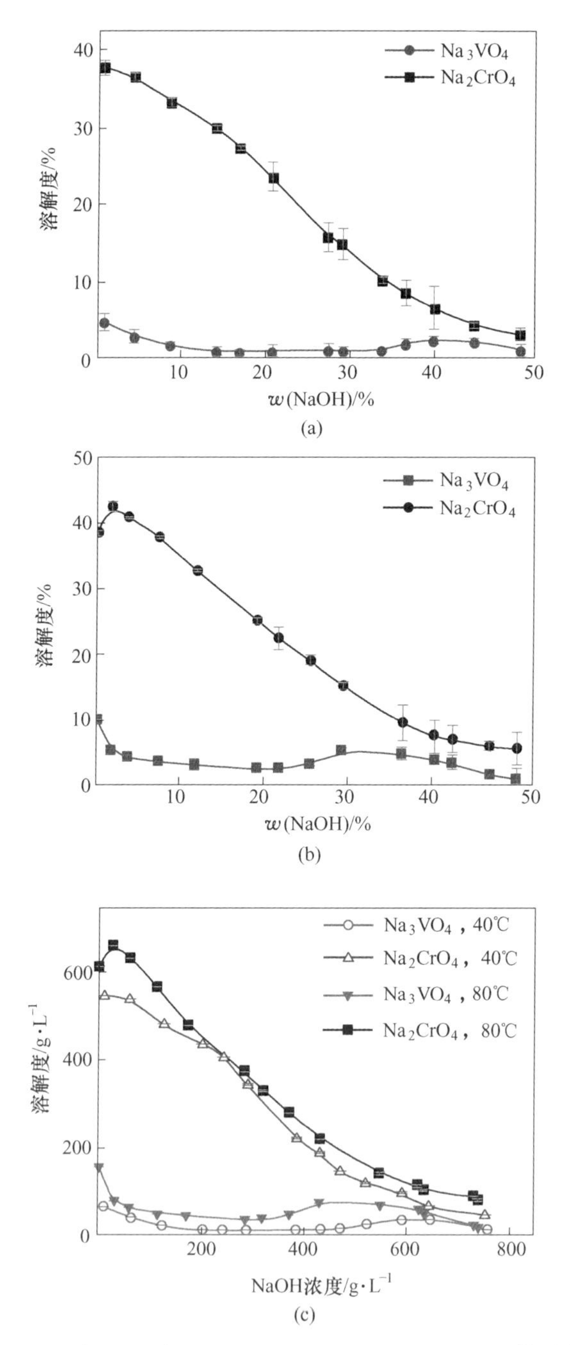

图 3-13　40℃和 80℃时 $NaOH-Na_3VO_4-Na_2CrO_4-H_2O$ 四元体系溶解度

（a）40℃；（b）80℃；（c）40℃和 80℃

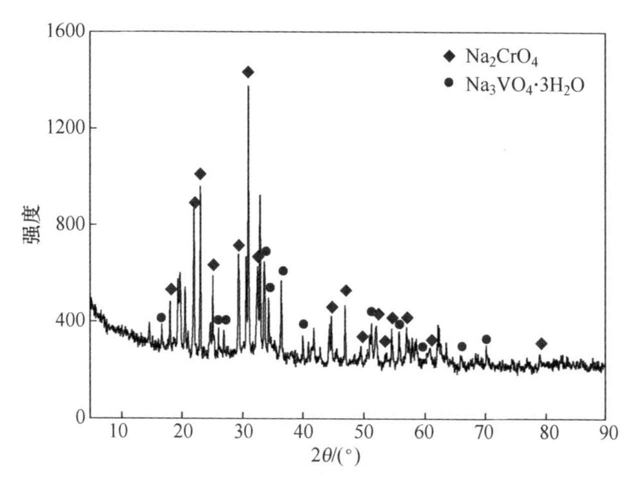

图 3-14 40℃时 $NaOH-Na_3VO_4-Na_2CrO_4-H_2O$ 平衡固相 XRD 图

图 3-13 为 40℃和 80℃时 $NaOH-Na_3VO_4-Na_2CrO_4-H_2O$ 四元体系的溶解度等温线。由图可知，在整个碱浓度区间内，Na_2CrO_4 的溶解度随碱浓度增大显著降低（除 80℃第一点之外）；而 Na_3VO_4 的溶解度随碱浓度升高而降低，但当 NaOH 浓度（质量分数）达到 33.80%（40℃）和 21.76%（80℃）时，溶解度又有明显增加，当碱浓度（质量分数）继续上升到 50.23%（40℃）和 40.28%（80℃）时，溶解度又开始降低，令 Na_3VO_4 溶解度曲线中呈现一个突出的波峰。

在整个碱浓度范围内，Na_2CrO_4 的溶解度显著高于 Na_3VO_4，在低碱区尤其明显。例如，80℃时，当碱浓度为 113.33g/L，Na_3VO_4 溶解度为 49.61g/L，而 Na_2CrO_4 溶解度达到 566.69g/L，是 Na_3VO_4 的 11 倍；低温 40℃时两者差异更为显著，碱浓度为 63.75g/L 时，Na_3VO_4 仅溶解 9.53g/L，此时 Na_2CrO_4 溶解度达到 405.00g/L，是 Na_3VO_4 的 42 倍。

另外，比较 Na_2CrO_4 在两个温度下的数据可知，温度对其溶解度的影响并不显著，当碱浓度由 10g/L 增加到 700g/L，Na_2CrO_4 溶解度降低了约 500g/L，表明 Na_2CrO_4 受碱浓度的影响远大于温度。因此，可以通过蒸发结晶的手段在整个碱浓度范围内分离 Na_2CrO_4。Na_3VO_4 的溶解度受温度影响变化不大，因此可通过冷却结晶方法进行分离。但二者的单相结晶区域，还需根据与三元体系对比研究才可最终确定，这一部分内容将在下一节进行详尽讨论。

由于 40℃和 80℃的四元平衡体系固相 XRD 图相似，所以只列出一张图3-14。经 XRD 分析，四元体系的平衡固相为 $Na_3VO_4 \cdot 3H_2O$ 和 Na_2CrO_4。

3.2.2 Na_2CrO_4 的存在对 Na_3VO_4 溶解度的影响

温度为 40℃时，在低碱区，由于 Na_2CrO_4 的盐析作用，Na_3VO_4 的溶解度显著降低。例如，当 NaOH 浓度为 150g/L 时，三元体系中 Na_3VO_4 浓度为 150.41g/L，而四元体系则会降至 20.33g/L，降低率超过 80%。随着碱浓度不断增大，Na_2CrO_4 的加入引起的影响越来越小。当碱浓度超过 384.08g/L 时，四元体系中 Na_3VO_4 浓度相较三元体系反而增加，在 470～670g/L 的碱浓度区间内，Na_3VO_4 浓度增加量小于 20g/L。因此，在 40℃时，Na_2CrO_4 的加入使 Na_3VO_4 浓度在低碱区溶解度显著降低，高碱区影响较小。在整个碱浓度范围内平均降低量约为 70g/L，该数值与四元体系中 Na_3VO_4 最大溶解度基本持平。图 3-15 为 40℃和 80℃时 Na_2CrO_4 对 Na_3VO_4 溶解度的影响。

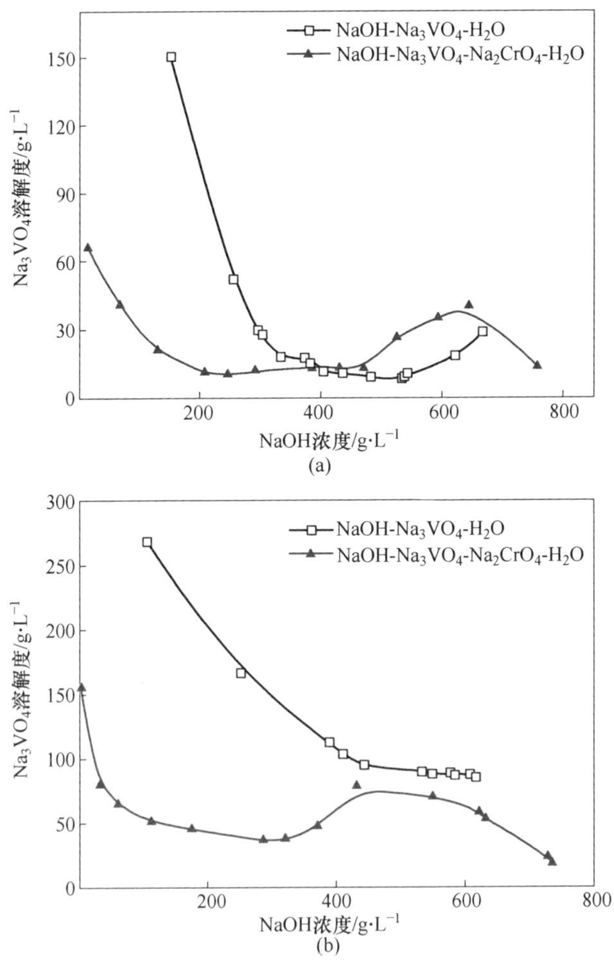

图 3-15　40℃和 80℃时 Na_2CrO_4 对 Na_3VO_4 溶解度的影响

（a）40℃；（b）80℃

80℃时，Na_2CrO_4 的加入降低了 Na_3VO_4 在整个碱浓度区间的溶解度。例如，

当 NaOH 浓度由 113.33g/L 增至 429.55g/L 时，Na_3VO_4 溶解度降低量由 218.96g/L 降至 14.73g/L。当 NaOH 浓度由 429.55g/L 增至 621.49g/L 时，Na_3VO_4 溶解度降低量仅在 14.73～26.65g/L 之间变化。也就是说，四元体系 Na_3VO_4 溶解度亦是在低碱区降低比较显著，结合 3.2.1 节，低碱区时 Na_2CrO_4 溶解度在 NaOH-Na_3VO_4-Na_2CrO_4-H_2O 体系中较高，对 Na_3VO_4 的盐析效应也就较大。

另外，Na_2CrO_4 对 Na_3VO_4 的盐析效应同样受温度影响。例如，当 NaOH 浓度在 130g/L 左右，40℃ 和 80℃ 时 Na_3VO_4 溶解度降低量分别为 130.08g/L 和 218.98g/L。综上所述，Na_2CrO_4 的加入令 Na_3VO_4 浓度在低碱区溶解度显著降低，高碱区影响较小，盐析效应主要存在于低碱区，高温更有利于盐析，在低碱区蒸发和冷却结晶都可实现 Na_3VO_4 的有效分离。

3.2.3 Na_3VO_4 的存在对 Na_2CrO_4 溶解度的影响

表 3-6 是 NaOH-Na_2CrO_4-H_2O 三元体系的溶解度数据，依据文献数据及前文测定结果绘制对比图 3-16。可以看到，无论是在 40℃ 还是 80℃，整个碱浓度范围内的 Na_2CrO_4 溶解度均因 Na_3VO_4 的加入有显著降低。

表 3-6 30℃、45℃和 80℃时 NaOH-Na_2CrO_4-H_2O 三元体系溶解度 (g/L)

30℃时浓度		45℃时浓度		80℃时浓度	
NaOH	Na_2CrO_4	NaOH	Na_2CrO_4	NaOH	Na_2CrO_4
102	666.69	113	725.88	83	775.73
127	632.42	176	616.85	98	760.15
169	576.35	229	538.96	166	641.77
200	535.85	278	467.31	229	538.96
254	467.31	305	429.92	276	479.77
280	429.92	418	286.62	290	457.96
330	373.85	478	221.19	330	408.12
420	274.15	540	165.12	417	314.65
478	218.08	598	130.85	464	264.81
547	152.65	629	115.27	542	211.85
590	118.38	645	109.04	598	180.69
605	109.04	673	99.69	605	174.46
634	93.46	676	99.69	622	168.23
683	77.88	693	93.46	659	155.77
690	74.77	708	90.35	676	149.54

续表 3-6

30℃时浓度		45℃时浓度		80℃时浓度	
NaOH	Na_2CrO_4	NaOH	Na_2CrO_4	NaOH	Na_2CrO_4
703	71.65	727	87.23	680	146.42
727	68.54	824	71.65	725	140.19
830	52.96			820	130.85

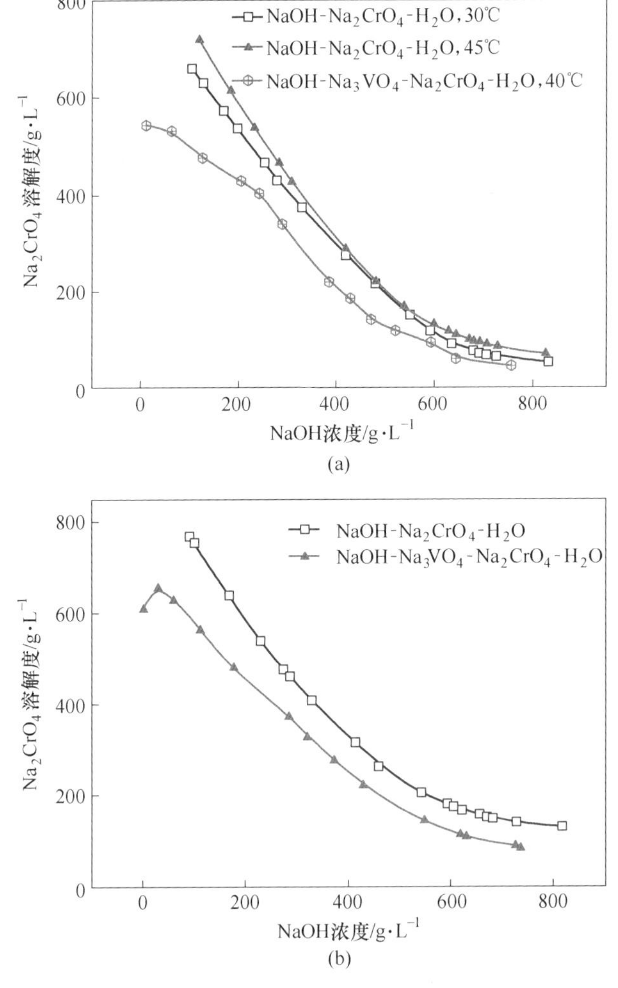

图 3-16　40℃和 80℃时 Na_3VO_4 对 Na_2CrO_4 溶解度的影响

(a) 40℃；(b) 80℃

尽管缺少 NaOH-Na_2CrO_4-H_2O 三元体系 40℃溶解度数据，仍可通过相应 30℃及 45℃的文献数据推断 40℃溶解度曲线介于这两者之间。因此，可以明显

地看到，40℃时四元体系 Na_2CrO_4 溶解度降低值因 Na_3VO_4 的加入随着碱浓度升高而减小，当碱浓度超过 591.99g/L，区别已经不太明显。在整个碱浓度范围内，三元和四元体系中 Na_2CrO_4 的溶解度差约为 100g/L，在低碱区差值稍大，在高碱区差值稍低，最大降低值出现在碱浓度 102g/L 时，但低于 200g/L；当碱浓度超过 750g/L 后，Na_2CrO_4 溶解度降低量小于 50g/L。这表明低温时，Na_3VO_4 对 Na_2CrO_4 的盐析效应并不明显。

80℃时，Na_3VO_4 的加入对 Na_2CrO_4 溶解度的影响与 40℃相似，同样是在低碱区比较显著。当碱浓度为 83g/L 时，四元体系 Na_2CrO_4 溶解度比三元体系在同等温度下低 180g/L，随碱浓度增大，差距逐渐减小，当碱浓度为 730g/L 时，三元体系的溶解度高出仅 50g/L。因此，尽管可以看到 Na_3VO_4 对 Na_2CrO_4 在低碱区具有一定盐析作用，但总体来讲，效应并不显著。

另外，对比分析不同温度下添加 Na_3VO_4 前后 Na_2CrO_4 溶解度变化可发现，温度对其影响不大。

3.2.4 钒酸钠和铬酸钠从 NaOH 溶液中结晶分离的方法设计

钒酸钠和铬酸钠在 NaOH 溶液中的溶解度有以下两个特点。

(1) 在整个碱浓度区间内，Na_2CrO_4 的溶解度随碱浓度增大显著降低（除 80℃第一点之外），随温度变化不显著；Na_3VO_4 的溶解度随碱浓度升高先降低后稍增，存在波峰，且随温度降低而降低。四元体系平衡固相为 $Na_3VO_4 \cdot 3H_2O$ 和 Na_2CrO_4。

(2) Na_2CrO_4 的加入使 Na_3VO_4 浓度在低碱浓度区溶解度显著降低，高碱浓度区影响较小，盐析效应主要存在于低碱浓度区；Na_3VO_4 的加入使 Na_2CrO_4 浓度在整个碱浓度范围内均有降低，但盐析效应主要存在于低碱浓度区。Na_2CrO_4 的加入对 Na_3VO_4 浓度的影响远大于 Na_3VO_4 对 Na_2CrO_4 的影响。

同时，设计结晶工艺应结合实际，避免影响分离效率、增加操作成本。

(1) 钒酸钠溶解度远低于铬酸钠，浸出液中的钒浓度却高于铬，因浸出液中的 Na_2CrO_4 浓度远低于在冷却结晶温度下的饱和溶解度，在冷却过程中不会析出，且铬本身含量较低，也可避免在冷却结晶中的夹带吸附问题，应首先在低碱浓度区以冷却结晶方式分离 Na_3VO_4。

(2) Na_2CrO_4 的蒸发可在相对较低的碱浓度下进行（650g/L 左右即可操作），显著降低操作难度和成本。另外，因铬对碱浓度较为敏感，饱和浓度由 290g/L 碱浓度时的 339g/L 降至 643g/L 时的 60g/L，可大大提高分离效率。

基于以上考虑，设计通过先冷却结晶分离钒酸钠、再蒸发结晶分离铬酸钠的方法实现钒铬的梯次分离。冷却结晶分离 Na_3VO_4 的工艺可与杂质硅的脱除相衔接，除杂后进行 Na_3VO_4 的分离；Na_2CrO_4 的结晶分离可与介质循环相衔接，冷

却结晶分离 Na_3VO_4 后的结晶液蒸发至50%的 NaOH 到达终点，分离 Na_2CrO_4 后含饱和钒铬的 NaOH 介质可循环返回用于液相氧化反应。

3.3 钒酸钠结晶介稳区测定

结晶过程的推动力主要来源于体系内热力学上的非平衡性，体系偏离平衡的程度决定了结晶过程的操作方式和产品收率。因此，首先研究了 Na_3VO_4 单相结晶区间内介稳区宽度及其主要影响因素，获得介稳区调控范围，为 NaOH 体系中钒酸钠的结晶分离提供了热力学理论支撑。

介稳区宽度（MSZW，metastable zone width）是指超溶解度曲线与溶解度曲线之间的距离，其垂直距离代表最大过饱和 ΔC_{max}，其水平距离代表最大过冷度 ΔT_{max}，两者间的关系可表示为：

$$\Delta C_{max} = \left(\frac{dC^*}{dT}\right)\Delta T_{max} \tag{3-8}$$

式中 C^*——溶液平衡浓度；

dC^*/dT——溶解度曲线的斜率，通常由假定溶解度曲线为一直线而得到。

体系的介稳区宽度基础数据是工业结晶过程必须具备的，不仅为工艺条件的优化及结晶动力学提供必要热力学数据，而且在获得介稳区宽度后才可选择适宜的溶液过饱和度，继而进行结晶器的设计工作。

3.3.1 温度和碱浓度对介稳区的影响

采用激光法进行 NaOH 体系中钒酸钠介稳区的测定。实验碱浓度分别为250g/L和 300g/L，温度由 80℃ 降至 40℃，搅拌转速 160r/min，降温速率 0.3℃/min，共进行三组平行试验，结果如图 3-17 所示。

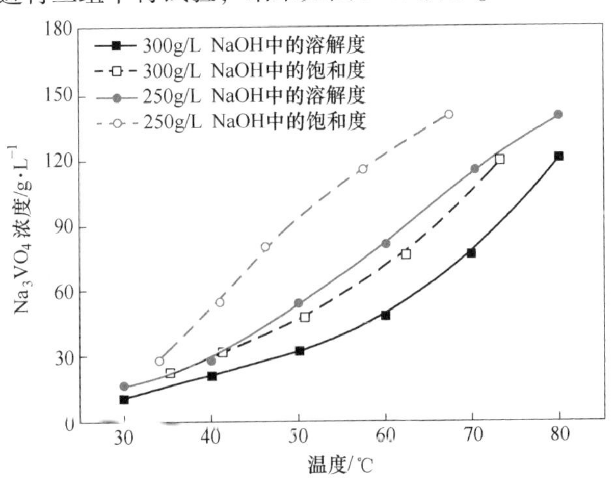

图 3-17 碱浓度对介稳区的影响

由图 3-17 可以看出，当温度高于 60℃时，溶液黏度随温度升高而降低，溶质分子浓度随温度升高而升高，相互碰撞加剧，Na_3VO_4 介稳区变窄。然而，当温度较低时，等体积溶液中碱浓度含量一定，随着温度降低，Na_3VO_4 溶解度降低，水分子含量增多。由前文可知，钒酸钠晶体通常以 $Na_3VO_4 \cdot 3H_2O$ 水合物形式成核，水合作用在低温时起主导作用，温度越低，水分子越多，介稳区变窄。因此，水合作用的影响也由不同碱浓度的介稳区宽度中体现，由于溶解度的降低，300g/L 时的介稳区宽度因水合作用较 250g/L 碱浓度时窄。

因此，选择较低的碱浓度进行结晶，同时选定当前温度下最合适的结晶温度，是获得较高质量晶体的关键。

3.3.2 搅拌转速对介稳区的影响

选取较低的碱浓度为 250g/L 进行测定，温度由 80℃降至 40℃，搅拌转速分别为 100r/min、160r/min 和 250r/min，降温速率 0.3℃/min，共进行三组平行试验考察搅拌转速对介稳区宽度的影响，结果如图 3-18 所示。

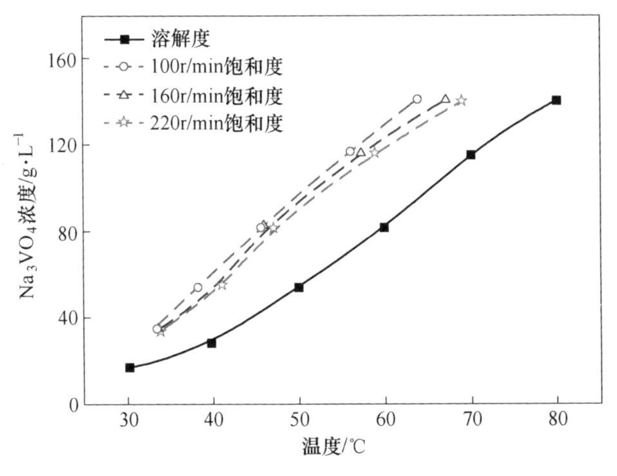

图 3-18　搅拌转速对介稳区的影响

由图 3-18 可看出，相同的温度下，搅拌转速越大，介稳区越窄。这是因为，搅拌转速越大，传质速率增大，溶质分子之间碰撞机会增大，同时传热速率增大，有利于热量的扩散，从而令过饱和度减小，介稳区变窄。事实上，在实际体系中无法避免会存在一定数量的不溶颗粒物，当溶液处于平静或低速搅拌状态时，粒子沉于结晶器底部，自然对成核影响较小。而搅拌器加速转动时，粒子进入溶液，甚至在某种程度上可认为，搅拌器本身和结晶器器壁就是这些粒子的来源，令成核加速，介稳区变窄。

比较不同温度下由转速增大而造成的介稳区变化可以发现，由于温度的升高能令搅拌带来的传质加剧，高温条件下转速对介稳区的影响更为突出。

因此，结晶不宜选择过高的终温，搅拌转速应适宜，过高的搅拌转速不仅令整个溶液体系不稳定，且令成核加速，细晶快速形成。

3.3.3 降温速率对介稳区的影响

成核速率常数 k 和成核表观级数 n 可通过对式（3-9）方程作图得到：

$$\ln R = n\ln\Delta T_{max} + \ln k + (n-1)\ln\frac{dC^*}{dT} \tag{3-9}$$

基于式（3-9），考察了不同降温速率对介稳区宽度的影响。实验在碱浓度为300g/L 的饱和溶液中进行，温度由 80℃降至 40℃，搅拌转速为 160r/min，降温速率分别为 0.1~0.3℃/min，共进行三组平行试验，结果如图 3-19 所示。

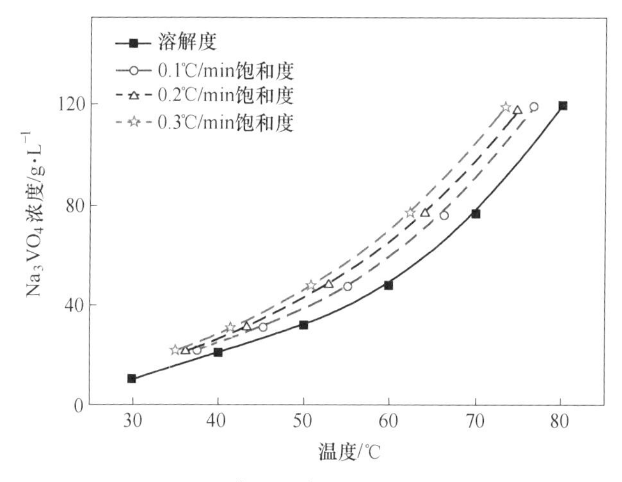

图 3-19 降温速率对介稳区的影响

由图 3-19 可见，随着冷却速率增大，介稳区宽度增大。这是因为冷却速率越快，溶质会在短时间内经过成核的温度区域，无法即时析出晶体，晶体析出时间滞后而析晶温度更低，令介稳区变宽。

依据式（3-9）对所得实验数据进行拟合，拟合数据列于表 3-7 中，数据相关性都与式（3-9）契合较好。

表 3-7 介稳区数据拟合

T_0/℃	dC^*/dT	k	n	R^2
80	4.42	0.00475	1.68	0.9899
70	3.64	0.00509	1.62	0.9983
60	2.22	0.00329	1.76	0.9993

续表 3-7

T_0/℃	dC^*/dT	k	n	R^2
50	1.28	0.00577	1.75	0.9944
40	1.06	0.01426	1.89	0.9983

3.3.4 杂质硅对介稳区的影响

考察主要杂质 Si 对介稳区的影响，在体系碱浓度为 250g/L 和 300g/L 时，Na_2SiO_3 浓度为 25g/L（相当于 SiO_2 浓度为 12.3g/L），温度由 80℃降至 40℃，搅拌转速 160r/min，降温速率 0.3℃/min，共进行三组平行试验，结果如图 3-20 所示。

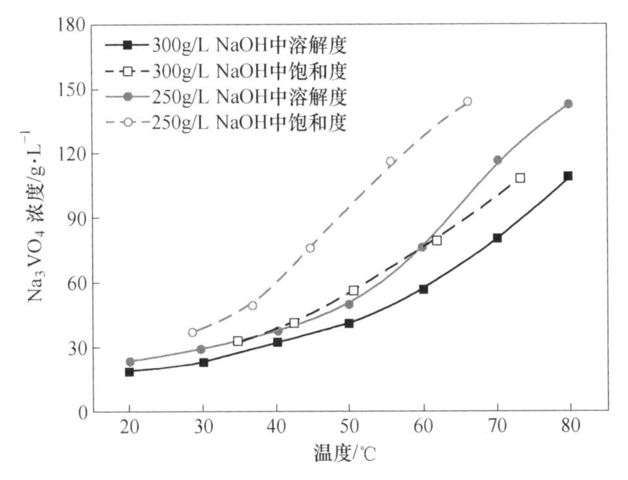

图 3-20 温度和碱浓度对 $NaOH-Na_3VO_4-Na_2SiO_3-H_2O$ 介稳区的影响

由图 3-20 可以看到，介稳区趋势与三元体系相同，随着温度降低，介稳区先升高后变窄，60℃最宽；且碱浓度增大介稳区变窄，进一步表明水合作用在高碱度时起主导作用。

在 300g/L 碱浓度的条件下，考察了不同 Na_2SiO_3 浓度对介稳区的影响，介稳区宽度变化结果示于图 3-21 中。

由图 3-21 可知，相比无硅三元体系，杂质硅加入较少时，Na_3VO_4 溶解度变化较小。但即使是少量的硅，仍能显著增大溶液黏度，减缓分子间热运动，令钒酸钠介稳区变宽，抑制其自发成核。随着硅浓度继续增大，Na_3VO_4 溶解度相应增大，溶液中分子量增多，介稳区又开始变窄。因此，杂质 Na_2SiO_3 对 Na_3VO_4 结晶与其浓度相关，但影响并不显著。

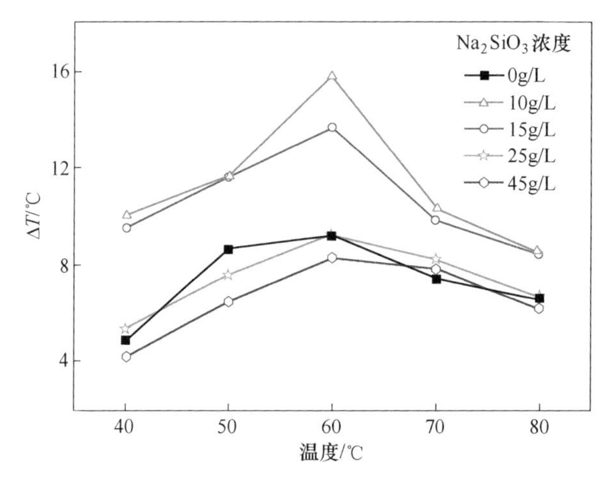

图 3-21 硅浓度对 $NaOH-Na_3VO_4-Na_2SiO_3-H_2O$ 介稳区的影响

3.3.5 钒酸钠介稳区研究小结

通过激光法测定了 $NaOH-Na_3VO_4-H_2O$ 和 $NaOH-Na_3VO_4-Na_2SiO_3-H_2O$ 体系介稳区，得到以下结论：

（1）$NaOH-Na_3VO_4-H_2O$ 体系介稳区宽度随温度升高先增加后降低，60℃时介稳区最宽；因水合作用的影响，低碱度结晶介稳区较宽，结晶容易控制，高碱度介稳区窄，易结晶，不易控制晶型；搅拌转速越大，介稳区越窄，工艺操作应控制合适稳定的搅拌转速；降温速率越快，介稳区越宽。

（2）$NaOH-Na_3VO_4-Na_2SiO_3-H_2O$ 体系介稳区与三元体系规律相同，宽度随温度先升高后降低，60℃时最宽；因水合作用的影响，低碱度结晶介稳区较宽，结晶容易控制，高碱度介稳区窄，易结晶，不易控制晶型；Na_2SiO_3 浓度对介稳区整体影响不显著，介稳区宽度随其浓度增大先增大后降低。

3.4 钒酸钠结晶动力学及晶体生长研究

3.4.1 $NaOH-Na_3VO_4-H_2O$ 三元体系诱导期测定及晶型控制

溶液结晶的推动力是过饱和度，但在较低的过饱和度下，晶核无法自发生成，体系达到过饱和度与晶体出现之间存在一定的时间差，这段时间便是诱导期，它是过饱和溶液维持介稳态能力的度量。诱导期 t_{ind} 由三部分组成：达到成核拟稳态所需的松弛时间 t_r，形成稳定晶核的时间 t_n 和晶核生长到可检测粒度所需的时间 t_g。三者之间的关系可由式（3-10）表示：

$$t_{ind} = t_r + t_n + t_g \tag{3-10}$$

松弛时间 t_r 相对于其他时间而言非常短，可忽略不计，式（3-10）一般简化为：

$$t_{ind} = t_n + t_g \tag{3-11}$$

测定了三个碱浓度条件下的诱导期，实验结果如图 3-22 所示。

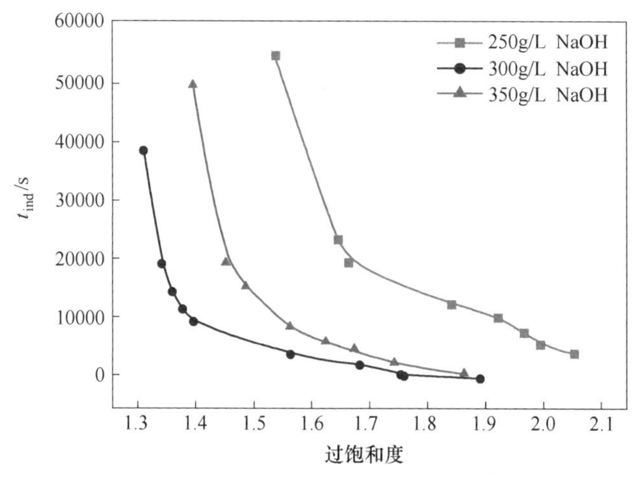

图 3-22 NaOH-Na_3VO_4-H_2O 三元体系诱导期

由图 3-22 可知，在相同温度和碱浓度时，过饱和度越大，结晶诱导期越短，Na_3VO_4 越易结晶成核；在相同的过饱和度和温度时，碱浓度为 300g/L 时诱导期最短，碱浓度升高或降低时成核的壁垒增强，不易形成晶核，所需诱导期均有增长。

图 3-23 将三元和四元碱介质含铬体系中 Na_3VO_4 饱和溶解度进行对比。因铬

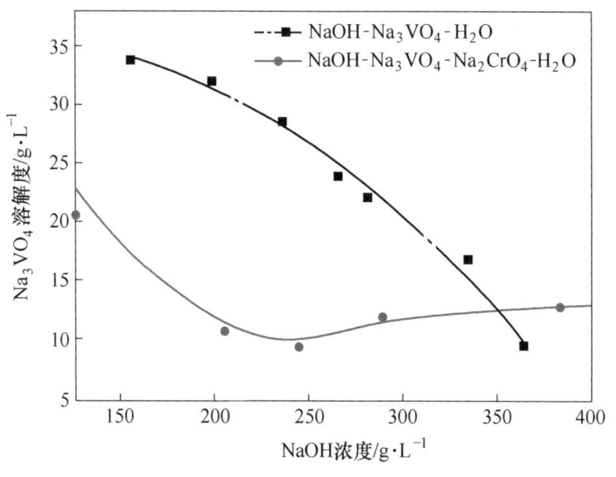

图 3-23 三元四元体系 Na_3VO_4 溶解度对比

酸钠对钒酸钠的溶解度存在一定盐析效应，真实含铬体系中的 Na_3VO_4 饱和溶解度应介于图 3-23 中两条曲线之间，也就是说四元体系中 Na_3VO_4 过饱和度相对于 $NaOH\text{-}Na_3VO_4\text{-}H_2O$ 三元体系更容易达到高值，过饱和度越大，结晶推动力越大，则实际含铬体系更有利于 Na_3VO_4 结晶。

描述诱导期与过饱和度之间关系式为：

$$t_{\text{ind}} = \frac{K}{S^{\alpha}} \tag{3-12}$$

将实验数据代入式（3-12），可得到该通用式中的参数（见表 3-8），其相关性较好，$R^2>0.96$。

表 3-8 $NaOH\text{-}Na_3VO_4\text{-}H_2O$ 三元体系诱导期拟合结果

NaOH 浓度/$g \cdot L^{-1}$	K	α	R^2
250	2.43×10^8	9.04	0.9690
300	1.96×10^7	23.62	0.9781
350	1.39×10^7	17.26	0.9704

在不同的碱浓度和过饱和度下，获得了如图 3-24 所示几种形貌不同的 Na_3VO_4 晶体。可以看到，Na_3VO_4 晶体的形貌主要有针状或四棱柱状晶体、六棱柱状或六棱片状及菱形片状结构三种。

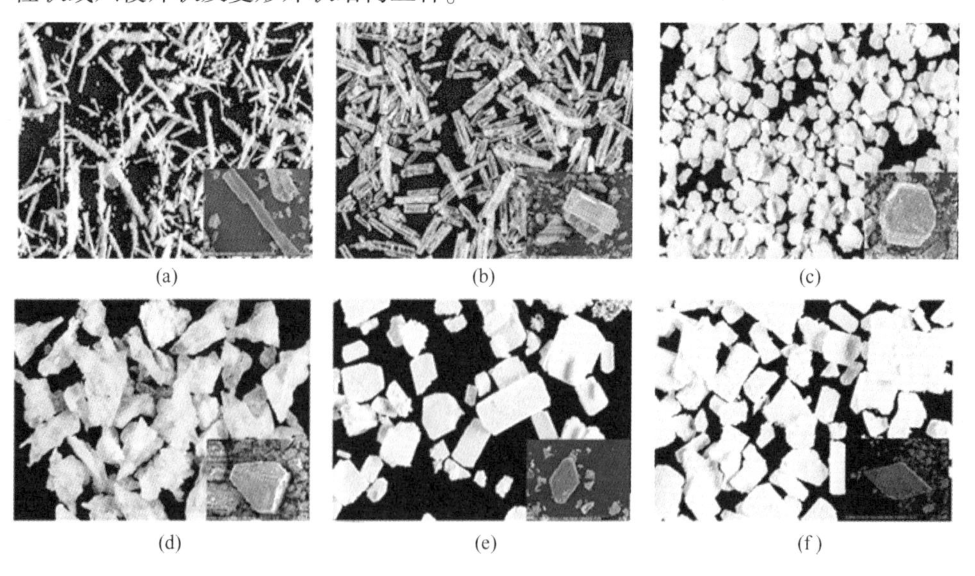

图 3-24 Na_3VO_4 晶体 SEM 图

(a) 250g/L，$S=1.97$；(b) 250g/L，$S=1.64$；(c) 300g/L，$S=1.89$；(d) 300g/L，$S=1.76$；(e) 350g/L，$S=1.67$；(f) 350g/L，$S=1.45$

由图 3-24 可以看到，当碱浓度为 250g/L 时，溶液离子浓度较低，在高饱和度时形成针状晶体，低饱和度时形成四棱柱状晶体；碱浓度为 300g/L 时，离子浓度适中，高饱和度形成六棱片状晶体，低饱和度形成六棱柱状晶体；碱浓度为 350g/L 时，均形成菱形片状晶体，但高过饱和度时晶体更薄且尺寸明显小于低过饱和度时的晶体。上述形貌分析表明，在相同的碱浓度下，离子浓度几乎相同（相对于碱的离子浓度，钒酸钠的离子浓度较低，影响可忽略），过饱和度越大，诱导期越短，晶体大量成核，细小晶体不断涌现，生长出的晶体尺寸越小。这是因为高饱和度意味着高成核速率，结晶分散，令晶体粒度较为细小。

依据实验所获得结论，图 3-25 中绘制了钒酸钠晶体在不同离子强度和过饱和度溶液中的形貌变化，表明晶面的表面能受离子强度和溶液中过饱和度这两个因素的影响。晶面表面能越高，原子堆积速度越快，垂直于该晶面方向的生长速度就越快，晶体沿着垂直于该晶面的方向快速生长，则该晶面在生长过程中消失，在最终形貌中不显露，而那些表面能低、生长速率慢的晶面得以显露。

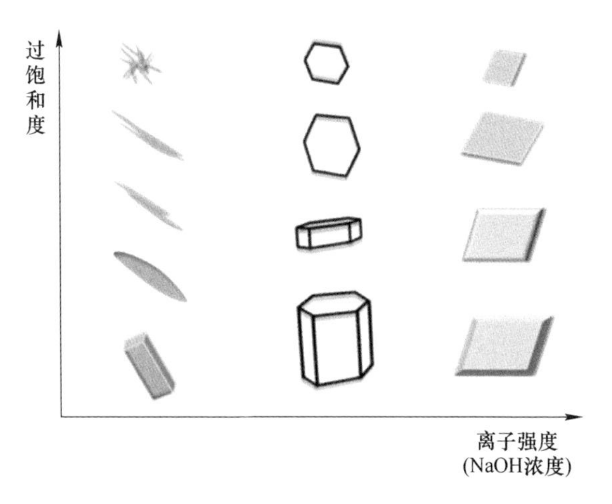

图 3-25 钒酸钠在不同离子强度和过饱和度溶液中形貌变化

在工业连续生产中，针状产品不仅易被截断，尤其容易沿着各向异性轴与母体完全分离，产生生长较慢的晶面，体积细碎，容易堵塞滤布，造成后续固液分离的过滤步骤困难。因此，在实际结晶工艺中，应尽量避免针状晶体的快速生长。

根据图 3-24 中晶体 SEM 形貌图，测定了各种碱浓度及过饱和度条件下不同形貌产物的特征尺寸 L，不同过饱和度条件下可能得到相同形状晶体时的测定尺寸数据取平均值。

根据测得的尺寸数据，计算出晶体产品的面积表面因子 f_s 和体积表面因子 f_v

的数值列于表 3-9 中，计算公式如下：

$$f_s = A/L^2 \tag{3-13}$$

$$f_v = V/L^3 \tag{3-14}$$

表 3-9　Na_3VO_4 晶体尺寸

晶体结构	尺寸/μm		面积/m^2	体积/m^3	f_s	f_v
针状	长度	1070	3.612×10^{-7}	4.334×10^{-12}	19.819	1.762
	宽度	135				
	厚度	30				
柱状	长度	600	7.250×10^{-7}	3.750×10^{-11}	11.600	2.400
	宽度	250				
	厚度	250				
六棱片	长度	140	1.228×10^{-7}	1.273×10^{-12}	6.265	0.464
	宽度	25				
六棱柱	厚度	140	4.966×10^{-7}	2.393×10^{-11}	25.340	8.722
	长度	470				
菱形片	宽度	450	4.227×10^{-7}	7.015×10^{-12}	2.088	0.077
	厚度	40				

3.4.2　成核

晶核是过饱和溶液中新生成的微小晶体粒子，晶核形成速率（一般简称为成核速率）是单位时间内在单位体积溶液中生成晶核的数目，是晶体生长过程必不可少的核心。成核决定了晶形和晶体粒度分布，控制晶体产品质量的关键是研究和调控结晶过程中的成核行为。作为决定晶体产品粒度分布的首要动力学因素，工业结晶过程对成核速率有一定要求，一旦成核速率超过需要值，会引起爆发成核，获得细碎的晶体产品，粒度分布范围宽，质量低劣，对结晶器的生产强度也不利。因此，深入挖掘晶核形成机理，获取成核速率的影响因素，可有效避免在工业结晶中过量晶核的爆发生成。成核通常分为以下三种。

（1）初级均相成核（自发成核）：晶核自发产生，此时溶液不含外来物质。

（2）初级非均相成核：溶液在外来物质（例如来自大气的微尘）诱导下成核。

（3）二次成核：溶液中含有被结晶物质的晶体（向过饱和溶液中加入晶种或已有晶体在搅拌条件下破碎等）的成核。

无论有何原因或成核机理，若溶液中已含有溶质的晶体，在此条件下的成核统称为二次成核；初级均相成核和初级非均相成核统称为初级成核。

3.4.2.1 成核的分类

A 初级均相成核

溶质的分子、原子和离子作为运动单元快速运动，一个运动单元进入另一运动单元的力场时会迅速结合，尽管它们也可能会立即分开，但同样可能继续与更多的运动单元互相碰撞缔合，形成线体（cluster）；当线体单元增大至某种程度时便成为晶胚，晶胚生长至一定大小时就可称为晶核。晶核如果失去一些运动单元，也会降级，若继续与更多的运动单元结合，则成为稳定晶核而继续长大成为晶体，如图 3-26 所示。

图 3-26 晶体的生成

Gibbs 在 19 世纪提出经典成核理论的热力学描述，该过程可用图 3-27 来表示。他认为，晶核形成需要的总能量 ΔG 由两种相互竞争的能量组成：一种用于形成表面，称为表面自由能变化 ΔG_s；另一种用于构筑晶体，称为相态自由能变化（有时称为体积自由能变化）ΔG_v。总自由能 ΔG 随晶胚中溶质分子数的增加先增大后减小，最大值可用 ΔG_{crit} 来表示，是临界晶核形成需要克服的最大能垒，此时对应的晶胚大小 r_c 即为临界晶核的尺度（critical size），也就是晶核的最小粒度。只有粒子大至该临界粒度，才能在过饱和溶液中不被溶解，继而继续长大形成稳定的晶核。

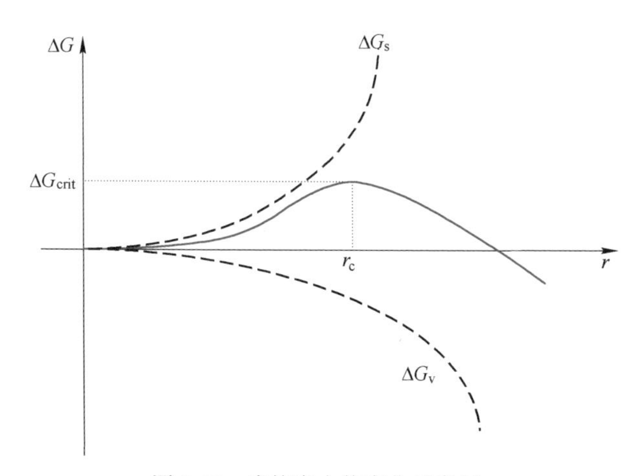

图 3-27 成核自由能变化示意图

基于以上假设，Gibbs 进一步对初级均相成核速率公式进行了推导：

$$\Delta G = \Delta G_s + \Delta G_v = f_s L^2 \gamma + f_v L^3 \Delta G_v \tag{3-15}$$

式中　γ——固液界面张力；

f_s，f_v——分别为面积和体积形状因子；

L——晶体的特征长度；

f_sL^2，f_vL^3——分别为晶体总表面积和体积。

对于正方体，边长即可作为特征尺寸 L，则 f_s 和 f_v 分别为 6 和 1；对于圆球体，选择直径为特征尺寸 L，f_s 和 f_v 分别为 π 和 π/6。对于一般晶胚来说，$L = 2r$（r 为半径），式（3-15）可变换为：

$$\Delta G = 4f_s\gamma r^2 + 8f_v r^3 \Delta G_v \tag{3-16}$$

临界晶核粒度 r_c 可通过对 ΔG 求导获得：

$$\frac{d(\Delta G)}{dr} = 8f_s\gamma r + 24f_v r^2 \Delta G_v = 0 \tag{3-17}$$

$$r_c = -\frac{f_s\gamma}{3f_v\Delta G_v} \tag{3-18}$$

得到临界晶核形成需要克服的最大能垒 ΔG_{crit}：

$$\Delta G_{crit} = \frac{4f_s^3\gamma^3}{27f_v^2\Delta G_v^2} \tag{3-19}$$

相态自由能变化 ΔG_v 可表示为：

$$\Delta G_v = -\frac{kT\ln S}{v} \tag{3-20}$$

式中　S——过饱和度比；

v——溶质分子的体积；

k——玻耳兹曼常数；

T——绝对温度。

将式（3-20）代入式（3-19）得：

$$\Delta G_{crit} = \frac{4f_s^3\gamma^3 v^2}{27f_v^2(kT\ln S)^2} \tag{3-21}$$

此时临界晶核粒度 r_c 可表示为：

$$r_c = \frac{f_s\gamma v}{3f_v kT\ln S} \tag{3-22}$$

成核速率［单位时间单位体积产生的晶核个数，个/($m^3 \cdot s$)］通常由阿伦尼乌斯公式来表示：

$$J = A\exp\left(-\frac{\Delta G_{crit}}{kT}\right) \tag{3-23}$$

式中　J——初级成核速率；

A——指前因子。

将式（3-21）代入式（3-23）得：

$$J = A\exp\left[-\frac{4f_{s}^{3}\gamma^{3}v^{2}}{27f_{v}^{2}k^{3}T^{3}(\ln S)^{2}}\right] \tag{3-24}$$

由式（3-24）可见，对成核速率影响最大的是位于指数项中的 $\ln S$。也就是说，物系需要一个很大的过饱和比 S，才能得到仅为 1 的初级成核速率 J，一般工艺操作中的原料很难满足这一条件，该假设说明工业结晶器中的均相成核现象实际绝大多数属于初级非均相成核而非初级均相成核。

文献中常用球形晶核简化计算，将球形晶核的 f_s、f_v 数值分别代入式(3-24)得：

$$J = A\exp\left[-\frac{16\pi\gamma^{3}v^{2}}{3k^{3}T^{3}(\ln S)^{2}}\right] \tag{3-25}$$

B 初级非均相成核

真实溶液通常会与空气接触，大气中含有大量 0.005~10μm 的各种成分的灰尘，体系很难避免外来物质，无法保持绝对纯净。这些外来物会在一定程度上降低成核所需的能量势垒，诱导晶核的生成，这也就是初级非均相成核可以在较低的过饱和度下发生的原因。

均相成核速率方程式（3-24）和式（3-25）亦适用于非均相成核过程，只是此时固液界面张力 γ 的数值显著降低。与二次成核不同，初级非均相成核速率随过饱和度变化相当灵敏，即使过饱和度只是略微加大，成核速率也会呈现爆发性增长。因此，在实际工业结晶过程中不应以初级成核作为晶核的来源，此时对溶液过饱和度的精度要求极高，若无法恰好满足要求，就会令晶核数目在不足与严重过量之间动荡不已。

C 二次成核

如前文所述，初级成核对溶液过饱和度精度要求很高，在工业操作中很难实现。因此，二次成核是绝大多数工业结晶器中晶核的主要来源。常用来描述二次成核速率的经验关联式如下：

$$B_s = K_s M_T^{i} N^{j} \Delta C^{l} \tag{3-26}$$

式中 B_s——二次成核速率；

K_s——二次成核速率常数，它是物系的函数，也受搅拌桨材质、构型及转速的影响；

M_T——悬浮密度，kg/m³；

ΔC——溶液体系的绝对过饱和度；

i，j，l——模型参数；

N——能量输入项，W/kg。

N 由式（3-27）计算：

$$N = \frac{Kr^3 d^5}{V} \quad (3\text{-}27)$$

式中 K——功率准数，对于常用搅拌桨，该数值取 1；

r——搅拌转速，r/min；

d——搅拌桨直径，m，取 0.055m；

V——溶液体积，m^3。

也有文献将二次成核速率简化为：

$$B_s = K_s \Delta C^i \quad (3\text{-}28)$$

3.4.2.2 固液界面张力及生长模式的判定

Kashchiev 等人提出了适用于过饱和溶液中出现及生长任何数量晶核的更具普遍使用性意义的诱导期关联晶体成核表达式：

$$t_{md} = \frac{1}{JV} + \left(\frac{\alpha}{a_n J G^{n-1}}\right)^{\frac{1}{n}} \quad (3\text{-}29)$$

式中 J——成核速率；

V——溶液体积；

G——晶体生长速率；

α——新形成相的体积分率；

a_n——与 α 相关的形状因子，$n=mb+1$，m 为生长维数，$b=0.5$ 或 1 分别代表晶体生长是由传质控制或界面控制，具体数值将在后文中做进一步说明。

式（3-29）包括单核成核机理和多核成核机理，下面将对获得的钒酸钠结晶的诱导期测定结果分别关联这两种主要的成核机理进行判定。

A 单核成核机理

单核成核机理（MN 机理，mononuclear）：晶核一出现就使系统远离了亚稳态，即是说，诱导期的决定性影响因素是生成稳定的晶核。此时式（3-29）可简化为：

$$t_{ind} = \frac{1}{JV} \quad (3\text{-}30)$$

式中 J——成核速率；

V——溶液体积。

将前面所述的经典初级成核速率方程式（3-24）代入式（3-29）并两边取对数就可得到单核成核模式下诱导期与过饱和度的关系式：

$$\ln t_{ind} = \ln \frac{1}{AV} + \left[\frac{4f_s^3 \gamma^3 v^2}{27 f_v^2 k^3 T^3 (\ln S)^2}\right] = A_m + \frac{B_m}{(\ln S)^2} \quad (3\text{-}31)$$

由式（3-31）可知，此条件下 $\ln t_{ind}$ 与 $1/(\ln S)^2$ 成线性关系，直线斜率为 B_m，由此可计算得到固液界面张力 γ（J/m^2）。γ 通常视作评价溶质从溶液自发结

晶能力的指标，数值越高，该溶液结晶越困难。

$$\gamma=\left(\frac{27B_{\rm m}f_{\rm v}^{2}k^{3}T^{3}}{4f_{\rm s}^{3}v^{2}}\right)^{\frac{1}{3}}=\frac{3kT}{f_{\rm s}}\left(\frac{B_{\rm m}f_{\rm v}^{2}}{4v^{2}}\right)^{\frac{1}{3}} \tag{3-32}$$

Jackson 和 Tempkin 首先采用表面熵因子 f 来表征分子水平上晶体表面或界面的生长情况，用 Monte Carlo 法模拟晶体表面，估算出不同晶体生长机理的 f 值。

如图 3-28 所示，当 $f<3$ 时，成长单元进入晶面的坎坷，生长连续，晶体表面相对粗糙；当 $3<f<5$ 时，二维晶核形成稳定，成长单元既可直接加到晶面上，又可通过表面扩散到晶面的台阶处，是传递型生长，晶体表面较为光滑；而当 $f>5$ 时，成核的能垒较高，成长单元主要通过表面扩散进入晶格的位错处，是螺旋位错生长，对应的晶体表面非常光滑。也就是说，表面熵因子 f 越小，晶体表面生长速率越快，连续型生长表面粗糙；f 因子越大，晶体表面生长速率越慢，螺旋位错型生长表面越光滑。

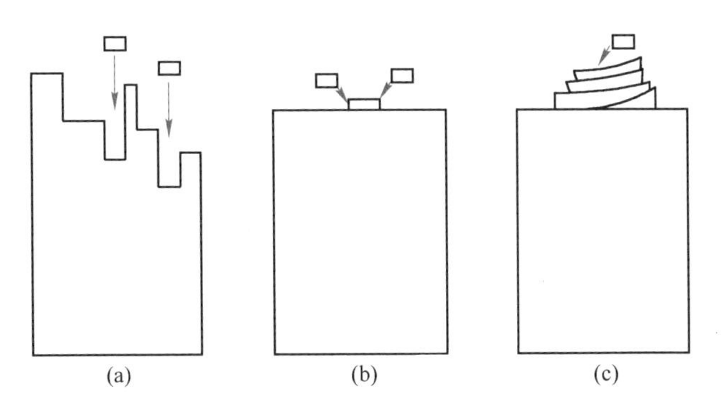

图 3-28 晶体生长模型

(a) 连续生长；(b) 生长传递；(c) 螺旋位错

表面熵因子 f 通过晶体的固液界面张力 γ，分子体积 v 和温度来近似估算：

$$f=\frac{4v^{\frac{2}{3}}\gamma}{kT}=\frac{4v^{\frac{2}{3}}}{kT}\left(\frac{27B_{\rm m}f_{\rm v}^{2}k^{3}T^{3}}{4f_{\rm s}^{3}v^{2}}\right)^{\frac{1}{3}}=\frac{12}{f_{\rm s}}\left(\frac{B_{\rm m}f_{\rm v}^{2}}{4}\right)^{\frac{1}{3}} \tag{3-33}$$

但实际上，单核机理一般仅适用于过饱和相体积不大于 10mm^3 的情况，实际结晶过程很少能满足这一限制。

根据前文所述，若成核机理为单核模式，则诱导期与过饱和度之间的关系应满足方程式（3-31）。将实验数据所获得的 $\ln t_{\rm ind}$ 对 $1/(\ln S)^2$ 作图，结果如图 3-29 所示。

由图 3-29 可明显看到，线性关系呈现两个不同的部分，在高过饱和度区域斜率较大，低过饱和区域斜率较低，相似的现象也在前人的许多有机和无机溶液体系研究中出现。

出现该现象的原因是过饱和度升高时，均相成核和非均相成核两种成核机理的

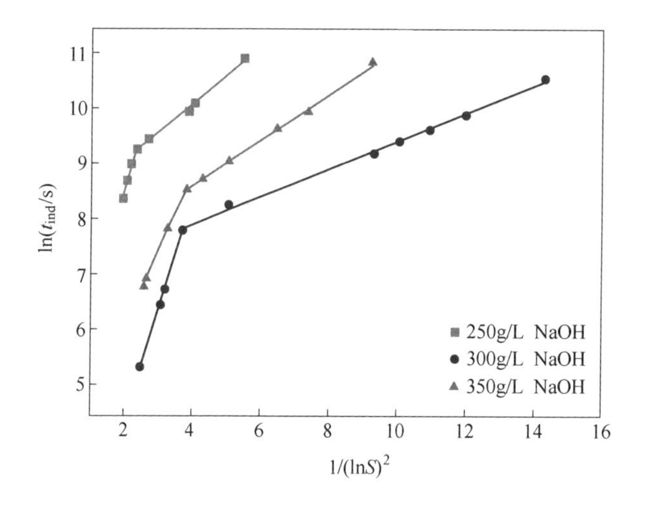

图 3-29 单核成核模式拟合结果

转变。由式（3-24）可知，指数项中的 lnS 对均相成核影响最大，均相成核在高过饱和度时控制整个成核过程，成核极易发生，诱导时间短，速率很快，爆发成核，形成的晶体小且薄，区间极短，这一点亦通过诱导期晶体产品的 SEM 图得到证实；而低过饱和度时成核速率降低，此时非均相成核起主导作用，而且在实际体系中，很难制得一个完全去除杂质的纯净液体（即使是通过重复过滤，也难以完全滤去空气中的微尘等杂质），在一个过饱和度不足以令均相成核发生的体系内，诱导时间越长，这些杂质颗粒，还有结晶器壁的表面，都可能成为诱导晶核生成的杂质。

式（3-31）的拟合参数 A_m 和 B_m 列于表 3-10 中，拟合相关度大于 0.97，表明钒酸钠的成核满足单核成核机理。

表 3-10 单核成核模式拟合参数

NaOH 浓度 /g·L^{-1}	动力学机制	A_m	B_m	R^2	晶体结构	f	γ_1 /mJ·m^{-2}	γ_2 /mJ·m^{-2}
250	异质	8.04	0.51	0.9799	针状	0.44	1.77	28.94
					柱状	0.93	3.71	
	同质	4.00	2.27	0.9801	针状	0.73	2.91	
					柱状	1.54	6.11	
300	异质	6.93	0.25	0.9932	六棱片	0.45	1.81	30.69
					六棱柱	0.79	3.16	
	同质	0.42	1.99	0.9822	六棱片	0.91	3.62	
					六棱柱	1.59	6.33	

续表 3-10

NaOH 浓度 /g·L^{-1}	动力学机制	A_m	B_m	R^2	晶体结构	f	γ_1 /mJ·m^{-2}	γ_2 /mJ·m^{-2}
350	异质	6.97	0.41	0.9945	菱形片	0.49	1.94	33.51
	同质	3.36	1.37	0.9938	菱形片	0.73	2.89	

结合计算得到的晶体的面积和体积形状因子，由式（3-32）计算得到固液界面张力 γ_1，式中溶质分子体积 v 由密度按 2.16g/cm^3 计算，根据式（3-33）计算表面熵因子 f。因均相和非均相成核相交于一个点，该点可认为既是均相成核点，又可作为非均相成核点，对同一碱浓度下两种形貌的晶体均进行了均相和非均相的计算。

首先，由于可溶性盐类的界面张力一般比较小，计算得到的界面张力值 γ_1 很低；其次，从理论的角度来解释，γ 的值越高，溶液结晶越困难，由表 3-10 可见，对于同种形貌的晶体产品，高饱和度条件下的均相成核时界面张力高于非均相成核时低饱和度的界面张力，说明均相成核的发生的确更加困难，证明了由于外来物质参与非均相成核，在一定程度上降低了成核能量势垒，诱导晶核的生成，所以可以发生在更低的过饱和度下。另外，尽管低过饱和度下界面张力低，但此时成核速率并不因此增大，结合式（3-24）可知，位于分母项中的低 S 数值此刻起主导作用，令此时成核速率降低，诱导期增长。

Mersmann 于 1990 年提出在两种物质溶液中析出晶体基于界面相理论的界面张力计算公式：

$$\gamma = 0.414kT(c_i^S N_A)^{\frac{2}{3}} \ln\left(\frac{c_i^S}{c_i^L}\right) \tag{3-34}$$

式中 i——溶质；

S——固相；

L——液相；

c_i^S——溶质 Na_3VO_4 固相中浓度，mol/m^3；

N_A——阿伏伽德罗常数。

因 $c_i^S = \rho_i / M_i$，ρ_i 为密度，kg/m^3，对于 Na_3VO_4 数值为 2.16×10^6 kg/m^3，式（3-34）也可转化为［式（3-35）中浓度单位已转化为 g/L，则 ln 项中无 M_i 项］：

$$\gamma = 0.414kT(\rho_i N_A / M_i)^{\frac{2}{3}} \ln\left(\frac{\rho_i}{c^*}\right) \tag{3-35}$$

以式（3-35）计算的固液界面张力 γ_2 也列于表 3-10 内，结果表明式（3-35）计算的 γ_2 相对于直接计算数据 γ_1 相差一个量级，由于该公式一般用于无机分子直接溶于水的计算，数值通常在 10~150mJ/m^2 之间，应更接近 Na_3VO_4 实际体系数值。

另外，由表 3-10 数据可以看出，表面熵因子 f 均小于 3，由此初步判断 Na_3VO_4 晶体为连续型生长，晶面粗糙。同时，观察所获得钒酸钠的形貌变化，可发现在同种碱浓度时，高饱和度下产生的针状、六棱片状产物相较于低过饱度条件下的柱状和六棱柱状晶体表面更为光滑，350g/L 碱浓度时的菱形片状晶体亦在高过饱和度时拥有更为平滑的晶面。这一实验现象与表 3-10 中数据相符，f 因子越大，表面生长速率越慢，晶体生长能垒增加，晶体表面生长模式将逐渐由连续型生长向传递型生长转变，成核和生长的壁垒增加，晶体表面的粗糙度相应降低。

B　多核成核机理

多核成核机理（PN 机理，polynuclear）：可检测粒度的大量晶核的成核和生长令体系离开亚稳态，则式（3-29）可简化为：

$$t_{\text{ind}} = \left(\frac{\alpha}{a_n J G^{n-1}}\right)^{\frac{1}{n}} \tag{3-36}$$

式中　G——晶体线性生长速率，m/s；

α——新形成相的体积分率；

a_n——生长常数。

其中 $a_n = c_n/n$，c_n 是与晶体形状对应的形状因子，数值列于表 3-11 中；$n = mb+1$，m 为生长维数（针状晶体为一维生长，$m=1$；盘状或片状晶体为二维生长，$m=2$；立方体或球状晶体为三维生长，$m=3$），可通过观察 Na_3VO_4 结晶产物的 SEM 图得到；晶核正常生长、螺旋错位生长或 2D 成核控制生长时 $b=1$，扩散控制生长时 $b=0.5$，晶核无生长时 $b=0$，计算结果见表 3-11。其中，一维生长常数为晶体横截面积 A，2D 生长常数为晶体厚度 H。

表 3-11　多核成核模式参数

m	c_n	b	n	$a_n = c_n/n$
1	$2A$	1/2	3/2	$4A/3$
		1	2	A
2	πH（盘状）	1/2	2	$\pi H/2$
		1	3	$\pi H/3$
	$4H$（正方体）	1/2	2	$2H$
		1	3	$4H/3$
3	$4\pi/3$（球状）	1/2	5/2	$8\pi/15$
		1	4	$\pi/3$
	8（立方体）	1/2	5/2	16/5
		1	4	2

式（3-36）中的晶核生成速率可用式（3-37）来表达：

$$J = K_J S\exp\left[-\frac{B}{(\ln S)^2}\right] \tag{3-37}$$

式中 K_J——成核速率常数；

B——一个包含形状因子的常数，与单核成核模式中 B_m 相同。

$$B = \frac{4f_s^3\gamma^3 v^2}{27f_v^2 k^3 T^3} \tag{3-38}$$

式（3-36）中的晶体生长速率方程 G 可用式（3-39）来表示：

$$G = K_G f(S) \tag{3-39}$$

式中 K_G——生长速率常数；

$f(S)$——过饱和度的函数，主要有四种不同的晶体生长机理。

不同晶体生长模式对应不同的过饱和度函数表达式列于表 3-12 中。

表 3-12　多核成核机理不同晶体生长模式的 $f(S)$ 表达式

晶体生长机制	$f(S)$
正常生长	$f(S) = S-1$
螺旋位错增长	$f(S) = (S-1)^2$
2D 成核控制生长	$f(S) = (S-1)^{2/3}S^{1/3}\exp(-B_{2D}/3\ln S)$
扩散控制	$f(S) = S-1$

表 3-12 中 $B_{2D} = \dfrac{\beta_{2D}\kappa^2 a}{(kT)^2}$，是 2D 晶核形状因子，$\kappa$ 为晶核的边缘自由能，a 为分子的表面积。将不同的 $f(S)$ 表达式代入式（3-36）中进行拟合，由拟合的相关度便可判定出晶体生长属于哪种模式。

将式（3-37）和式（3-39）代入式（3-36）中，可得到：

$$t_{ind} = \left(\frac{\alpha}{a_n K_J K_G^{n-1}}\right)^{\frac{1}{n}}[f(S)]^{\frac{-1}{n(n-1)}}S^{-\frac{1}{n}}\exp\left[\frac{B}{n(\ln S)^2}\right] = A[f(S)]^{\frac{-1}{n(n-1)}}S^{-\frac{1}{n}}\exp\left[\frac{B}{n(\ln S)^2}\right] \tag{3-40}$$

式（3-40）重排后取对数得到：

$$F(S) = \ln\{S^{\frac{1}{n}}[f(S)]^{\frac{n-1}{n}}t_{ind}\} = \ln A + \frac{B}{n(\ln S)^2} \tag{3-41}$$

则 $F(S)$ 与 $1/(\ln S)^2$ 应呈线性关系。

对于 2D 成核控制生长方程内存在参数 B_{2D}，则方程式（3-40）可变为：

$$F(S) = \ln[S^{\frac{n+2}{3n}}(S-1)^{\frac{2(n-1)}{3n}}t_{ind}] = \ln A + (n-1)\frac{B_{2D}}{3n\ln S} + \frac{B}{n(\ln S)^2}\cdots \tag{3-42}$$

此时 $F(S)$ 与 $1/\ln S$ 应是一个抛物线形的关系式。

通过直线或曲线拟合的相关度，便可以判断晶体生长是哪一种生长机理。根据式（3-41）及式（3-42）拟合 $F(S)$ 与 $(\ln S)^{-2}$ 或 $(\ln S)^{-1}$ 之间的关系式，式中的 n 根据实际产物的 SEM 图得到，碱浓度 250g/L 时出现针状和柱状产物 m 取 1 或 3，300g/L 时出现片或柱状产物 m 取 2 或 3。拟合结果见表 3-13。可以看到，每个碱浓度下，都是 2D 成核机理拟合时 R^2 最大，拟合度最佳，说明在多核成核模式下，钒酸钠结晶服从 2D 成核机理。从产物 SEM 图（见图 3-30）中可看到，钒酸钠晶体确实是由一部分小的集团沉积在一起形成的层组成的。然而，此时根据方程计算得到的 B/n 为负数，尽管相当多文献中也出现同样的情况，为谨慎起见，钒酸钠的成核不应视作多核成核机理。

表 3-13　多核成核机理不同晶体生长模式参数计算

NaOH 浓度 $/g \cdot L^{-1}$	m	生长机制	n	$F(S)$	$\ln A$	$\frac{B}{n}$	$\frac{(n-1)B_{2D}}{3n}$	R^2
250	1	正常成长	2	$\ln[S^{1/2}(S-1)^{1/2}t_{ind}]$	8.1588	0.4824		0.8941
		螺旋位错	2	$\ln[S^{1/2}(S-1)t_{ind}]$	8.3510	0.3850		0.8520
		二维成核	2	$\ln[S^{2/3}(S-1)^{1/3}t_{ind}]$	4.7740	−0.4966	3.7881	0.9998
		扩散控制	1.5	$\ln[S^{2/3}(S-1)^{1/3}t_{ind}]$	8.2370	0.5010		0.9002
	3	正常成长	4	$\ln[S^{1/4}(S-1)^{3/4}t_{ind}]$	8.0412	0.4546		0.8838
		螺旋位错	4	$\ln[S^{1/4}(S-1)^{3/2}t_{ind}]$	8.3300	0.3080		0.7921
		二维成核	4	$\ln[S^{1/2}(S-1)^{1/2}t_{ind}]$	4.7724	−0.4904	3.6988	0.9998
		扩散控制	2.5	$\ln[S^{2/5}(S-1)^{3/5}t_{ind}]$	8.1110	0.4710		0.8902
300	2	正常成长	3	$\ln[S^{1/3}(S-1)^{2/3}t_{ind}]$	5.8330	0.2940		0.8407
		螺旋位错	3	$\ln[S^{1/3}(S-1)^{4/3}t_{ind}]$	5.8240	0.2330		0.7926
		二维成核	3	$\ln[S^{5/9}(S-1)^{4/9}t_{ind}]$	1.3737	−0.3838	3.7309	0.9979
		扩散控制	2	$\ln[S^{1/2}(S-1)^{1/2}t_{ind}]$	5.9443	0.3044		0.8473
	3	正常成长	4	$\ln[S^{1/4}(S-1)^{3/4}t_{ind}]$	5.7780	0.2890		0.8373
		螺旋位错	4	$\ln[S^{1/4}(S-1)^{3/2}t_{ind}]$	5.7670	0.2200		0.7781
		二维成核	4	$\ln[S^{1/2}(S-1)^{1/2}t_{ind}]$	1.3674	−0.3822	3.7051	0.9978
		扩散控制	2.5	$\ln[S^{2/5}(S-1)^{3/5}t_{ind}]$	5.8770	0.2980		0.8434

续表 3-13

NaOH 浓度 /g·L^{-1}	m	生长机制	n	$F(S)$	$\ln A$	$\frac{B}{n}$	$\frac{(n-1)B_{2D}}{3n}$	R^2
350	2	正常成长	3	$\ln[S^{1/3}(S-1)^{2/3}t_{ind}]$	6.2407	0.4596		0.9005
		螺旋位错	3	$\ln[S^{1/3}(S-1)^{4/3}t_{ind}]$	6.3060	0.3787		0.8828
		二维成核	3	$\ln[S^{5/9}(S-1)^{4/9}t_{ind}]$	0.9364	−0.5807	4.9087	0.9997
		扩散控制	2	$\ln[S^{1/2}(S-1)^{1/2}t_{ind}]$	6.3414	0.4723		0.9032
	3	正常成长	4	$\ln[S^{1/4}(S-1)^{3/4}t_{ind}]$	6.1900	0.4530		0.8990
		螺旋位错	4	$\ln[S^{1/4}(S-1)^{3/2}t_{ind}]$	6.2630	0.3620		0.8775
		二维成核	4	$\ln[S^{1/2}(S-1)^{1/2}t_{ind}]$	0.9388	−0.5777	4.8757	0.9997
		扩散控制	2.5	$\ln[S^{2/5}(S-1)^{3/5}t_{ind}]$	6.2809	0.4646		0.9016

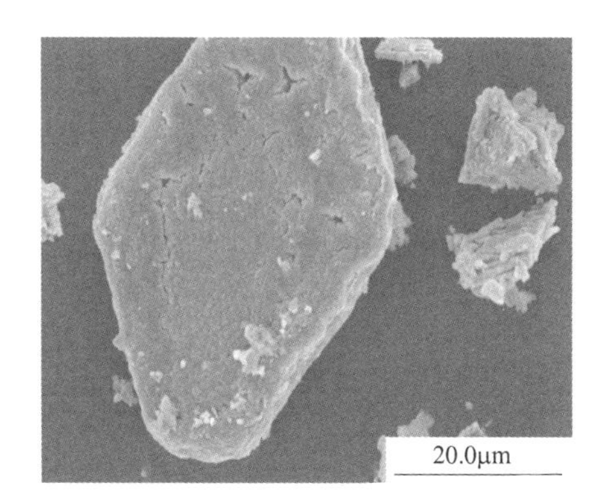

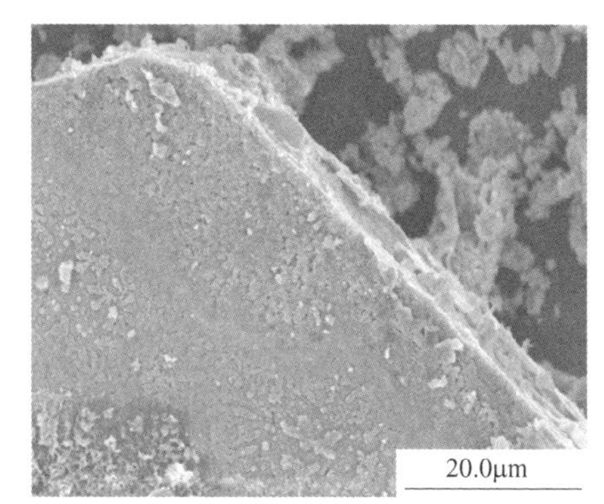

图 3-30 350g/L 碱浓度结晶产物 SEM 图

3.4.3 晶体生长

晶体生长是指向过饱和溶液加入晶种或已生成晶核后，以过饱和度为推动力，晶种或晶核长大的过程。晶体生长的理论模型很多，传统理论包括表面能理论和吸附层理论等，新近提出了形态学理论、统计学表面模型及连续阶梯模型等。扩散学说在化工领域得到普遍认同和应用，认为溶液中晶体的生长主要包括以下几个步骤。

(1) 对流扩散：溶质分子以浓度差为推动力，通过对流和扩散穿过靠近晶体表面的静止液层，从而由溶液转移到晶体表面。

（2）表面吸附：溶质到达晶体后吸附在表面。

（3）表面迁移：吸附的溶质分子或离子在晶体表面迁移。

（4）晶体生长：吸附的溶质分子或离子进入晶格，晶体长大，同时释放结晶热。

晶体生长的速度取决于其中最慢的步骤。

（1）生长过程为传质控制：步骤（1）最慢。影响因素包括绝对过饱和度、扩散系数和结晶温度，这些参数增大时，晶体生长速度增大。

（2）生长过程为界面控制：步骤（2）、（3）、（4）最慢。结晶温度升高，相对过饱和度增大，晶体生长速度增大；最慢步骤为表面吸附时，相对过饱和度与晶体生长速度成正比；界面螺旋生长过程最慢时，相对过饱和度与晶体生长速度的平方成正比。

3.4.3.1 晶体生长的动力学基础

A 晶体产品的粒数衡算

晶体粒度分布与晶体的成核速率、生长速率及晶体在结晶器内停留时间长短直接相关，并且间接地与结晶器几乎全部重要操作参数有关，例如结晶温度、溶液过饱和度、悬浮液循环速率和搅拌强度等，相互关系错综复杂，在结晶理论研究中地位举足轻重。1971 年，Randolph 和 Larson 应用相空间理论同时提出粒数衡算方程以测定结晶过程各动力学参数，该法通过分析产品的粒度分布可得到：

（1）特定物系在特定操作条件下晶体成核和生长速率等结晶动力学参数，为结晶器的开发和设计提供基础数据；

（2）结晶过程操作指导，辅助判断应采取何种措施，或者调节哪些操作参数以获得特定的产品粒度和分布。

粒数衡算方程中最核心最基础的概念是粒数密度。粒数密度 n 是单位体积晶浆中单位粒度晶体的个数，单位为个/(m · m^3)，其定义式如下：

$$\lim_{L \to 0} \frac{\Delta N}{\Delta L} = \frac{dN}{dL} = n \tag{3-43}$$

式中 N——单位体积晶浆中晶体个数，个/m^3；

L——晶体粒度，m；

ΔN——单位体积晶浆中在粒度范围 ΔL 内晶体个数，个/m^3。

可将 n 理解为人口密度，即某一地区在某个年龄范围内人口数，其数值取决于 dL 间隔处的 L 值，即 n 是 L 的函数。因此，在 $L_1 \sim L_2$ 粒度范围内的晶体粒数为：

$$\Delta N = \int_{L_1}^{L_2} n dL \tag{3-44}$$

$\mathrm{d}N/\mathrm{d}t$ 在 $L=0$ 的极限可写作：

$$\lim_{L\to 0}\frac{\mathrm{d}N}{\mathrm{d}t}=\lim_{L\to 0}\left(\frac{\mathrm{d}L}{\mathrm{d}t}\cdot\frac{\mathrm{d}N}{\mathrm{d}L}\right) \tag{3-45}$$

根据定义，在 $L=0$ 的极限，$\mathrm{d}N/\mathrm{d}t$ 等同于 $\mathrm{d}N_0/\mathrm{d}t$，$\mathrm{d}N_0/\mathrm{d}t$ 在初级成核时表示为 J，二次成核时表示为 B；此时 $\mathrm{d}L/\mathrm{d}t$ 即为定值 G，$\mathrm{d}N/\mathrm{d}L$ 即为 n_0。因此，式（3-45）可化作：

$$B=Gn_0 \quad 或 \quad J=Gn_0 \tag{3-46}$$

式中 n_0——晶核的粒数密度，即粒度为零时晶体的粒数密度；

N_0——单位体积晶浆中晶核个数。

粒数衡算方程可简单理解为：

$$累积量=输入量-输出量+净生成量 \tag{3-47}$$

假设粒子粒度在结晶器中分布均匀，内坐标仅取粒度时，结晶器通用粒数衡算方程式写作：

$$\frac{\partial n}{\partial t}+\frac{\partial(Gn)}{\partial L}+\frac{Q}{V}n+\frac{\mathrm{d}(\ln V)}{\mathrm{d}t}=\frac{Q_\mathrm{i}}{V}n_\mathrm{i}+B'-D' \tag{3-48}$$

式中 t——操作时间，s；

G——晶体线性生长速率，m/s；

V——结晶液体积，m^3；

Q_i——引入结晶器的晶浆流量；

Q——引出结晶器的晶浆流量，m^3/s；

n_i——进料液的粒数密度，个/($\mathrm{m}^3\cdot\mathrm{s}$)；

B'，D'——由于结晶二次过程诸如聚结和破碎等造成的生函数和死函数，个/($\mathrm{m}\cdot\mathrm{m}^3\cdot\mathrm{s}$)。

该通用方程式（3-48）可在不同操作条件下进行简化。首先，可忽略晶体粒子的聚结、破碎和老化等二次过程，则式（3-48）中的 B' 和 D' 可取 0 并简化为：

$$\frac{\partial n}{\partial t}+\frac{\partial(Gn)}{\partial L}+\frac{Q}{V}n+\frac{\mathrm{d}(\ln V)}{\mathrm{d}t}=\frac{Q_\mathrm{i}}{V}n_\mathrm{i} \tag{3-49}$$

结晶液体积在结晶过程中保持不变时 $\mathrm{d}(\ln V)/\mathrm{d}t=0$，式（3-49）进一步简化为：

$$\frac{\partial n}{\partial t}+\frac{\partial(Gn)}{\partial L}+\frac{Q}{V}n=\frac{Q_\mathrm{i}}{V}n_\mathrm{i} \tag{3-50}$$

进料为不含晶种的清液时 n_i 也可取 0，式（3-50）进一步简化为：

$$\frac{\partial n}{\partial t}+\frac{\partial(Gn)}{\partial L}+\frac{Q}{V}n=0 \tag{3-51}$$

B 以粒数衡算方程为基础的动力学测定

连续稳态法和间歇动态法是两种主要以粒数衡算方程为基础的结晶动力学测定方法。

连续稳态法一般用于 MSMPR 结晶器，也就是混合悬浮及混合出料（mixed suspension, mixed product removal）结晶器的动力学测定。MSMPR 结晶器是一种理想化的结晶器，器内的混合完全充分，结晶器内任何位置上晶体的悬浮密度及粒度分布均匀，从结晶器内排出的产品及其晶浆的悬浮密度及粒度分布也与器内相同，排出时对粒度并无特定选择。

MSMPR 结晶器均匀悬浮均匀出料，晶体在结晶器内停留时间也就是液相在结晶器内停留时间，晶体生长时间（即停留时间）τ 可认为与有效体积与出料体积比即 V/Q 相等。当进料量变化时，τ 为时间 t 的函数，$\tau=\tau(t)$，式（3-51）可进一步简化为：

$$\frac{\partial n}{\partial t}+\frac{\partial(Gn)}{\partial L}+\frac{n}{\tau}=0 \tag{3-52}$$

若结晶过程稳态操作，$\partial n/\partial t=0$，则式（3-52）进一步简化为：

$$\frac{\mathrm{d}(Gn)}{\mathrm{d}L}+\frac{n}{\tau}=0 \tag{3-53}$$

此时粒数密度和操作参数、生长速率呈简单的函数关系，这样简化了数据处理步骤，求解简单，同时能避免时间对结晶过程的影响。但实验工作量大，实验周期长，且很难维持长时间的稳态或连续操作。

实际上，在工业结晶过程中因间歇工艺结构简单且操作简便易行而被广泛采用。因 Na_3VO_4 的实际结晶过程为间歇结晶，为保持与现场工艺一致，采用间歇动态法测定 Na_3VO_4 的冷却结晶动力学相关参数。单次进料单次排料 Na_3VO_4 的间歇结晶与 MSMPR 结晶过程相同，晶体的生长时间也可视作与有效体积和出料流股的体积速率之比 V/Q 相等，且由于单次进料单次排料，体系达到完全稳态也可作$\partial n/\partial t=0$ 处理，则粒数衡算方程也可用式（3-53）简化：

$$\frac{\mathrm{d}(Gn)}{\mathrm{d}L}+\frac{n}{t}=0 \tag{3-54}$$

3.4.3.2 粒度无关及相关生长的判定

A 粒度无关生长的判定

若晶体的生长速率与初始粒度无关，则同种晶体悬浮于过饱和溶液中，所有几何相似的晶粒均以相同速率生长。也就是说，晶体生长速率只是溶液温度和过饱和度的函数，俗称为 ΔL 定律，其数学表达式如下：

$$G = \lim_{\Delta t \to 0} \frac{\Delta L}{\Delta t} = \frac{\mathrm{d}L}{\mathrm{d}t} \tag{3-55}$$

在此条件下，间歇结晶粒数衡算方程式（3-54）中的 G 可由积分内提出，计算过程如下：

$$\int_{n_0}^{n} \frac{\mathrm{d}n}{n} = \int_{0}^{L} - \frac{\mathrm{d}L}{Gt} \tag{3-56}$$

$$n = n_0 \exp\left(-\frac{L}{Gt}\right) \tag{3-57}$$

$$\ln n = -\frac{1}{Gt}L + \ln n_0 \tag{3-58}$$

因此，若晶体的生长速率与初始粒度无关，将实验得到的晶体粒数密度 n 的自然对数值 $\ln n$ 对晶体粒度 L 作图应得到一条直线，该直线斜率为 $-1/Gt$，在 $L=0$ 处截距为 $\ln n_0$。

图 3-31 为实验获得的 Na_3VO_4 结晶过程中典型的晶体粒数密度的自然对数值与晶体粒度关系图。由图 3-31 可看到，当结晶未完全时得到晶体粒度较小，如果忽略粒度小于 50μm 这一区间，很容易误判该函数为一条直线。但如果综合考察粒度全部范围则会发现，该曲线在粒度为 15μm 左右时发生明显的弯曲，出现最大曲率，整体应视作一条曲线。表明 Na_3VO_4 结晶不是粒度无关生长，即晶体的生长速率与过饱和溶液中晶体初始粒度有关，且两者之间存在一定函数关系。因此，不能使用简单的粒度相关模型来描述其生长过程，应该考虑引入粒度相关速率模型。

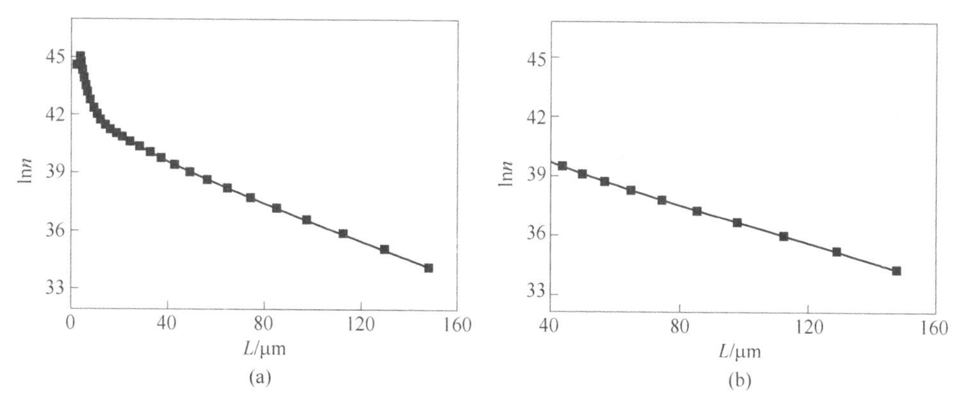

图 3-31　晶体粒数密度与晶体粒度关系图

（a）粒度 0~150μm；（b）粒度 40~150μm

B　粒度相关生长模型

Na_3VO_4 结晶过程中晶体的生长速率 G 与过饱和溶液中晶体的初始粒度有关，

无法使用 ΔL 定律进行生长速率的动力学计算，需要引入 G 与粒度相关的模型继续进行计算。

国内外学者在粒度相关生长领域提出了大量经验模型。这些模型中，引入两个或三个参数；G 和 G_0 为晶体和晶核的生长速率，m/s；G_m 为大晶粒的极限生长速率，m/s；L^* 为选定的粒度；$n^* = n(L^*)$；n_0 为晶核的粒数密度。

（1）两参数（a、b）Bransom 模型，由 Bransom 于 1960 年提出：

$$G(L) = aL^b \tag{3-59}$$

将式（3-59）代入式（3-54）后积分并取对数得：

$$\ln n = \ln n^* + \frac{L^{1-b} - L^{*1-b}}{at(b-1)} - b(\ln L - \ln L^*) \tag{3-60}$$

（2）两参数（G_m、a）MJ2 模型，由 Mydlarz 和 Jones 于 1993 年提出：

$$G = G_m[1 - \exp(-aL)] \tag{3-61}$$

将式（3-61）代入式（3-54）后积分并取对数得：

$$\ln n = \ln n^* + a(L - L^*) - \frac{1+b}{b} \times \ln\left[\frac{\exp(aL) - 1}{\exp(aL^*) - 1}\right] \tag{3-62}$$

（3）三参数（G_0、a、b）ASL 模型，于 1968 年由 Abegg、Stevebs 和 Larson 提出并被广泛应用的一种生长模型：

$$G = G_0(1 + aL)^b \tag{3-63}$$

一般为简便起见，定义 $a=1/G_0t$，这仍能很好地描述许多与粒度相关的生长过程，而模型中的待定参数 a 和 G_0 只有一个独立，使得模型简化，代入式(3-54)后积分并取对数得：

$$\ln n = \ln n_0 - b\ln(1 + aL) + \frac{1 - (1 + aL)^{1-b}}{1 - b} \tag{3-64}$$

（4）三参数 MJ3（G_m、a、c）模型，其中 $c \neq 0$，是在 MJ2 模型的基础上发展起来的三参数模型：

$$G = G_m\{1 - \exp[-a(L + c)]\} \tag{3-65}$$

令 $b=aG_0t$，代入式（3-54）后积分并取对数得：

$$\ln n = \ln n_0 + aL - \frac{1+b}{b}\ln\left\{\frac{\exp[a(L+c)] - 1}{\exp(ac) - 1}\right\} \tag{3-66}$$

利用上述粒数密度与粒度的模型关系式，同时结合 250g/L、300r/min 反应 1h 这一时刻得到的晶体粒数密度与晶体粒度实验结果，即可直接利用非线性拟合法对各粒度相关生长速率模型进行参数估值求出各模型的参数，根据实验值的回归结果来比较各模型的适用性。模型计算时选定的粒度 L^* 为最小粒度 3.56×10^{-6} m，此时 n^* 为 5.23 个/(m · m^3)。

图 3-32 展示出各模型回归结果与实验值比较情况。由图可见，不同的模型

拟合数据与实际实验数据趋势一致，各个模型相关性在低粒度范围内较好。然而，随着粒度增大，Bransom 模型吻合情况最差，这是因为 Bransom 模型存在两大理论缺陷，无法描述粒度为零时晶体的生长速率，根据公式可推断晶体的生长速率随粒度增大而无限增大的趋势在实际环境下显然不可能实现。ASL 模型和 MJ3 模型均从理论上解决了上述缺陷，且预测情况与实验趋势一致，线性相关度约为 0.97 且数值接近，下文会使用这两种模型进行进一步的计算。

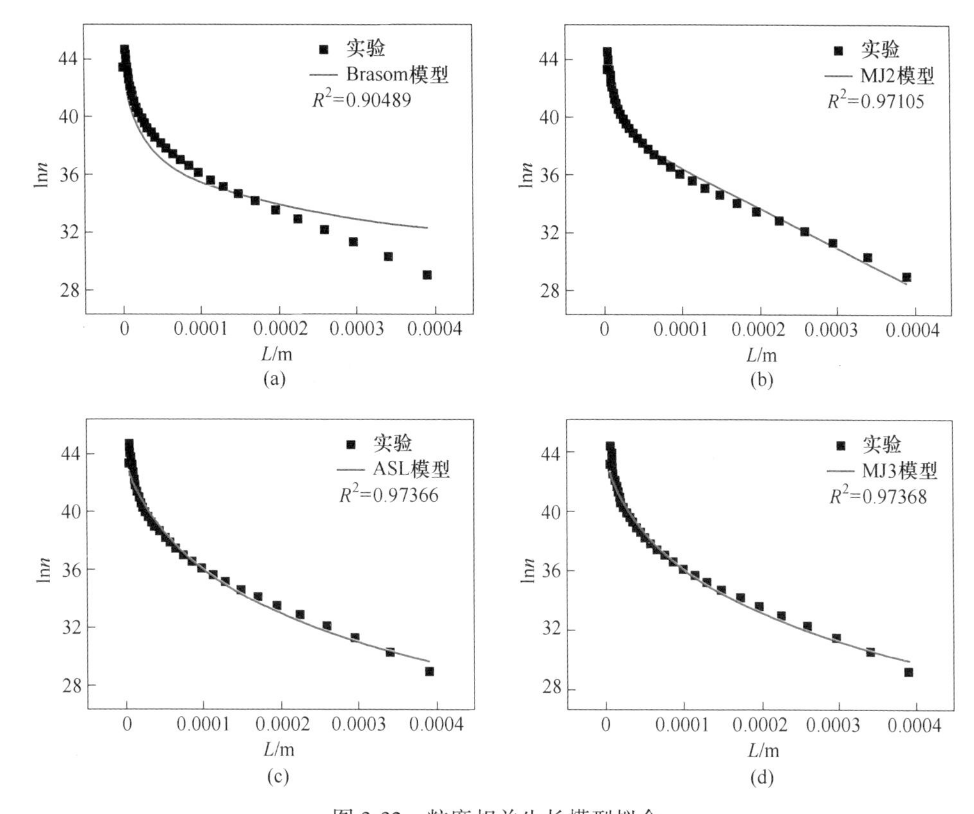

图 3-32 粒度相关生长模型拟合

（a）Brasom 模型；（b）MJ2 模型；（c）ASL 模型；（d）MJ3 模型

C 矩量变换法处理粒度相关生长模型

对不同的粒度相关生长模型，根据数据处理方法的不同，可以分为矩量变换法、经验模型法和拉普拉斯变换法。其中，矩量变换法因其理论成熟，在结晶动力学的研究中得到了普遍应用，其核心在于通过应用矩量回归线性模型参数，使该系统模型的输出变量的矩量与实验数据的矩量一致，将间歇结晶过程的粒数衡算方程式由一阶非线性偏微分方程组转化为一组常微分方程，简化数据处理过程。首先定义粒数密度分布关于粒度对原点的 j 阶矩为：

$$m_j = \int_0^{\infty} n \cdot L^j \mathrm{d}L \quad (j = 0,\ 1,\ 2,\ \cdots) \tag{3-67}$$

$$\frac{\mathrm{d}m_j}{\mathrm{d}t} = \frac{d\int_0^{\infty} n \cdot L^j \mathrm{d}L}{\mathrm{d}t} \quad (j = 0,\ 1,\ 2\cdots) \tag{3-68}$$

对于 Na_3VO_4 结晶无出料 $Q=0$ 过程，式（3-51）可简化为：

$$\frac{\partial n}{\partial t} + \frac{\partial(Gn)}{\partial L} = 0 \tag{3-69}$$

若晶体为粒度无关生长，生长速率 G 可从偏微分内提出，式（3-69）可转化为：

$$\frac{\partial n}{\partial t} = -G\frac{\partial n}{\partial L} \tag{3-70}$$

将式（3-70）代入式（3-68）可得：

$$\frac{\mathrm{d}m_j}{\mathrm{d}t} = \frac{\int_0^{\infty} \mathrm{d}n \cdot L^j \mathrm{d}L}{\mathrm{d}t} = -G\int_0^{\infty} L^j \frac{\partial n}{\partial t} \mathrm{d}L \quad (j = 0,1,2\cdots) \tag{3-71}$$

式（3-71）可通过分部积分法计算：

$$\frac{\mathrm{d}m_j}{\mathrm{d}t} = G(jm_{j-1} + L_0^j n_0 - L_{\infty}^j n_{\infty}) \quad (j = 0,\ 1,\ 2\cdots) \tag{3-72}$$

因 $n_{\infty} = 0$，则式（3-72）最后一项为0，前已推导过 $B=Gn_0$，又 $L_0 = 0$，则式（3-72）简化为：

$$\frac{\mathrm{d}m_j}{\mathrm{d}t} = 0^j B + jm_{j-1}G \quad (j = 0,1,2\cdots) \tag{3-73}$$

如果只算三阶，则不需通用方程，可逐项计算，当 $j=0$ 时：

$$\frac{\mathrm{d}m_0}{\mathrm{d}t} = \frac{d\int_0^{\infty} n\mathrm{d}L}{\mathrm{d}t} = \frac{\mathrm{d}N}{\mathrm{d}t} = B \tag{3-74}$$

当 $j=1$ 时，需要代入式（3-70）：

$$\frac{\mathrm{d}m_1}{\mathrm{d}t} = \frac{\mathrm{d}\int_0^{\infty} n \cdot L\mathrm{d}L}{\mathrm{d}t} = -G\int_0^{\infty} \frac{\partial n \cdot L\mathrm{d}L}{\partial L} = m_0 G \tag{3-75}$$

同理，当 $j=2$ 时：

$$\frac{\mathrm{d}m_2}{\mathrm{d}t} = 2m_1 G \tag{3-76}$$

其中：

$$m_0 = \int_{L_{\min}}^{L_{\max}} n\mathrm{d}L,\ m_1 = \int_{L_{\min}}^{L_{\max}} nL\mathrm{d}L,\ m_2 = \int_{L_{\min}}^{L_{\max}} nL^2\mathrm{d}L, \cdots \tag{3-77}$$

式中，$L_{\min}$和$L_{\max}$为单次实验粒度分析中仪器可检测到的最小及最大粒度。

相应地：

$$\Delta m_0 = m_1 - m_0,\ \Delta m_1 = m_2 - m_1,\ \Delta m_2 = m_3 - m_2,\cdots \tag{3-78}$$

当时间间隔 Δt 很小时，可以近似认为阶矩与时间呈线性关系，此时动力学速率可以使用 t、$t+\Delta t$ 时刻的矩量增量及矩量的算术平均值来表示：

$$B = \frac{\Delta m_0}{\Delta t},\ G = \frac{\Delta m_1}{\overline{m_0}\Delta t},\ G = \frac{\Delta m_2}{\overline{m_1}\Delta t} \tag{3-79}$$

通过各个取样时刻的粒数密度和晶体粒度可计算各阶矩量 m_j 值及其平均值，从而进一步分别求出二次成核速率 B 或初级成核速率 J 和线性生长速率 G。显然，在求 G 时，用更高阶的数据亦可，但阶数越高，分散性越强，带来的误差也越大，一般只用到一阶矩量。得到 B 和 G 后，根据不同时间段内搅拌转速、平均悬浮密度和过饱和度与它们的关系拟合得到晶体成核速率方程和生长速率方程中各项参数。

然而，粒度无关生长是推出方程式（3-70）~式（3-79）并计算相应的成核及生长速率的前提，这无法应用于粒度相关生长的 Na_3VO_4 结晶过程。因此，需要先将相应的粒度相关模型线性化，才能继续进行积分计算。利用泰勒公式将 ASL 模型方程式（3-63）和 MJ3 模型方程式（3-65）分别在 $L=0$ 和 $L=-c$ 处展开并取前三项的近似式得到以下结果。

泰勒公式前三项：

$$f(x) = f(x_0) + f'(x_0)(x - x_0) + \frac{f''(x_0)(x - x_0)^2}{2} \tag{3-80}$$

将 ASL 模型和 MJ3 模型分别展开后：

$$G = G_0\left[1 + abL + \frac{a^2b(b-1)}{2}L^2\right] \tag{3-81}$$

$$G = G_{\mathrm{m}}\left[ac - \frac{a^2c^2}{2} + a(1 - ac)L - \frac{a^2L^2}{2}\right] \tag{3-82}$$

将展开后的公式分别代入方程式（3-68）进行矩量变换可得到相应的矩量方程式。

ASL 模型：

$$\frac{\mathrm{d}m_j}{\mathrm{d}t} = jG_0\left[m_{j-1} + abm_j + \frac{a^2b(b-1)}{2}m_{j+1}\right] + L_0^jG_0n_0 - L_\infty^jG_0n_\infty \tag{3-83}$$

与粒数无关部分相同，$n_\infty = 0$，式（3-83）最后一项为零。由于 $B=Gn_0$，又 $L_0=0$，式（3-83）可简化为：

$$\frac{\mathrm{d}m_j}{\mathrm{d}t} = 0^jB + jG_0\left[m_{j-1} + abm_j + \frac{a^2b(b-1)}{2}m_{j+1}\right] \quad (j = 0,1,2,\cdots) \tag{3-84}$$

$j=0$ 时，
$$\frac{\mathrm{d}m_0}{\mathrm{d}t}=B \tag{3-85}$$

$j=1$ 时，
$$\frac{\mathrm{d}m_1}{\mathrm{d}t}=G_0\left[m_0+abm_1+\frac{a^2b(b-1)}{2}m_2\right] \tag{3-86}$$

$j=2$ 时，
$$\frac{\mathrm{d}m_2}{\mathrm{d}t}=2G_0\left[m_1+abm_2+\frac{a^2b(b-1)}{2}m_3\right] \tag{3-87}$$

$j=3$ 时，
$$\frac{\mathrm{d}m_3}{\mathrm{d}t}=3G_0\left[m_2+abm_3+\frac{a^2b(b-1)}{2}m_4\right] \tag{3-88}$$

MJ3 模型：

$$\frac{\mathrm{d}m_j}{\mathrm{d}t}=jG_\mathrm{m}\left[\left(ac-\frac{a^2c^2}{2}\right)m_{j-1}+a(1-ac)m_j-\frac{a^2}{2}m_{j+1}\right]+L_0^jG_\mathrm{m}n_0-L_\infty^jG_\mathrm{m}n_\infty \tag{3-89}$$

亦可简化为：

$$\frac{\mathrm{d}m_j}{\mathrm{d}t}=0^jB+jG_\mathrm{m}\left[\left(ac-\frac{a^2c^2}{2}\right)m_{j-1}+a(1-ac)m_j-\frac{a^2}{2}m_{j+1}\right] \tag{3-90}$$

$j=0$ 时，
$$\frac{\mathrm{d}m_0}{\mathrm{d}t}=B \tag{3-91}$$

$j=1$ 时，
$$\frac{\mathrm{d}m_1}{\mathrm{d}t}=G_\mathrm{m}\left[\left(ac-\frac{a^2c^2}{2}\right)m_0+a(1-ac)m_1-\frac{a^2}{2}m_2\right] \tag{3-92}$$

$j=2$ 时，
$$\frac{\mathrm{d}m_2}{\mathrm{d}t}=2G_\mathrm{m}\left[\left(ac-\frac{a^2c^2}{2}\right)m_1+a(1-ac)m_2-\frac{a^2}{2}m_3\right] \tag{3-93}$$

$j=3$ 时，
$$\frac{\mathrm{d}m_3}{\mathrm{d}t}=3G_\mathrm{m}\left[\left(ac-\frac{a^2c^2}{2}\right)m_2+a(1-ac)m_3-\frac{a^2}{2}m_4\right] \tag{3-94}$$

可以看到，在粒度无关情况下，仅用到晶体粒数密度的零阶和一阶矩量。而粒度相关时，因引入了三参数模型中包含三个未知数，则需要用到零到四阶矩量方能对三个方程进行求解。

首先，通过 300g/L 碱浓度在不同搅拌转速和不同取样时刻的粒度分布实验结果获得相应的粒数密度 n 及粒度函数 L，分别计算相应的 n、nL、nL^2、nL^3 及 nL^4 数值，根据式（3-77）即可积分得到相应的 m_0、m_1、m_2、m_3 及 m_4 数值，继而通过式（3-85）~式（3-88）及式（3-91）~式（3-93）分别求出成核速率 B 和相应的粒度 ASL 模型和 MJ3 模型的参数 G_0、G_m、a、b、c。

无论是 ASL 模型还是 MJ3 模型，计算得到的成核速率 B 仅与 m_0 相关，动力学方程相同。按照式（3-26）使用 1stOpt 软件选择麦夸特法（Lavenberg-Marquardt）进行计算：

$$B_\mathrm{s}=7.89\times10^{-8}\times M_\mathrm{T}^{2.24}N^{1.55}\Delta C^{14.58} \tag{3-95}$$

在工业结晶中，生长速率的经验表达式为：

$$G = K_g \exp\left(\frac{-E_a}{RT}\right) M_T^i N^j \Delta C^l \tag{3-96}$$

式中 K_g——生长速率常数；

E_a——生长活化能。

ASL 模型使用 1stOpt 软件选择简面体爬山法进行计算：

$$G_0 = 0.0036\exp\left(\frac{-20605.78}{RT}\right) M_T^{1.18} N^{0.55} \Delta C^{0.51} \tag{3-97}$$

$$G = G_0(1 + aL)^b \tag{3-98}$$

$$a = -1.22 \times 10^5,\ b = 8.08 \tag{3-99}$$

MJ3 模型使用 1stOpt 软件选择麦夸特法进行计算：

$$G_m = 0.0056\exp\left(\frac{-24244.70}{RT}\right) M_T^{1.11} N^{0.64} \Delta C^{0.45} \tag{3-100}$$

$$G = G_m\{1 - \exp[-a(L + c)]\} \tag{3-101}$$

$$a = 1.99 \times 10^5,\ c = 2.17 \times 10^{-4} \tag{3-102}$$

由以上动力学方程式可见，Na_3VO_4 晶体的成核速度很快，受过饱和度影响很大，而成核后的生长速度则相对较缓，应控制过饱和度，防止爆发成核的出现。

3.4.4 结晶二次过程

结晶的二次过程主要包括晶体粒子的聚结、破碎和老化，该过程可能影响结晶过程的动力学行为和最终结晶产品形貌和粒度分布。在计算过程中，结晶二次过程的影响一般都忽略，但它在实际工业操作中的影响不容忽视。

3.4.4.1 晶体粒子聚结和破碎

晶体粒子聚结是两个或多个粒子结合在一起形成更大粒子的过程。聚结不仅影响产品的形貌和粒度分布，还会造成溶剂、杂质包藏，令产品纯度降低。除特殊过程需要，例如球形造粒技术中需要将粒度和堆密度较低的微晶聚结成较大颗粒的粒状产品之外，在一般工业结晶过程中，人们会通过各种手段来防止聚结的发生或降低已发生的聚结程度。

聚结过程包括三个连续的步骤：由布朗运动和正交运动引起粒子间相互碰撞，粒子间相互吸附引起的晶体黏附及晶体生长使得已黏附的晶体之间搭桥固化。因此，结晶悬浮液的流体力学环境、粒子间作用力（如静电力、范德华力、氢键等）及粒晶种或晶体本身的外观形状等均与聚结相关。较高的初始结晶液浓度及较高的过饱和度时，分子间的碰撞加速均会引起聚结程度加大。如图 3-33 所示，在相同的过饱和度及 160r/min 搅拌转速条件下，300g/L 碱浓度条件下反应75min后的Na_3VO_4晶体粒子尺寸明显大于250g/L初始碱浓度获得的晶体产品，从产品的SEM图也可观察到这一现象。但产品粒度均一，未见明显聚结。

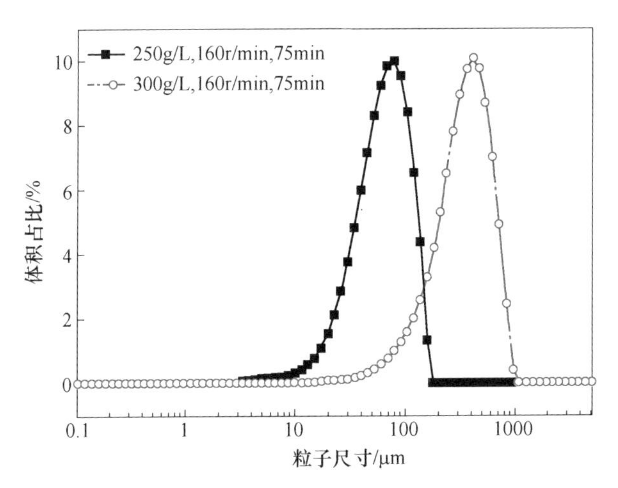

图3-33 不同初始碱浓度Na_3VO_4晶体的粒度分布

然而，搅拌对于产品的聚结可从正反两方面解释：一方面，搅拌强度的增加会加速分子间碰撞，加大聚结程度；另一方面，增加搅拌转速会强化流场对聚结体的剪切效应，分子间的有效碰撞次数减少，从而减轻聚结程度。因此，搅拌对产品的实际影响取决于两种对立效应的相对强弱，对特定体系需要进行特定分析。

图3-34展示了Na_3VO_4晶体粒子在不同搅拌转速下的粒度分布，结果显示，

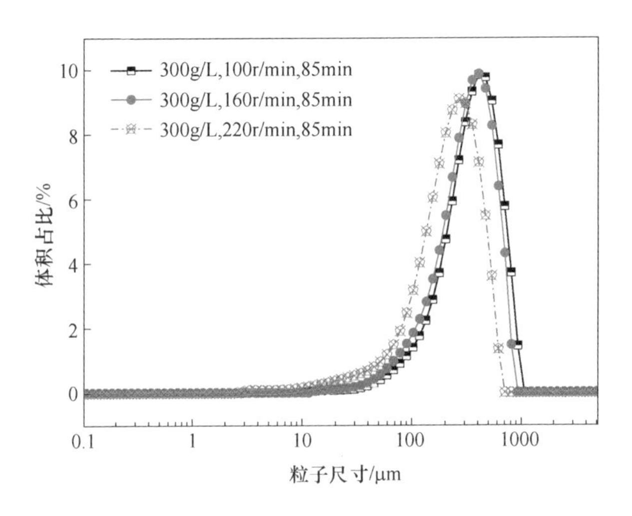

图3-34 不同搅拌转速Na_3VO_4晶体的粒度分布

随着搅拌转速的增加，产品的平均粒度呈下降趋势，搅拌强度的增加会降低晶体聚结。事实上，根据前文钒酸钠晶体 SEM 图可见，钒酸钠晶体产品基本没有聚结成团的现象，聚结过程在其结晶过程中的确可忽略。

晶体粒子的破碎包括聚结体的破碎和基本粒子的破碎。聚结体的破碎源于流场的剪应力，是聚结的逆过程；基本粒子的破碎是由晶体与晶体、结晶器壁和搅拌桨等之间的磨损、碰撞引起，是晶体生长的相反过程，又可分为磨蚀破碎和破裂破碎。通常情况下，大多数体系结晶过程中粒子破碎过程一般均可忽略，只有结晶产品的后续研磨处理过程才需要考虑粒子破碎。

3.4.4.2 晶体粒子的老化

晶体粒子的老化过程主要分为 Ostwald 熟化和相转移两种情况。

Ostwald 熟化是指通过高界面曲率区域向低界面曲率区域进行质量传递从而实现相界体积的减小，其本质是小粒子溶解，大粒子长大。当只有均一粒度的粒子存在时系统达到平衡状态，此时相界面积达到最小，体系内的混合物能量最低。为考察 Na_3VO_4 结晶的 Ostwald 熟化现象，在结晶器中对 300g/L 碱浓度、160r/min 条件下 Na_3VO_4 的冷却结晶产品进行不同养晶时长的取样并分析其粒度分布，结果示于图 3-35 中。

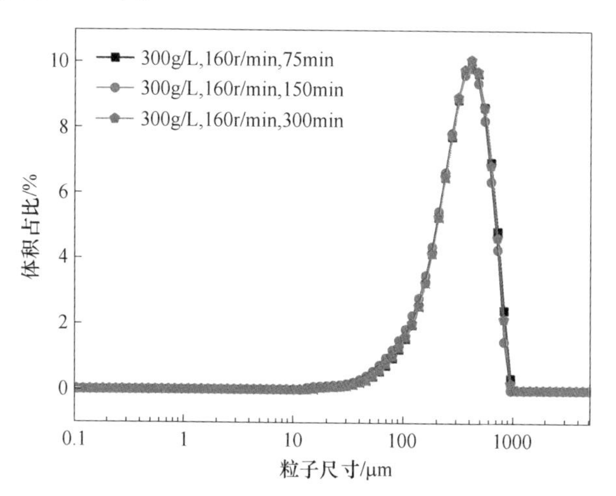

图 3-35 熟化对 Na_3VO_4 晶体的粒度分布的影响

由图 3-35 可见，随着养晶时间由 75min 增加到 300min，Na_3VO_4 晶体的粒度分布基本无变化，表明其结晶过程中熟化速度非常慢，远小于晶体生长速率，在计算过程中可忽略不计。

相转移是晶体粒子老化的另一种过程，它是指处于介稳态的固相粒子通过相转变成为更稳定的固相粒子，最终成为晶体产品的过程。根据 Ostwald 递变规则，对于一个不稳定的化学系统，它并不是马上达到给定条件下最稳定的热力学状态，而是首先到达自由能损失最小的邻近状态。所以，对于一个结晶过程，首先析出的可能是介稳的固体相态，诸如无定形沉淀物、产品的多晶型之一或水合物等，随后这些介稳相态再转变为更稳定的固体相态。

3.4.5 小结

测定了 $NaOH-Na_3VO_4-H_2O$ 体系 Na_3VO_4 结晶动力学，得到以下结论。

(1) 采用激光法测定了 $NaOH-Na_3VO_4-H_2O$ 体系 Na_3VO_4 结晶诱导期。结果表明，在相同的温度和相同的碱浓度下，过饱和度越大，诱导期越短，Na_3VO_4 越易结晶成核；在相同的过饱和度和相同的温度时，碱浓度为 300g/L 时诱导期最短，碱浓度升高或降低时成核的壁垒增强，不易形成晶核，所需的诱导期均有所增长。

(2) 晶体主要形貌受碱浓度和过饱和度的控制，为针状或四棱柱状晶体、六棱柱状或六棱片状及菱形片状结构，低碱度形成正交晶系钒酸钠，高碱度形成棱柱状晶体，中间碱度的形貌和 XRD 谱图则介于高低碱度之间。

(3) 对 Na_3VO_4 结晶分别进行单核成核机理和多核成核机理的判定和计算，结果表明其结晶为单核成核机理，计算获得成核动力学参数 A_m、B_m，拟合相关度大于 0.97。在该机理下，表面熵因子值小于 3，生长模式随碱浓度升高由连续型生长向传递型生长转变，晶体表面的粗糙度相应降低。

(4) 采用间歇动态法测定并计算 Na_3VO_4 结晶动力学方程，结果表明其生长属于粒度相关生长，ASL 模型及 MJ3 模型能较好描述其生长动力学数据，采用分离变量法建立并使用矩量变化法计算其成核和生长的动力学方程，得到了实验条件下的动力学模型。

(5) Na_3VO_4 结晶过程可忽略聚结的影响，熟化速度非常慢，计算中亦可忽略。

3.5 钒酸钠从 NaOH 介质中的冷却结晶分离

3.5.1 NaOH 浓度的影响

NaOH 浓度影响 Na_3VO_4 在溶液中的过饱和度，是结晶的推动力。考虑到碱介质分解钒渣钒铬共提工艺脱硅后结晶前液 NaOH 浓度为 250~300g/L，Na_3VO_4 约为 40g/L，Na_2CrO_4 约为 25g/L，在碱浓度为 200~400g/L，保证 Na_3VO_4 和 Na_2CrO_4 的浓度按比例变化（见表 3-14）条件下，进行了 NaOH 浓度对钒酸钠结晶的影响实验，实验结果见表 3-15 和图 3-36。

表 3-14　结晶液浓度

样品号	液相组成/g · L^{-1}		
	NaOH	Na_3VO_4	Na_2CrO_4
1	200	26.67	16.67
2	250	33.33	20.83
3	300	40.00	25.00
4	350	46.67	29.17
5	400	53.33	33.33

表 3-15　NaOH 浓度对 Na_3VO_4 结晶的影响

编号	结晶前液组成/g · L^{-1}			结晶后液组成/g · L^{-1}			结晶率/%	结晶纯度/%
	NaOH	Na_3VO_4	Na_2CrO_4	NaOH	Na_3VO_4	Na_2CrO_4		
1	212.04	27.15	17.89				0.00	0.00
2	246.88	30.88	20.84	236.90	25.77	19.98	25.91	93.52
3	308.44	36.98	24.82	282.97	18.92	24.58	55.40	97.84
4	328.60	42.32	27.62	340.71	12.18	29.11	75.76	95.55
5	380.00	42.14	31.84	410.01	8.73	34.39	83.06	94.93

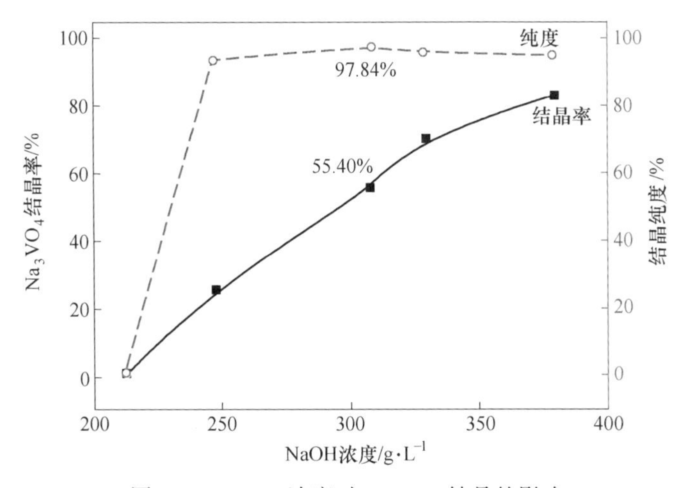

图 3-36　NaOH 浓度对 Na_3VO_4 结晶的影响

由图 3-36 可知，当碱浓度为 212g/L 时，由于 Na_3VO_4、Na_2CrO_4 浓度过低，无法结晶析出 Na_3VO_4；当碱浓度在 246～380g/L 之间时，结晶率大于 25%，且随着碱浓度升高而升高；当碱浓度为 380g/L 时，结晶率达到 83.06%。

对比钒铬在 NaOH 介质中的溶解度数据可知，在 40℃碱浓度为 246～380g/L 之间时，随着碱浓度提高，Na_3VO_4 溶解度降低，而原本结晶原液是成比例配制，即碱浓度越高，Na_3VO_4 浓度越高，因此 Na_3VO_4 溶解度差变大；在溶液中越容易达到过饱和状态，过饱和度越大，而过饱和度时晶核形成和晶体生长的推动力越大，所以提高溶液的浓度会加快结晶速率，在同等时间内，Na_3VO_4 结晶率增大。

由表 3-14 和图 3-36 可见，除碱浓度 212g/L 时无法结晶析出 Na_3VO_4 外，碱浓度在 246~380g/L 之间时，结晶纯度大于 93%，碱浓度为 308g/L 时最高，可达到 97.84%，随着碱浓度继续升高，Na_2CrO_4 浓度升高，令其夹带增多，纯度稍有降低。这表明，尽管碱浓度和 Na_2CrO_4 浓度会对结晶纯度产生一定影响，但并不显著，且产品未经后续处理，纯度即可超过 93%。选择碱浓度 250~300g/L 的工艺原液即可进行钒酸钠的冷却结晶分离。

3.5.2 结晶终温的影响

随着结晶终温的降低，结晶终点改变，晶体的生长速率、成核速率都会相应增大，从而导致结晶产物的平均粒度减小。因此，通过选择合适的结晶终温，可以在保证足够的过饱和度的同时又得到平均粒度较大的晶体。实验结果见表 3-16 和图 3-37。

表 3-16 结晶终温对 Na_3VO_4 结晶率和纯度的影响

样品号	结晶液组成/$g \cdot L^{-1}$			结晶率/%
	NaOH	Na_3VO_4	Na_2CrO_4	
原液	251.97	54.77	19.78	
60℃	251.97	54.77	19.78	0
50℃	256.04	40.95	20.29	29.16
40℃	262.15	27.11	20.63	56.69
30℃	272.30	20.96	20.32	65.56
20℃	262.30	7.49	19.67	84.54

由表 3-16 和图 3-37 可知，Na_3VO_4 结晶率随温度降低而升高，终温 60℃时溶液无结晶析出，而当终温降至 20℃时，结晶率超过 80%，这与 Na_3VO_4 在碱溶液中的溶解度有关。实验中溶液的浓度和冷却结晶的起点温度相同，由于 Na_3VO_4 在 NaOH 溶液中溶解度随着温度降低而显著降低，终点温度越低，Na_3VO_4 在 NaOH 溶液中的溶解度差就越大，Na_3VO_4 的结晶率就越高。同时，由于溶解度差越大，结晶的推动力就越大。

随着温度降低，晶体体积减小，周围包裹的碱量增加，从而影响产品纯度，因此随着温度降低，结晶出的 Na_3VO_4 纯度由 50℃ 的 82.83% 降至 20℃ 的 53.56%。这是由于溶解度差随着温度降低而增大，则结晶的推动力增大，晶体

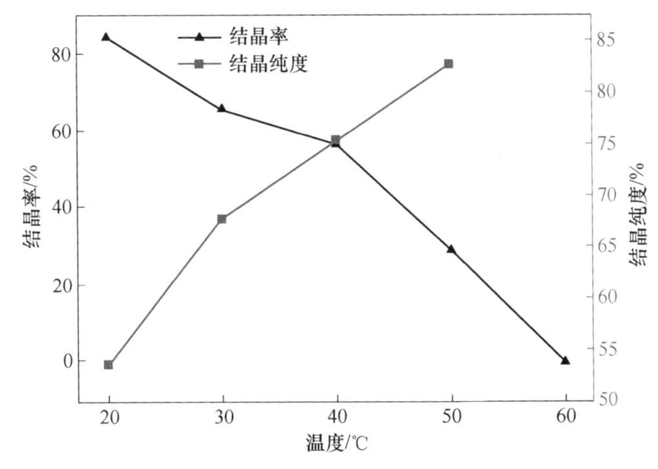

图 3-37　结晶终温对 Na_3VO_4 结晶的影响

析出速率增大，晶体不再在原细微晶粒表面生长，而是不断析出新的晶粒，体积减小但数量增多，同时细微晶粒表面会黏附大量碱液，导致碱夹带量增加。

3.5.3　降温机制的影响

结晶过程的推动力是过饱和度，冷却结晶过程中的过饱和度主要靠降温提供，因此需要考察不同降温速率对冷却结晶的影响。

向循环水浴中通入冷却水，通过调节冷却水的流量改变降温速率。由 80℃降温至 40℃的降温速率分别为 0.52℃/min、0.97℃/min、1.3℃/min、1.86℃/min 和 2.44℃/min，当温度降至 40℃后关闭冷却水。

降温速率为 0.52℃/min 时，温度还未降至 40℃即有晶体析出，因此未加晶种，待其降温完全后保温 2h 恒温抽滤。其他降温速率的样品均待温度达到 40℃后加入晶种，晶体立即析出，保温 2h 后恒温抽滤。

图 3-38 是控制冷却水降温过程中时间与温度的曲线。由图可见，通过控制冷却水的通入量，可以保证降温速率为一条斜率一定的直线，即保证降温速率均匀，从而保证实验的有效性。

由表 3-17 和图 3-39 可知，Na_3VO_4 结晶率随降温速率增大而降低，这是因为当未到达由溶解度差决定的结晶终点时，降温速率越慢，降温时间越长，晶体有足够的生长时间，便可以得到更多的 Na_3VO_4，结晶率也随之增大；而当降温速率低于 1.3℃/min 后，结晶率虽然增大，但仅由 61.13%增大到 61.69%，变化并不显著，说明此时已达到结晶终点，降温速率的改变并不能引起结晶率的显著变化；且降温速率越低，耗时越长，同时制冷成本增大，经济性降低。因此，从结晶率的角度出发，对于工业操作来说，控制降温速率在 1℃/min 左右即可。

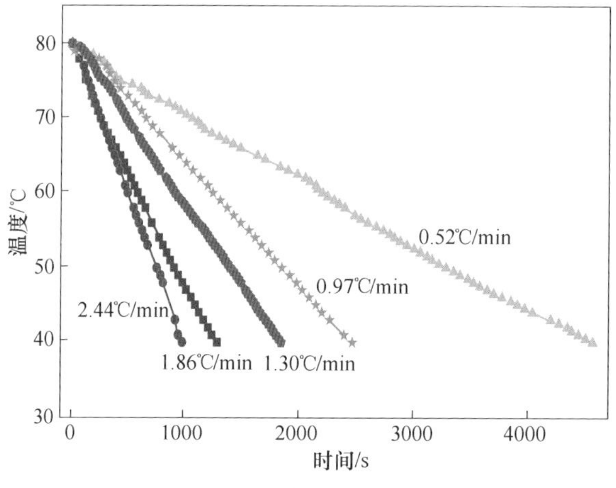

图 3-38　降温速率曲线

表 3-17　降温机制对 Na_3VO_4 结晶的影响

样品号	结晶后液组成/g · L⁻¹			结晶率/%	结晶纯度/%
	NaOH	Na_3VO_4	Na_2CrO_4		
原液	251.97	54.77	19.78		
0.52℃/min	265.46	265.46	19.56	61.69	70.48
0.97℃/min	271.47	271.47	19.77	61.58	73.32
1.30℃/min	262.00	262.00	19.37	61.13	85.99
1.86℃/min	252.63	252.63	18.50	547	78.27
2.44℃/min	270.24	270.24	19.69	54.77	75.98

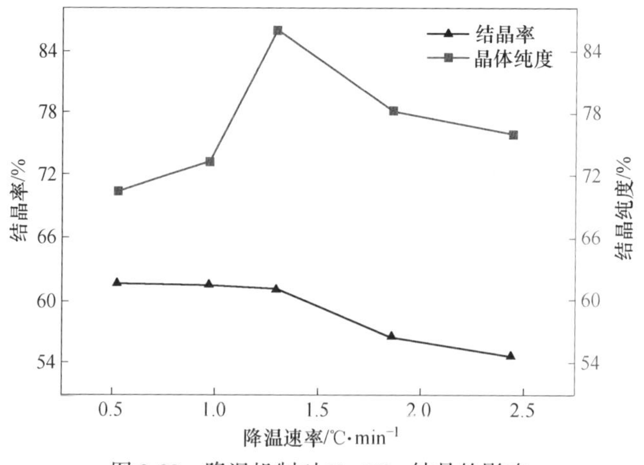

图 3-39　降温机制对 Na_3VO_4 结晶的影响

由图 3-40 可知，当降温速率在 1.30℃/min 及以下时，晶体为针状，且随着降温速率增大，数量增多，因此纯度升高。而当降温速率再增大时，结晶晶体成

为薄片状，速率越快薄片越多［见图 3-40 中的（d）、（e）］，因为降温速率过快会导致晶核数量激增，远超出所需的晶核量，使晶体无法长大，这样细小晶核的临界半径尺寸较小，在溶液中难以长大，会重新溶于溶液中，导致结晶率较低，生长的晶核夹带碱液，晶体纯度也不高。综合考虑结晶率、晶体纯度及经济性，控制降温速率在 1℃/min 左右即可。

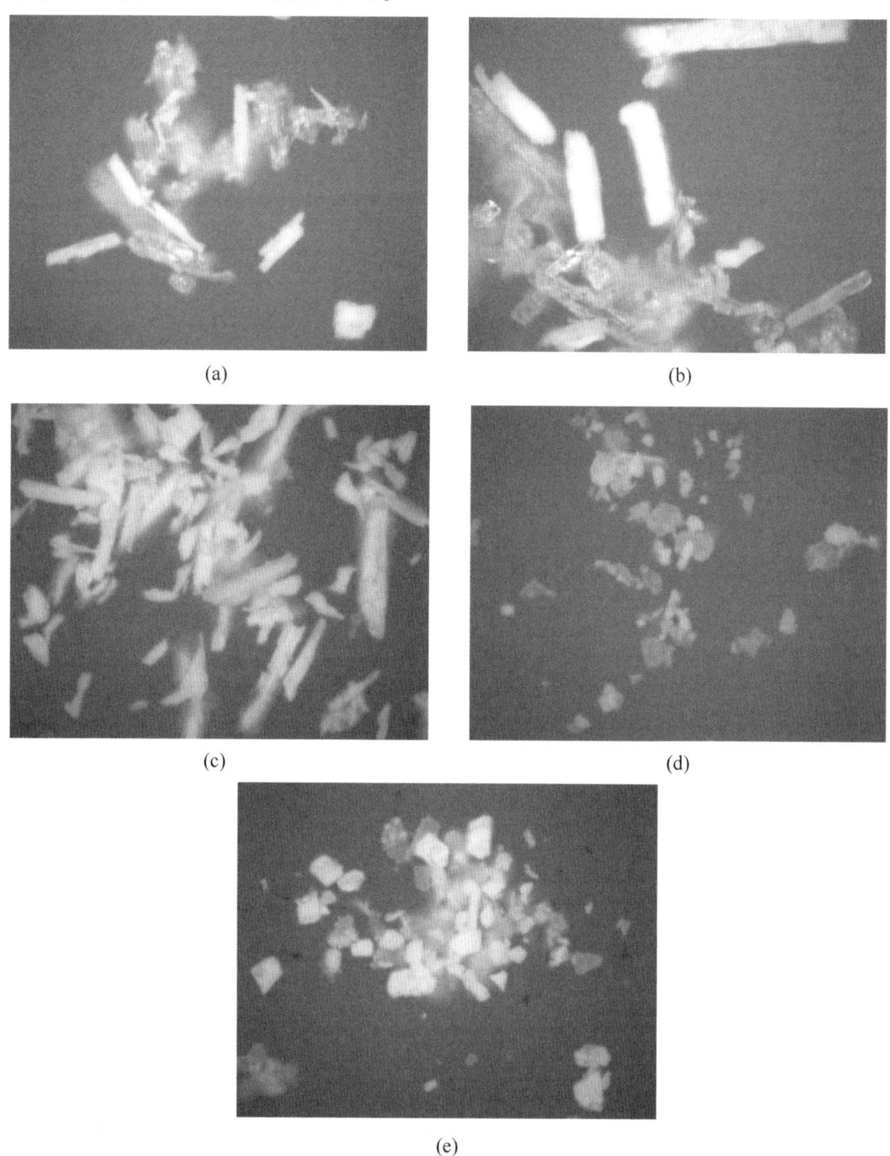

(a) (b) (c) (d) (e)

图 3-40 降温机制对晶型的影响

（a）0.52℃/min，放大 200 倍；（b）0.97℃/min，放大 200 倍；（c）1.30℃/min，放大 200 倍；（d）1.86℃/min，放大 200 倍；（e）2.44℃/min，放大 200 倍

3.5.4 保温时间的影响

保温时间的长短决定结晶是否完全，因此考察了保温时间对 Na_3VO_4 结晶的影响。

由表 3-18 和图 3-41 可知，当保温时间短于 1.5h 时，结晶率随着保温时间增长而降低。但随着时间再继续增加，结晶率反而降低。但总的来看，结晶率随保温时间的变化并不大，在 1%左右，也就是说，保温时间对结晶率几乎没有显著影响。而这里结晶率均超过 80%，也与碱浓度升高有关。同时，由图 3-41 可知，当保温时间短于 1.5h 时，结晶纯度随着保温时间增长而增大，而当结晶时间超过 1.5h 后，纯度反而降低，最低纯度为 65.96%，最高纯度为 75.64%。

表 3-18 保温时间对 Na_3VO_4 结晶率和纯度的影响

样品号	结晶后液组成/$g \cdot L^{-1}$			结晶率/%	结晶纯度/%
	NaOH	Na_3VO_4	Na_2CrO_4		
原液	351.92	59.85	26.01		
0.5h	328.45	11.36	24.79	83.79	66.87
1.0h	308.79	11.16	25.08	83.27	71.82
1.5h	314.98	11.45	25.94	82.78	75.64
2.5h	307.73	10.95	24.59	83.35	65.96

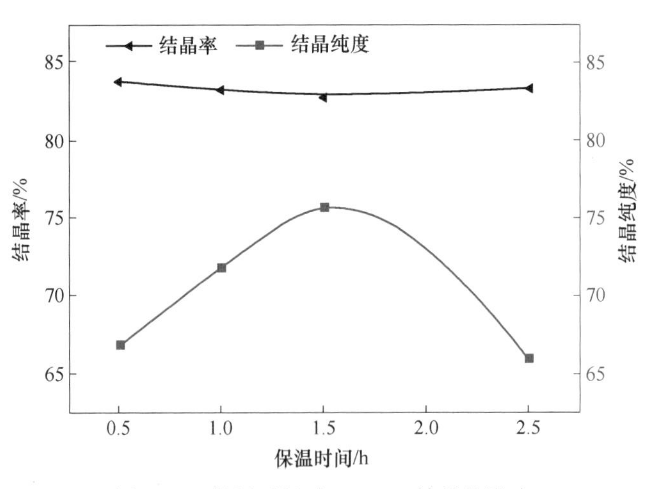

图 3-41 保温时间对 Na_3VO_4 结晶的影响

图 3-42 是结晶的晶型。保温 0.5h 后结晶的晶体为六边形，当保温时间延长至 1h，六边形尺寸变大，且开始出现八边形，与此同时，生长完全的晶体数量增多，因此结晶纯度由 66.87%增至 71.82%。当保温时间继续增加时，八边形的

尺寸继续变大，同时与六边形依旧共存，因此结晶纯度仍然增加。然而，当继续增加保温时间，八面体数量减少，六面体数量增多，且六面体尺寸变小，与 0.5h 存在的六面体几乎相同，因此此时的纯度与 0.5h 接近。

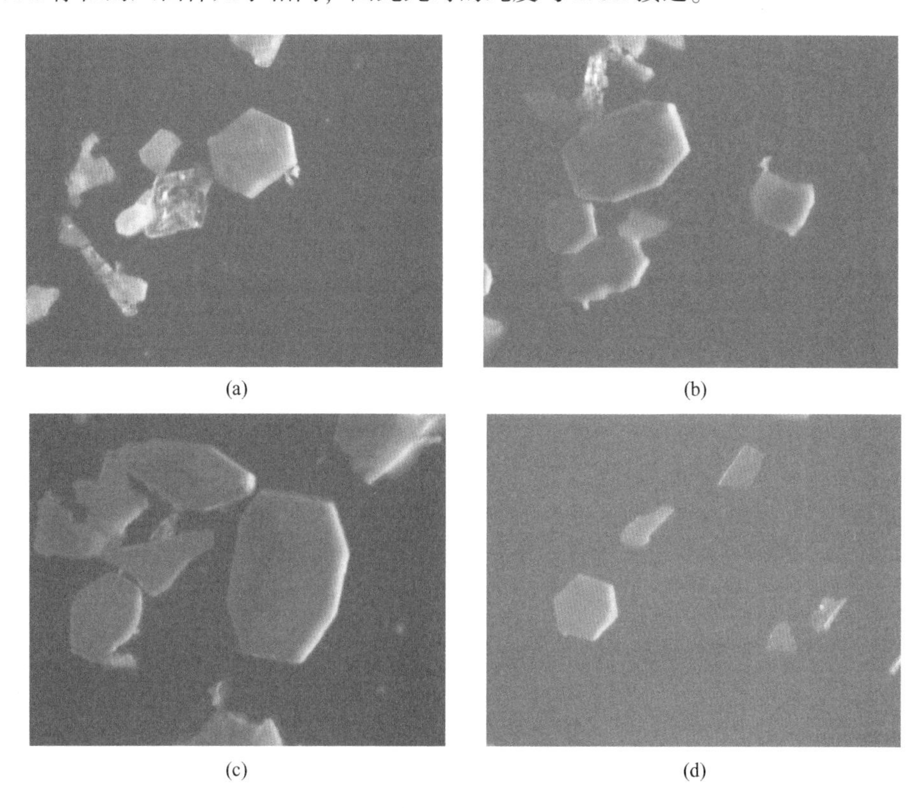

图 3-42 保温时间对晶型的影响

（a）0.5h，放大 200 倍；（b）1h，放大 200 倍；（c）1.5h，放大 200 倍；（d）2h，放大 200 倍

由以上分析可知，保温时间的增加，可以令晶体尺寸增大，且形貌会发生变化，时间介于 1~1.5h 之间时，会形成八面体结构晶体，纯度增加；而保温时间过长，尺寸大的八面体又重新溶于溶液中，导致结晶纯度降低。

考虑到由于此系列实验碱浓度升高导致过饱和度增大，因此未到温度降至 40℃时即有晶体析出（52℃左右），即晶体析出到降温完全有 15min，因此最佳保温时间选择为 105min。

3.5.5 搅拌转速的影响

搅拌转速影响整个结晶器中的流场，从而影响晶体的粒度和形貌变化，因此考察了搅拌转速对 Na_3VO_4 结晶的影响。

由表 3-19 和图 3-43 可知，搅拌转速的改变对结晶率影响并不显著。当转速由 100r/min 增至 150r/min 后，结晶率增长 1.5%。当搅拌转速过低时，原子间相互碰撞结合的概率降低，溶液几乎形成固体状，在结晶器内没有充分移动，因此结晶率较低；当搅拌转速过高时，新形成的晶核被打碎，打碎后的小晶核尺寸小于临界晶核半径，细晶再一次被溶解。就结晶率而言，搅拌转速选择在 160r/min 左右较为合适。

表 3-19 搅拌转速对 Na_3VO_4 结晶率和纯度的影响

样品编号	结晶后液组成/g·L^{-1}			结晶率/%	结晶纯度/%
	NaOH	Na_3VO_4	Na_2CrO_4		
原液	256.92	56.64	19.09		
100r/min	262.76	25.57	19.95	63.10	74.25
150r/min	261.56	24.06	19.85	64.64	83.86
200r/min	269.91	25.51	20.48	61.15	86.93
300r/min	253.65	27.46	19.18	57.34	88.72

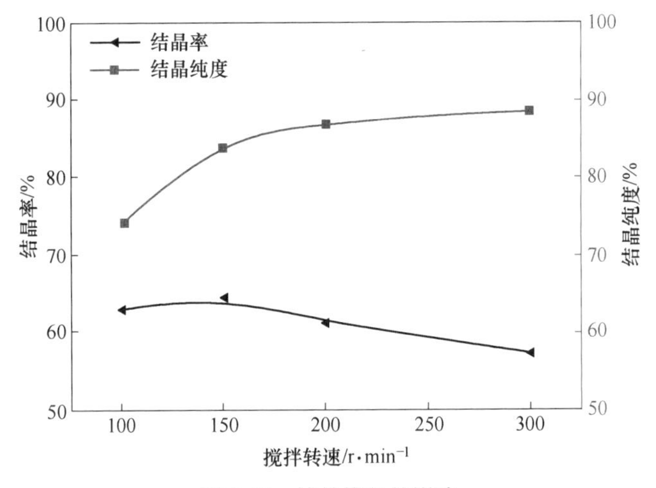

图 3-43 结晶终温的影响

由图 3-44 可见，搅拌转速较低时，晶体须状生长，形成的最终晶体仅仅是晶体之间相互碰撞的碎片，质量低劣；而搅拌转速增大至 300r/min 时，晶粒之间接触增多，细晶被打碎，出现了六面型晶体，纯度增加，接近 90%。但由于搅拌转速过大，会导致结晶器装置不稳定，且过大的搅拌转速令结晶率降低，因此后续操作中依旧选择搅拌转速为 160r/min。

3.5.6 晶种添加量的影响

晶核的加入有诱导晶核形成的作用，且能通过控制加入晶种的时间调控产生晶体的粒度。配制相同浓度的四元溶液用于实验，根据已测得 $NaOH-Na_3VO_4$-

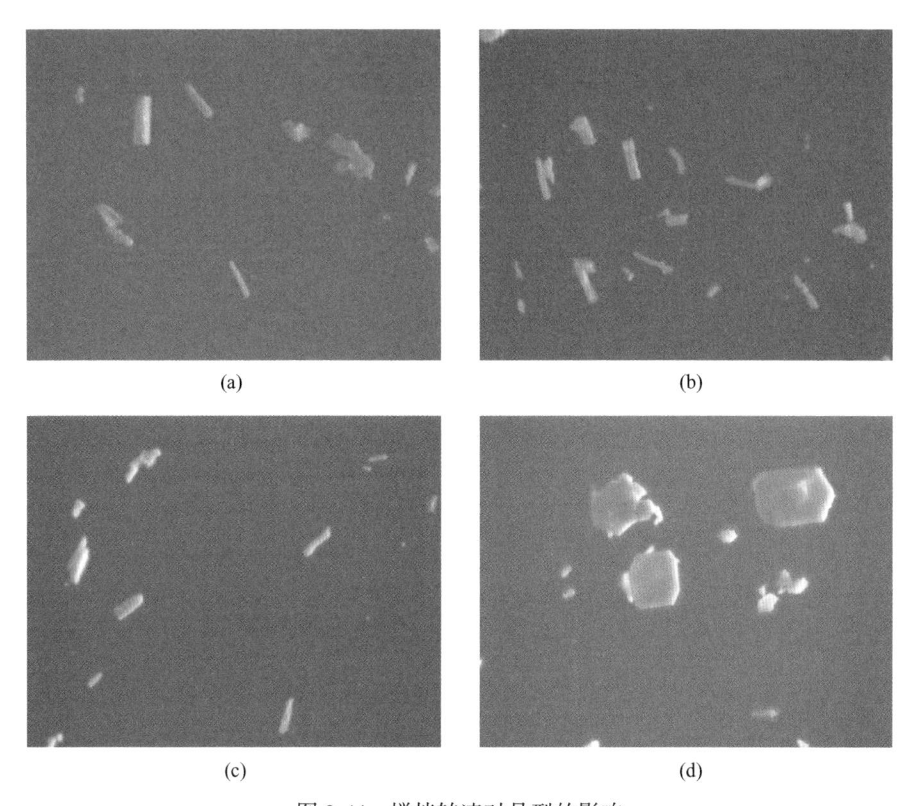

图 3-44 搅拌转速对晶型的影响

(a) 100r/min，放大 200 倍；(b) 150r/min，放大 200 倍；

(c) 200r/min，放大 200 倍；(d) 300r/min，放大 200 倍

Na_2CrO_4 三元体系介稳区宽度，选择在 47℃ 时添加晶种，晶种添加量分别为 0.1%、0.35%、0.75%、1%及 2%。晶种添加量的计算是以原液中 Na_3VO_4 含量作为计算基准。计算公式如下：

$$晶种添加量(g) = c(Na_3VO_4) \times V \times 晶种添加质量分数$$

上式中，钒酸钠浓度由 ICP 测得，溶液为实验溶液体积恒定 400mL。实验结果见表 3-20 和图 3-45。

表 3-20 晶种添加量对结晶率和 Na_3VO_4 纯度的影响

样品编号	结晶后液组成/g·L^{-1}			结晶率/%	结晶纯度/%
	NaOH	Na_3VO_4	Na_2CrO_4		
原液	256.92	56.64	19.09		
0.10%	249.65	26.08	19.77	57.41	94.17
0.35%	270.97	27.86	20.91	54.74	95.75

续表 3-20

样品编号	结晶后液组成/g·L^{-1}			结晶率/%	结晶纯度/%
	NaOH	Na_3VO_4	Na_2CrO_4		
0.75%	265.77	26.87	20.82	57.19	93.79
1.00%	255.73	28.68	20.45	54.94	92.43
2.00%	272.41	28.22	21.47	55.17	95.48

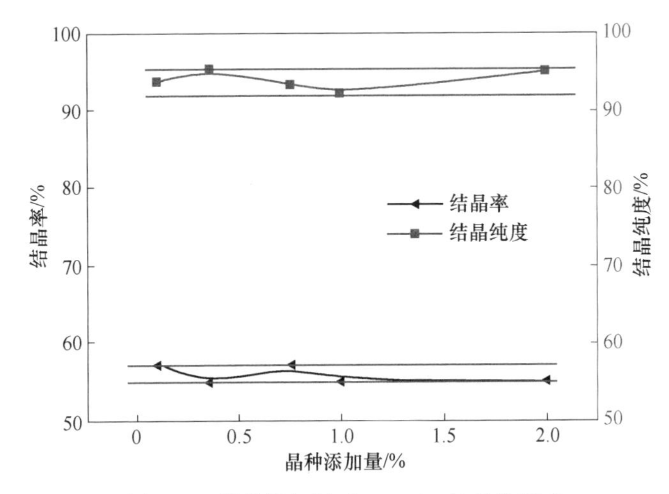

图 3-45 晶种添加量对 Na_3VO_4 结晶的影响

由表 3-20 及图 3-45 可见，晶种添加量对结晶率影响并不显著，尤其在考虑到实验的操作误差及 ICP 测定误差的情况下，测定的结晶率最大差仅 2.67%。

由图 3-46 可见，无论晶种添加量多少，最终均生成六边形晶体，同时夹杂较多细小的破碎片状晶体，纯度变化小于 2.75%，亦可将其视为实验误差范围内，即晶种添加量对结晶率和结晶纯度均无较大影响。

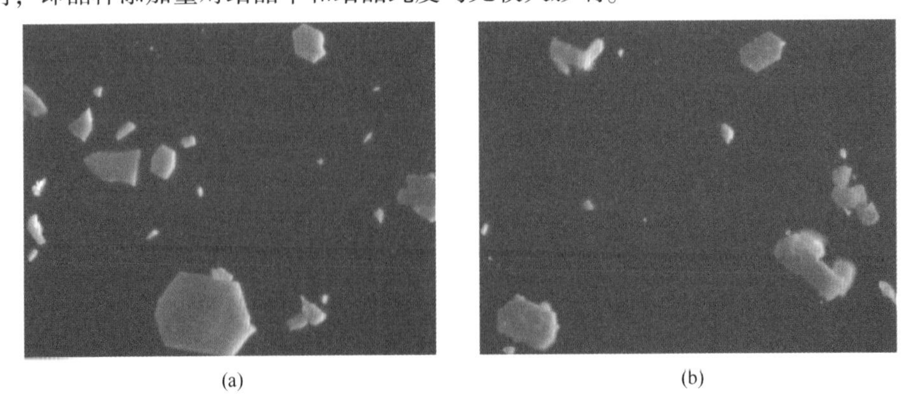

(a) (b)

图 3-46 晶种添加量对晶型的影响

(a) 0.35%，放大 200 倍；(b) 1%，放大 200 倍

3.5.7 Na_3VO_4 结晶产物物相性质

用纯的 $Na_3VO_4 \cdot 3H_2O$ 试剂进行 XRD 测试，在测定前进行 60℃和 80℃烘干下的预处理。由图 3-47 可见，纯试剂在进行不同温度的烘干之后，峰值发生了明显变化，这表明钒酸钠晶体携带的结晶水受温度影响极大，且失去不同数目的结晶水会引起 XRD 峰的显著变化，因此结晶产物需要在统一温度下干燥后再进行 XRD 测试。

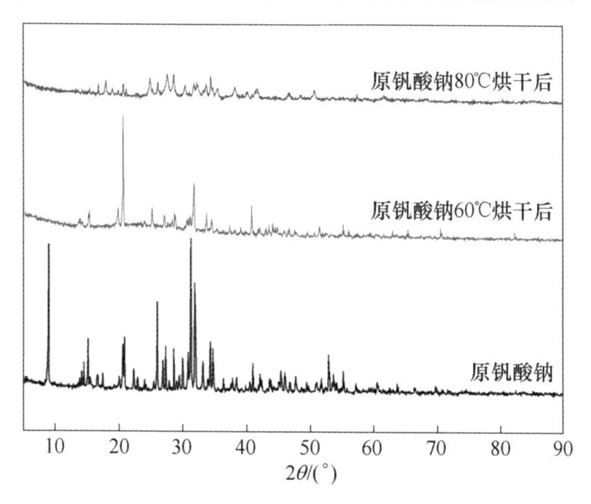

图 3-47 原钒酸钠 XRD 谱

在 80℃烘干条件下对自制钒酸钠及最终结晶产物进行预处理，由图 3-48 可见，其谱图峰线吻合。经过与图 3-49 进行对比分析可知，结晶产物为 $Na_3VO_4 \cdot 3H_2O$。

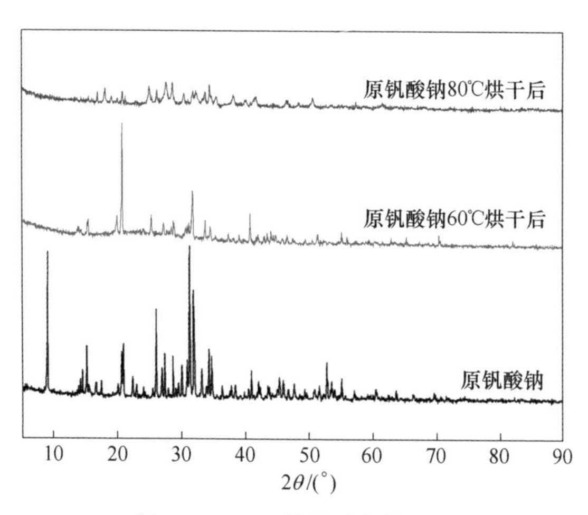

图 3-48 80℃烘干后产物 XRD

将直接结晶的产物进行 SEM 表征，由图 3-50 可见，结晶产物为棱柱状柱体，

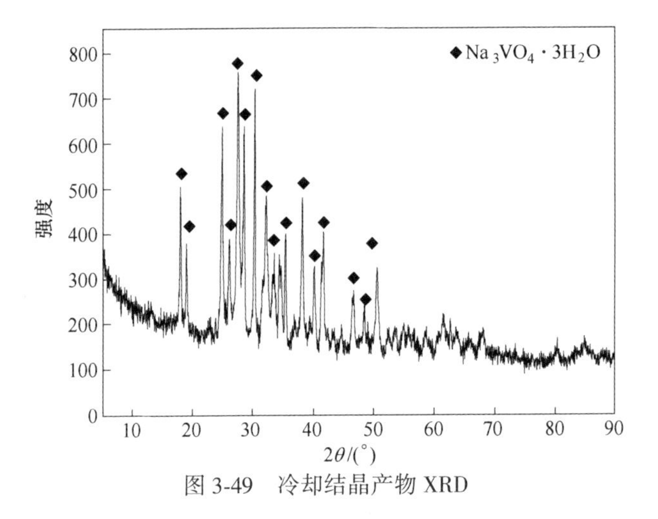

图 3-49 冷却结晶产物 XRD

包裹在絮状的碱溶液中。将直接结晶的产物进行粒度分析，其平均粒度为 20.297μm，由图 3-51 可见，其粒度分布出现双峰，粒度分布不均匀。

图 3-50 冷却结晶产物 SEM 图

（a）放大 5000 倍；（b）放大 10000 倍

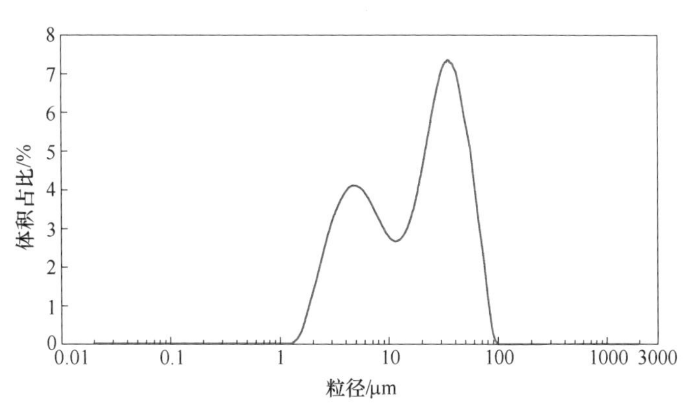

图 3-51　冷却结晶产物粒度分布

3.6　铬酸钠的蒸发结晶分离

3.6.1　钒酸钠对铬酸钠结晶的影响

无论是在 40℃或者 80℃，因 Na_3VO_4 的加入，整个碱浓度范围内的 Na_2CrO_4 溶解度均有显著降低。在 40℃整个碱浓度范围内三元和四元体系中 Na_2CrO_4 的溶解度差的平均值约为 100g/L，在低碱浓度区差值稍大，在高碱浓度区差值稍低，当碱浓度超过 750g/L 后，Na_3VO_4 溶解度降低量小于 50g/L。80℃时，Na_3VO_4 的加入对 Na_2CrO_4 浓度的影响同样是在低碱浓度区比较显著。当 NaOH 浓度低于 100g/L 时，三元体系中 Na_3VO_4 浓度较四元体系高出约 150g/L，而当碱浓度为 730g/L 时，三元体系的溶解度高出仅 50g/L。

综上所述，Na_3VO_4 的加入令 Na_2CrO_4 浓度在整个碱浓度范围内均有降低，但是在低碱浓度区更为明显。因此，Na_3VO_4 对 Na_2CrO_4 在碱液中也存在盐析效应，这将有利于 Na_2CrO_4 的蒸发结晶析出。

3.6.2　铬酸钠蒸发结晶分离工艺

3.6.2.1　Na_3VO_4 浓度对铬酸钠结晶的影响

初始碱浓度为 350g/L，Na_2CrO_4 浓度 60g/L，配制 Na_3VO_4 浓度在 5～24g/L 之间的初始结晶液 500mL 进行反应，蒸发至碱浓度 650g/L 左右后即达到结晶终点。

图 3-52 展示了不同钒酸钠浓度时铬酸钠结晶前后溶液中钒铬浓度变化，因

蒸发终点碱度适中，未超过四元体系饱和溶解度，蒸发后不同样品中 Na_3VO_4 浓度仍呈现梯度变化；且由于蒸发后的饱和滤液中仍含有浓度为梯度变化的 Na_3VO_4，相同初始含量的 Na_2CrO_4 经过蒸发后亦以梯度浓度形式出现，初始 Na_3VO_4 含量越高，蒸发后滤液中 Na_2CrO_4 浓度点落在越靠近四元饱和体系点处。最终实验结果见表 3-21 和图 3-53。

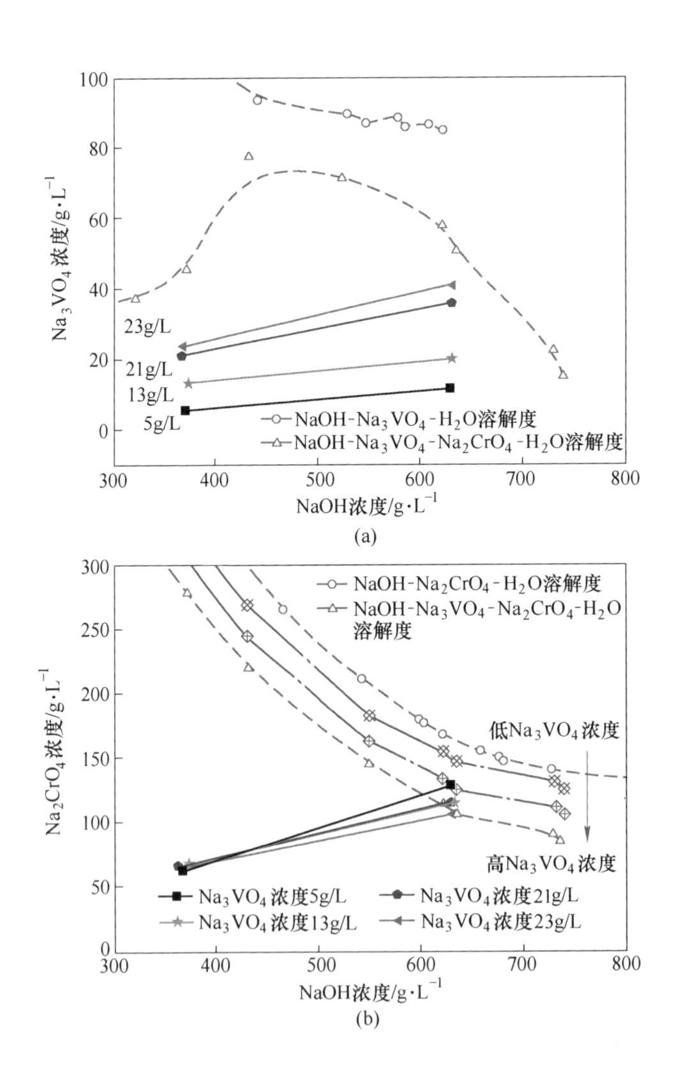

图 3-52 Na_3VO_4 浓度对 Na_2CrO_4 结晶的影响过程中钒铬浓度变化

(a) Na_3VO_4；(b) Na_2CrO_4

表 3-21 Na_3VO_4 浓度对 Na_2CrO_4 结晶的影响

样品号	初始浓度/g·L^{-1}			结晶后浓度/g·L^{-1}			结晶率/%	$w(Na_3VO_4\cdot 3H_2O)$/%	$w(Na_2CrO_4)$/%
	NaOH	Na_3VO_4	Na_2CrO_4	NaOH	Na_3VO_4	Na_2CrO_4			
1	367.65	5.39	62.15	629.38	11.25	126.83	—	—	—
2	371.63	13.29	67.04	632.49	20.02	114.80	25.16	1.10	94.87
3	362.25	21.20	65.27	628.83	35.58	113.52	26.25	1.51	92.78
4	366.09	23.42	65.05	630.49	41.05	105.88	26.75	1.97	90.67

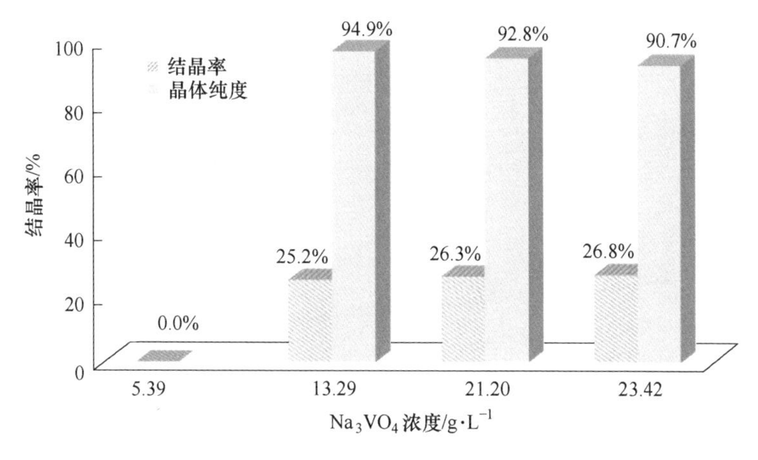

图 3-53 Na_3VO_4 浓度对 Na_2CrO_4 结晶率的影响

当初始溶液中碱浓度、Na_2CrO_4 浓度且结晶终点相同时，初始溶液中 Na_3VO_4 浓度越高（在不超过其饱和溶解度的情况下），Na_2CrO_4 的结晶率略微增高，这是由于 Na_3VO_4 对 Na_2CrO_4 存在盐析作用。Na_3VO_4 浓度越高的初始液，结晶后滤液中 Na_2CrO_4 浓度越低，其浓度越接近四元饱和曲线；在初始量相同的情况下，意味着更多晶体析出，结晶率越高。但因 Na_3VO_4 浓度差距不大，且对 Na_2CrO_4 盐析效应并不十分显著，结晶率虽有差距，但差别小于 2%。

3.6.2.2 *初始 Na_2CrO_4 浓度对铬酸钠结晶的影响*

初始碱浓度为 350g/L，Na_3VO_4 浓度 14g/L，配制 Na_2CrO_4 浓度在 60～100g/L之间的初始结晶液 500mL，蒸发至碱浓度 650g/L 左右后即达到结晶终点。

如图 3-54 所示，因蒸发终点碱度适中，未超过四元体系饱和溶解度，不同样品中 Na_3VO_4 浓度蒸发前后几乎完全相同。由于滤液中存在的少量 Na_3VO_4，经过蒸发后 Na_2CrO_4 的浓度点落在稍高于四元饱和体系点处。最终实验结果见表 3-22 和图 3-55。

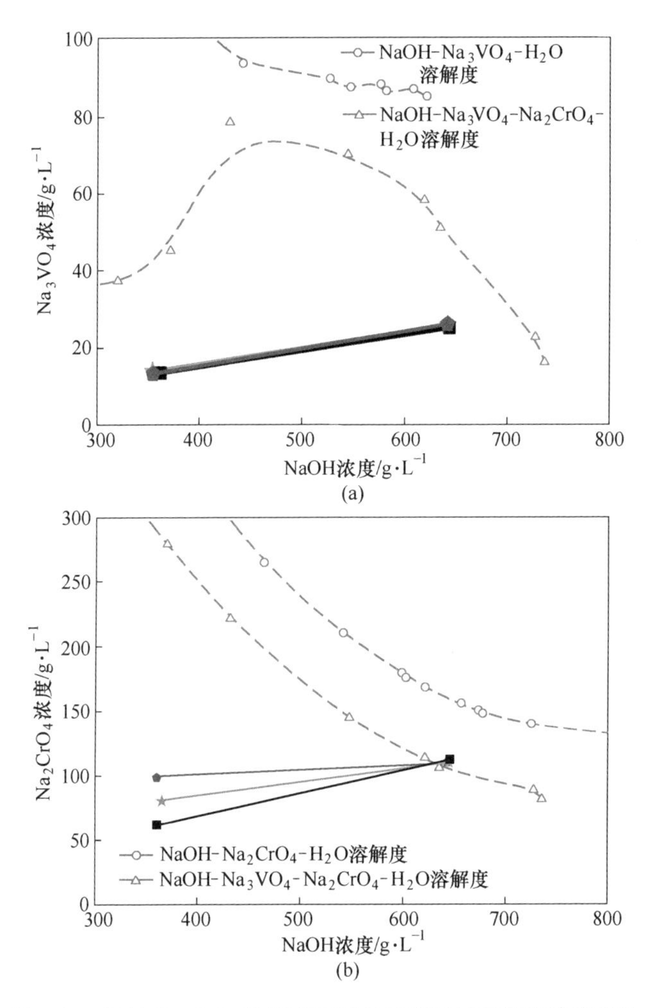

图 3-54 初始 Na_2CrO_4 浓度对其结晶的影响过程钒铬浓度变化

(a) Na_3VO_4；(b) Na_2CrO_4

表 3-22 初始 Na_2CrO_4 浓度对其结晶的影响

初始浓度/g·L^{-1}			结晶后浓度/g·L^{-1}			结晶率/%	$w(Na_3VO_4 \cdot 3H_2O)$/%	$w(Na_2CrO_4)$/%
NaOH	Na_3VO_4	Na_2CrO_4	NaOH	Na_3VO_4	Na_2CrO_4			
357.56	14.04	61.56	645.25	25.80	111.84	30.23	0.99	95.87
365.66	13.55	80.84	646.91	25.06	111.13	40.89	0.37	96.64
358.07	13.35	99.44	645.16	26.04	110.13	52.16	0.00	97.32

显而易见，当初始溶液碱浓度、Na_3VO_4 浓度且结晶终点相同时，初始溶液中 Na_2CrO_4 浓度越高，其结晶率越高。同时，结晶产物中杂质 Na_3VO_4 的质量分

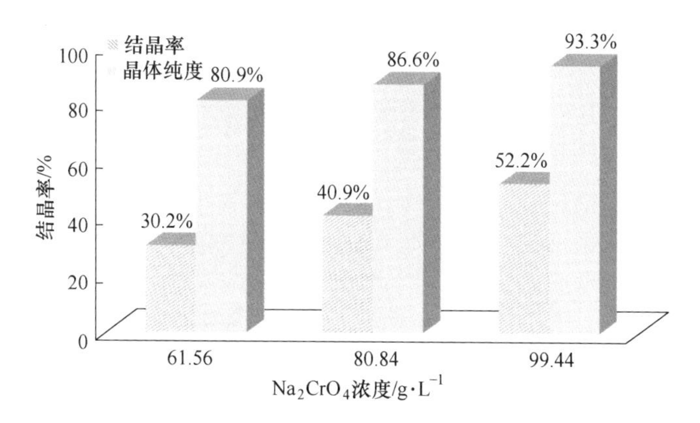

图 3-55 初始 Na_2CrO_4 浓度对其结晶率的影响

数低于 1%，表明在蒸发结晶过程中，Na_3VO_4 未析出，且初始 Na_2CrO_4 浓度越高，夹带杂质越低，产物纯度越高。因此，结晶 Na_2CrO_4 时，它在原始溶液中浓度越高越好。但值得注意的是，铬在原始溶液中浓度取决于原料中铬含量，原料中铬含量越高，初始浓度越高，越有利于提高后续铬酸钠结晶的结晶率和产品纯度指标。

3.6.3 结晶终点 NaOH 浓度的影响

初始结晶液碱浓度为 350g/L 左右，Na_3VO_4 浓度为 14g/L 左右，Na_2CrO_4 浓度约为 52g/L，蒸发后碱浓度保证在 600~930g/L 之间。

蒸发前后钒铬浓度如图 3-56 所示。由图可知，钒浓度起点基本一致，当结晶终点碱浓度较低时（前两个点），蒸发后的 Na_3VO_4 浓度未超过四元体系饱和溶解度，落在四元点下方，此时无 Na_3VO_4 的析出。而当碱浓度升高时，结晶后的 Na_3VO_4 浓度点落在四元体系饱和溶解度曲线上（第三个点），故在该点会有少量 Na_3VO_4 夹带。当碱浓度进一步增高时，蒸发过程 Na_3VO_4 浓度应沿着箭头所示的蒸发线变动，但因其超过四元饱和溶解度，造成蒸发终点碱度较高时 Na_3VO_4 的析出（后两个点），且碱浓度越高，Na_3VO_4 析出夹带越多，产品质量越差。

另外可以看到，铬浓度起点亦基本一致，当蒸发碱浓度较低时，未达到四元体系铬的溶解度，在第一点处铬酸钠没有析出。随着碱浓度逐步升高，蒸发后的铬酸钠浓度高于饱和溶解度才可以析出，且浓度越高，结晶率越大。除第二个点时 Na_3VO_4 未达饱和溶解度，蒸发后饱和液的 Na_2CrO_4 浓度略高于四元曲线外，后三个点均落于饱和四点曲线上。

结晶终点 NaOH 浓度对 Na_2CrO_4 结晶率和产品纯度的影响见表 3-23。

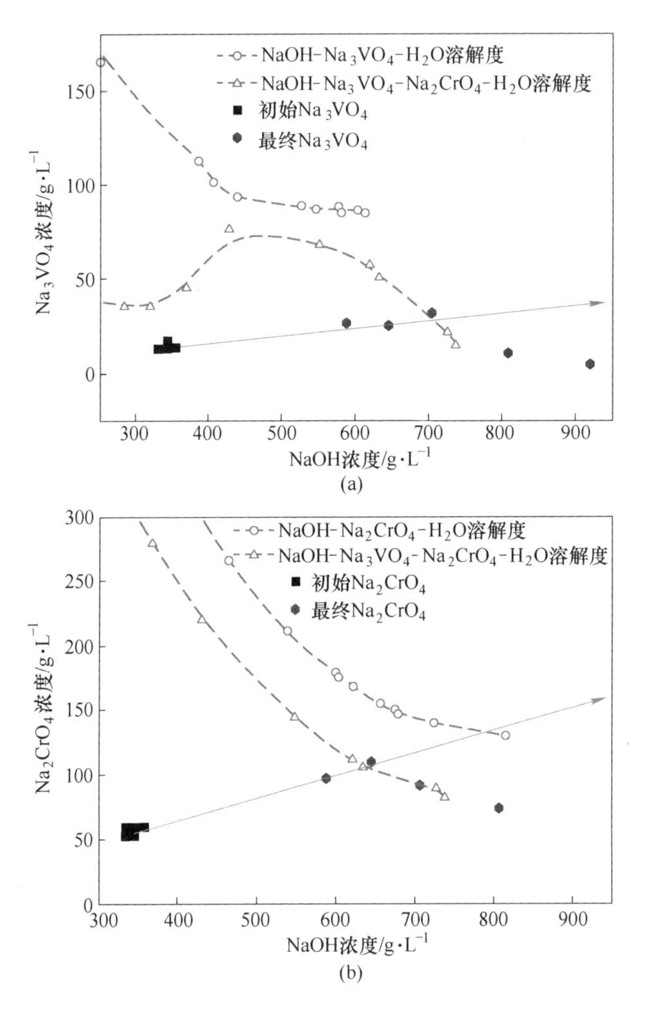

图 3-56　结晶终点 NaOH 浓度对 Na_2CrO_4 结晶的影响过程钒铬浓度变化

(a) Na_3VO_4；(b) Na_2CrO_4

表 3-23　结晶终点 NaOH 浓度对 Na_2CrO_4 结晶的影响

初始浓度/g·L^{-1}			结晶后浓度/g·L^{-1}			结晶率/%	$w(Na_3VO_4 \cdot 3H_2O)$/%	$w(Na_2CrO_4)$/%	$w(NaOH)$/%
NaOH	Na_3VO_4	Na_2CrO_4	NaOH	Na_3VO_4	Na_2CrO_4				
343.47	16.5	61.31	587.35	27.83	97.45	0	—	—	—
357.56	14.04	61.56	645.25	25.80	111.84	30.23	0.99	95.87	2.83
328.38	13.65	58.68	707.49	32.09	93.81	36.05	2.49	78.32	18.51
342.34	14.03	55.31	809.34	10.17	74.67	42.66	17.60	56.67	24.76
341.93	13.40	52.40	920.24	4.39	51.34	86.15	20.22	47.64	25.83

分析产品纯度可知（见表 3-23），碱浓度增大不仅令钒杂质夹带过多，也会令碱夹带过多，高碱度晶体产品过滤较慢，烘干后呈块状，相互聚结，质量较差。终点碱浓度决定了产品纯度，选取一个合适的终点碱浓度，不仅保证蒸发效率，降低能耗，最重要的是令最终结晶产品能获得有效利用而不用再经历除杂步骤。由以上分析可知，终点碱浓度的选取需由两要素协同决定：

（1）保证初始 Na_2CrO_4 浓度到达该碱度后可以析出，防止因碱度过低，蒸发后 Na_2CrO_4 浓度过低而无法结晶的情况发生，该情况可利用四元体系溶解度数值并根据计算决定；

（2）保证初始 Na_3VO_4 浓度在到达该碱度后无法析出，避免该情况的发生同样需要计算后比较三元和四元体系溶解度数值。

从曲线分析，若蒸发结晶初始碱度为 350g/L，Na_3VO_4 浓度在 14g/L 左右时，结晶终点碱浓度应低于 710g/L 方能保证结晶产品中无大量 Na_3VO_4 夹带，初始 Na_2CrO_4 浓度在 60g/L 左右时，需至少蒸发碱浓度至 630g/L 方可结晶。

3.6.4 Na_2CrO_4 结晶产物性质

在 80℃烘干条件下对实验制得的铬酸钠进行预处理，由图 3-57 可见，结晶产物为 $Na_2CrO_4 \cdot 4H_2O$。

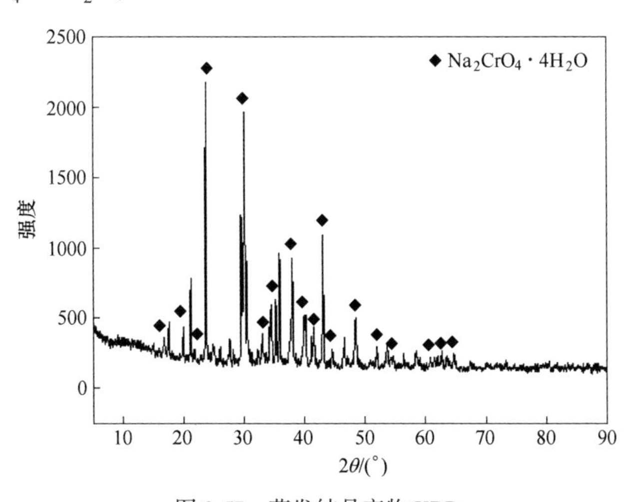

图 3-57 蒸发结晶产物 XRD

由放大 200 倍的图 3-58（a）可见，结晶晶体呈各种大小不同的片状，而放大至 500 倍［见图 3-58（e）］或 800 倍［见图 3-58（b）］，可清楚地看到菱形片状及六边形固体，从图 3-58（c）和（d）可看到边缘光滑或不光滑的菱形片状晶体，并能看出晶体生长趋势，生长完全的晶体边缘及表面均平滑，而未生长完全的晶体则是开始形成片状菱形，再慢慢进行平滑。

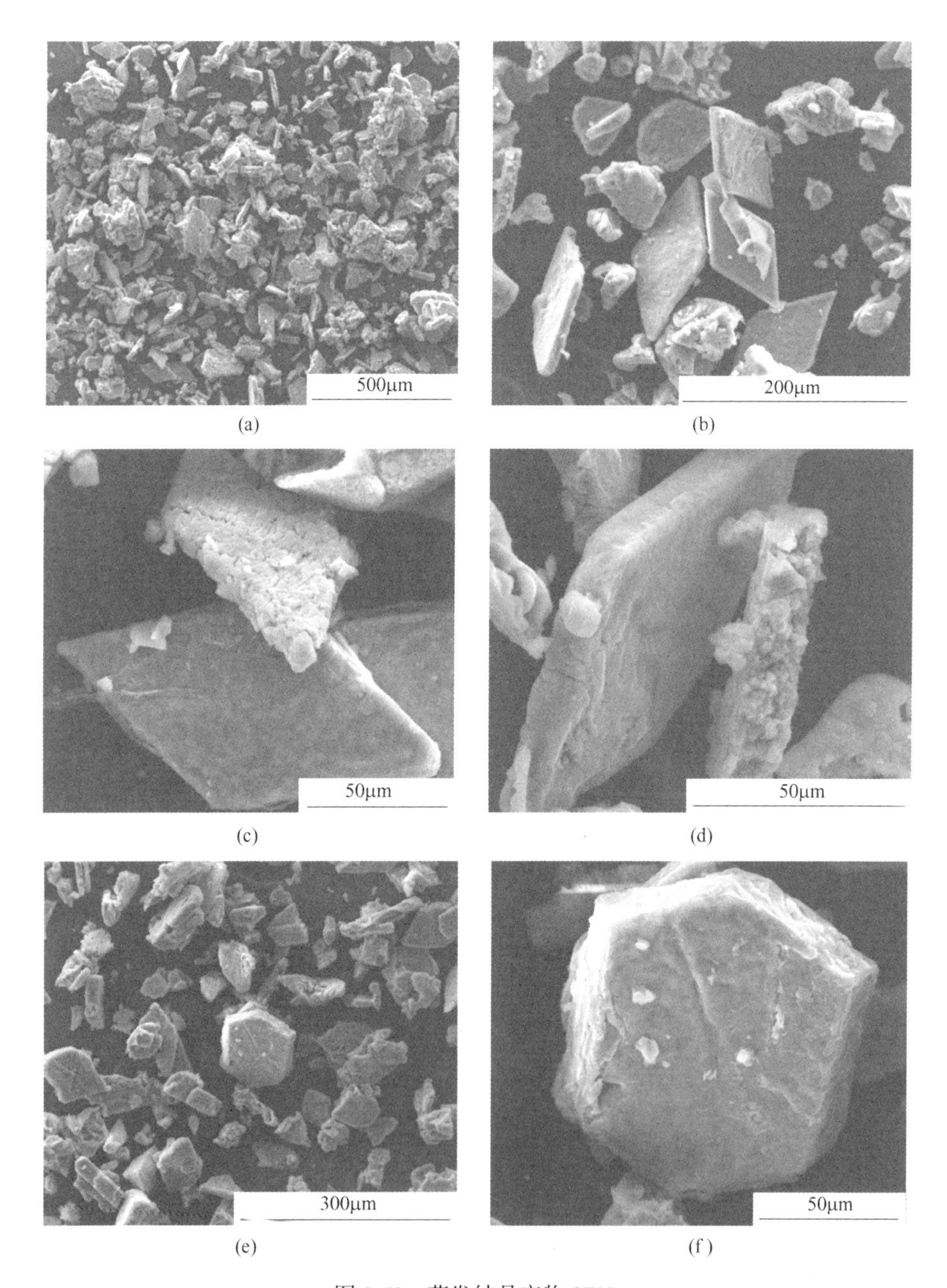

(a) (b) (c) (d) (e) (f)

图 3-58 蒸发结晶产物 SEM

(a) 放大 200 倍；(b) 放大 800 倍；(c) (f) 放大 2000 倍；
(d) 放大 3000 倍；(e) 放大 500 倍

3.7 小 结

(1) 建立了 NaOH 碱介质中钒铬高效结晶分离的新方法。通过测定 40°C 和 80°C 条件下四元水盐体系 $NaOH-Na_3VO_4-Na_2CrO_4-H_2O$ 溶解度相图，基于钒铬溶解度随温度及碱浓度变化规律的差异，提出钙化除杂后低碱浓度区冷却结晶分离钒酸钠，继而高碱浓度区蒸发结晶分离铬酸钠的钒铬分离新方法。

(2) 获得了完整的钒酸钠结晶过程介稳区及其成核生长规律。通过考察温度、碱浓度、转速及降温速率等参数对介稳区宽度的影响，获得相应条件下介稳区宽度及调控规律，为碱介质中钒铬相分离方法设计提供了重要依据；通过测定钒酸钠在 NaOH 溶液中的结晶诱导期，确定钒酸钠结晶为单核成核机理，其生长模式随碱浓度升高由连续型生长向传递型生长转变；以经典粒数衡算方程为基础，使用间歇动态法对钒酸钠冷却结晶过程的动力学行为进行考察，通过矩量变换法处理并计算钒酸钠结晶动力学方程，确定了其固液两相间结晶过程传递行为特性。

(3) 实现了 NaOH 体系中钒酸钠和铬酸钠的高效结晶分离。通过考察各工艺参数对钒酸钠结晶的影响，得到钒酸钠结晶工艺条件为：NaOH 浓度 300g/L 左右，搅拌转速 160r/min，从 80℃冷却至 40℃结晶，降温速率 1℃/min 左右，保温时间 105min，此条件下钒酸钠结晶率大于 54%，晶体纯度大于 93%，所得产物为 $Na_3VO_4 \cdot 3H_2O$，平均粒度 388.21μm。通过蒸发结晶至 NaOH 浓度 600～700g/L 可实现铬酸钠的分离，铬酸钠结晶率可超过 52%，晶体纯度大于 95%，所获得晶体为 Na_2CrO_4。

参考文献

[1] Wang S N, Wang J Z, Liu B, et al. Experimental determination of phase equilibria in the quaternary $NaOH-Na_3VO_4-Na_2MoO_4-H_2O$ system at 298. 15-353. 15K [J]. Journal of Chemical & Engineering Data, 2021, 66: 85-93.

[2] Wang S N, Feng M, Du H, et al. Determination of metastable zone width, induction time and primary nucleation kinetics for cooling crystallization of sodium orthovanadate from NaOH solution [J]. Journal of Grystal Growth, 2020, 545 (125721): 1-8.

[3] Feng M, Wenzel M, Wang S N, et al. Separation of Na_3VO_4 and Na_2CrO_4 from high alkalinity solutions by solvent extracton [J]. Separation and Purification Technology, 2020, 117282: 1-8.

[4] Feng M, Wang S N, Du H, et al. Solubility investigations in the $NaOH-Na_3VO_4-Na_2CrO_4-Na_2CO_3-H_2O$ at (40 and 80)℃ [J]. Fluid Phase Equlib, 2016, 409: 119-123.

[5] Feng M, Zheng S, Wang S, et al. Solubility investigations in the quaternary $NaOH-Na_3VO_4$-

Na_2CrO_4-H_2O system at (40 and 80)℃ [J]. Fluid Phase Equilibria, 2013, 360: 338-342.

[6] 邹兴，张懿. NaOH-$NaAlO_2$-Na_2CrO_4-H_2O 四元水盐体系相平衡 [J]. 过程工程学报，1998，(2): 118-121.

[7] Dettmer A, Nunes K P, Gutterres M, et al. Obtaining sodium chromate from ash produced by thermal treatment of leather wastes [J]. Chemical Engineering Journal: 2010, 160 (1): 8-12.

[8] Du G, Sun Z, Xian Y, et al. The nucleation kinetics of ammonium metavanadate precipitated by ammonium chloride [J]. Journal of Crystal Growth, 2016, 441: 117-123.

[9] Fan Y, Wang X, Wang M. Separation and recovery of chromium and vanadium from vanadium-containing chromate solution by ion exchange [J]. Hydrometallurgy, 2013, 136: 31-35.

[10] Mullin J W. Crystallization (Fourth Edition) [M]. Crystallization, 2001.

[11] Wang L, Peng J, Li L, et al. Solubility and metastable zone width of sodium chromate tetrahydrate [J]. Journal of Chemical & Engineering Data, 2013, 58 (11): 3165-3169.

[12] Wang S N, Song Z W, Zhang Y, et al. Solubility data for the NaOH-$NaNO_3$-Na_3VO_4-Na_2CrO_4-H_2O system at (40 and 80) C [J]. Journal of Chemical & Engineering Data, 2010, 55 (11): 4607-4610.

[13] Zhang Y, Li Y, Zhang Y. Supersolubility and induction of aluminosilicate nucleation from clear solution [J]. Journal of Crystal Growth, 2003, 254 (1-2): 156-163.

[14] Zhao J, Hu Q, Li Y, et al. Efficient separation of vanadium from chromium by a novel ionic liquid-based synergistic extraction strategy [J]. Chemical Engineering Journal, 2015, 264: 487-496.

钒酸钠的阳离子解离及碱介质循环

五氧化二钒是钒行业主流产品，结晶分离工序获得的钒酸钠需经进一步产品制备转化为五氧化二钒产品。传统钠化焙烧工艺获得的钒酸钠溶液通过铵盐沉钒-钒酸铵精制除杂-铵盐煅烧制备五氧化二钒产品，该方法存在钠无法循环、产生大量高盐度氨氮废水（20~40m^3/t 钒产品）、环境治理代价大等问题。针对以上问题，提出了两种钒酸钠清洁转化新方法，梯级阳离子置换法是通过加入钙盐生成低溶解度的钒酸钙，而钒酸钠中的碱金属离子则进入溶液以 NaOH 的形式返回反应阶段循环利用；离子交换膜电解钠/钒分离技术是通过电解钒酸盐的水溶液，使钒以低价态钒氧化物的形式还原析出，而钠则以 NaOH 的形式循环利用，从而实现钠/钒的清洁分离与钒酸盐的产品转化。

4.1 梯级阳离子置换制备氧化钒产品

梯级阳离子置换制备钒氧化物的思路为：钒酸钠通过钙化获得钒酸钙产品，钒酸钙通过铵盐转型获得偏钒酸铵产品。通过 Ca^{2+} 和 NH_4^+ 两级阳离子置换，实现了 NaOH 碱介质、CaO、NH_4HCO_3 介质在体系中的内循环，工艺全过程无废水排放。梯级阳离子置换过程同时也是杂质化学脱除过程，通过梯级置换后可获得纯度较高的钒氧化物产品。工艺设计流程图如图 4-1 所示。

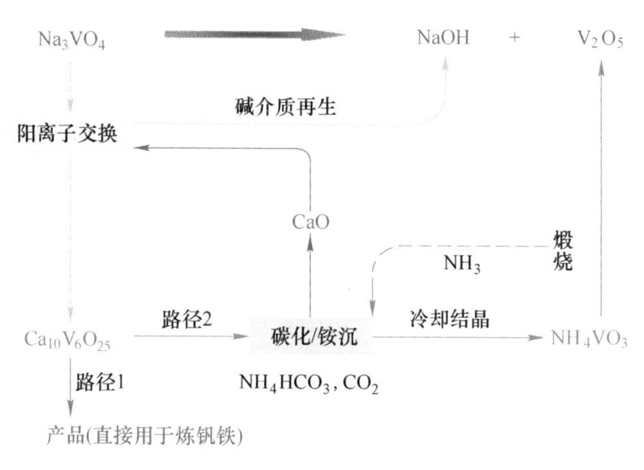

图 4-1 阳离子置换清洁制备钒氧化物工艺流程

梯级阳离子置换工艺可分为以下几个主要工序：

（1）钒酸钠钙化（Ca^{2+}置换 Na^+）；

（2）钒酸钙铵化（NH_4^+置换 Ca^{2+}）；

（3）偏钒酸铵结晶（钒从溶液中的清洁高效分离）；

（4）偏钒酸铵煅烧。

4.1.1　钒酸钠的钙化

4.1.1.1　钒酸钠钙化技术原理

溶液中钒酸根离子很容易与Ca^{2+}结合生成低溶解度的钒酸钙，钒酸钙沉淀析出从而实现 V 与 Na 的分离。钙化反应的方程式为：

$$yVO_4^{3-} + xCaO + xH_2O = Ca_x(VO_4)_y\downarrow + 2xOH^- \tag{4-1}$$

从式（4-1）可知，反应后溶液为碱性溶液，要保证钒酸钙有效沉淀，就要保证其在碱溶液中的溶解度最小。

图 4-2 为 $NaOH\text{-}Na_3VO_4\text{-}H_2O$ 和 $NaOH\text{-}Na_3VO_4\text{-}Ca(OH)_2\text{-}H_2O$ 体系中 Na_3VO_4 的溶解度等温线。

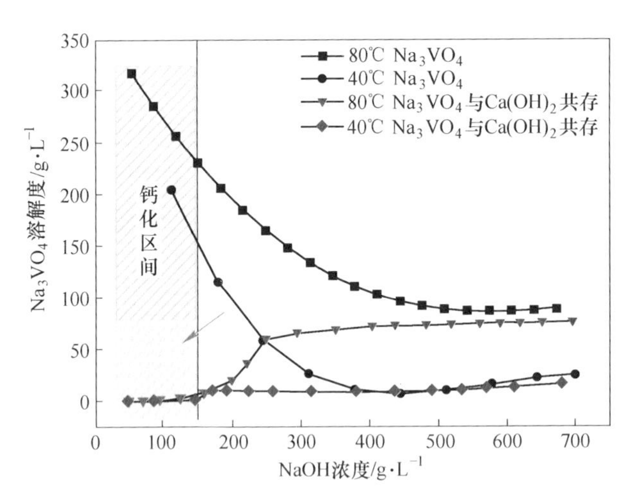

图 4-2　$NaOH\text{-}Na_3VO_4\text{-}H_2O$ 和 $NaOH\text{-}Na_3VO_4\text{-}Ca(OH)_2\text{-}H_2O$ 体系 Na_3VO_4 的溶解度等温线

由图 4-2 可以看出，当在 $NaOH\text{-}Na_3VO_4\text{-}H_2O$ 体系中加入 $Ca(OH)_2$ 后，低碱浓度条件下，CaO 的存在会促使溶液中的钒酸根与其反应，液相中 Na_3VO_4 的浓度急剧降低，当 NaOH 浓度低于 150g/L 时，Na_3VO_4 的溶解度急剧下降至溶液中几乎无可溶解的 Na_3VO_4，说明此时 Na_3VO_4 与 $Ca(OH)_2$ 反应生成了不溶的钒酸钙固相；当溶液 NaOH 浓度升高到一定值后，CaO 的存在对溶液中钒酸根离子的溶解度变化趋势影响逐渐降低。当 NaOH 浓度在 200g/L 以上，Na_3VO_4 溶解度逐

渐回升，直到高于500g/L NaOH(80℃)和高于350g/L(40℃)条件下，由于四元体系中Ca^{2+}盐析效应的影响，Na_3VO_4的溶解度接近三元体系，趋于稳定。因此可以认为，低碱浓度下，溶液中钒酸根离子和钙离子形成沉淀，其在溶液中的浓度很低。随着碱浓度的增大，溶液中的钒酸根离子不再与钙盐反应，其浓度随碱浓度升高急剧增大。由溶解度数据初步判断，当NaOH浓度低于150g/L时，在$Ca(OH)_2$存在的$NaOH-Na_3VO_4-H_2O$体系中，Na_3VO_4的溶解度低于5g/L，溶解度较低，表明在此区间可以实现Na_3VO_4的钙化，所以Na_3VO_4的钙化区间可选取NaOH低于150g/L的范围。

4.1.1.2 NaOH浓度的影响

分别配制碱浓度为70g/L、100g/L、130g/L、160g/L、190g/L、220g/L的钒酸钠溶液，加入所需理论量氧化钙的1.5倍，在反应温度90℃、反应时间2h条件下考察其钙化效果，实验结果如图4-3所示。

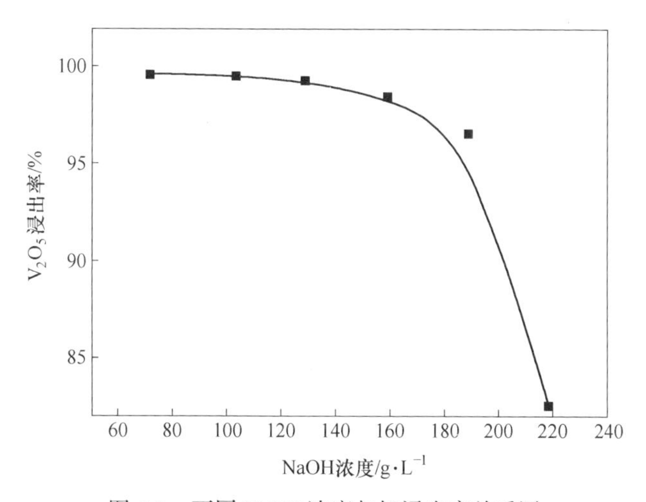

图4-3 不同NaOH浓度与钒浸出率关系图

从图4-3中可以看出，随着NaOH浓度的增加，钒的浸出率逐渐降低，当碱浓度低于200g/L时，钒的浸出率均在90%以上，特别碱浓度在100~150g/L之间时，钒浸出率可达到99%以上；当碱浓度大于200g/L时，由于碱浓度高，使液相的黏度增大，实验中观察到，反应后液几乎成浆状，实验操作中抽滤困难，导致钒浸出率降低。由此可见，碱浓度对钒浸出率有很大的影响。

同时，由图4-4可以看出，随着NaOH浓度的增加，固相中碱的夹带量随之增大，当碱浓度为160g/L时，固相中夹带的NaOH即达到1%左右，这是因为碱浓度高，生成的固相产物比较坚硬，致密度较大，从而造成游离碱的夹带量大。

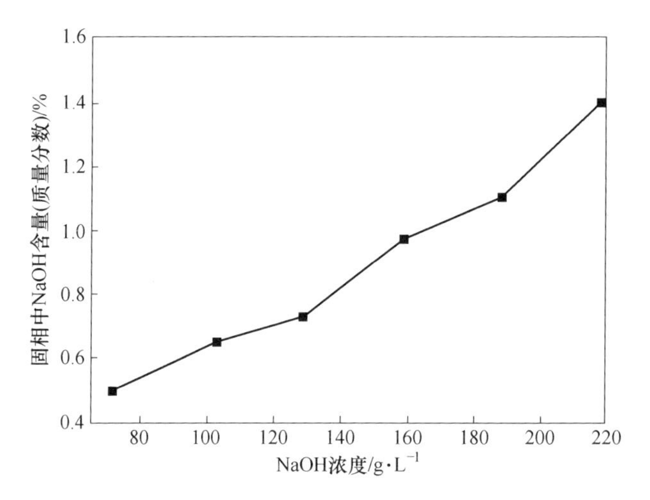

图 4-4　固相 NaOH 夹带量随 NaOH 浓度变化关系

正钒酸钙理论上 V_2O_5 的含量（质量分数）为 52%，CaO 为 48%。从表 4-1 中可以看出，实际生成的固相含钒量均低于理论计算量，一方面是因为所用添加剂氧化钙过量，致使固相中有未反应的氧化钙存在；另一方面产物中还有其他物质的生成如游离碱的存在，这都影响了固相中 V_2O_5 的含量。固相中 V_2O_5 的含量（质量分数）一般在 43%左右。

表 4-1　钙化固相产物成分表

NaOH 浓度/g · L^{-1}	固相含量(质量分数)/%		
	V_2O_5	CaO	游离 NaOH
71.72	43.13	52.37	0.50
103.20	44.06	55.29	0.65
128.90	44.03	55.24	0.73
158.90	42.10	56.93	0.97
188.32	42.17	56.73	1.10
218.80	41.00	57.60	1.40

从图 4-5 可以看出，不同 NaOH 浓度条件下生成的固相产物主要为 $Ca_{10}V_6O_{25}$，即 $3Ca_3(VO_4)_2 \cdot CaO$。正钒酸钠水溶液呈强碱性，在 pH = 14 时，钒酸钙的沉淀形式主要为 $Ca_3(VO_4)_2$，反应方程式为：

$$2Na_3VO_4 + 3CaO + 3H_2O = Ca_3(VO_4)_2\downarrow + 6NaOH \tag{4-2}$$

由于添加氧化钙为过量的，所以在固相中会夹带多余的氧化钙，生成 $Ca_{10}V_6O_{25}$；而又因为正钒酸钠是强碱弱酸盐，会水解生成焦钒酸钠，与添加剂氧化钙结合生成焦钒酸钙，所以固相组成是以 $Ca_{10}V_6O_{25}$ 为主的含钙钒氧化物。焦钒酸钙的反

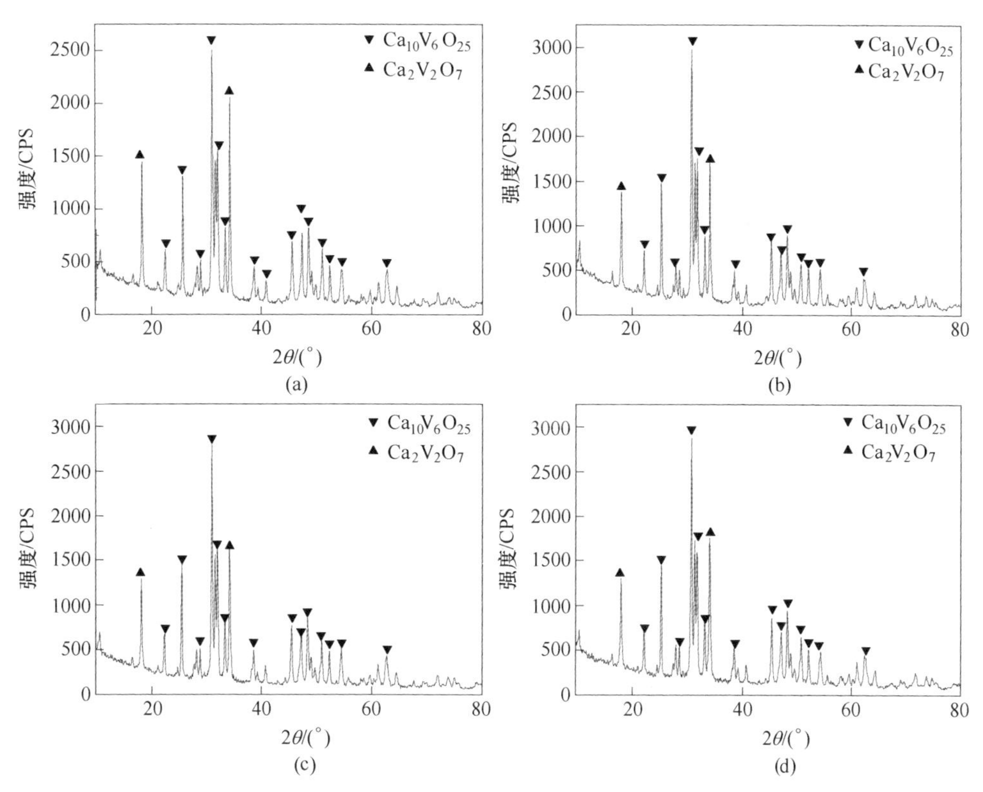

图 4-5 不同 NaOH 浓度下所得钒酸钙的 XRD 图

(a) 100g/L；(b) 130g/L；(c) 160g/L；(d) 190g/L

应方程式为：

$$Na_4V_2O_7 + 2CaO + 2H_2O \xlongequal{} Ca_2V_2O_7\downarrow + 4NaOH \qquad (4\text{-}3)$$

由以上分析可知，氢氧化钠浓度不影响沉钒产物的组成，只对钒浸出率、固相含钒量及固相游离碱的夹带量有影响。为减少沉钒过程中碱的损失，并保证较高的沉钒率，选取的碱浓度不宜过高，以 100~150g/L 为宜。

4.1.1.3 不同氧化钙添加量对钒浸出率的影响

氧化钙的添加量对沉钒效果有很大的影响，在 NaOH 浓度为 130g/L 左右，反应温度为 90℃，反应时间 2h 条件下，考察氧化钙过量系数分别为 1.9、1.6、1.4、1.2、0.9、0.8、0.7、0.6 及 0.5 对沉钒的影响，结果如图 4-6 所示。

从图 4-6 可知，随氧化钙添加量的增大，V_2O_5 的浸出率逐渐升高，当氧化钙过量系数小于 1.0 时，钒浸出率随氧化钙添加量的增大成线性增加，氧化钙添加量为理论量的 50%时，钒浸出率为 50%左右，添加量为 60%时，钒浸出率为 60%左右；当过量系数大于 1.0 时，钒浸出率随氧化钙添加量的增加而缓慢增加，变化很小；当添加量在 1.4~1.6 时，钒浸出率可达 99%左右。CaO 过量系

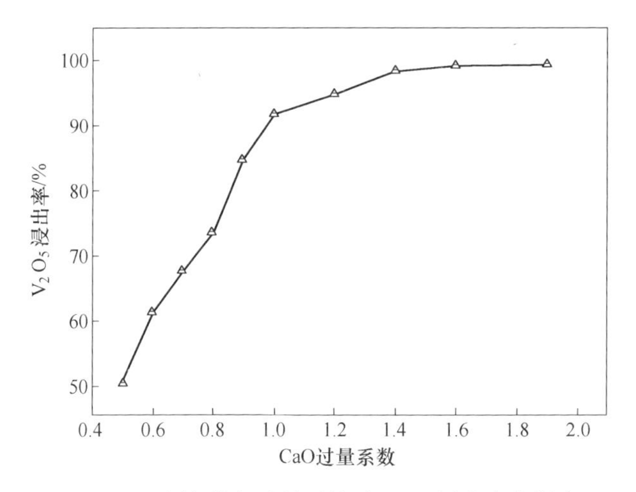

图 4-6　不同氧化钙过量系数对 V_2O_5 浸出率的影响

数增大，溶液中钙离子的浓度随之增加，有利于化学反应平衡的进行，有利于钒酸钙的生成，从而提高了钒的浸出率。当氧化钙添加量更大时，则出现反应后近乎无液相存在，难以操作的现象。

图 4-7 是 CaO 过量系数对固相中含钒量的影响，随 CaO 过量系数增大，固相中含钒量先增加后减少，当过量系数为 2.0 左右时，固相中 V_2O_5 含量急剧下降，这是由于固相中有过量的氧化钙，并且溶液黏度增大，过滤操作困难。氧化钙的含量过多，会造成溶液中其他物质如碱的黏附，使固相中含钒量下降。

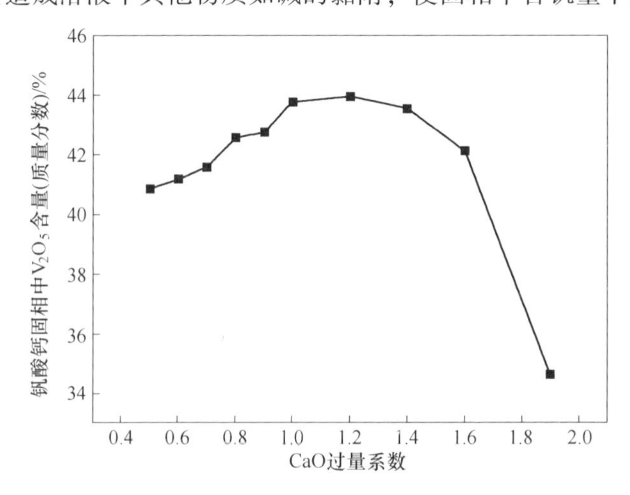

图 4-7　不同氧化钙量对固相含钒量的影响

从图 4-8 可以看出，不同氧化钙添加量下的产物组成不一样，当氧化钙过量系数小于 1.0 时，固相产物组成主要为 $Ca_6V_{10}O_{25}$，随着氧化钙过量系数的增大，

固相产物则由 $Ca_6V_{10}O_{25}$ 和焦钒酸钙（$Ca_2V_2O_7$）组成，这是因为氧化钙过量系数小于 1.0 即化学平衡理论量时，钙离子浓度较小，首先发生主反应，即 VO_4^{3-} 与 Ca^{2+} 的反应，生成产物 $Ca_6V_{10}O_{25}$；当氧化钙过量系数大于 1.0 时，此时溶液中的钙离子浓度增大，不仅促进主反应的发生，并且增大了与其他离子的接触机会，促进了副反应的生成，主要是正钒酸钠水解生成的 VO_3^- 与 Ca^{2+} 结合生成 $Ca_2V_2O_7$。

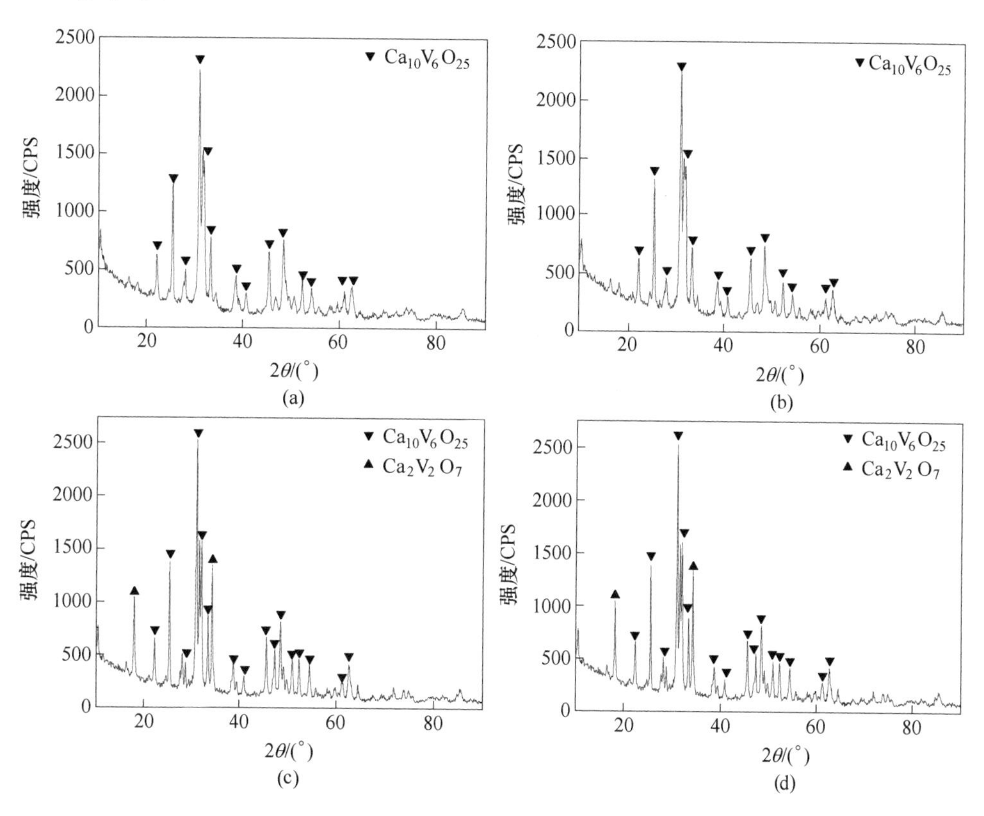

图 4-8 不同氧化钙过量系数下沉钒固相 XRD 图

（a）过量系数 0.5；（b）过量系数 1.0；（c）过量系数 1.6；（d）过量系数 2.0

从图 4-9 可以看出，氧化钙添加量的不同，对沉钒固相的形貌影响不大，整体观察固相颗粒大小较均匀。

由以上分析可知，氧化钙添加量的大小不仅影响钒浸出率而且对最终产物组成也有影响。综合考虑，选取氧化钙添加量为理论量的 1.5 倍，可实现钒浸出率达 99%以上，固相组成为 $Ca_6V_{10}O_{25}$ 和 $Ca_2V_2O_7$，即为含钙的钒氧化物。

4.1.1.4 不同反应温度对钒浸出率的影响

根据相关理论可知，温度对化学反应有一定的影响。考察了温度为 50～100℃对钒酸钠钙化的影响，实验条件为：NaOH 浓度为 130g/L 左右，氧化钙添

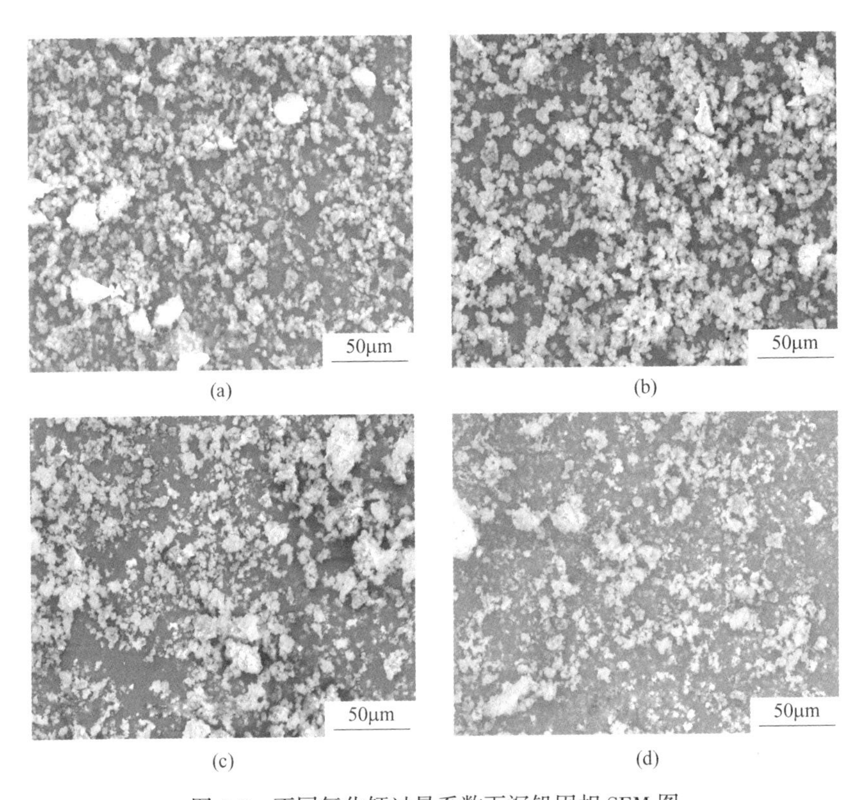

图 4-9　不同氧化钙过量系数下沉钒固相 SEM 图

(a) 过量系数 0.5；(b) 过量系数 1.0；(c) 过量系数 1.6；(d) 过量系数 2.0

加量为 1.5 倍，反应时间 2h，反应结束后停止振动，静止 1h 左右。

由图 4-10 可以看出，随着温度的升高，钒浸出率急剧升高，50℃时钒浸出

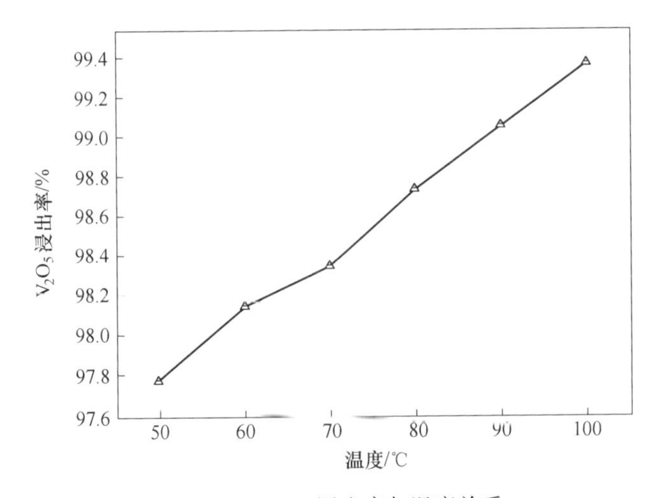

图 4-10　V_2O_5 浸出率与温度关系

率为97%左右，90℃时钒浸出率即达99%，100℃时为99.4%，所以温度在90℃以上沉钒率最佳。

从图4-11可以看出，随着反应温度的升高，固相中V_2O_5的含量随之增大，固相中游离碱的夹带量则随温度的升高而下降，由于温度越高，越有利于反应进行，所以反应产物中含钒量高，并且碱的夹带少。综合考虑钒浸出率、固相含钒量及固相碱夹带量因素，选取反应温度为90℃为宜。

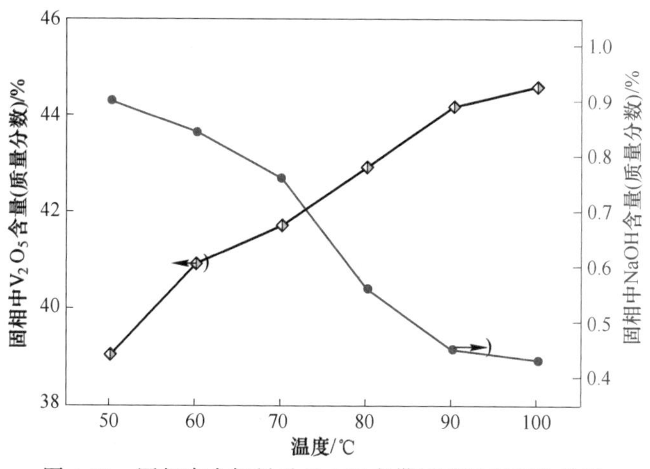

图4-11　固相中含钒量及NaOH夹带量随温度变化关系

由图4-12可以看出，不同反应温度下钙化沉钒产物物相组成均一致，说明温度对反应产物组成没影响。

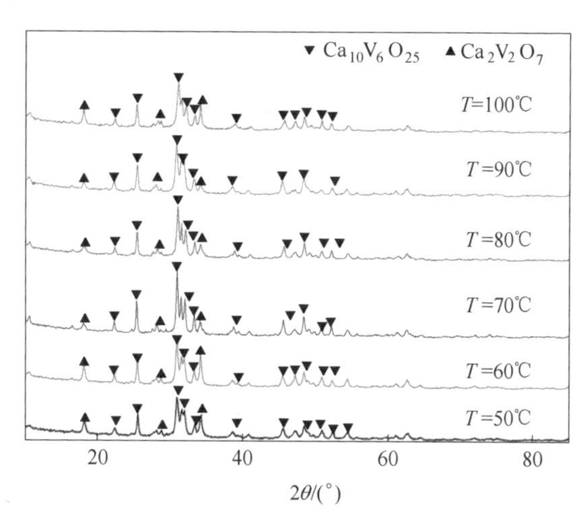

图4-12　不同反应温度下产物的XRD图

从以上分析可以看出，反应温度对钒浸出率影响很大，温度高，促进反应进行，沉钒率高；反应温度升高，可提高固相中钒含量并且游离碱的夹带少；但温度过高，接近沸点时，操作困难。综合考虑以上因素，反应温度在 90℃ 左右为佳。

4.1.1.5 不同反应时间对钒浸出率的影响

考察了反应时间为 0.5h、1.0h、1.5h、2.0h、2.5h、3.0h 的钒浸出率，其他条件为 NaOH 浓度 130g/L 左右，氧化钙添加量为 1.5 倍，反应温度 90℃。

由图 4-13 可知，在反应前 2h 内，钒浸出率随时间的延长而迅速增加，当 2h 后，钒浸出率随时间延长其增长速度缓慢，几乎不再变化；这是因为随着沉淀反应时间的延长，增大了两种反应物的接触时间，所以钒浸出率随时间延长而增大。当两种反应物充分反应后，时间的延长对反应不再发生明显效果，所以 2h 后钒浸出率不再变化。反应时间对固相中含钒量及固相中碱夹带量影响较弱。

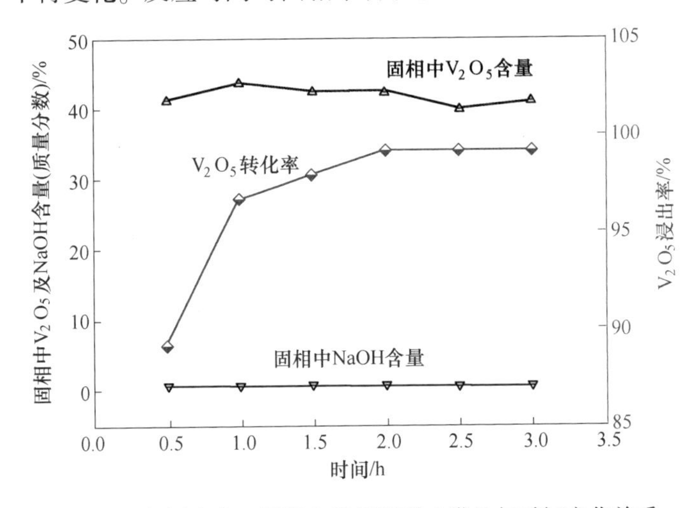

图 4-13 钒浸出率、固相含钒量及碱夹带量与时间变化关系

从图 4-14 可以看出，不同反应时间下生成的钙化产物不同，在反应前 1.0h，生成的主要为 $Ca_{10}V_6O_{25}$，此时主要为主反应的发生；而后随着时间的延长，反应产物的物相结构主要由 $Ca_{10}V_6O_{25}$ 和 $Ca_2V_2O_7$ 组成，这说明，随着时间的延长，增加了两种反应物的接触，无论是主反应还是副反应都得到充分进行。

由以上分析可知，随着反应时间的延长，反应得以充分进行，提高了钒浸出率，但固相中含钒量变化不大，随时间的延长，产物的质量随之增加。综合考虑钒浸出率及其他因素，选取反应时间 2.0h 最佳。

4.1.1.6 钒酸钙物相性质分析

根据前一节中各因素对钙化沉钒影响分析，得到最佳实验条件，即碱浓度为 130g/L 左右，温度在 90℃，时间为 2h，氧化钙添加量为化学平衡理论量的 1.5 倍，下面对最佳条件下得到的钙化产物进行物相分析。

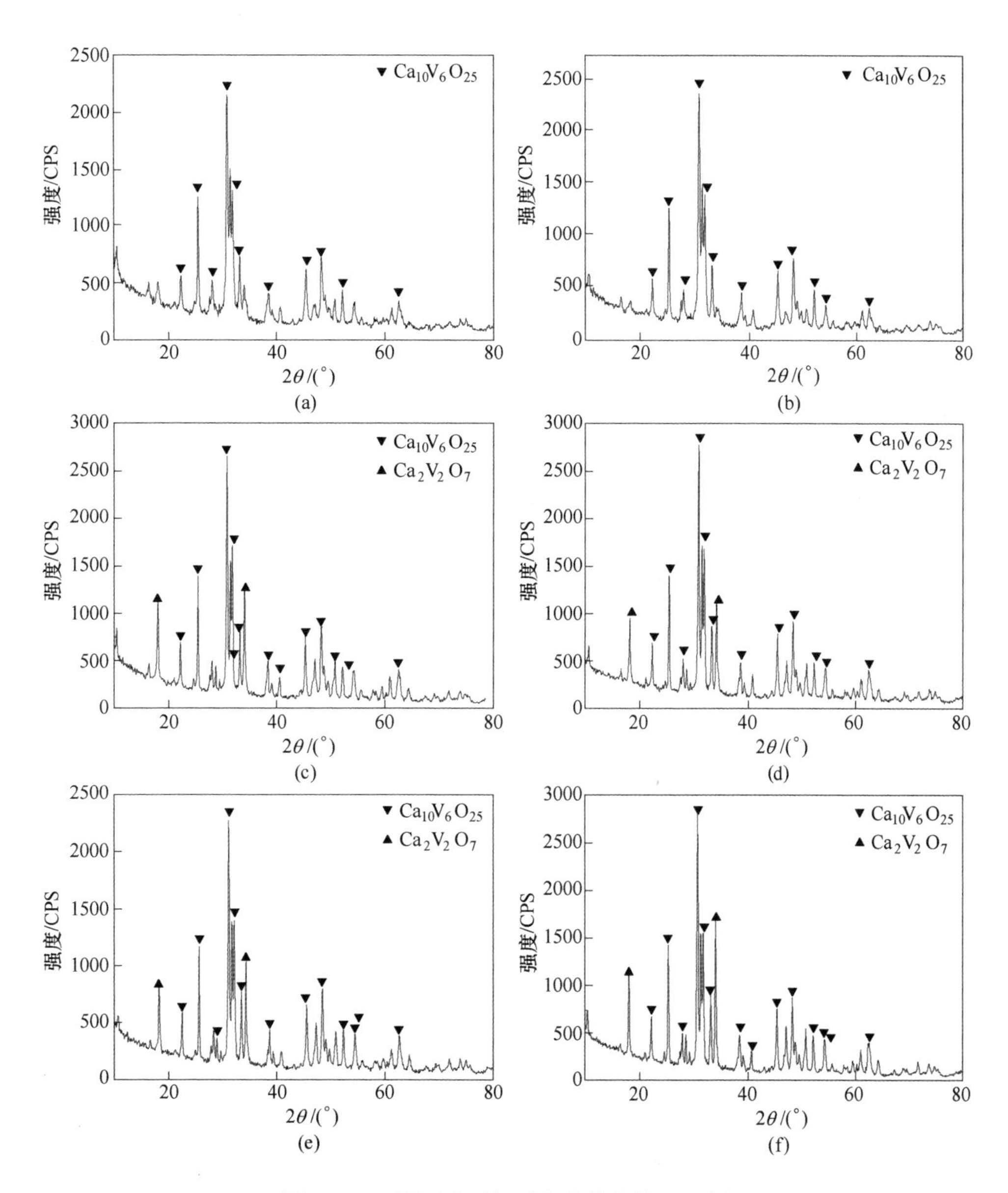

图 4-14 不同反应时间下生成的产物 XRD 图

(a) t=0.5h; (b) t=1.0h; (c) t=1.5h; (d) t=2.0h; (e) t=2.5h; (f) t=3.0h

A XRD 物相分析

钒酸钙的 XRD 图谱如图 4-15 所示。由图可知，最佳实验条件下生成的固相产物为多种钒酸钙的组合，主要组成为 $Ca_{10}V_6O_{25}$，并且可以看出特征峰较明显，杂峰很少，说明物相纯度较高。

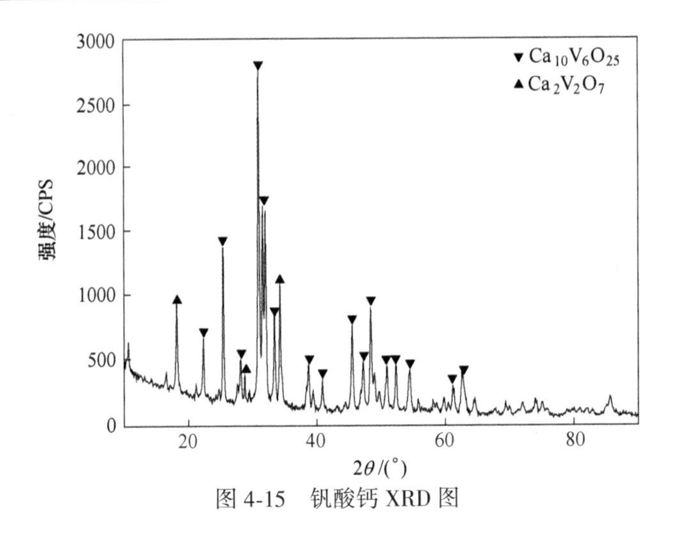

图 4-15 钒酸钙 XRD 图

B SEM 形貌分析

从图 4-16 可以看出，钙化产物形貌均匀，呈柱状分布，颗粒度大小一致，平均粒度为 700~800nm。由表 4-2 可知，钙化产物主要由 Ca、V、O 三种元素组成，由此可知固相产物的杂质夹带很少；从高倍放大照片可以看出，在柱状晶体中有小粒状物质分布，其为 $Ca_2V_2O_7$，柱状晶体的空隙度较大，副产物 $Ca_2V_2O_7$ 镶嵌于其中，形成形貌均匀的晶体。

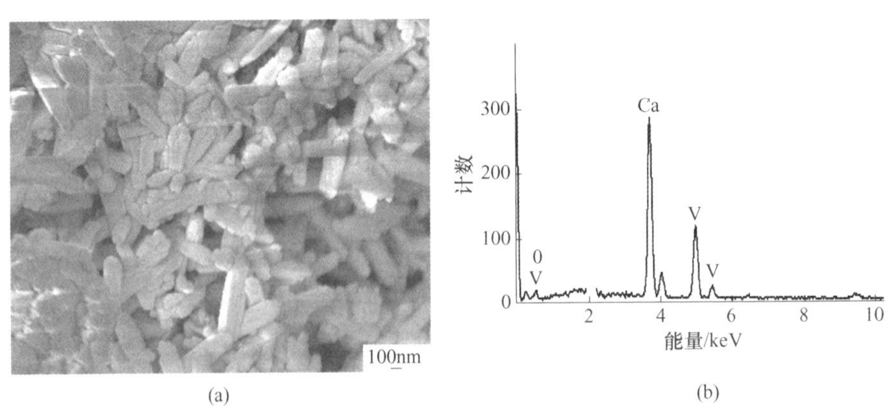

图 4-16 钒酸钙放大 10000 倍 SEM 图（a）及对应能谱图（b）

表 4-2 钙化产物放大 10000 倍的能谱分析结果

元素	光谱类型	质量分数/%	原子分数/%
O	ED	25.75	48.94
Ca	ED	41.78	31.68
V	ED	32.47	19.38
合计		100	100

4.1.2 钒酸钙清洁铵化转型

4.1.2.1 钒酸钙铵化转型技术原理

钒酸钙铵化技术原理如图 4-17 所示，采用 NH_4HCO_3 作为铵化剂，利用 NH_4^+置换钒酸钙中的 Ca^{2+}，使其形成 NH_4VO_3 进入液相，通过结晶分离的方式得到 NH_4VO_3 晶体。而 Ca^{2+}与 CO_3^{2-}反应生成稳定的碳酸钙沉淀，从而实现 Ca 与 V 的分离。$CaCO_3$ 经高温淋洗后为无害尾渣，经煅烧得到 CaO 重新进行反应或返回烧结配矿，淋洗水进入体系循环用于铵化转型。钒酸钙铵化的反应方程式为：

$$Ca_3(VO_4)_2 \cdot CaO + 4NH_4HCO_3 = 4CaCO_3 + 2NH_4VO_3 + 2NH_3 + 3H_2O \tag{4-4}$$

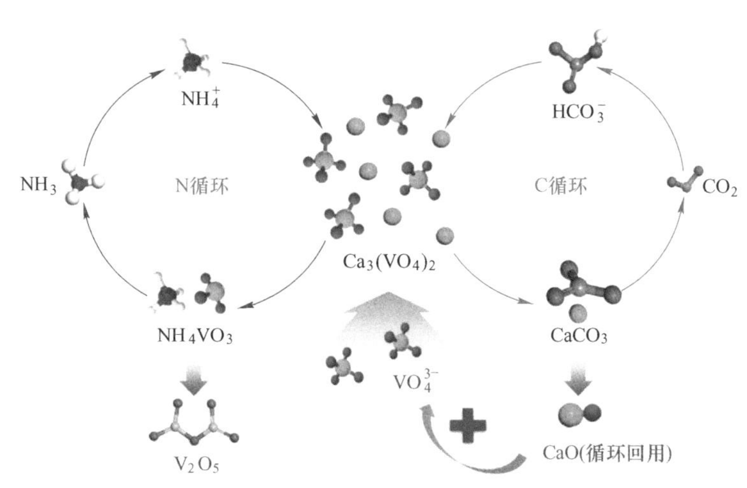

图 4-17 钒酸钙直接铵化示意图

由于钒酸钙中含有过量的 CaO，因此反应过程会消耗大量 NH_4HCO_3，并产生氨气。为降低碳酸氢铵的使用量，避免氨气的生产，本工艺还提出另外一种钒酸钙铵化方法，即在 NH_4HCO_3 铵化的同时通入 CO_2 进行碳化，以促进 Ca^{2+}向 $CaCO_3$ 的转化，减少 NH_4HCO_3 使用量，实现钒酸钙的转化。反应方程式为：

$$Ca_3(VO_4)_2 \cdot CaO + 2NH_4HCO_3 + 2CO_2 = 4CaCO_3 + 2NH_4VO_3 + H_2O \tag{4-5}$$

由反应方程式（4-4）和式（4-5）可以看出，铵化同时通入 CO_2 可大幅降低铵盐的消耗量，二者示意图如图 4-18 所示。不通 CO_2 时 NH_4HCO_3 用量与钒酸钙的摩尔比为 4∶1，通入 CO_2 时 NH_4HCO_3用量与钒酸钙的摩尔比为 2∶1。研究结果证实，在通入 CO_2 的条件下，介质环境中 CO_3^{2-} 离子的浓度明显升高，通过调控介质环境中CO_3^{2-}离子的浓度，促进Ca^{2+}向$CaCO_3$转化，实现钒酸钙的可逆调控，同时减少NH_4HCO_3使用量。

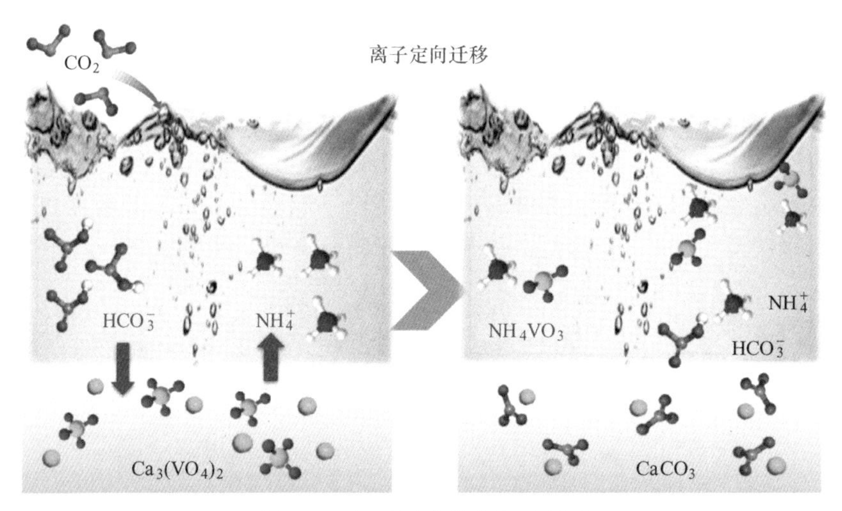

图 4-18 钒酸钙碳化铵化示意图

4.1.2.2 钒酸钙的铵化转型规律

A 钒酸钙的直接铵化反应

考察了NH_4HCO_3加入量、反应温度等对钒酸钙铵化转化的影响，结果如图4-19所示。图4-19（a）为不同NH_4HCO_3加入量的影响，其中加入量指的是按照式（4-4）理论量为1计算的摩尔比，由图4-19（a）可以看出，反应量为理论量1.0倍时，钒酸钙的浸出率可以达到95%以上，转化效率很高；从温度的影响也可以看出，温度对钒酸钙的转化影响不大，即使在40℃，钒酸钙的浸出率也很高，而且反应速度极快，在10min左右浸出率已达到90%以上。

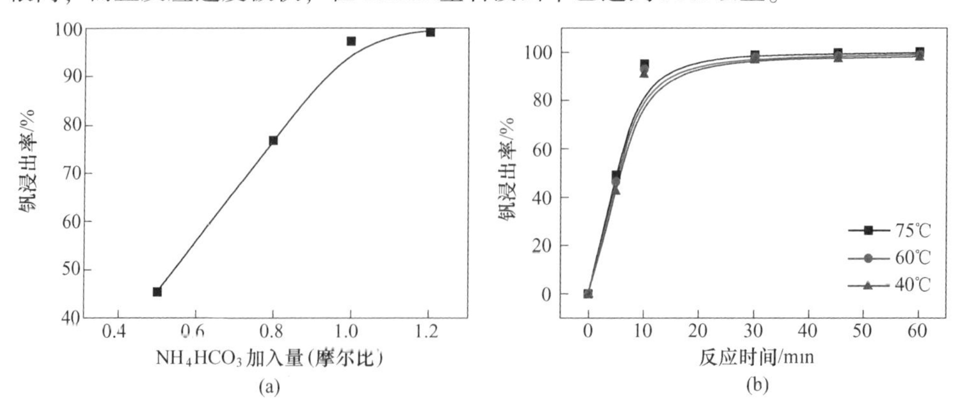

图 4-19 不同NH_4HCO_3加入量（a）和反应温度（b）对钒酸钙浸出率的影响

固定反应温度和反应时间，在钒酸钙中钒浸出率最优的条件下，考察了铵钒比对反应后溶液中杂质元素含量的影响，结果如图 4-20 所示。随着铵钒比的增加，铝、硅、磷不受铵钒比的影响，均稳定在 25mg/以下；转溶液中钙含量逐渐降低，为保证最终产品纯度在 99.5%以上，需控制钙含量在 75mg/L 以内，因此选择铵钒比在 1.25 以上。

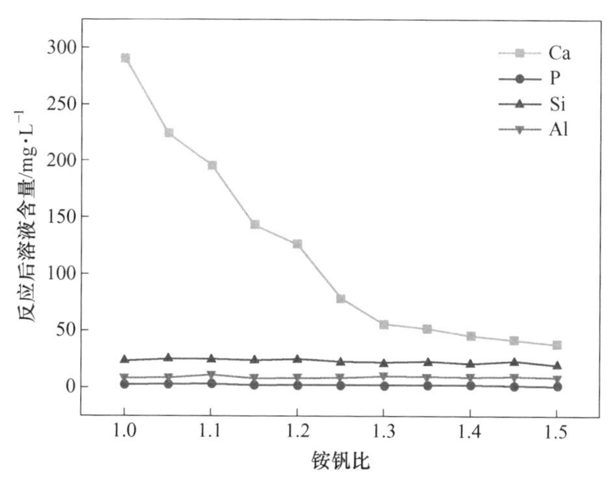

图 4-20　铵钒比对杂质的影响

B　钒酸钙 CO_2 强化铵化调控规律

系统考察了 NH_4HCO_3 加入量和反应温度对钒酸钙 CO_2 强化铵化的影响，结果如图 4-21 所示。由图 4-21 可知，在反应温度 40~75℃均可实现钒酸钙的碳化铵化反应，75℃时反应更为彻底。在反应温度 75℃，液固比 20∶1，通入 CO_2 流速 1.5L/min，铵钒摩尔比 1∶1.25，反应时间 30min 条件下，钒酸钙中钒浸出率可达 97.35%，尾渣为碳酸钙。

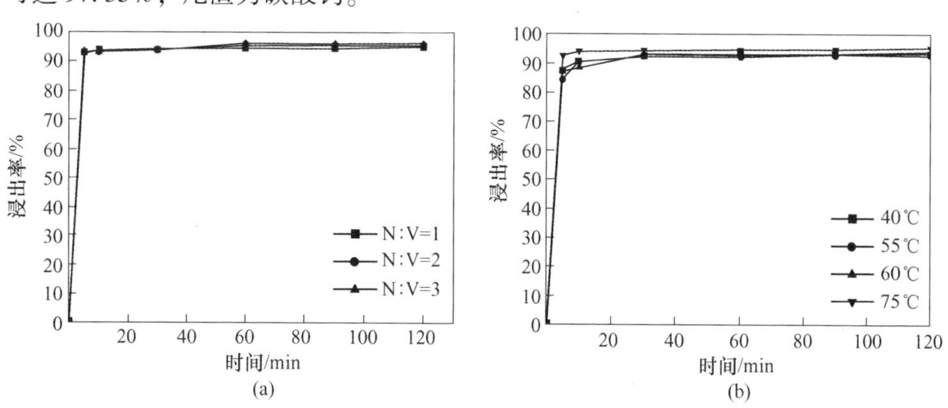

图 4-21　不同 NH_4HCO_3 加入量（a）和反应温度（b）对钒酸钙中钒浸出率的影响

在通入 CO_2 的条件下，调节了介质环境中 CO_3^{2-} 离子的浓度，促进 Ca^{2+} 向 $CaCO_3$ 的转化，同时减少 NH_4HCO_3 使用量，钒酸钙的铵化反应非常迅速，在 30min 内即可反应完全，反应速率高于直接铵化过程。碳化铵化后获得的碳酸钙中，V_2O_5 含量（质量分数）仅在 0.5%左右。

4.1.2.3 铵化转化过程痕量杂质协同脱除

通入 CO_2 的条件下，随着反应生成 $CaCO_3$ 的增加，有利于吸附更多的重金属元素，从而实现转溶液中重金属的有效脱除。表 4-3 是钒酸钙铵化转型和钒酸钙铵化-强化转型后的偏钒酸铵溶液成分，通过铵化-强化转型，偏钒酸铵溶液中铁的浓度从 0.015g/L 降到了 0.005g/L、铬浓度从 0.01g/L 降到了 0.004g/L、镁浓度从 0.018g/L 降到了 0.007g/L。

表 4-3 偏钒酸铵溶液成分 （mg/L）

项目	Mg	Cr	Fe	P	Na_2O+K_2O
铵化转型	0.018	0.0010	0.015	0.0009	0.005
铵化-强化转型	0.007	0.0004	0.005	0.0008	0.002

$Ca_{10}V_6O_{25}$铵化转型过程中，Fe、Mn、Cr 等微量重金属元素和 Si 元素也随着反应进入液相，通过添加 $AlCl_3$ 可以有效地脱除液相中的 Si，最终降到 20mg/L 以下，结果如图 4-22 所示。

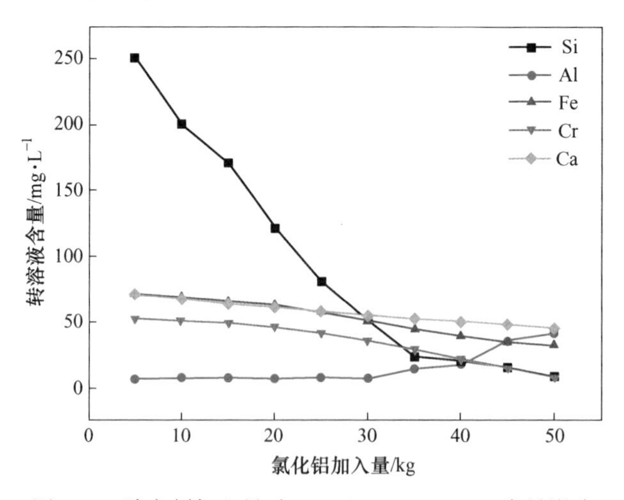

图 4-22 除杂剂加入量对 Si、Al、Fe、Cr、Ca 含量影响

随着氯化铝加入量增多，转溶液中硅含量逐渐下降，铁、铬等重金属元素也减少，但铝含量逐渐上升。为保证最终结晶的偏钒酸铵产品的纯度，Si 含量（质量分数）小于等于 0.06%，Al 含量（质量分数）小于等于 0.03%，转溶液中 Si 质量浓度要小于 25mg/L，Al 质量浓度小于 20mg/L，由此可见最佳除杂剂氯化铝

的加入范围在35~40kg之间。

钒酸钙铵化转溶过程中的铁、镁、铬会水解生成氢氧化物，在加铝脱硅时，生成的硅酸铝和碳酸钙对水解生成氢氧化物具有物理吸附作用。总体来说，在脱硅的同时，各种重金属杂质元素同时进入固相，从液相中分离除去，加铝脱硅对于溶液净化具有良好的协同脱除效果。

4.1.3 偏钒酸铵的溶解度

钒酸钙铵化后得到含有 NH_4VO_3 和 NH_4HCO_3 的混合溶液体系，偏钒酸铵结晶分离需首先研究偏钒酸铵在 NH_4HCO_3 溶液中的溶解度规律。

4.1.3.1 NH_4VO_3 在水中的溶解度研究

实验测定了在温度313.15~363.15K（40~90℃）范围内 NH_4VO_3 在纯水中的溶解度，并与文献数据整理综合，得到了 NH_4VO_3 在不同温度下的溶解度相图，其结果如图4-23所示。

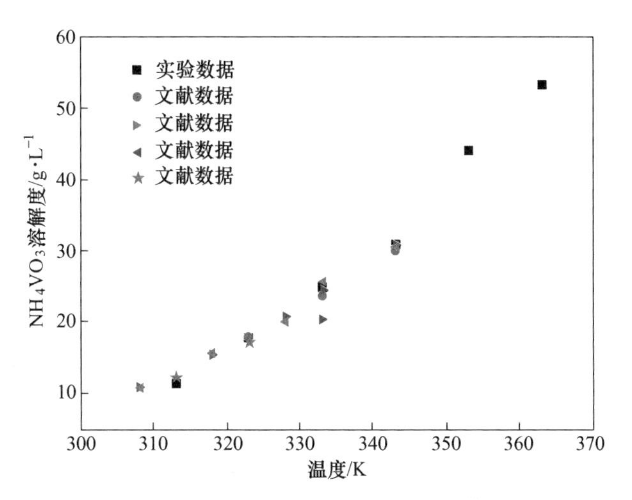

图4-23 313.15~363.15K NH_4VO_3-H_2O 二元体系溶解度相图

由图4-23可知，在实验温度范围内，NH_4VO_3 在水中的溶解度随温度的升高逐渐增大，温度与偏钒酸铵的溶解度成正比，且在高温区（343.15~363.15K）溶解度升高的程度明显大于低温区（313.15~343.15K）。温度313.15K时偏钒酸铵的溶解度仅为11g/L左右，当温度升至343.15K时偏钒酸铵的溶解度约为30g/L，温度继续升高至363.15K时饱和偏钒酸铵溶液的浓度约为55g/L。因此，NH_4VO_3 在水中结晶是可以采用冷却结晶的方法来实现。

根据Apelblat方程 $\ln x = a + \frac{b}{T} + c \times \ln T$，对溶解度与温度的对数数据进行拟

合，其中 x 为溶解度，g/L；T 是绝对温度，K；a、b、c 为参数。

拟合结果如图 4-24 所示。

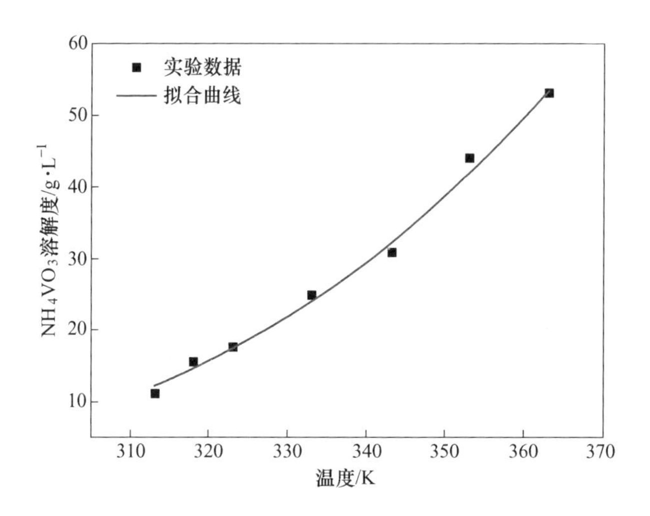

图 4-24　NH_4VO_3 溶解度拟合曲线图

拟合方程：$$\ln x = 99.31884 - \frac{7611.58077}{T} - 12.61794\ln T \tag{4-6}$$

其中，$R^2=0.99125$。

根据拟合方程，可以计算出在某个温度下 NH_4VO_3 在水中的溶解度数据，计算结果见表 4-4。由拟合方程计算得到的 NH_4VO_3 溶解度数据与实验测定的数据比较，可以看出数据很接近，说明拟合效果很好。

表 4-4　NH_4VO_3 溶解度的实验数据及计算值

温度/K	实验值/g · L^{-1}	计算值/g · L^{-1}
313. 15	11. 1150	12. 1952
318. 15	15. 5177	14. 6314
323. 15	17. 5430	17. 4020
333. 15	24. 8602	24. 0241
343. 15	30. 8903	32. 1912
353. 15	43. 9920	41. 9863
363. 15	53. 1180	53. 4381

图 4-25 为平衡固相 XRD，平衡固相为 NH_4VO_3。

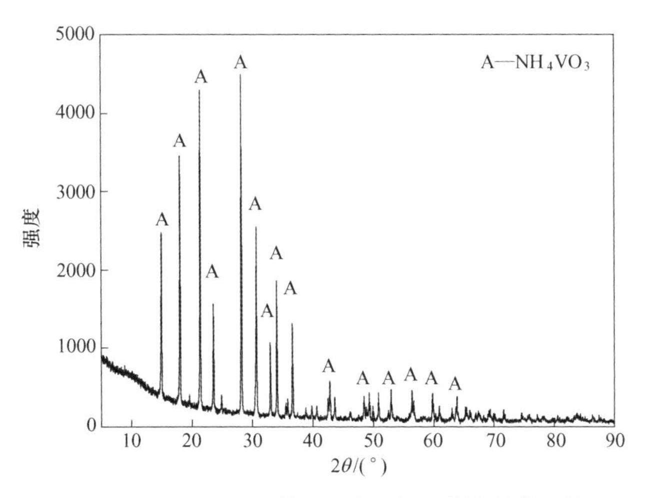

图 4-25 NH_4VO_3-H_2O 体系平衡固相 X 射线晶体衍射图

4.1.3.2 NH_4HCO_3-NH_4VO_3-H_2O 体系溶解度测定

A 40℃时 NH_4HCO_3-NH_4VO_3-H_2O 体系溶解度

测定了 40℃时 NH_4VO_3 在 NH_4HCO_3-NH_4VO_3-H_2O 三元体系中的溶解度，结果如表 4-5、图 4-26 和图 4-27 所示。

表 4-5 40℃时 NH_4HCO_3-NH_4VO_3-H_2O 溶解度数据

序号	液相成分/g · L^{-1}		平衡固相
	c (NH_4HCO_3)	c (NH_4VO_3)	
1	0.01	10.79	NH_4VO_3
2	5.39	6.76	NH_4VO_3
3	9.92	3.87	NH_4VO_3
4	14.18	2.83	NH_4VO_3
5	18.81	2.51	NH_4VO_3
6	28.15	2.26	NH_4VO_3
7	46.00	2.52	NH_4VO_3
8	94.52	4.01	NH_4VO_3
9	155.55	6.21	NH_4VO_3
10	203.73	9.02	NH_4VO_3

由图 4-26 可知，40℃时，体系的平衡固相均为 NH_4VO_3。又由图 4-27 可知，40℃时偏钒酸铵的溶解度随溶液中的碳酸氢铵浓度的升高，呈先下降后上升的趋势。偏钒酸铵溶解度最低点的碳酸氢铵浓度约为 25g/L，这时，偏钒酸铵溶解度约为 2.2g/L。

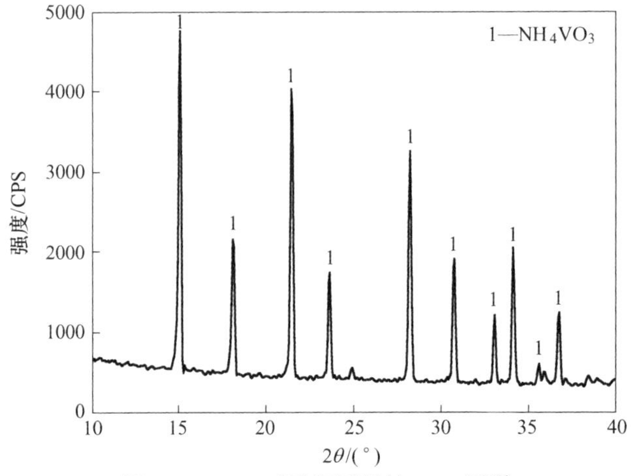

图 4-26 40℃时平衡固相的 XRD 图谱

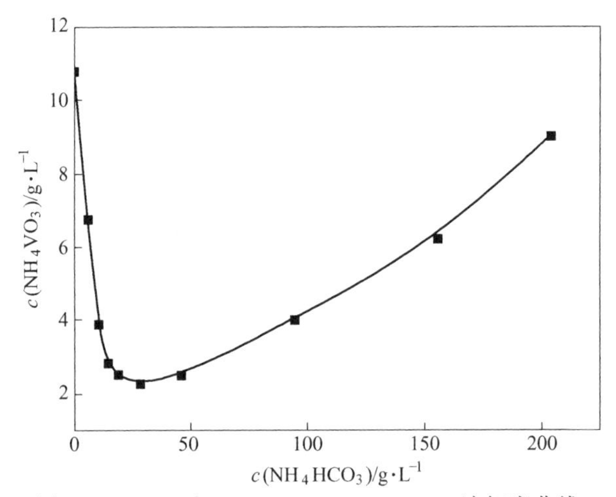

图 4-27 40℃时 NH_4HCO_3-NH_4VO_3-H_2O 溶解度曲线

B 75℃时 NH_4HCO_3-NH_4VO_3-H_2O 体系溶解度

75℃下体系溶解度实验结果见表 4-6、图 4-28 和图 4-29。

表 4-6 75℃时 NH_4HCO_3-NH_4VO_3-H_2O 溶解度数据

序号	液相成分/g · L^{-1}		平衡固相
	c（NH_4HCO_3）	c（NH_4VO_3）	
1	0.00	31.02	NH_4VO_3
2	2.12	30.35	NH_4VO_3
3	5.60	27.02	NH_4VO_3

续表 4-6

序号	液相成分/g·L^{-1}		平衡固相
	$c(NH_4HCO_3)$	$c(NH_4VO_3)$	
4	6.53	21.59	NH_4VO_3
5	9.27	20.20	NH_4VO_3
6	19.57	15.50	NH_4VO_3
7	37.00	10.95	NH_4VO_3
8	80.97	8.20	NH_4VO_3
9	160.55	9.03	NH_4VO_3
10	189.68	8.89	NH_4VO_3

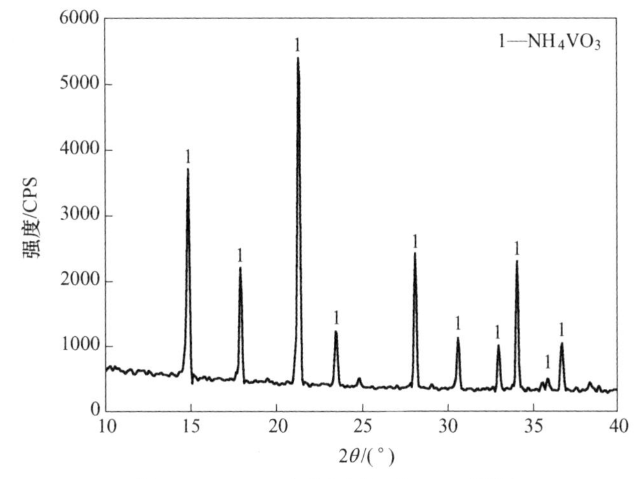

图 4-28　75℃时平衡固相的 XRD 图谱

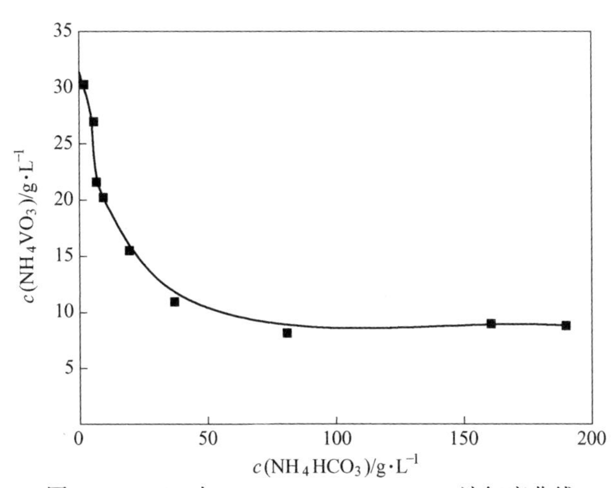

图 4-29　75℃时 NH_4HCO_3-NH_4VO_3-H_2O 溶解度曲线

由图 4-28 可知，75℃时，体系的平衡固相仍为 NH_4VO_3。由图 4-29 可知，75℃时，偏钒酸铵溶解度基本随碳酸氢铵浓度升高而降低，且降低趋势与碳酸氢铵浓度成反比。因此，可粗略认为在碳酸氢铵浓度低于 80g/L 时，偏钒酸铵溶解度随碳酸氢铵浓度升高逐渐降低；当碳酸氢铵浓度高于 80g/L 时，偏钒酸铵溶解度基本不再变化。

将上述 40℃和 75℃的偏钒酸铵溶解度数据放在一起分析，得到图 4-30。

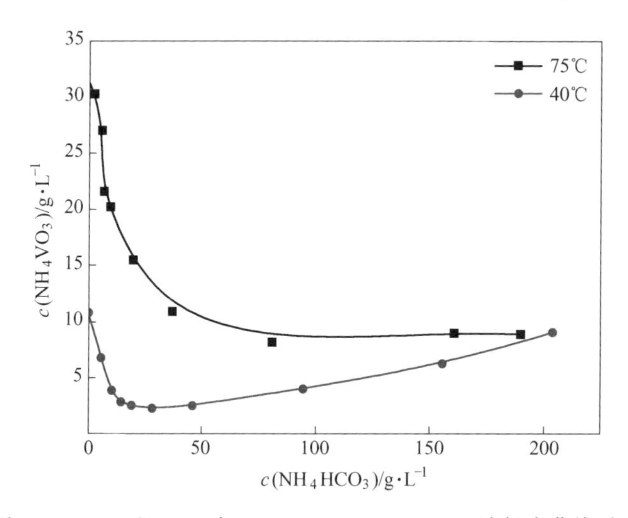

图 4-30 40℃和 75℃时 NH_4HCO_3-NH_4VO_3-H_2O 溶解度曲线对比

由图 4-30 可以看出，40℃与 75℃下偏钒酸铵在碳酸氢铵-偏钒酸铵-水三元体系中的溶解度随体系中碳酸氢铵浓度变化的规律大不相同。溶液中碳酸氢铵浓度小于 25g/L 时，在 40℃和 75℃下，偏钒酸铵溶解度都随碳酸氢铵浓度升高而降低。但当溶液中碳酸氢铵浓度继续增大，75℃的溶液中，偏钒酸铵溶解度仍然随碳酸氢铵浓度升高而降低；在 40℃的溶液中，偏钒酸铵溶解度随碳酸氢铵浓度升高而升高。总体上来说，在碳酸氢铵浓度 0~200g/L 区间内，40℃时偏钒酸铵的溶解度低于 75℃时偏钒酸铵的溶解度，偏钒酸铵溶解度随温度变化差异为偏钒酸铵冷却结晶提供了可能。

4.1.4 偏钒酸铵的结晶

4.1.4.1 偏钒酸铵结晶介稳区研究

为获得偏钒酸铵的结晶介稳区规律，对偏钒酸铵结晶热力学中介稳区的影响因素进行研究。研究了饱和温度（T_0）、冷却速率、搅拌转速和不同铵盐对偏钒酸铵介稳区宽度的影响，利用经典 Nývlt 理论模型对冷却速率与介稳区宽度的关系进行拟合，得到不同冷却速率条件下的拟合曲线，给出了成核速率方程并推算

出表观成核级数 m，结果如下。

（1）偏钒酸铵的溶解度和超溶解度均随着温度升高而增加。由图 4-31 可见，温度对偏钒酸铵介稳区的宽度影响显著，随着温度的升高，NH_4VO_3 的介稳区逐渐变窄。

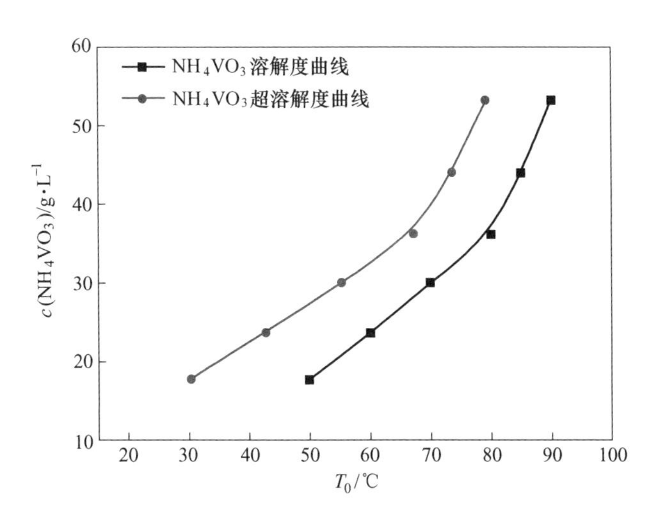

图 4-31　温度对 NH_4VO_3-H_2O 体系介稳区的影响

（2）偏钒酸铵在水中的介稳区宽度 ΔT_{max} 随降温速率的提高而增大，具体数据见表 4-7。利用经典 Nývlt 理论模型对 $\ln\Delta T_{max}$、$\ln b$ 进行拟合，得到不同温度下的拟合曲线均为线性函数且各曲线大致平行，推算出不同饱和温度条件下表观成核级数大致相同约为 2.1224，见表 4-8。图 4-32 为冷却速率对偏钒酸铵介稳区宽度的影响。

表 4-7　不同饱和温度下降温速率与介稳区宽度 ΔT_{max} 的关系

降温速率 b/℃ · h^{-1}	饱和温度/℃			
	60	70	80	90
12	12	10.2	9.8	8.2
24	17.1	14.7	12.8	10.8
36	20.2	18.2	16.8	13.6
48	22.6	20.0	18.1	15.2
60	25	22.1	20.4	17.4
72	29.2	25.6	23.3	19.4

表 4-8　不同温度下的介稳区宽度与降温速率的关系拟合方程

温度/℃	拟合方程	R^2	m
90	$\ln\Delta T_{max}=0.89492+0.47793\ln b$	0. 99206	2. 0923
80	$\ln\Delta T_{max}=1.07252+0.46848\ln b$	0. 98707	2. 1346
70	$\ln\Delta T_{max}=1.19012+0.47214\ln b$	0. 99252	2. 1180
60	$\ln\Delta T_{max}=1.31365+0.4726\ln b$	0. 99115	2. 1159

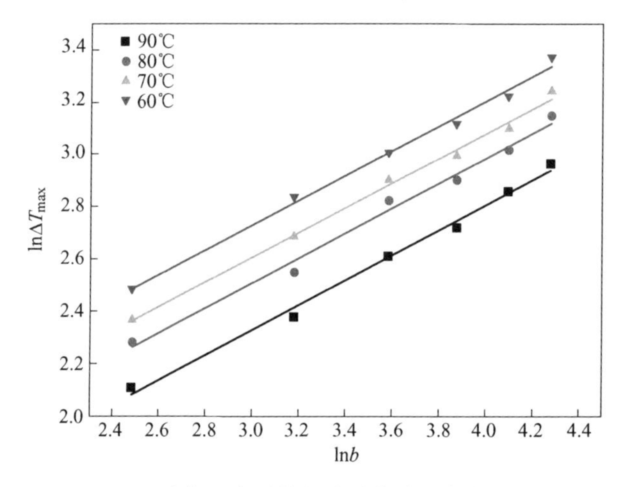

图 4-32　冷却速率对偏钒酸铵介稳区宽度的影响

(3) 随着搅拌转速的增大，偏钒酸铵在水中的介稳区宽度先减小后逐渐增大，如图 4-33 所示。这是由于较低的搅拌转速不能使溶液充分混合，溶液中分

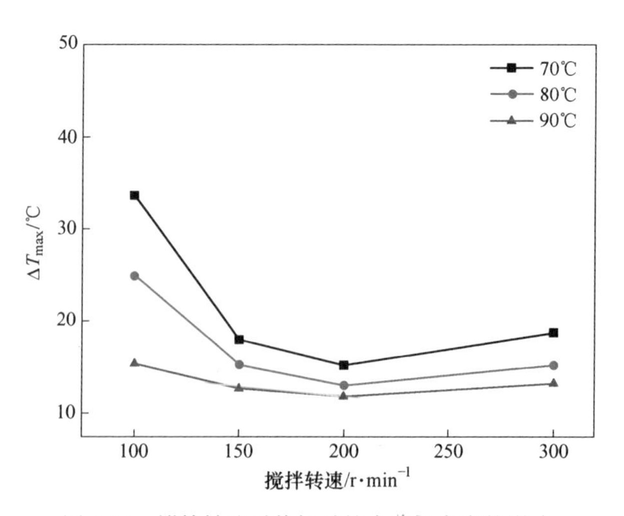

图 4-33　搅拌转速对偏钒酸铵介稳区宽度的影响

子运动减慢，不容易碰撞形成晶核；随着搅拌转速的增大，溶液中分子运动加快，碰撞概率增大，溶液中可较快地出现晶核，由于搅拌转速高，搅拌桨会打碎已经形成的晶核，使溶液中的二次成核速率显著提高，成核速率增大，可检测到的晶核的数量增加，因此介稳区宽度变窄；当搅拌转速继续增大时，过快的搅拌会使得刚形成的晶核被打散，晶体来不及在已经出现的晶核上生长，使得溶液中晶核粒径较小，激光不容易检测到，从而使溶液介稳区宽度在经历一个低谷后又增大。在偏钒酸铵结晶过程中，应控制适当的搅拌转速。

（4）碳酸氢铵的存在会增大偏钒酸铵介稳区的宽度，在不同饱和温度下介稳区宽度差距较大，随着饱和温度的升高，偏钒酸铵结晶介稳区宽度逐渐变窄，如图 4-34 所示。这是由于体系温度升高，溶液黏度下降，导致溶质扩散系数增

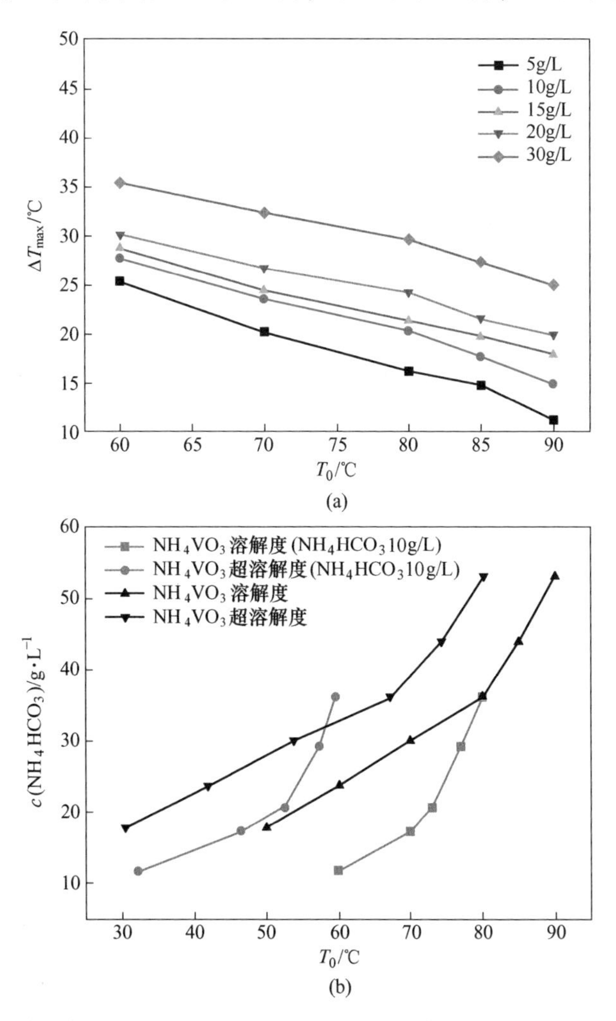

图 4-34 碳酸氢铵浓度（a）及饱和温度（b）对偏钒酸铵介稳区宽度的影响

大，溶液中分子热运动加剧，偏钒酸铵分子之间碰撞的概率增大，从而更易形成晶核；另外，较高的温度条件下溶液中会溶解更多的偏钒酸铵，溶液浓度增大，分子碰撞的概率也会增大，因此高温时偏钒酸铵结晶介稳区更窄。

4.1.4.2 偏钒酸铵结晶诱导期与成核机理

测定了 60~80℃条件下偏钒酸铵的过饱和度（S）及诱导期（t_{ind}）。根据经典成核理论可知，$\ln t_{ind}$与（$\ln S$）$^{-2}$线性相关，对二者进行拟合，结果如图 4-35 所示，拟合方程列于表 4-9 中。

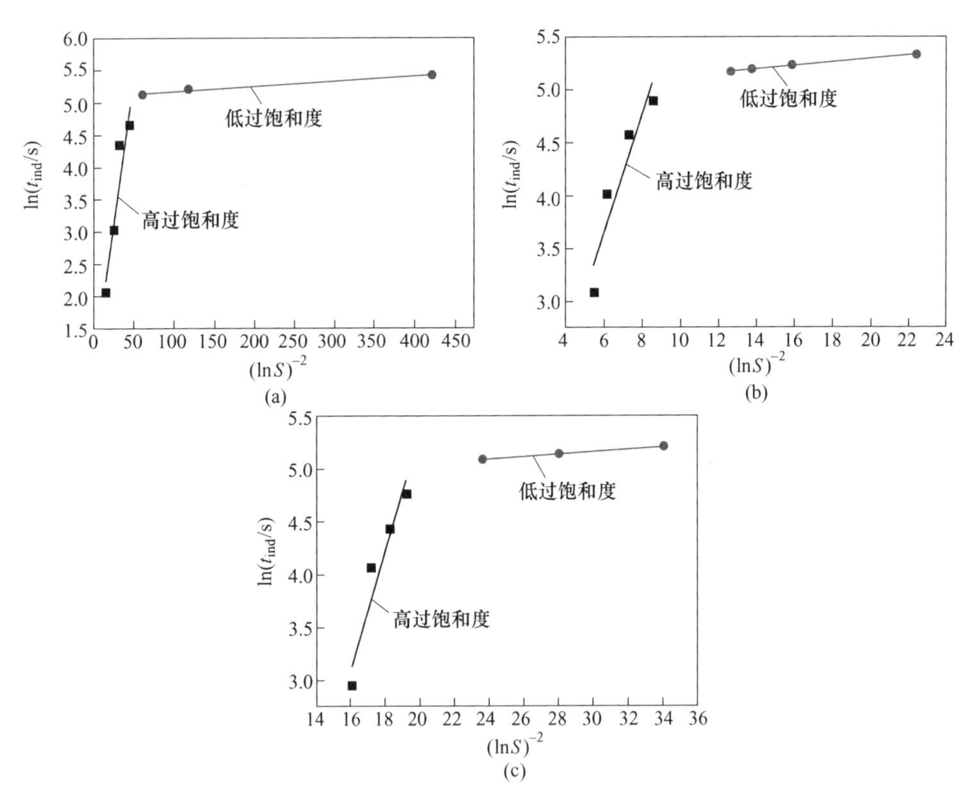

图 4-35 偏钒酸铵结晶的 $\ln t_{ind}$-($\ln S$)$^{-2}$拟合曲线

（a）80℃；（b）70℃；（c）60℃

表 4-9 不同温度下 $\ln t_{ind}$-($\ln S$)$^{-2}$的拟合方程

温度/℃	高过饱和度	R^2	低过饱和度	R^2
80	$y=-46.57774+3.38705x$	0.95705	$y=162.69704+0.16376x$	0.99581
70	$y=-174.68625+36.6493x$	0.99691	$y=139.32183+3.07592x$	0.99896
60	$y=-479.20296+30.96329x$	0.9957	$y=116.65012+2.0101x$	0.99998

由表 4-9 不同温度下偏钒酸铵饱和溶液的诱导期实验数据可知，随着过饱和度的增大，诱导期逐渐缩短。过饱和度较大时，不同 S 所对应的诱导期差距较小，说明在过饱和度大时，溶液很快结晶。

由图 4-35 可以看出，$\ln t_{ind}$与（$\ln S$）$^{-2}$在不同的过饱和度下分别呈线性关系。在过饱和度较低时，拟合曲线较为平缓，斜率较低。当过饱和度大于某一值时，拟合曲线陡峭，斜率大。根据拟合曲线呈现的状态，可推断在不同过饱和度条件下，溶液中的成核机理是不同的。

当过饱和度较低时，溶液中新相的形成主要为非均相成核；随着过饱和度的升高，当超过某一数值时，溶液中则以均相成核为主。造成这种现象的原因可能是：过饱和度的增大改变了新相微晶与溶液之间的表面能，从而导致溶液中成核机理的变化。因此，在不同的过饱和度范围内，$\ln t_{ind}$与（$\ln S$）$^{-2}$的拟合曲线出现分段的现象。

如果将两条不同斜率的拟合曲线各自延长，交点即为两种成核方式的分界点，也就是均相成核和非均相成核的分界点，对应的横坐标即为成核机理转变时过饱和度的分界点。在较低的过饱和度下，溶液中发生非均相成核，非均相成核易受杂质离子或结晶过程中外部环境中微粒的干扰，外来微粒充当了晶体生长的核心。而当过饱和度较高时，溶液浓度较高，成核方式为均相成核，溶液中无其他杂质微粒，溶质分子依靠相互间的碰撞成核。

4.1.4.3　偏钒酸铵结晶分离工艺

根据偏钒酸铵溶解度规律可知，温差越大偏钒酸铵溶解度差距越大，利用偏钒酸铵在不用温度下的溶解度差异，可以实现其冷却结晶分离。另外，铵盐的加入可以显著降低偏钒酸铵的溶解度，冷却结晶过程中在溶液中加入适量铵盐，可降低结晶后液中偏钒酸铵的浓度，提高分离的效率。

A　结晶温度的影响

结晶终温影响偏钒酸铵的溶解度，进而影响冷却结晶的收率，需选择合适的结晶终温。在初始温度 90℃、冷却速率 0.4℃/min、搅拌转速 200r/min、晶种添加量 I 为 1.0%的条件下，研究不同结晶终温对偏钒酸铵的结晶影响，设定结晶终温分别为 60℃、50℃、40℃，结晶情况如图 4-36 所示。

图 4-36 中可以看出，温度 90℃条件下饱和偏钒酸铵溶液冷却结晶，结晶至不同的温度，溶液中剩余的偏钒酸铵溶液浓度不同，即不同的结晶终温偏钒酸铵的结晶率不同。随着结晶终温从 60℃降至 40℃，溶液中剩余的偏钒酸铵浓度逐渐降低，即偏钒酸铵结晶率逐渐提高。考虑到能耗问题及工艺操作时间，选择 40℃作为偏钒酸铵冷却结晶的终温。

B　冷却降温速率对偏钒酸铵结晶的影响

溶液的饱和度与温度密切相关，随着温度的降低溶液可从不饱和状态逐渐过渡

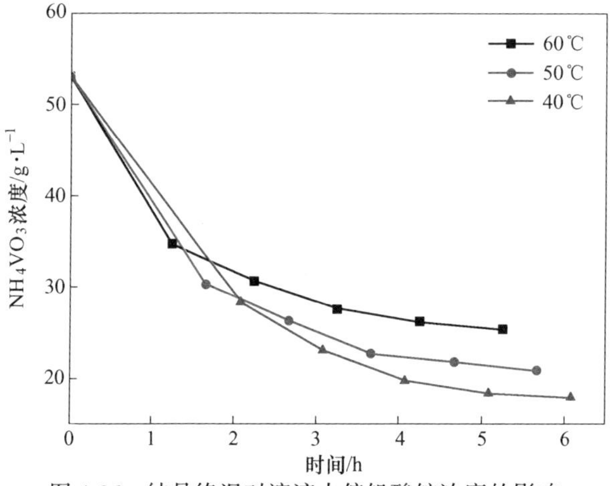

图 4-36 结晶终温对溶液中偏钒酸铵浓度的影响

到饱和态进而达到过饱和状态。在结晶过程中，冷却降温可推动冷却结晶过程的进行。冷却降温的速率对结晶过程的影响主要表现在两个方面：一是影响反应平衡；二是影响反应速率。降温速率小，结晶析出推动力小，不容易析出晶核，结晶时间较长，晶体生长速度慢；反之，结晶推动力变大，晶体析出过快，但是过快的冷却速率却会导致溶液爆发成核，晶体成核过多且不容易长大，生成晶体粒径较小，且容易挟带其他杂质，影响产品纯度。所以结晶过程要采取合适的降温速率。

在搅拌转速 200r/min、晶种添加量 I 为 1.0%的条件下，将偏钒酸铵饱和溶液从 90℃冷却降温至 40℃，研究不同降温制度对偏钒酸铵结晶情况的影响。降温速率分别为 0.2℃/min、0.4℃/min、0.6℃/min、0.8℃/min 和 1.0℃/min，偏钒酸铵结晶情况如图 4-37 和图 4-38 所示。

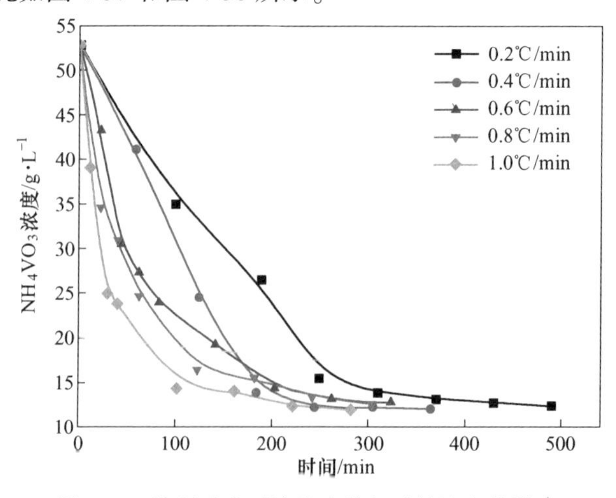

图 4-37 降温速率对溶液中偏钒酸铵浓度的影响

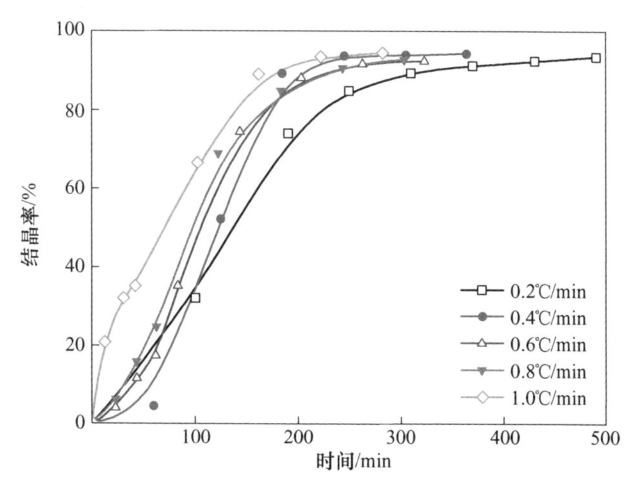

图 4-38 饱和偏钒酸铵溶液结晶率随时间的变化

由图 4-38 看出，随着降温结晶时间的延长，偏钒酸铵结晶析出，溶液中钒浓度降低，200min 后溶液中钒的浓度逐渐趋于稳定，偏钒酸铵结晶趋于完全，图 4-38 中的结晶率变化曲线也可以验证此结论。另外，降温速率对偏钒酸铵最终结晶率影响不大，结晶率基本都在 77%左右，但是到达结晶终点的时间略有差异，降温速率为 0. 2℃/min 时结晶平稳所需时间为 240min，而在其他降温速率条件下，100min 后溶液结晶逐渐趋于完全。

降温速率对晶体粒度的大小有影响，由表 4-10 可以看出，降温速率较大时，偏钒酸铵晶体易于爆发成核，结晶率快速趋于稳定，但所得晶体粒径较小；降温速率较小时，晶体析出较慢，晶体逐渐长大，经过较长时间，结晶率才趋于稳定，所得晶体粒径较大。由此可见冷却速度对晶体的粒径影响很大。综合考虑结晶过程温度控制难易和所得晶体粒径大小，选定降温速率为 0. 4℃/min。

表 4-10 降温速率与粒径的关系

降温速率/℃ · min^{-1}	粒径/μm
0. 2	150. 147
0. 4	151. 799
0. 6	127. 684
0. 8	101. 398
1. 0	92. 031

C 搅拌转速对偏钒酸铵结晶影响

机械搅拌会造成结晶器内流场的改变，进而影响结晶过程的传质，因此需考察不同搅拌转速条件下偏钒酸铵的结晶情况。在降温冷却速率 0. 4℃/min，晶种

添加量 I 为 1.0%的条件下，研究搅拌转速对结晶率的影响。实验转速分别为 70r/min、100r/min、150r/min、200r/min、300r/min，得到实验结果如表 4-11 和图 4-39 所示。

表 4-11 搅拌转速对粒径的影响

搅拌转速/r·min^{-1}	粒径/μm
70	88.576
100	94.518
150	144.071
200	151.799
300	108.618

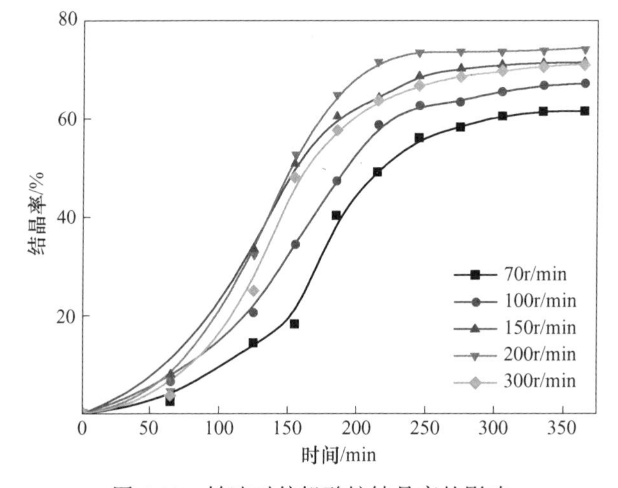

图 4-39 转速对偏钒酸铵结晶率的影响

由图 4-39 不同转速对偏钒酸铵结晶率的影响可知，当转速为 70~300r/min 时，偏钒酸铵结晶率随搅拌转速的增大呈先增加后降低的趋势。在较低和较高的转速下，结晶率均较低，当搅拌转速为 200r/min 时偏钒酸铵的结晶率最大。这是因为搅拌转速过低时，由于流场作用较弱使得晶体易附着，产生“结壁”现象，溶液中晶核少且运动较慢，溶质不易在晶核上积累长大，结晶不完全；随着搅拌转速的逐渐增大，传质速率增大，分子碰撞成核的概率增大，晶体结晶速度加快，偏钒酸铵结晶率随之增大；但当搅拌转速过高时，搅拌桨会打碎已形成的少量晶核，溶液中晶核的密度降低，使得结晶率偏低。

此外，搅拌转速对晶体粒径也有影响。由表 4-11 可知，随着搅拌转速逐渐增大，结晶所得到的晶体的粒径随之增加，当搅拌转速继续增大时，晶体的粒径又略微减小。造成这种现象的原因是：当搅拌转速为 70~200r/min 时，溶液中的

晶粒随搅拌均匀分布悬浮于溶液中，晶粒的表面均与溶液接触，接触表面积越大，传质效果越好，同时结晶率也会显著提高，所以在此搅拌转速下得到的晶体粒径更大。当搅拌转速继续增大至300r/min时，产品晶体的平均粒径略微减小，这是由于高强度的搅拌会打碎已经生成的晶体，溶液中发生二次成核现象，从而使得晶体平均粒径减小。

D 晶种添加量对偏钒酸铵结晶影响

在结晶过程中，晶种的添加与否直接影响结晶的效率及产品晶体的粒径、形貌。在不添加晶种的情况下，溶液成核具有一定的随机性，很容易爆发成核，且析出的晶体易附着在搅拌桨及结晶器壁上，适当添加晶种可以改善晶体生长方向和产品的粒径分布。为了控制爆发成核和随机性成核及获得理想的晶体，在结晶过程中加入适量的晶种，可实现结晶过程晶体粒径的有效控制。

在搅拌转速200r/min、降温速率0.4℃/min的条件下，研究了饱和偏钒酸铵溶液结晶过程中晶种添加量对结晶率及晶体粒径的影响。

实验中添加量分别为0.5%、1.0%、1.5%、2.0%晶种，实验结果如图4-40所示。

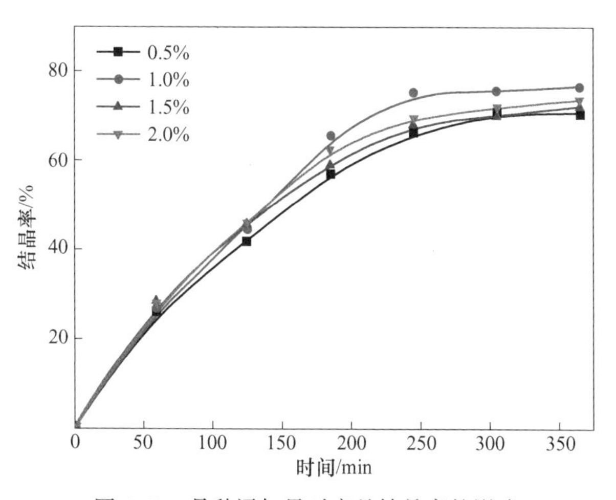

图4-40 晶种添加量对产品结晶率的影响

由图4-40可以看出，晶种添加量的变化对偏钒酸铵结晶率的影响不大，随着晶种添加量的增加，偏钒酸铵结晶率稍有上升但变化不明显，最终结晶率均在70%左右。通过产品表征发现，晶种添加量对产品粒径和形貌有显著的影响。由图4-41可以看出，晶种添加量的增加使得产品晶体的平均粒径逐渐增大，当添加量大于2%时晶体的平均粒径又有所减小。这是因为晶种添加量较少时，溶液中的成核中心较少，随着溶液温度降低，过饱和度增加，成核推动力大，溶质来不及在少量的晶核表面上生长，体系便产生了新的晶核；随着体系温度的进一步降低，晶核数目急剧增多，晶体不容易长大，因而平均粒径较小。随晶种添加量的增大，溶液中溶质在晶种上附着生长，成核中心的增多导致溶质量的消耗也相应增大，溶液的过饱和度仍维持在较低水平，溶液中不会产生过多的新核，因此产品更容易长大，平均粒径相对较大，粒径分布趋于集中。但当晶种加入量达到1.5%~2.0%时，晶种量对晶核形成相对过程饱和度的抑制作用不明显，溶液中出现了更多的成核中心，从而导致晶体平均粒径下降。因此，选择晶种添加量为溶液中钒含量的1.0%。

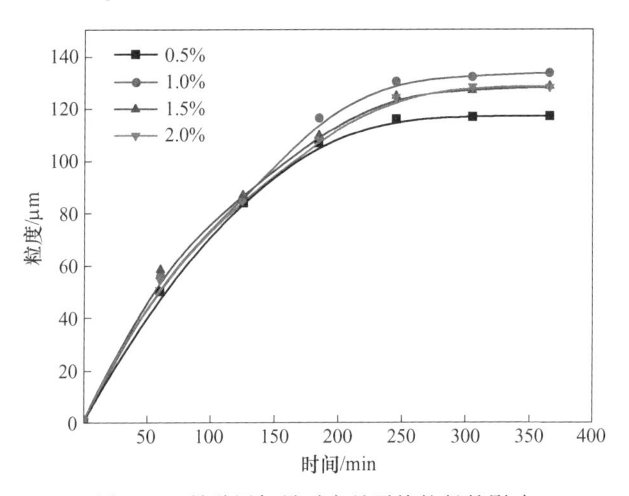

图4-41　晶种添加量对产品平均粒径的影响

E　不同碳酸氢铵浓度对偏钒酸铵结晶影响

由偏钒酸铵在碳酸氢铵溶液中的溶解度可知，当无碳酸氢铵时偏钒酸铵溶解度最大，随着铵盐添加量的逐渐增大，偏钒酸铵的溶解度急剧下降，即发生盐析效应。利用铵盐对偏钒酸铵溶液的盐析效应，可提高偏钒酸铵冷却结晶的结晶率。

从偏钒酸铵在碳酸氢铵溶液中的溶解度可知，碳酸氢铵溶液浓度较低时，偏钒酸铵在不同温度条件下溶解度差距较大，理论上可以得到较多偏钒酸铵产品，故选择碳酸氢铵浓度0~50g/L时对偏钒酸铵冷却结晶，分别研究碳酸氢铵浓度10g/L、20g/L、30g/L、40g/L、50g/L时体系中偏钒酸铵的结晶情况。实验条件控制为降温速率0.36℃/min、搅拌转速200r/min，始温70℃，终温40℃，结晶时间4h，并适当添加晶种，实验结果如图4-42所示。

图4-42显示了不同碳酸氢铵浓度下偏钒酸铵的结晶率随时间的变化规律。从图中可以看出，碳酸氢铵浓度为10~50g/L时，随着反应时间的延长偏钒酸铵结晶率逐渐增大，说明降温可以实现偏钒酸铵有效结晶。随着碳酸氢铵浓度增加，偏钒酸铵结晶率呈现先上升后下降趋势。结合偏钒酸铵在碳酸氢铵溶液中的溶解度图可知，70℃与40℃时，偏钒酸铵在碳酸氢铵溶液中的溶解度差距随碳酸

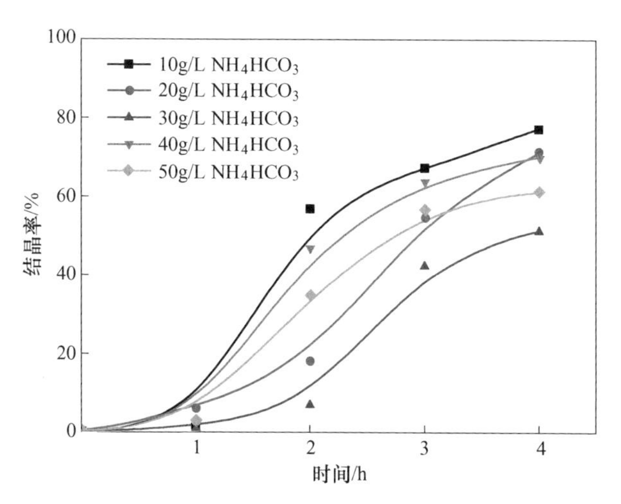

图 4-42 不同浓度碳酸氢铵溶液中钒结晶率变化关系

氢铵含量升高呈现出先增大后减小的趋势，因而对应偏钒酸铵结晶率也符合此规律。在碳酸氢铵浓度为 20g/L 时，溶液中偏钒酸铵的结晶率最高为 84.27%。因此若选用碳酸氢铵作为偏钒酸铵结晶的盐析铵盐，应选碳酸氢铵溶液浓度为 20g/L 时进行冷却结晶以提高结晶率。

F 小结

考察了温度、冷却速率、搅拌转速、晶种添加量、铵盐浓度等对偏钒酸铵结晶率、结晶析出的量及晶体粒径大小的影响，得到如下结论。

(1) 结晶终温对偏钒酸铵结晶率影响较大，温度越低结晶率越大，结晶出来的晶体量越多，选择结晶终温为 40℃。

(2) 降温冷却速率对偏钒酸铵结晶率影响较小，在结晶时间 240min 后结晶率基本不再变化，产品粒径随降温速率的增大而减小。综合考虑结晶过程温度控制难易和所得晶体粒径大小，选定降温速率为 0.4℃/min。

(3) 偏钒酸铵结晶率随搅拌转速的增大，呈现先增大后减小的趋势；搅拌转速对晶体粒径也有影响，随着搅拌转速的增大，产品的粒径先增加后减小，选择 200r/min 进行冷却结晶规律其他影响因素的研究。

(4) 晶种添加量的增加对偏钒酸铵结晶率的影响较小，但对产品晶体的平均粒径影响较大，随着晶种添加量的增加，产品晶体的平均粒径先增大然后有所减小。

(5) 溶液中铵离子的浓度影响偏钒酸铵在溶液中的溶解度，即“盐析”作用使得偏钒酸铵的结晶率显著提高。综合考虑偏钒酸铵的结晶率、结晶量及晶体粒径的大小，得到在草酸铵溶液浓度为 15g/L、碳酸氢铵浓度为 20g/L 或硫酸铵溶液浓度 5g/L，降温速率 0.4℃/min，搅拌转速 200r/min，晶种添加量为溶液中钒含量的1.0%时，偏钒酸铵饱和溶液从90℃冷却结晶至40℃，结晶率高、晶体粒径大且均匀。

将所得偏钒酸铵于90℃干燥5h后550℃下煅烧2h，得到橙黄色粉状V_2O_5，分别对偏钒酸铵及V_2O_5产品进行分析，结果如图4-43所示。偏钒酸铵晶体呈规则棱柱状，颗粒均匀；NH_4VO_3煅烧后生成的V_2O_5分析结果如图4-44和表4-12所示，物相结构无其他杂质物相衍射峰，产品杂质指标都符合标准要求。

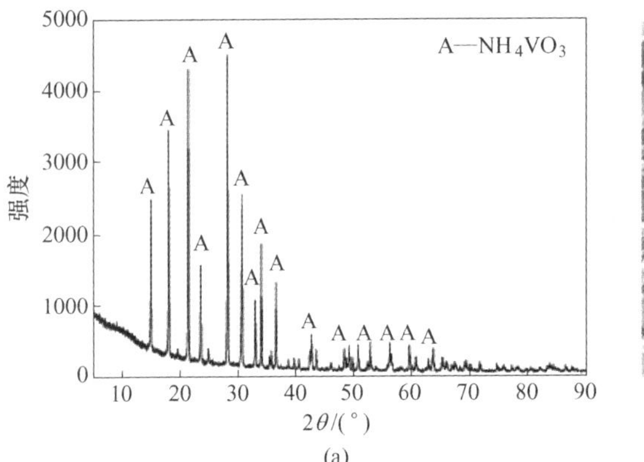

(a)

(b)

图4-43　NH_4VO_3结晶产物的XRD图（a）和SEM图（b）

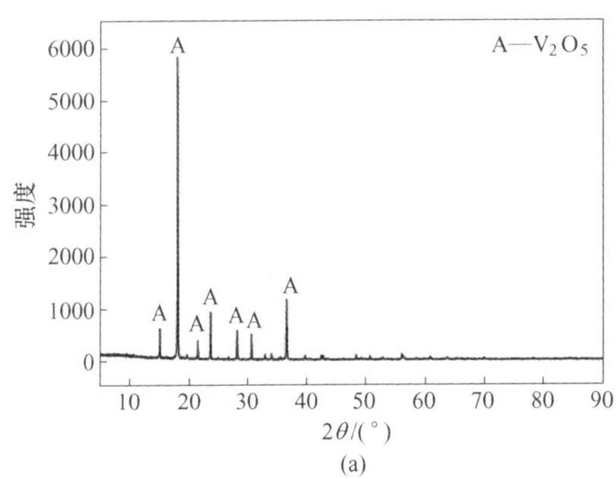

(a)

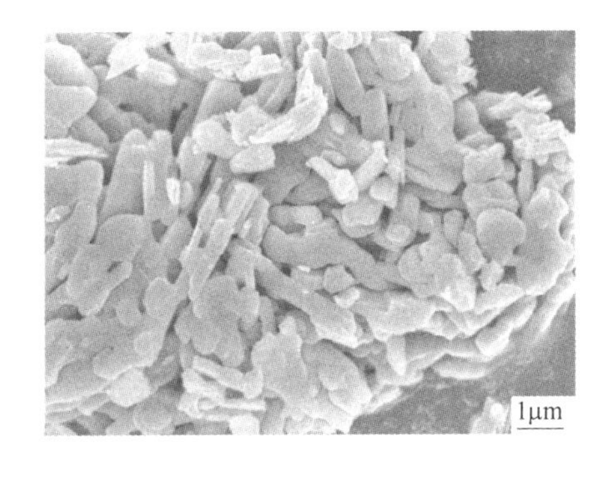

(b)

图4-44　煅烧产物XRD图（a）和SEM图（b）

表4-12　99.5%高纯钒产品成分（质量分数）　（%）

批次	V_2O_5	V_2O_4	Na_2O+K_2O	Fe	P	SiO_2	Al	S	Cr
1	99.50	0.75	0.06	0.014	0.001	0.049	0.026	0.018	未检出
2	99.56	0.89	0.07	0.011	0.001	0.058	0.020	0.012	未检出
3	99.60	0.73	0.06	0.009	0.001	0.061	0.022	0.009	未检出
标准要求	≥99.5	≤1.0	≤0.08	≤0.02	≤0.05	≤0.2	≤0.03	≤0.02	≤0.01

4.2 离子交换膜电解钠/钒分离技术

离子交换膜电解技术原理是利用离子交换膜对溶液中阴阳离子的选择透过性，在电场作用下，实现溶液中阴阳离子的定向迁移，最终达到分离的目的。利用这一原理可在不添加其他化学试剂的情况下，实现钒酸钠溶液中钒钠清洁分离及 NaOH 溶液的有效回收，从而避免钒产品转化过程中废水的产生。

4.2.1 离子交换膜实现钠/钒分离原理

离子交换膜是表面带有特定活性基团的多孔膜材料，其中磺酸型阳离子膜（$R—SO_3^-—H^+$），羧酸型阳离子膜（$R—COO^-—H^+$）与季铵型阴离子膜［$R—CH_2N^+(CH_3)_3—OH^-$］浸入水中后表面发生解离，生成的 H^+ 和 OH^- 进入溶液，带电基团［$R—SO_3^-$、$R—COO^-$、$R—CH_2N^+(CH_3)_3$］留在膜表面，吸附溶液中的阴阳离子，其水解反应式如下：

$$R—SO_3^-—H^+ = R—SO_3^- + H^+ \tag{4-7}$$

$$R—COO^-—H^+ = R—COO^- + H^+ \tag{4-8}$$

$$R—CH_2N^+(CH_3)_3—OH^- = R—CH_2N^+(CH_3)_3 + OH^- \tag{4-9}$$

水解之后，阳离子膜表面带负电荷，阴离子膜表面带正电荷。根据同性相斥、异性相吸的静电作用原理，阳离子膜会吸附阳离子排斥阴离子，而阴离子膜的作用刚好相反。以阳离子膜为例，由于离子膜内部具有孔隙结构，在水中浸泡膨胀后，会形成很多贯穿膜体的弯曲通道，在膜表面被吸附的阳离子会在电场力的作用下，沿着这些通道依次发生吸附、交换解吸、传递转移的过程，离子得以从膜的一端转移到另一端。与此同时，阴离子由于与膜表面电性相斥，无法完成吸附过程，会被阻碍在膜通道的外面，从而实现阴阳离子的选择性分离。

图 4-45 为采用离子膜电解法实现钒钠元素分离的原理示意图。如图 4-45 所示，电解槽分为阴阳两室，阴极室内溶液为 NaOH 溶液，阳极室溶液为 Na_3VO_4 钠溶液，电解过程利用阳离子交换膜对阳离子的选择透过性，使 Na^+ 穿过离子膜进入阴极室，同时阻止钒酸根离子的通过，从而实现钒钠分离。Na^+ 进入阴极室与阴极电解生成的氢氧根结合生成 NaOH，从而完成 NaOH 的回收利用，同时阳极电解生成 H^+ 用于补充阳极室内阳离子以实现阳极室内带电离子平衡，所以离子膜电解分离钒钠本质是水电解反应，见式（4-10）~式（4-12）。

阳极室：
$$4OH^- \longrightarrow 2H_2O + O_2 + 4e^- \quad 0.401V\ (pH \geq 7) \tag{4-10}$$

$$2H_2O \longrightarrow 4H^+ + O_2 + 4e^- \quad 1.23V\ (pH \leq 7) \tag{4-11}$$

阴极室：
$$4H_2O + 4e^- \longrightarrow 4OH^- + 2H_2 \tag{4-12}$$

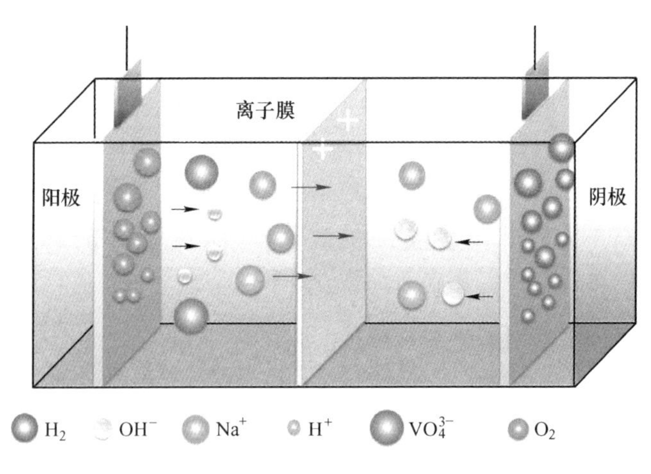

图 4-45 两室膜电解原理图

4.2.2 离子膜电解实现钠/钒分离工艺

4.2.2.1 离子膜种类对分离效果的影响

磺酸型阳离子膜和磺酸-羧酸复合阳离子膜是两种最常用于钠盐分离的离子膜，为了选择最适合进行钒钠分离的离子交换膜，选出两种最有代表性的离子交换膜：美国杜邦 N117 膜及日本旭硝子 F8080 膜进行实验。杜邦 N117 型离子膜是具有高离子透过率性的全氟磺酸型阳离子交换膜，在化学工业生产中有着广泛的应用。旭硝子 F8080 膜作为一种复合型阳离子交换膜，已成功应用于氯碱工业和其他钠盐分离领域。表 4-13 比较了两种膜作为阳离子交换膜时，不同电流密度下阳极室内 NaOH 浓度的变化。在电流密度为 $500A/m^2$，溶液温度为 303.15K，初始 NaOH 浓度 61.8g/L（Na_3VO_4 浓度 94.8g/L）的条件下，经 1.25h 电解后，F8080 膜可使阳极 NaOH 浓度降至 34.0g/L。在相同的电解条件下，采用 N117 膜电解后阳极 NaOH 浓度分别为 40.1g/L。在不同的电流密度下得到了相似的结果，表明 F8080 膜钒钠分离效果最好。分析其原因认为，与离子交换膜的结构有关。在电解过程中，在阴极室中生成 OH^-，少量的 OH^- 可能从阴极室反扩散到阳极室。

表 4-13 电解结束后 F8080 膜与 N117 膜系统阳极室 NaOH 浓度（电解温度 303.15K）

电流密度 $/A \cdot m^{-2}$	NaOH 浓度 $/g \cdot L^{-1}$	
	F8080 膜	N117 膜
500	34.0	40.1
633	27.5	34.6
767	28.5	29.3

基于电荷平衡，阴极室内的 OH^-浓度与 Na^+浓度成正比，而阴极室内 Na^+浓度越高，阳极室内 Na^+浓度就越低。N117 膜是一种功能结构基团为 RF—SO_3H 的全氟磺酸阳离子交换膜，而 F8080 膜是另一种结构为 RF—COOH—RF—SO_3H 的特殊羧基结构的阳离子交换膜，其羧基层结构的亲水性低于磺酸结构，与磺酸层相比可有效抑制 OH^-从阴极室向阳极室的反迁移，从而提高阴极室 OH^-浓度，与单纯的磺酸型离子膜相比能够更好地实现钒钠分离。因此，F8080 膜对钒钠的分离性能优于杜邦 N117 膜。

为考察 F8080 膜、N117 膜对 OH^-扩散抑制作用，设计扩散实验，采用两室单阳离子膜系统，其中 A 室装满 100mL 蒸馏水，B 室装满 100mL 17.9g/L 的 NaOH 溶液。图 4-46 显示了 A 室溶液的 pH 值随时间的变化。自由扩散 2h 后，对 F8080 膜，A 室的 pH 值上升到 10.44，而 N117 膜的 pH 值上升到 11.86。显然，F8080 膜可以更有效地抑制 OH^-从 B 室向 A 室的扩散，从而进一步验证了 F8080 膜拥有更高的分离效率。

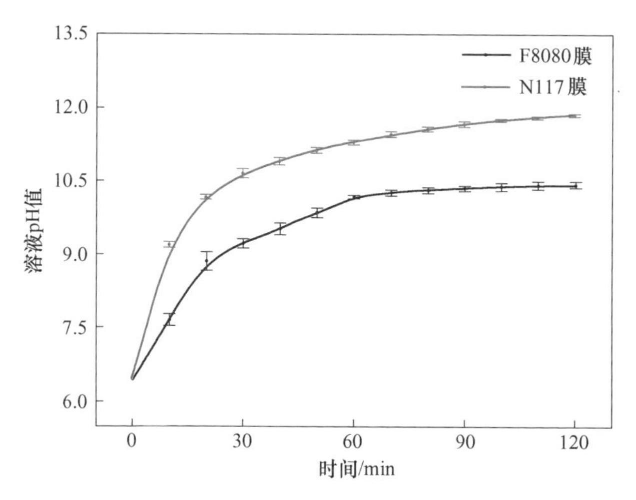

图 4-46 A 室溶液的 pH 随时间变化

（A 室装满 100mL 蒸馏水，B 室装满 100mL17.9g/L 的 NaOH 溶液）

除了分离效率以外，离子膜材料对于电解电压也有着显著的影响。考察了 F8080 膜与 N117 膜使用过程中电解电压的变化。图 4-47（a）是电解过程电解电压随时间变化，可以看出，随着反应时间的增加，两种膜的电压都线性升高，电压线性升高的原因主要在于溶液电阻增加，电阻增大的原因主要是阳极室溶液中 Na^+离子浓度降低导致溶液电阻增加。图 4-47（b）显示了阳极室溶液电导率与溶液 pH 值之间的关系，可以看出，随着电解过程的进行，阳极室溶液 pH 值降低，此时阳极室电导率迅速下降，溶液电阻增大，溶液电阻增大导致电解电压增加。

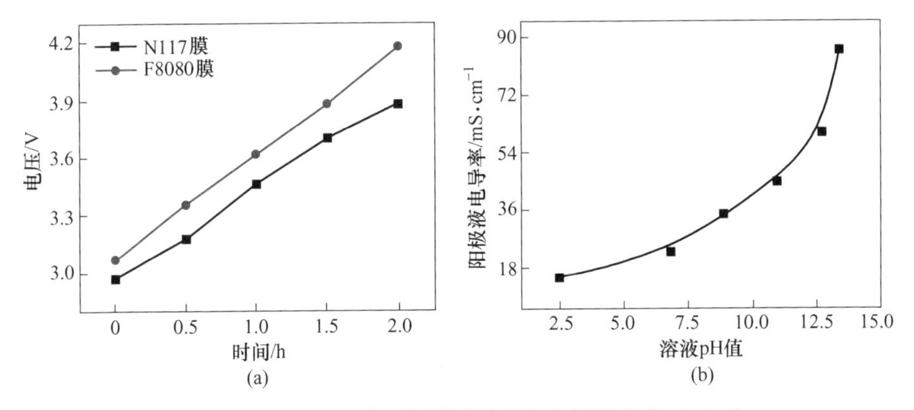

图 4-47 电解过程中不同膜系统电解电压的变化（a）和阳极室溶液电导率随 pH 值的变化（b）

（阳极电解电流密度为 500A/m^2，温度为 303.15K，电解时间为 2h）

电压增大的另外一个原因与阳极室的电极反应有关，随着电解过程的进行，阳极室内溶液 pH 值逐渐降低。当阳极室溶液处于碱性状态时，电极反应标准电压为 OH^-的四电子反应，标准电极电势为 0.40V；随着电解过程的进行，阳极室内 pH 值逐渐降低，电极反应也由 OH^-的四电子反应逐渐变为水的四电子反应，标准电极电势从 0.40V 提高到 1.23V，直接导致了总电解电压的增大。除此之外，全过程中 F8080 膜的电解电压都要高于 N117 膜，这主要与两种膜结构不同有关。由于 F8080 膜是磺酸-羧酸层复合膜，羧酸层含水量较低，导致离子通过羧酸层比通过磺酸层较为困难，从而导致膜阻增大，电解电压上升。因此，F8080 膜的电解电压要高于 N117 膜。

4.2.2.2 电解工艺参数的影响分析

研究了电解过程中电流密度、溶液温度、初始阴极室碱浓度的变化对电解分离钒钠的影响。

A 电流密度的影响

电流密度的大小是指单位面积电流大小，电流密度越大，说明电极反应越剧烈，单位时间内生成的电化学产物越多。随着膜电解过程的进行，在阳极室产生 H^+，在阴极室产生 OH^-。根据电荷平衡原理，单位时间内反迁移的 OH^-越少，进入阴极室 Na^+数量越多，钒钠分离效率越高。图 4-48 显示了 F8080 膜和 N117 膜系统阳极室中 NaOH 浓度随电解时间的变化。当电流密度从 500A/m^{2}增加到 767A/m^{2}时，两种膜电解系统阳极室内钠浓度迁移速率加快，表明电流密度的增加有助于加快钒钠分离。其原因在于当电流密度提高时，阴极室内产生更多的 OH^-，为了保持阴极室内电荷平衡，单位时间内迁入阴极室的 Na^+量增加，导致钒钠分离加快。另外，在相同的电解条件下，F8080 膜阳极室中的 Na^+浓度比

N117 膜下降得略快，表明 F8008 膜钒钠分离性能优于 N117 膜；这主要与 N117 膜和 F8080 膜的不同结构有关，N117 膜是一种磺酸基团阳离子膜，而 F8080 膜是一种具有磺酸-羧酸复合层的阳离子膜，F8080 膜拥有的特殊羧酸层结构比磺酸层结构更能有效地抑制阴极室中的 OH^- 反迁移回阳极室，从而使得单位时间内更多 Na^+ 迁移进阴极室，提高钒钠分离效率。

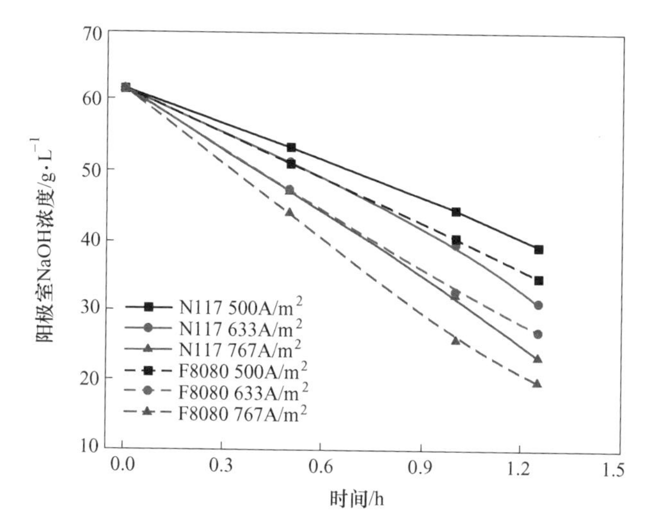

图 4-48 不同电流密度下阳极室内 NaOH 浓度随电解时间的变化

（溶液温度 303.15K）

电流密度是计算电解能耗的重要参数，电解能耗计算如下：

$$Q = Q_E / \eta \tag{4-13}$$

$$Q = It \tag{4-14}$$

$$W = UQ_E / (c_E - c_B) V\eta \tag{4-15}$$

式中 Q——完成钒钠分离所需要的总电量；

Q_E——完成钒钠分离所需要的理论耗电量。

由于 c_E、c_B、V、Q_E 都是定值，故电能消耗 W 可以表示为：

$$F = Q_E / (c_E - c_B) V \tag{4-16}$$

$$W = UF / \eta \tag{4-17}$$

由式（4-18）可知，电解能耗与电压成正比，与电流效率成反比，当电压上升、电流密度降低时，电解能耗增大。电解系统总电解电压与总电阻的计算公式如下：

$$U = E_A - E_C + |\Delta E_A| + |\Delta E_C| + IR \tag{4-18}$$

$$R = R_A + R_C + R_{AS} + R_{CS} + R_M \tag{4-19}$$

式中 E_A，E_C——阳极和阴极的平衡电极电位；

ΔE_A，ΔE_C——分别为阳极和阴极的过电位；

I——电解电流；

R——膜电解系统总电阻；

R_A，R_C——分别为阳极和阴极欧姆电阻；

R_{AS}，R_{CS}——分别为阳极室溶液和阴极室溶液的欧姆电阻；

R_M——离子交换膜的摩尔电阻。

由上面的理论推导可知，阴阳离子迁移数比值如下：

$$t_+/t_- = 1 + C_R/[(0.25C_R^2 + C^2)^{0.5} - 0.5C_R] \tag{4-20}$$

图4-49（a）考察了电解电压随电解时间的变化，可以看出，随着电解时间的增大，电解电压呈现增大的趋势。随着电流密度的提高，电极极化反应加剧，ΔE_A与ΔE_C增大。图4-49（b）考察了阳极室溶液电导率随电解时间的变化，随着电解过程的进行，阳极室溶液电导率降低，总电阻R增大。与此同时，电流密度的增加会导致电流I的增大，使得欧姆压降IR也会提高，从而导致总电解电压U的增加。

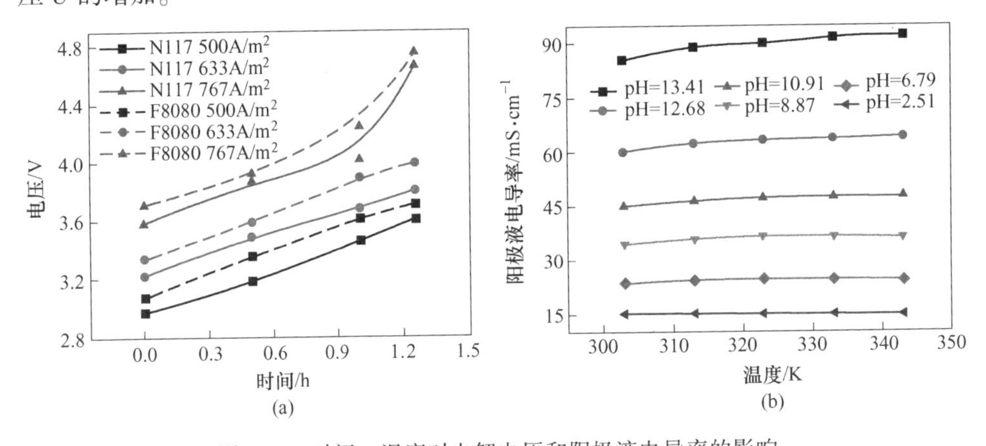

图4-49 时间、温度对电解电压和阳极液电导率的影响

（a）不同电流密度下电解电压随电解时间的变化；（b）不同温度下阳极室电导率随电解pH的变化（溶液温度303.15K）

图4-50为电流密度与电流效率及能耗之间的关系，可以看出，随着电流密度的增大，电流效率降低；降低的原因在于随着电流密度的提高，阴极室内产生更多OH^-，反迁移至阳极室的OH^-摩尔量增加，与阳极室产生的H^+中和导致电流效率降低。随着电流密度的增加，OH^-产生速率也迅速增加，由于N117膜对OH^-迁移抑制能力低于F8080膜，导致N117膜系统电流效率下降迅速，而F8080膜系统电流效率只是略微降低。考察了电流密度变化对能耗的影响，可以看出，随着电流密度的增大，两种膜电解能耗都增大。根据公式（4-20），电解能耗同时取决于电流效率和电解电压，随着电流密度的增加，电流效率降低，电

解电压增大，导致单位产品能耗增加。N117 膜虽然电解电压低于 F8080 膜，但由于电流效率远低于 F8080 膜，故导致能耗高于 F8080 膜。

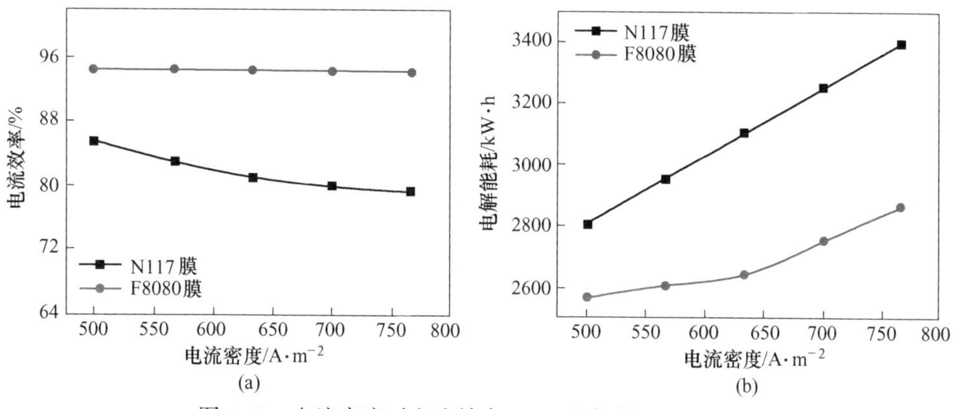

图 4-50　电流密度对电流效率（a）和能耗（b）的影响

（回收 1t NaOH，溶液温度 303.15K）

B　溶液温度的影响

对离子交换膜来说，温度升高，会导致膜孔扩张，单位时间内进入膜内的电解质浓度 C 增大，t_+/t_-比值降低，从而导致钒钠分离程度下降，电流效率降低。图 4-51 为溶液温度对钒钠分离过程的影响。可以看出，对两种膜系统而言，温度的升高均不利于钒钠分离。但是对于 F8080 膜，温度的升高对于钒钠分离效果影响很微小；主要由于 F8080 膜的特殊羧酸层结构，能有效抑制 OH^-迁移，从而保证钒钠分离效率不发生大的变化。

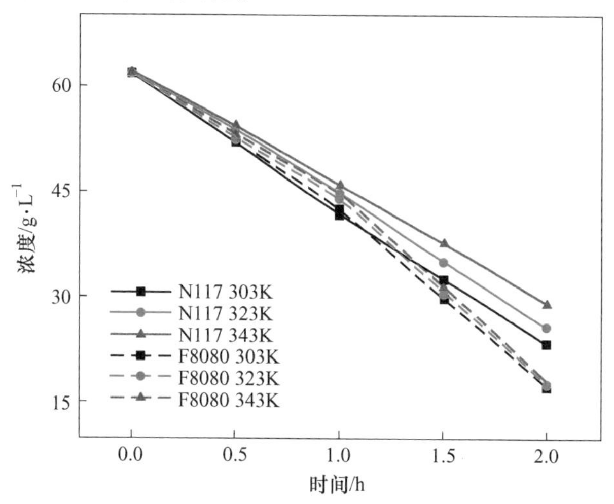

图 4-51　不同溶液温度下阳极室内 NaOH 浓度随电解时间的变化

（电流密度 $500A/m^2$）

温度对电极的影响体现在改变阴阳极平衡电势 E_A 和 E_C，进而改变电解总电压 U。对于单一电极反应，其反应式与电化学反应电势差如下：

$$aA + bB \xlongequal{} cC + dD \tag{4-21}$$

$$E = E^{\ominus} - RT\ln[\mathrm{C}^c \cdot \mathrm{D}^d/(\mathrm{A}^a \cdot \mathrm{B})^b]/nF \tag{4-22}$$

$$E = E_A - E_C \tag{4-23}$$

式中 E——电极电化学反应电势差；

$E^{\ominus}$——电化学反应标准平衡电势；

R——理想气体常数；

T——反应温度；

n——电化学反应转移电子数；

F——法拉第常数。

溶液温度对电解电压的影响如图 4-52 所示。可以看出，随着温度升高，电极反应电势差 E 减小，导致电解电压 U 降低。另外，温度对于总电阻有着显著影响，对于溶液而言，温度升高导致溶液电导率增大，溶液电阻 R_{AS} 和 R_{CS} 降低；对于离子膜而言，温度升高，离子膜孔增大，膜电阻 R_M 减小；这些因素导致溶液总电阻 R 减小，降低了欧姆压降 IR，从而使得总电解电压 U 降低。

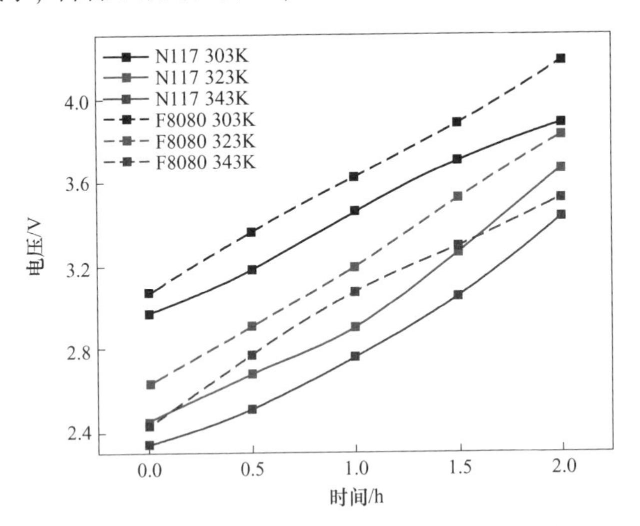

图 4-52 不同温度时电解电压随电解时间的变化

（电流密度 500A/m²）

图 4-53 为温度对电流效率和能耗的影响。电流效率随温度升高而降低，对于 N117 膜这一趋势更为明显。这可能归因于离子交换膜在较高温度下孔径的增大，使得更多的 OH^- 通过膜迁移，并与阳极室内 H^+ 发生中和反应，导致电流效率的降低。分析溶液温度对能耗的影响，可以看出两种膜系统的能耗都随着温度

的升高而降低。随着溶液温度升高，发生电极反应所需要的电压差缩小。此外，升高溶液温度还会加速离子的扩散速度，从而降低溶液的电阻，降低电解总电压进而降低能耗。由于F8080膜拥有较高的电流效率，导致相同条件下，F8080膜电解能耗低于N117膜。

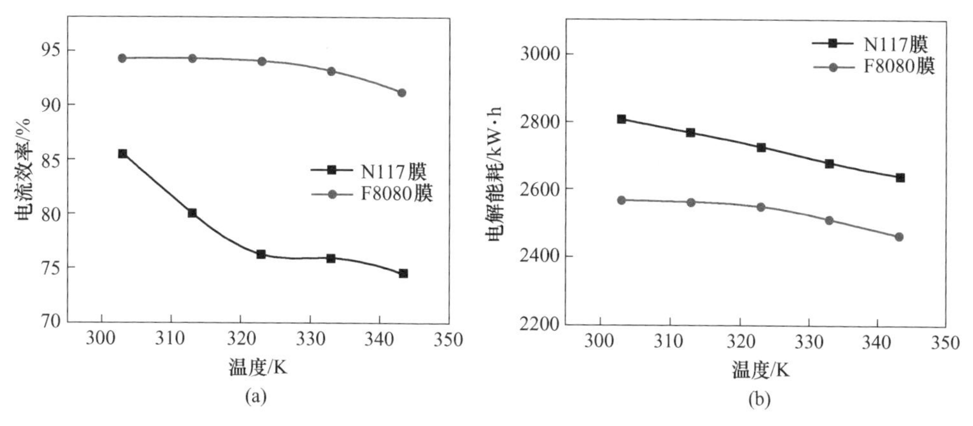

图4-53 溶液温度对电流效率（a）和能耗（b）的影响

（回收1t NaOH，电流密度500A/m^2）

C 阴极室初始NaOH浓度的影响

研究了阴极室初始NaOH浓度对钒钠分离的影响。随着阴极室初始NaOH浓度增加，钠离子的迁移阻力增大，与此同时膜内电解质浓度C增大，阴阳离子迁移率t_+/t_-减小，导致钒钠分离效果变差，所以增大阴极室初始NaOH浓度不利于钒钠分离。对比N117膜与F8080膜，随着阴极室中NaOH初始浓度的增加，N117膜的钒钠分离效果降低明显，而F8080膜的钒钠分离效果差别微小，如图4-54所示。这主要由于F8080膜与N117膜对比能显著抑制OH^-的转移，从而更好地实现钒钠分离。

阴极室初始NaOH浓度对电流效率和能耗的影响如图4-55所示。结果表明，阴极室初始NaOH浓度影响对钒钠分离能耗存在着双重作用：一方面，降低阴极室初始NaOH浓度可以提高电流效率，从而降低电解能耗；另一方面，降低阴极室初始NaOH浓度会导致电解电压增加，从而增大溶液电解能耗。根据实验结果分析，发现提高初始NaOH浓度会导致电流效率和能耗的增加，这是因为当初始NaOH浓度升高时，钠离子的迁移阻力增大，实现钒钠分离需要消耗更多的电能。出于节能的考虑，初始NaOH浓度应尽可能地低。由于当初始阴极室NaOH浓度介于4.0~17.9g/L时，电解电耗基本相同，为降低电解电压，阴极室初始NaOH浓度不能太低。综合以上因素，17.9g/L被认为是最佳的初始NaOH浓度。另外，F8080膜的电流效率高于N117膜，这主要与F8080膜拥有较强的OH^-迁

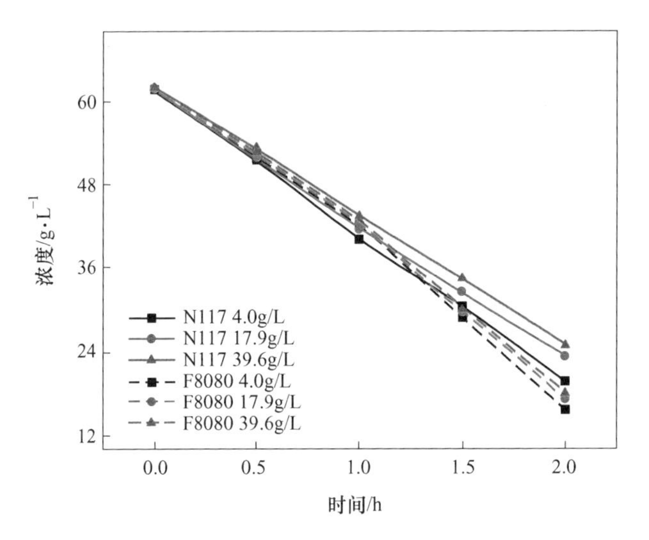

图 4-54 初始阴极室 NaOH 浓度不同时阳极室内 NaOH 浓度随电解时间的变化

（电流密度 500A/m^2，温度 303.15K）

移抑制能力有关，初始 NaOH 浓度越高电流效率差值越大，表明 F8080 膜在高碱浓度差时也能保持不错的 OH^- 迁移抑制能力。由于 F8080 膜电流效率远高于 N117 膜，所以 F8080 膜能耗较 N117 膜要低，表明选用 F8080 膜更有利于降低钒钠分离能耗。

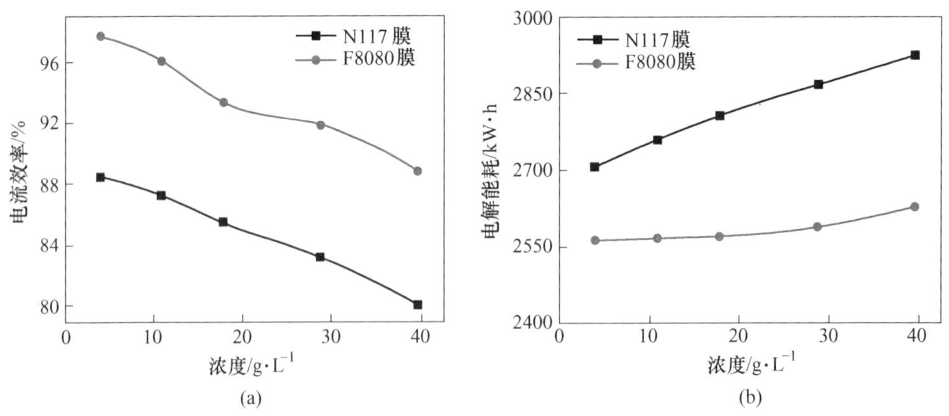

图 4-55 初始阴极室 NaOH 浓度对电流效率（a）和能耗（b）的影响

（回收 1t NaOH，电流密度 500A/m^2，温度 303.15K）

D 阴极室溶液成分分析

通过离子膜电解工艺，实现了钒酸钠溶液中的钒钠分离，同时在阴极室内回收 NaOH 溶液，部分数据见表 4-14。可以看出，无论是 N117 膜还是 F8080 阳离

子膜，都能很好地阻碍钒酸根的通过，从而保证钒酸根全部保留在阳极室，同时在阴极室回收纯度大于99.9%的NaOH溶液。

表4-14　阴极室溶液成分分析　(g/L)

项目	NaOH 浓度	V_2O_5 浓度
N117 膜	40.41	—
N117 膜	48.22	—
N117 膜	56.09	—
F8080 膜	44.77	—
F8080 膜	52.69	—
F8080 膜	59.97	—

注：温度303.15K，电解时间1.25h，电流密度分别为500A/m²、633A/m²、767A/m²。

E　阳极室产物分析

随着电解过程的进行，溶液中钒酸根离子逐渐发生聚合反应，其形态变化顺序为：$VO_4^{3-} \rightarrow V_2O_7^{4-} \rightarrow V_4O_{12}^{4-} \rightarrow V_{10}O_{28}^{6-} \rightarrow HV_{10}O_{28}^{5-} \rightarrow H_2V_{10}O_{28}^{4-} \rightarrow H_2V_{12}O_{31}$。然而，当除$H^+$以外的其他阳离子存在时，$H_2V_{12}O_{31}$中的质子可以被其他绝大多数阳离子取代，其取代的反应如下：

$$H_2V_{12}O_{31} + 2M^+ = M_2V_{12}O_{31} + 2H^+ \tag{4-24}$$

对于铵和碱金属的十二钒酸盐，其取代顺序如下：

$$K^+ > NH_4^+ > Na^+ > H^+ \tag{4-25}$$

因此，当溶液中存在$NH_4{}^+$、Na^+等阳离子时，无法得到$H_2V_{12}O_{31}$，而是得到$(NH_4)_xH_{2-x}V_{12}O_{31}$或$Na_xH_{2-x}V_{12}O_{31}$（$x=0\sim2$）固体，$Na_xH_{2-x}V_{12}O_{31}$会进一步与水反应生成$NaHV_6O_{16}$或$Na_2V_6O_{16}$固体。电解过程得到的产物在溶液中呈现鲜红色，符合$(NH_4)_xH_{2-x}V_{12}O_{31}$或$Na_xH_{2-x}V_{12}O_{31}$产物的外观。

电解产物的XRD和SEM分析如图4-56所示。可以看出，产物结构十分疏松，其主要成分为$HNaV_6O_{16}\cdot 4H_2O$，说明生成产物为含钠钒氧化物，烘干后通过XPS定量测试，发现其中Na_2O含量（质量分数）为7.4%。根据Donnan定律，膜电解过程无法实现溶液中Na^+ 100%去除；而当$H_2V_{12}O_{31}$开始生成后，溶液中Na^+的存在必然会导致含钠钒氧化物沉淀的生成，说明通过膜电解过程只能实现钒钠分离及大部分NaOH的回收，同时在阳极室得到高钒钠比溶液，但无法直接得到V_2O_5产品，需要通过其他辅助工艺，来实现膜电解后高钒钠比溶液中钒的提取。

F　小结

对以钒酸钠溶液为原料进行钒钠分离的膜电解工艺进行了探索，研究了钒钠分离过程中离子交换膜的选择，电解过程中电流密度、溶液温度、初始阴极室碱

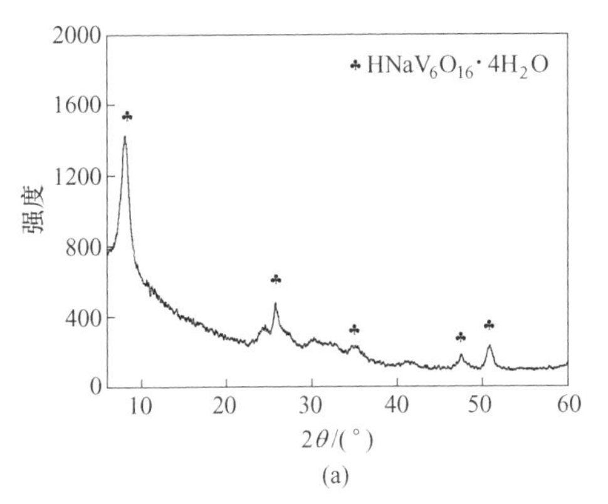

(a)

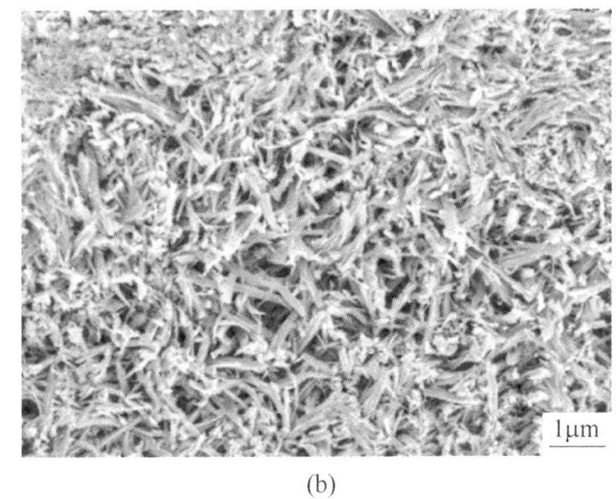

(b)

图 4-56　电解产物的 XRD 谱图（a）和 SEM 图（b）

浓度的影响，得出以下结论。

（1）建立了离子膜电解体系，电解过程中阳极室 Na^+ 从阳极室迁移至阴极室，钒酸根被阻拦在阳极室中，从而实现了钒酸钠溶液中钒钠的清洁分离和 NaOH 的有效回收，全过程不产生废水。

（2）选取了两种典型的离子交换膜——磺酸型阳离子交换膜 N117 与磺酸-羧酸复合型阳离子交换膜 F8080 膜进行钒钠膜电解分离工艺比较，其中 F8080 膜膜阻大，但抑制 OH^- 迁移能力更强。结果发现，两室系统最佳工艺条件下 N117 膜平均电解电压较 F8080 膜降低 0.09V，而 F8080 膜电流效率比 N117 膜提高 16.72%，综合比较 F8080 膜的电解能耗较 N117 膜每吨 NaOH 低 175.84 kW · h NaOH。

（3）研究了电流密度、碱浓度、初始阴极室 NaOH 浓度对于电解分离过程的影响，发现提高电流密度会增大 OH^- 逆迁移速率，降低电流效率；升高溶液温度会导致膜孔通道扩张，进入膜孔的电解质浓度增加，从而削弱钒钠分离效果，导致电流效率降低；提高初始阴极室 NaOH 浓度会导致阳极室与阴极室 OH^- 浓度差减小，从而增大 OH^- 的逆迁移效应，降低电流效率。获得了两室膜电解法的最佳工艺条件，当电流密度为 $500A/m^2$、电解温度 343.15K 时，初始阴极室 NaOH 浓度 17.9g/L，采用 F8080 膜时，回收 1t NaOH 的最低能耗是 2464kW · h。

（4）膜电解后阳极室得到高钒钠比溶液，阴极室得到 NaOH 溶液。由于通过膜电解无法实现溶液中 Na^+ 100%去除，导致 Na^+ 会取代 $H_2V_{12}O_{31}$ 中 H^+，使得单一膜电解过程得到的产物是含钠钒氧化物 $NaHV_6O_{16}$ 而非 V_2O_5。分析了含钠钒氧化物产物的组成和形貌，测试发现含钠钒氧化物中 Na_2O 杂质含量（质量分数）为 7.4%。

4.2.2.3　溶液中钒酸根形态转换及调控规律的研究

对于浓度较高的含钒溶液，钒的聚合状态随着 pH 值的变化开始发生变化，碱性和强碱性条件下，钒酸根以 VO_4^{3-} 和 $V_2O_7^{2-}$ 形态存在。随着溶液 pH 值的降

低，钒酸根逐渐聚合，依次呈现出 $V_2O_7^{4-}$、$V_4O_{12}^{4-}$、$V_{10}O_{28}^{6-}$、$HV_{10}O_{28}^{5-}$、$H_2V_{10}O_{28}^{4-}$ 等多种聚合态。当 pH 值下降到 2 左右时，$H_2V_{10}O_{28}^{4-}$ 进一步聚合生成 $H_2V_{12}O_{31}$，而 $H_2V_{12}O_{31}$ 本质上是 V_2O_5 的水合物；当 pH 值继续降低时，聚合态钒酸根发生解聚反应，生成 VO_2^+，其反应过程如下：

$$2VO_4^{3-} + H_2O \longrightarrow V_2O_7^{4-} + 2OH^- \tag{4-26}$$

$$2V_2O_7^{4-} + 2H_2O \longrightarrow V_4O_{12}^{4-} + 4OH^- \tag{4-27}$$

$$V_{10}O_{28}^{6-} + H^+ \longrightarrow HV_{10}O_{28}^{5-} \tag{4-28}$$

$$HV_{10}O_{28}^{5-} + H^+ \longrightarrow H_2V_{10}O_{28}^{4-} \tag{4-29}$$

$$6H_2V_{10}O_{28}^{4-} + 24H^+ \longrightarrow 5H_2V_{12}O_{31} + 13H_2O \tag{4-30}$$

$$H_2V_{12}O_{31} \longrightarrow 6V_2O_5 + H_2O \tag{4-31}$$

$$V_2O_5 + 2H^+ \longrightarrow 2VO_2^+ + H_2O \tag{4-32}$$

当钒浓度较低时，钒以单核形式存在，其相态不受 pH 值变化的影响，发生的反应如下：

$$VO_4^{3-} + H^+ \longrightarrow HVO_4^{2-} \tag{4-33}$$

$$HVO_4^{2-} + H^+ \longrightarrow H_2VO_4^- \tag{4-34}$$

$$H_2VO_4^- + H^+ \longrightarrow H_3VO_4 \tag{4-35}$$

根据电荷平衡定律，溶液呈现电中性性质，溶液中阴阳离子所携带的总电量绝对值相同，电性相反。以 94.8g/L Na_3VO_4 溶液为例，当溶液中钒以负电荷离子存在时，溶液中共有 Na^+、H^+、OH^-、$V_xO_y^{n-}$ 四种离子，其中电荷平衡计算式如下：

$$m_{Na}e_{Na} + m_H e_H = m_{OH} e_{OH} + m_{V_x} e_{V_x} \tag{4-36}$$

式中 m_{Na}，m_H，m_{OH}，m_{V_x}——分别为溶液中 Na^+、H^+、OH^-、$V_xO_y{}^{n-}$ 离子摩尔量；

e_{Na}，e_H，e_{OH}，e_{V_x}——分别为 Na^+、H^+、OH^-、$V_xO_y{}^{n-}$ 所携带电荷量的绝对值，带入电荷数值，简化方程，可得：

$$m_{Na} + m_H = m_{OH} + nm_{V_x} \tag{4-37}$$

将 $V_xO_y{}^{n-}$ 表示为携带相同电荷数的单钒离子，n_V 为单钒离子所携带的平均电荷，m_V 为单钒总物质的量，则式（4-38）写为：

$$m_{Na} + m_H = m_{OH} + n_V m_V \tag{4-38}$$

引入溶液中钒钠摩尔比 r 的概念，其计算式如下：

$$r = m_V / m_{Na} \tag{4-39}$$

则式（4-39）转化为：

$$m_V/r + m_H = m_{OH} + n_V m_V \tag{4-40}$$

整理后，可得：

$$n_V = (m_V/r + m_H - m_{OH}) / m_V \tag{4-41}$$

对于单位体积的溶液（1L），式（4-42）可以转换为：

$$n_V = (c_V/r + c_H - c_{OH})/c_V \tag{4-42}$$

式中，c_V、c_H、c_{OH}分别为单钒摩尔浓度、H^+摩尔浓度和OH^-摩尔浓度，其中c_H、c_{OH}与溶液中pH值p关系如下：

$$p = -\lg c_H \tag{4-43}$$

$$p = 14 + \lg c_{OH} \tag{4-44}$$

$$c_H = 10^{-p} \tag{4-45}$$

$$c_{OH} = 10^{p-14} \tag{4-46}$$

代入式（4-43），可得：

$$n_V = 1/r + (10^{-p} - 10^{p-14})/c_V \tag{4-47}$$

表4-15研究了钒酸根聚合态与溶液中阳离子之间的关系（以Na^+计算），可以看出，随着溶液pH值的降低，钒酸根聚合度提高，其中单个钒原子所携带的平均电荷数呈现明显降低趋势。基于溶液电荷平衡原理，单钒原子所需要的Na^+也相应减少，溶液中钒钠发生了自分离现象；而当溶液中pH值进一步降低、钒聚合生成$H_2V_{12}O_{31}$时，单个钒原子所带电荷数为0，此时可以实现溶液中钒钠的完全分离。因此，理论上，可以通过提高钒聚合度，降低达到电荷平衡所需要的Na^+离子量，实现溶液中钒钠分离。

表4-15 钒酸根赋存形态与携带电荷数的关系

离子种类	离子带电荷数	单钒平均电荷数	单钒需要Na^+数
VO_4^{3-}	−3	−3	3.0
$V_2O_7^{4-}$	−4	−2	2.0
$V_4O_{12}^{4-}$	−4	−1	1.0
$V_{10}O_{28}^{6-}$	−6	−0.6	0.6
$HV_{10}O_{28}^{5-}$	−5	−0.5	0.5
$H_2V_{10}O_{28}^{4-}$	−4	−0.4	0.4
$H_2V_{12}O_{31}$	0	0	0
V_2O_5	0	0	0
VO_2^+	+1	+1	0
HVO_4^{2-}（稀）	−2	−2	2.0
$H_2VO_4^-$（稀）	−1	−1	1.0
HVO_3（稀）	0	0	0

表4-16展示了溶液中钒聚合态与溶液中钒钠比、溶液pH值之间的关系，可

以看出，随着溶液中钒钠比的提高，溶液 pH 值逐渐降低，溶液中钒酸根离子形态转换顺序为：VO_4^{3-}→$V_2O_7^{4-}$→$V_4O_{12}^{4-}$→$V_{10}O_{28}^{6-}$→$HV_{10}O_{28}^{5-}$→$H_2V_{10}O_{28}^{4-}$→$H_2V_{12}O_{31}$。这一过程中达到电荷平衡溶液中单钒所对应的 Na^+ 数从 3 依次降低至 2、1、0.6、0.5、0.4、0，证明了可以通过提高钒酸根聚合度来降低单钒电荷数，从而提高溶液达到平衡时的钒钠比，实现溶液中钒钠分离。

表 4-16　溶液中钒聚合态与钒钠比之间的关系

溶液 pH 值	溶液中钒酸根种类	单钒电荷数	溶液中钒钠比 r
>14.09	VO_4^{3-}	−3	<0.33
13.12~14.09	VO_4^{3-}、$V_2O_7^{4-}$	−3~−2	0.33~0.58
7.37~13.12	$V_2O_7^{4-}$、$V_4O_{12}^{4-}$	−2~−1	0.58~1.00
3.86~7.37	$V_4O_{12}^{4-}$、$V_{10}O_{28}^{6-}$	−1~−0.6	1.00~1.67
3.35~3.86	$V_{10}O_{28}^{6-}$、$HV_{10}O_{28}^{5-}$	−0.6~−0.5	1.67~2.01
3.01~3.35	$HV_{10}O_{28}^{5-}$、$H_2V_{10}O_{28}^{4-}$	−0.5~−0.4	2.01~2.51
<3.01	$H_2V_{10}O_{28}^{4-}$、$H_2V_{12}O_{31}$	−0.4~0	>2.51

图 4-57 研究了溶液中钒钠摩尔比与溶液 pH 值的关系，可以看出，溶液中钒钠比与溶液 pH 值呈现反比例关系，即溶液中钒钠比越高，溶液 pH 值越低，这与实际电解中所得到的规律相吻合。

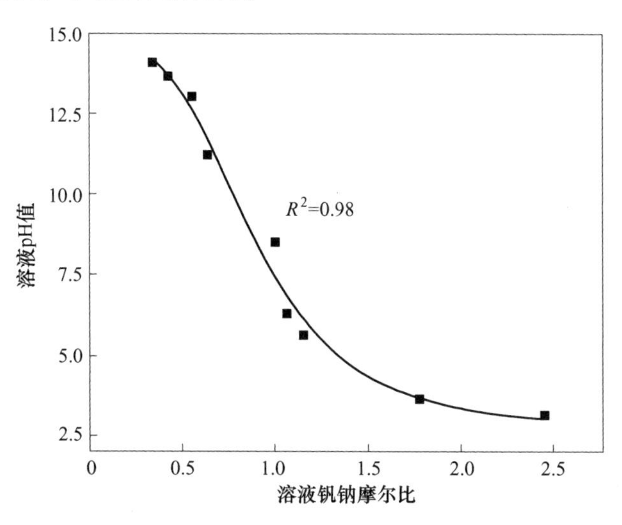

图 4-57　溶液中钒钠摩尔比与溶液 pH 值的关系
（电解电流密度为 500A/m²，温度为 303.15K）

4.2.2.4 钒浓度对于钒钠比的影响

根据前面的计算可知，对钒酸钠溶液体系，当溶液 pH 值发生变化时，溶液中钒酸根离子多以两种形态同时存在。图 4-58 展示了膜电解体系（钒酸钠溶液）阳极室中钒酸根聚合态与溶液 pH 值及钒浓度的关系，可以看出，当溶液中钒浓度大于 0.1mol/L 时，随着溶液 pH 值的降低，溶液中钒酸根离子形态转换顺序为 $VO_4^{3-} \rightarrow V_2O_7^{4-} \rightarrow V_4O_{12}^{4-} \rightarrow V_{10}O_{28}^{6-} \rightarrow HV_{10}O_{28}^{5-} \rightarrow H_2V_{10}O_{28}^{4-} \rightarrow H_2V_{12}O_{31}$。其中钒酸根聚合过程 $VO_4^{3-} \rightarrow V_2O_7^{4-} \rightarrow V_4O_{12}^{4-} \rightarrow V_{10}O_{28}^{6-}$ 是一个慢速过程，需要较宽的 pH 值变化才能发生。而钒酸根与 H^+ 的吸附过程是一个快速过程，在较低的 pH 值下才能发生。随着钒浓度的提高，钒酸根转化所需要的 pH 值也随之增加，说明钒浓度的提高有利于钒的聚合。

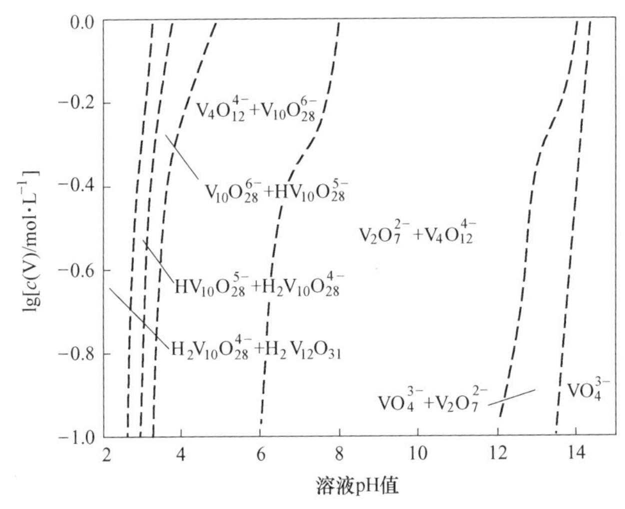

图 4-58 钒元素聚合态与溶液 pH 值的关系

4.2.3 电解过程中钒酸根聚合态转换分析

从前面的分析可知，对两种电解系统来说，最佳电解条件为电流密度为 $500A/m^2$，电解温度 343.15K，初始阴极室 NaOH 浓度 17.9g/L。图 4-59 研究了两种不同电解系统阳极室溶液钒钠比随电解时间的变化，可以看出，对两种不同的电解系统，溶液中钒钠比的变化都是先缓慢增加，而后迅速上升。

基于图 4-59，得到了不同电解系统电解过程中离子相态转换的时间。表 4-17 研究了不同电解系统在电解过程中钒酸根形态随电解时间的变化。可以看出，$VO_4^{3-} \rightarrow V_2O_7^{4-} \rightarrow V_4O_{12}^{4-} \rightarrow V_{10}O_{28}^{6-}$ 转化过程是一个慢速过程，而 $V_{10}O_{28}^{6-} \rightarrow HV_{10}O_{28}^{5-} \rightarrow H_2V_{10}O_{28}^{4-}$ 转化过程是一个快速过程，这直接导致溶液中钒钠比随电解过程的进行先缓慢增加而后迅速增加。在电解过程中，$VO_4^{3-} \rightarrow V_2O_7^{4-} \rightarrow V_4O_{12}^{4-} \rightarrow V_{10}O_{28}^{6-}$ 转换

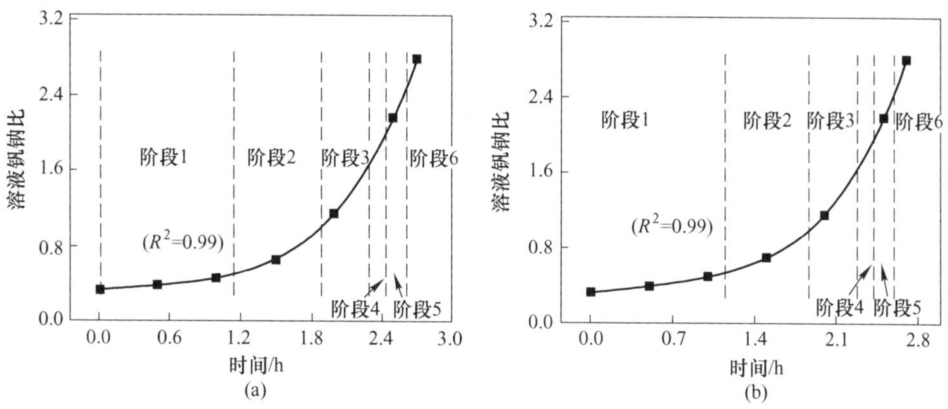

图 4-59 不同溶液温度阳极室内钒钠比随电解时间的变化

（a）两室系统；（b）三室系统

（电流密度 500A/m^2，温度 343.15K，离子膜为 F8080 膜）

过程的单步骤时间远高于 $V_{10}O_{28}^{6-}$→$HV_{10}O_{28}^{5-}$→$H_2V_{10}O_{28}^{4-}$过程。其原因在于钒酸根聚合过程中，当聚合钒酸根以负离子形态存在时，携带的电荷为负电荷，静电作用力为钒酸根离子之间的分子斥力，可知单钒电荷数越低，静电斥力越弱，所以 VO_4^{3-}→$V_2O_7^{4-}$→$V_4O_{12}^{4-}$→$V_{10}O_{28}^{6-}$每一步转换时间逐渐减少；而对于 $V_{10}O_{28}^{6-}$→$HV_{10}O_{28}^{5-}$→$H_2V_{10}O_{28}^{4-}$过程，主要是已聚合钒酸根与溶液中 H^+之间相互作用，此时静电作用力为钒酸根与 H^+之间的分子引力，所以 $V_{10}O_{28}^{6-}$→$HV_{10}O_{28}^{5-}$→$H_2V_{10}O_{28}^{4-}$过程平均每一步的转换时间要远远小于 VO_4^{3-}→$V_2O_7^{4-}$→$V_4O_{12}^{4-}$→$V_{10}O_{28}^{6-}$过程。对于 VO_4^{3-}→$V_2O_7^{4-}$→$V_4O_{12}^{4-}$→$V_{10}O_{28}^{6-}$转换过程，每一步转换时间都在减少，主要原因在于随着聚合度提高，单钒电荷数降低，钒酸根之间静电作用斥力减小，使得聚合过程变得更容易进行，聚合时间也相应减少。三室电解系统离子相态转换时间略小于两室，这与三室系统电流效率略高有关，电解效率越高，单位时间内阳极室产生的 H^+越多，越能够促进钒的聚合，并加快聚合钒酸根与 H^+的结合速率。

表 4-17 溶液中钒酸根形态随电解时间的变化（F8080 膜） （h）

阶段	离子转换	电解时间		转换时间	
		两室	三室	两室	三室
1	VO_4^{3-}→$V_2O_7^{4-}$	1.15	0	1.15	1.14
2	$V_2O_7^{4-}$→$V_4O_{12}^{4-}$	1.89	1.14	0.66	0.62
3	$V_4O_{12}^{4-}$→$V_{10}O_{28}^{6-}$	2.30	1.86	0.41	0.38
4	$V_{10}O_{28}^{6-}$→$HV_{10}O_{28}^{5-}$	2.44	2.28	0.14	0.14
5	$HV_{10}O_{28}^{5-}$→$H_2V_{10}O_{28}^{4-}$	2.62	2.42	0.18	0.17
6	$H_2V_{10}O_{28}^{4-}$→$H_2V_{12}O_{31}$	—	—	—	—

由前面的推导可知，电解能耗取决于电流效率及电解电压，其中电解电压主要与电极反应及溶液电导率有关。电解过程中阳极室电导率如图 4-60 所示。可以看出，随着电解过程进行，溶液 pH 值降低，阳极室钒逐渐发生聚合，此时阳极室电导率降低。

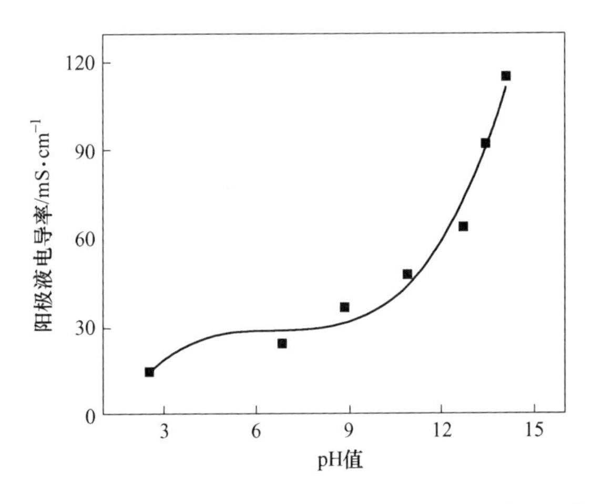

图 4-60　电解过程中阳极室电导率随溶液 pH 值的变化

（电流密度 500A/m^2，温度 343.15K，离子膜为 F8080 膜）

表 4-18 展示了不同钒酸根种类与其水溶液电导率的关系（C_v = 0.51mol/L），可以看出，随着钒聚合度的提高，相同浓度下钒酸根水溶液电导率逐渐减小，其减小的原因主要在于离子聚合度提高后单钒电荷数的降低，导致溶液中可自由移动的电荷数减少。随着钒酸根聚合程度的增大，阳极室溶液中电导率降低，电阻增加，导致电解电压升高，能耗加大。

表 4-18　钒酸根离子形态与电导率关系（单钒浓度 0.51mol/L）

离子种类	存在 pH 值区间	单钒电荷数	电导率/mS·cm^{-1}
VO_4^{3-}	13.12~14.09	−3	114.93
$V_2O_7^{4-}$	7.37~13.12	−2	83.25
$V_4O_{12}^{4-}$	3.86~7.37	−1	28.79
$V_{10}O_{28}^{6-}$	3.35~3.86	−0.6	24.11
$HV_{10}O_{28}^{5-}$	3.01~3.35	−0.5	21.24
$H_2V_{10}O_{28}^{4-}$	<3.01	−0.4	18.79

图 4-61 研究了最佳电解条件下电解电压随电解时间的变化。可以看出，对于两种电解系统，电解电压都随着溶液中钒聚合态的提高和单钒电荷数的减少而增加。这主要与两方面原因有关：一方面，随着电解过程的进行，溶液中单钒电

荷数减少，溶液中导电粒子电荷总数降低，导致溶液电阻增加，电解电压增大；另一方面，随着电解过程的进行，溶液 pH 值逐渐降低，阳极发生的电极反应从 OH^-的四电子反应转变为 H_2O 的四电子反应，电极反应电压增大，从而导致电解总电压增加。

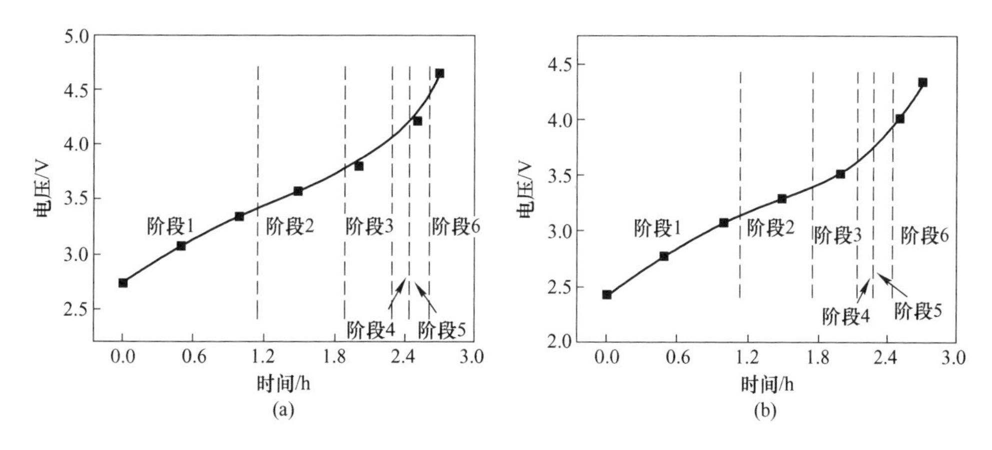

图 4-61 电解电压随电解时间的变化

（a）两室系统；（b）三室系统

（电流密度 500A/m²，温度 343.15K）

表 4-19 和表 4-20 研究了不同电解系统在各个电解阶段的电流效率和能耗，可以看出，对于两种电解系统，$VO_4^{3-} \rightarrow V_2O_7^{4-} \rightarrow V_4O_{12}^{4-} \rightarrow V_{10}O_{28}^{6-} \rightarrow HV_{10}O_{28}^{5-} \rightarrow H_2V_{10}O_{28}^{4-}$过程电流效率逐渐降低，降低的原因主要与阳极室和阴极室 OH^-浓度差有关，电解过程刚开始时阳极室 pH>14，OH^-浓度较高，此时阴极室 OH^-反迁移作用不明显，对两种膜系统此时电流效率较高；随着电解过程的进行，阳极室 OH^-浓度降低而 OH^-浓度提高，此时 OH^-反迁移作用增强，导致电流效率下降；电解开始阶段由于阳极室 NaOH 浓度高于阴极室，阳极室部分 NaOH 会自发迁移扩散进入阴极室，导致电流效率高于 100%。当溶液 pH<4 时，此时阳极室 H^+浓度提高，H^+会穿过离子膜进入阴极室发生中和反应，导致电流效率进一步降低，此时影响电流效率的因素变成了 OH^-反迁移与 H^+正迁移的共同作用。由于阳离子膜无法阻止 H^+通过，故此时电流效率大幅度降低。

各步骤中 NaOH 的生产能耗由电流效率和电解电压共同决定，且与电流效率成反比，与电解电压成正比。可以看出随着电解过程的进行，电流效率逐渐下降，而电解电压逐渐上升，故随着钒聚合度的提高，生产单位质量 NaOH 的能耗显著增加，三室系统每一步转换过程能耗均小于两室系统，主要与三室系统电流效率高、电解电压低有关。

表 4-19 钒酸根形态转换与电解能耗和电流效率的关系（两室系统）

阶段	转换时间/h	电流效率/%	溶液 pH 值	每吨 NaOH 能耗 /kW·h
1	1.15	101.04	13.12~14.09	1783.11
2	0.66	100.09	7.37~13.12	2190.53
3	0.41	90.01	3.86~7.37	2682.80
4	0.14	66.54	3.35~3.86	3854.63
5	0.18	50.64	3.01~3.35	5349.12

表 4-20 钒酸根形态转换与电解能耗和电流效率的关系（三室系统）

阶段	转换时间/h	电流效率/%	溶液 pH 值	每吨 NaOH 能耗 /kW·h
1	1.14	101.22	13.12~14.09	1741.63
2	0.62	100.49	7.37~13.12	2181.22
3	0.38	94.07	3.86~7.37	2646.32
4	0.14	66.54	3.35~3.86	3778.73
5	0.17	53.62	3.01~3.35	4772.96

研究了膜电解过程溶液中钒酸根离子赋存机理及调控规律，以及不同电解阶段电压和能耗的变化，得出如下结论。

（1）当溶液中钒浓度大于 0.1mol/L 时，随着溶液中钒钠比的提高，溶液 pH 值逐渐降低。溶液中钒酸根离子形态转换顺序为 VO_4^{3-}→$V_2O_7^{4-}$→$V_4O_{12}^{4-}$→$V_{10}O_{28}^{6-}$→$HV_{10}O_{28}^{5-}$→$H_2V_{10}O_{28}^{4-}$→$H_2V_{12}O_{31}$，这一过程中达到电荷平衡溶液中单钒所对应的 Na^+数从 3 依次降低至 2、1、0.6、0.5、0.4、0，发现通过提高溶液中钒酸根聚合度，可以降低单钒电荷数；提高溶液中达到平衡时的钒钠比，从而实现钒钠分离；

（2）考察了溶液中钒钠比与钒酸根离子聚合态的关系，对 94.8g/L 的 Na_3VO_4 溶液，当溶液中钒酸根离子形态转换顺序为 VO_4^{3-}→$V_2O_7^{4-}$→$V_4O_{12}^{4-}$→$V_{10}O_{28}^{6-}$→$HV_{10}O_{28}^{5-}$→$H_2V_{10}O_{28}^{4-}$时，溶液中钒钠比变化顺序为 0.33→0.58→1.00→1.67→2.01→2.51。

（3）研究了单钒电荷数与溶液 pH 值、钒浓度及钒钠比的定量关系，并通过对单钒电荷数的计算实现了对溶液中钒酸根的定量表征。

$$n_V = 1/r + (10^{-p} - 10^{p-14})/c_V$$

基于计算结果建立了膜电解体系下钒相图，证明了钒酸钠溶液电解过程中，钒酸根并非以单一形态存在，而是以两种或两种以上混合形态共存。

（4）研究了不同电解系统对于电解过程中钒酸根聚合态转换规律的影响，发现随着钒聚合度的提高，离子电导率降低，系统电流效率逐渐下降，电解电压

升高，电解能耗增加。获得了最佳条件下不同钒酸根形态的电解转换时间和NaOH的生产能耗，其中三室系统 $VO_4^{3-}\rightarrow V_2O_7^{4-}\rightarrow V_4O_{12}^{4-}\rightarrow V_{10}O_{28}^{6-}\rightarrow V_{10}O_{28}^{6-}\rightarrow HV_{10}O_{28}^{5-}\rightarrow H_2V_{10}O_{28}^{4-}$ 转化时间分别为 1.14h、0.62h、0.38h、0.14h、0.17h。不同转化阶段每吨 NaOH 的生产能耗分别为 1741.63kW·h、2181.22kW·h、2646.32kW·h、3778.73kW·h、4772.96kW·h。

4.2.4 高聚合态钒酸钠溶液铵盐沉钒新工艺研究

传统铵沉方法由于引入除 NH_4^+、$V_xO_y^{n-}$ 以外的第三方离子，造成废水或固废的生成；而常规含钒溶液（钒钠比<1）若只添加 NH_4^+、$V_xO_y^{n-}$ 又无法获得钒产品。通过离子膜电解获得的高钒钠比溶液，其中钒钠比最高 2.51，pH 值最低可以达到 2 左右，而常规钒溶液钒钠比小于 1，pH 值一般在 7 以上。基于这种高钒钠比溶液的特殊性质，探索了两种全新的沉钒方法，$NH_3·H_2O$ 沉钒法和 NH_4VO_3 沉钒法，采用新方法可避免废水的产生，实现钒产品的清洁转化。

4.2.4.1 膜电解后高钒低钠溶液性质分析

膜电解后阳极室得到酸性的高钒低钠溶液，其组成与常规的沉钒溶液差别很大。首先，传统沉钒溶液钒钠比为定值，摩尔比均小于 1，pH 值一般在 7 以上；而通过膜电解分离除钠所得到的钒溶液，溶液中钒钠比为变量，最高可达 2.51，溶液 pH 值最低可以达到 2。图 4-62 展示了电解后所得到的高钒低钠溶液中钒钠比与溶液 pH 值的关系。结果表明，钒钠比与溶液 pH 值存在反比关系，即钒钠比越高，溶液 pH 值越低。通过调整电解时间，可以得到不同钒钠比和不同 pH 值的溶液。

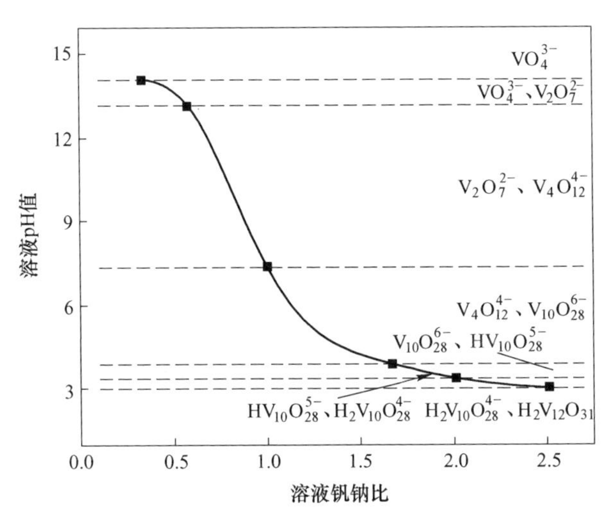

图 4-62 阳极室溶液中钒钠比与 pH 值的关系

由图 4-62 可以看出，随着电解时间的增加，阳极室 pH 值逐渐降低，溶液中钒的形态依次呈现出 $V_2O_7^{4-}$、$V_4O_{12}^{4-}$、$V_{10}O_{28}^{6-}$、$HV_{10}O_{28}^{5-}$、$H_2V_{10}O_{28}^{4-}$等多种聚合态。当 pH 值下降到 3 以下时，$H_2V_{10}O_{28}{}^{4-}$进一步聚合生成 $H_2V_{12}O_{31}$，而 $H_2V_{12}O_{31}$本质上是 V_2O_5 的水合物，但是由于 Na^+的存在，会与 $H_2V_{12}O_{31}$中的质子发生置换反应生成 $Na_2V_{12}O_{31}$，水化后生成 $Na_2O \cdot 3V_2O_5 \cdot H_2O$，从而无法得到 V_2O_5沉淀产物。产品 $Na_2O \cdot 3V_2O_5 \cdot H_2O$ 不能直接用作工业产品，所以无法通过膜电解直接获得 V_2O_5 产品。

电解后获得的高钒钠比溶液中钒以 $V_{10}O_{28}^{6-}$、$HV_{10}O_{28}^{5-}$、$H_2V_{10}O_{28}^{4-}$等高聚合离子态存在，这些聚合态钒酸根会与溶液中 Na^+、H^+结合生成 $xNa_2O \cdot yV_2O_5 \cdot zH_2O$ 等含钠钒化合物，由于含有钠杂质，该沉淀的生成会降低产品纯度。为了减少沉钒后产物中钠杂质含量，需要尽量避免含钠钒化合物的生成，以减少副反应的发生。为此，研究电解后得到的高钒钠比溶液的赋存状态与溶液 pH 值、溶液温度、溶液中钒钠比三者之间的关系，结果如图 4-63 所示，其中彩色平面为溶液中含钠钒化合物沉淀生成点，平面左上方为沉淀生成区，右下方为稳定溶液区。可以看出，溶液温度、溶液中钒浓度、溶液 pH 值对含钠钒化合物的生成均存在影响，升高温度会导致溶液中离子布朗运动加剧，提高溶液中的钒浓度，会增加溶液中高聚合态钒酸根浓度，降低溶液 pH 值，会增加溶液中 H^+浓度，从而加剧 $V_{10}O_{28}^{6-}$、$HV_{10}O_{28}^{5-}$、$H_2V_{10}O_{28}^{4-}$与 Na^+、H^+的碰撞，加速含钠钒化合物沉淀的生成。

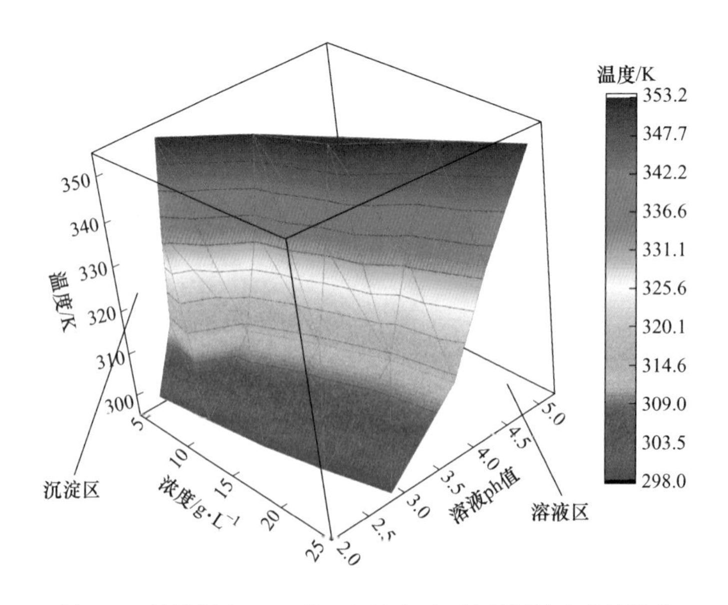

图 4-63　溶液温度、pH 值、钒浓度对于溶液沉淀生成的影响

表 4-21 显示了不同温度、钒浓度下溶液刚好有沉淀生成所能到达的极限 pH 值，可以看出，溶液温度对于钒浓度较高的高钒钠比溶液中钒化合物沉淀生成影响较大，而对低钒浓度溶液中含钠钒化合物沉淀生成影响较小。钒浓度越高，钒聚合度也越高，温度对低钒溶液影响较小，说明钒聚合度高低是影响含钠钒化合物沉淀生成的关键因素。

表 4-21 温度、钒浓度对于含钠钒氧化物生成所能达到的极限 pH 值

温度/K	钒浓度/$g \cdot L^{-1}$				
	7.37	14.74	22.12	29.49	36.86
298	2.12	2.29	2.34	2.42	2.52
318	2.37	2.77	3.25	3.44	3.61
338	2.41	2.96	3.38	3.75	4.06
358	2.41	3.12	3.45	4.21	4.75

4.2.4.2 沉钒试剂的选择

膜分离过程在不添加酸溶液的基础上得到酸性高钒钠比溶液，根据前面的分析，要保证沉钒过程不产生废水和废渣，则必须保证没有其他杂质离子的引入。而阳离子取代顺序是 $K^+>NH_4{}^+>Na^+>H^+$，当选择铵盐作为沉钒剂时，传统的酸化沉钒过程采用 $(NH_4)_2SO_4$和 H_2SO_4 作为沉钒试剂，其中 H_2SO_4 用于调节溶液 pH 值。由于电解后得到的高钒钠比溶液已经是酸性溶液，故无须加酸。为防止沉钒废水的产生，保证溶液可循环，必须避免阴离子杂质的引入，因此只能选择含有钒酸根及 OH^-的 NH_4VO_3 与 $NH_3 \cdot H_2O$ 作为沉钒试剂，在完成沉钒的同时实现沉钒剂的循环利用。理论沉钒反应式（以 $H_2V_{10}O_{28}^{6-}$为例）如下：

$$2H_2V_{10}O_{28}^{4-} + 10NH_4VO_3 + 8H^+ \longrightarrow 5(NH_3)_2 \cdot 3V_2O_5 \cdot H_2O + 6H_2O \tag{4-48}$$

$$3H_2V_{10}O_{28}^{4-} + 10NH_3 \cdot H_2O + 12H^+ \longrightarrow 5(NH_3)_2 \cdot 3V_2O_5 \cdot H_2O + 14H_2O \tag{4-49}$$

$$H_2V_{10}O_{28}^{4-} + 10NH_3 \cdot H_2O + 4H^+ \longrightarrow 5(NH_3)_2 \cdot V_2O_5 \cdot H_2O + 8H_2O \tag{4-50}$$

4.2.4.3 沉钒过程的理论研究

A 沉钒率的理论推导

对于沉钒过程，当溶液中钒酸根呈现负电荷时，溶液中离子平衡存在如下关系：

$$n_H c_{H,q} + n_{Na} c_{Na,q} = n_{OH} c_{OH,q} + n_{V,q} c_{V,q} \tag{4-51}$$

式中 n_H，n_{Na}，n_{OH}，$n_{V,q}$——分别为 H^+、Na^+、OH^-、反应前单钒所携带平均电荷数的绝对值；

$c_{H,q}$，$c_{Na,q}$，$c_{OH,q}$，$c_{V,q}$——分别为反应前 H^+、Na^+、OH^-、单钒的浓度。

整理式（4-52）可得：

$$c_{V,q} = (n_H c_{H,q} + n_{Na} c_{Na,q} - n_{OH} c_{OH,q}) / n_{V,q} \tag{4-52}$$

而对于沉钒后的溶液，离子存在如下平衡关系：

$$n_{NH,h} c_{NH,h} + n_H c_{H,h} + n_{Na} c_{Na,h} = n_{OH} c_{OH,h} + n_{V,h} c_{V,h} \tag{4-53}$$

式中 $n_{NH,h}$，$n_{V,h}$——分别为反应后溶液中 NH_4^+和单钒所携带平均电荷数的绝对值；

$c_{NH,h}$，$c_{H,h}$，$c_{Na,h}$，$c_{OH,h}$，$c_{V,h}$——分别为反应后溶液中 NH_4^+、H^+、Na^+、OH^-、单钒的浓度。

整理式（4-54）后可得：

$$c_{V,h} = (n_{NH} c_{NH,h} + n_H c_{H,h} + n_{Na} c_{Na,h} - n_{OH} c_{OH,h}) / n_{V,h} \tag{4-54}$$

当沉钒前后溶液中 H^+、OH^-浓度极低（pH = 2 ~ 11）时，式（4-53）和式（4-54）可以简化为：

$$c_{V,q} = c_{Na,q} / n_{V,q} \tag{4-55}$$

$$c_{V,h} = (c_{NH,h} + c_{Na,h}) / n_{V,h} \tag{4-56}$$

则沉钒率 η_V 计算公式如下：

$$\eta_V = (c_{V,q} - c_{V,h}) / c_{V,q} = 1 - c_{V,h} / c_{V,q} \tag{4-57}$$

将式（4-55）、式（4-56）代入，整理后可得：

$$\eta_V = 1 - n_{V,q}(c_{NH,h} + c_{Na,h}) / c_{Na,q} n_{V,h} \tag{4-58}$$

而对于所得到的固体产物，单位体积溶液获得的产物摩尔数（以浓度表示）中电荷平衡存在如下关系：

$$n_{NH} c_{NH,g} + n_{Na} c_{Na,g} = n_{V,g} c_{V,g} \tag{4-59}$$

式中 $c_{NH,g}$，$c_{Na,g}$，$c_{V,g}$——分别为产物中 NH_4^+、Na^+、单钒浓度；

$n_{V,g}$——单钒所携带的电荷量绝对值。

由于对于 NH_4^+、Na^+、单钒，溶液中存在如下平衡关系：

$$c_{NH,q} = c_{NH,h} + c_{NH,g} \tag{4-60}$$

$$c_{Na,q} = c_{Na,h} + c_{Na,g} \tag{4-61}$$

$$c_{V,q} = c_{V,h} + c_{V,g} \tag{4-62}$$

代入式（4-58），整理 可得：

$$\eta_V = 1 - n_{V,q}(c_{NH,q} - 2 c_{NH,g} + c_{Na,q} - n_{V,g} c_{V,g}) / c_{Na,q} n_{V,h} \tag{4-63}$$

可以看出，降低沉钒前单钒平均电荷数 $n_{V,q}$有助于提高沉钒率，因单钒电荷数与钒聚合度成反比，故理论上沉钒前溶液中钒聚合度越高，沉钒率越高。而提高沉钒后单钒平均电荷数 $n_{V,h}$ 有助于提高沉钒率，即沉钒后溶液中钒聚合度越低，沉钒率越高。

B　钒酸根形态对沉钒过程的影响

随着电解过程的进行，溶液中钒酸根逐渐发生聚合，生成 VO_4^{3-}、$V_2O_7^{4-}$、$V_4O_{12}^{4-}$、$V_{10}O_{28}^{6-}$、$HV_{10}O_{28}^{5-}$、$H_2V_{10}O_{28}^{4-}$ 等多种聚合态，与铵盐发生沉钒反应时，产物可以写作 $a(NH_3)_2 \cdot bV_2O_5 \cdot cNa_2O \cdot dH_2O$，将沉钒剂视为整体，基于沉钒过程电荷平衡，则溶液中沉钒反应式可以表示为：

$$V_xO_y^{n-} + 2a_1NH_4VO_3 + nM^+ \longrightarrow a_1(NH_3)_2 \cdot b_1V_2O_5 \cdot 0.5nM_2O \quad (4\text{-}64)$$

$$V_xO_y^{n-} + a_2NH_3 \cdot H_2O + nM^+ \longrightarrow 0.5a_2(NH_3)_2 \cdot b_2V_2O_5 \cdot 0.5nM_2O \quad (4\text{-}65)$$

式中　$V_xO_y^{n-}$——溶液中聚合态钒酸根；

M^+——溶液中一价阳离子（H^+、Na^+、NH_4^+）；

a_1，a_2，b_1，b_2——反应系数。

可以看出，发生反应单钒需要的阳离子数 M^+ 与单钒电荷数绝对值 n/x 相等。表 4-22 给出了不同形态钒酸根与发生沉钒反应所需要阳离子数的关系，随着溶液 pH 值降低，钒酸根聚合程度提高，单钒所携带电荷数减少，此时发生沉钒反应所需要阳离子数减少。因此，钒酸根聚合程度的提高有利于沉钒反应的发生。

表 4-22　钒酸根形态与发生沉钒反应阳离子数之间的关系

溶液 pH 值区间	溶液中钒酸根种类	单钒电荷数	需要阳离子数	溶液中钒钠比 r 区间
>14.09	VO_4^{3-}	−3	3	<0.33
13.12~14.09	VO_4^{3-}、$V_2O_7^{4-}$	−3~−2	2~3	0.33~0.58
7.37~13.12	$V_2O_7^{4-}$、$V_4O_{12}^{4-}$	−2~−1	1~2	0.58~1.00
3.86~7.37	$V_4O_{12}^{4-}$、$V_{10}O_{28}^{6-}$	−1~−0.6	0.6~1	1.00~1.67
3.35~3.86	$V_{10}O_{28}^{6-}$、$HV_{10}O_{28}^{5-}$	−0.6~−0.5	0.5~0.6	1.67~2.01
3.01~3.35	$HV_{10}O_{28}^{5-}$、$H_2V_{10}O_{28}^{4-}$	−0.5~−0.4	0.4~0.5	2.01~2.51
<3.01	$H_2V_{10}O_{28}^{4-}$、$H_2V_{12}O_{31}$	−0.4~0	0~0.4	>2.51

根据前面的分析可知，钒酸根聚合程度越高，单钒电荷数越少，沉钒过程所需要的阳离子数 M^+ 越少。由于钒浓度为恒定值，随着钒酸根聚合程度的提高，溶液 pH 值降低，钒钠比增加，此时溶液中 H^+ 数增加而 Na^+ 数减少，理论上生成的产物 $a(NH_3)_2 \cdot bV_2O_5 \cdot cNa_2O \cdot dH_2O$ 中钠含量降低。另外，当溶液中 NH_4^+ 浓度提高时，由于 NH_4^+ 与钒酸根结合优先于 Na^+，此时产物中钠含量也会降低。因此，提高溶液中钒聚合度，增加溶液中 NH_4^+ 浓度，可以降低产物中钠含量，提高产物纯度。

C　沉钒产物溶解度分析

使用 NH_4VO_3 作为沉钒剂，生成的产物主要为 $(NH_3)_2 \cdot 3V_2O_5 \cdot H_2O$；使用 $NH_3 \cdot H_2O$ 作为沉钒剂，当 $NH_3 \cdot H_2O$ 足量时生成产物主要为 $(NH_3)_2 \cdot$

$V_2O_5 \cdot H_2O$，当 $NH_3 \cdot H_2O$ 不足时生成产物为 $(NH_3)_2 \cdot 3V_2O_5 \cdot H_2O$。图 4-64 研究了 $(NH_3)_2 \cdot V_2O_5 \cdot H_2O$、$(NH_3)_2 \cdot 3V_2O_5 \cdot H_2O$ 溶解度随温度的变化，可以看出，相同温度下，$(NH_3)_2 \cdot V_2O_5 \cdot H_2O$ 溶解度远大于 $(NH_3)_2 \cdot 3V_2O_5 \cdot H_2O$，说明当以 $(NH_3)_2 \cdot 3V_2O_5 \cdot H_2O$ 为产物进行结晶时，母液中钒浓度与铵浓度会更低，此时由于产物溶解度低，所得到的沉钒率会较高。

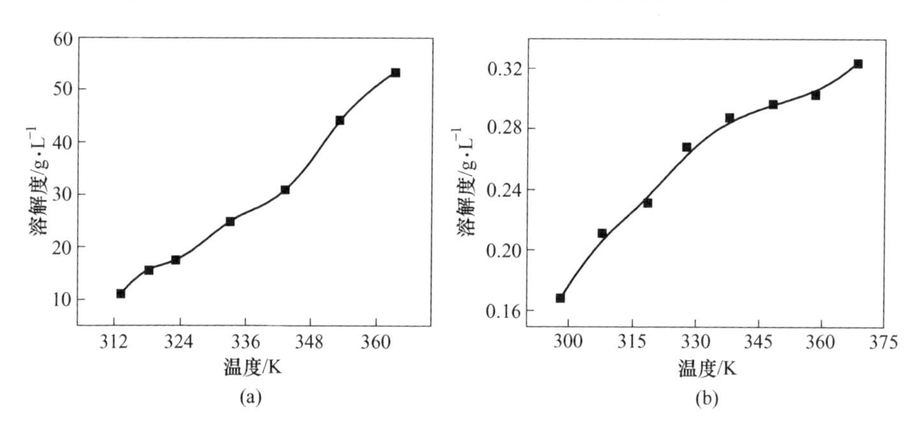

图 4-64 $(NH_3)_2 \cdot V_2O_5 \cdot H_2O$(a) 和 $(NH_3)_2 \cdot 3V_2O_5 \cdot H_2O$(b) 溶解度随温度的变化曲线

4.2.4.4 沉钒工艺过程的研究

对沉钒过程中沉钒剂沉钒系数、溶液温度、沉钒前溶液钒钠比等工艺参数对沉钒过程的影响进行了研究。

A 沉钒剂沉钒系数对沉钒过程的影响

考察了不同沉钒系数对沉钒率及产品中钠含量的影响。沉钒系数定义为沉钒剂中铵与溶液中钒的摩尔比，采用 NH_4VO_3 沉钒，沉钒剂沉钒系数为 1.0 时，NH_4VO_3 与溶液中 V 的摩尔比为 1∶2，此时理论上能够将溶液中的钒完全转化为 $(NH_3)_2 \cdot 3V_2O_5 \cdot H_2O$ 产物。采用 $NH_3 \cdot H_2O$ 沉钒，沉钒剂沉钒系数为 1.0 时，$NH_3 \cdot H_2O$ 与溶液中 V 的摩尔比为 1∶1，此时理论上能够将溶液中的钒完全转化为 $3(NH_3)_2 \cdot V_2O_5 \cdot H_2O$ 产物。

图 4-65 为沉钒系数对沉钒率、产品中钠含量和沉钒后溶液 pH 值的影响。如图 4-65（a）所示，随着 NH_4VO_3 沉淀剂添加系数的提高，NH_4VO_3 法沉钒率逐渐降低，这主要与生成产物有关。当沉钒系数较低时，铵对钠的置换不完全，生成产物中含有大量钠杂质，此时结晶母液中阳离子浓度很小，此时沉钒率较高。但随着 NH_4VO_3 沉淀剂用量提高，铵对钠的置换作用增强，产物中钠含量减少，母液中铵钠离子含量增加，所以沉钒率逐渐降低。对于 $NH_3 \cdot H_2O$ 法沉钒随着沉钒系数的提高，沉钒率先增高后降低，这主要与沉钒后溶液的 pH 值变化有关。对于 NH_4VO_3 法沉钒，由于 NH_4VO_3 对溶液 pH 值的影响远远小于 $NH_3 \cdot H_2O$，

所以采用 NH_4VO_3 沉钒终点溶液 pH 值随着沉钒系数的增加变化不大。如图 4-65（c）所示，随着 $NH_3 \cdot H_2O$ 用量的提高，沉钒后溶液 pH 值逐渐增大，由于在酸性或碱性环境中 $(NH_3)_2 \cdot V_2O_5 \cdot H_2O$ 产品拥有更高溶解度，而溶液 pH 值经历了一个从酸性到中性再到酸性的过程，故反应的沉钒率先增加后降低。另外，NH_4VO_3 法沉钒，相同沉钒系数下所得到的沉钒率高于 $NH_3 \cdot H_2O$ 法，这主要与产物有关，由于 NH_4VO_3 法生成的主要产物为 $(NH_3)_2 \cdot 3V_2O_5 \cdot H_2O$ 溶解度显著低于 $NH_3 \cdot H_2O$ 法生成的产物 $(NH_3)_2 \cdot V_2O_5 \cdot H_2O$，表明 NH_4VO_3 法沉钒更有利于溶液中钒的提取。

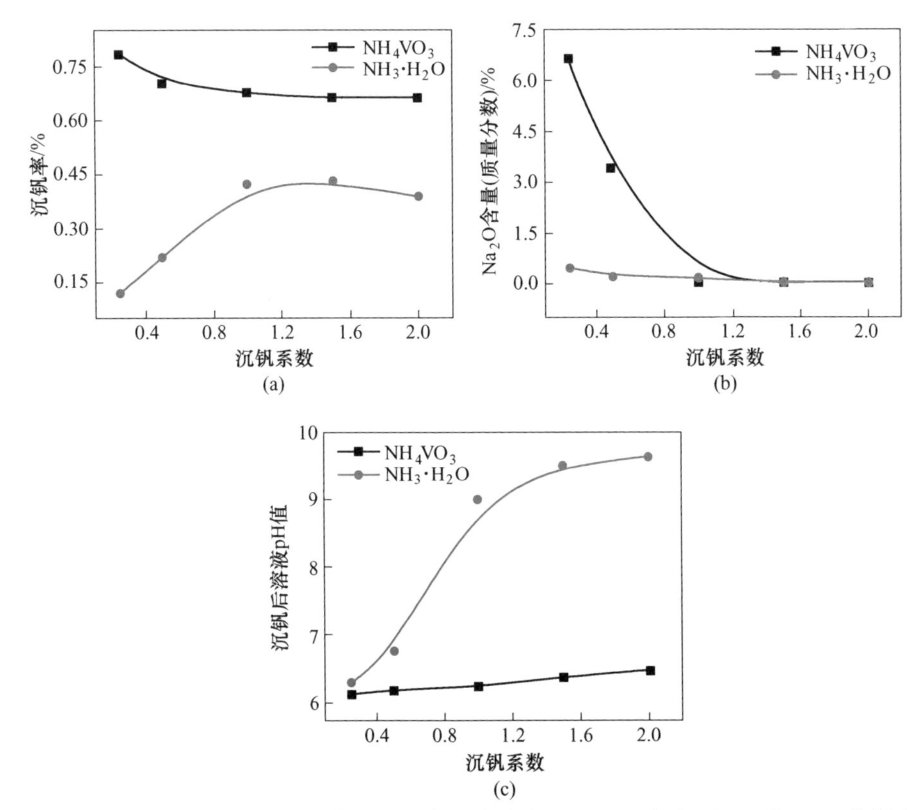

图 4-65 不同沉钒系数对沉钒率（a）、产品中钠含量（b）和沉钒后 pH 值（c）的影响（温度 363.15K，溶液中钒钠比 2.51）

不同沉钒系数对产物的影响如图 4-65（b）所示，可以看出，随着沉钒系数的增加，两种方法产物中 Na_2O 的含量均出现下降，其中 NH_4VO_3 法下降尤为明显。当沉钒系数大于 1.2 时，两种方法所得到的产品中 Na_2O 含量差别极小；而当沉钒系数小于 0.8 时，两种方法所得到的产品中 Na_2O 含量相差很大，这主要是因为两种方法所得到的产物不同。采用 NH_4VO_3 沉钒得到的产物为 $(NH_3)_2 \cdot$

$3V_2O_5 \cdot H_2O$，当沉钒系数不足时，铵不能够实现对钠的完全取代，所以得到的产物中夹杂了大量的多钒酸铵钠，导致产物中 Na_2O 的含量大幅度提升。而对于 $NH_3 \cdot H_2O$ 法沉钒，由于生成产物是 $(NH_3)_2 \cdot V_2O_5 \cdot H_2O$，产物中钠杂质的夹带只有滤液夹带一种，所以在低沉钒系数的情况下，$NH_3 \cdot H_2O$ 法所得到的产品中 Na_2O 含量远远小于 NH_4VO_3 法。

B　不同反应温度对于沉钒过程的影响

图 4-66 研究了反应温度对于沉钒过程的影响，其中反应温度对于沉钒率的影响如图 4-66（a）所示。对于 NH_4VO_3 法而言，沉钒率随温度的升高逐渐降低，这主要与不同温度下生成产物不同有关。温度较低时，铵对钠置换不完全，导致生成多钒酸铵钠，虽然沉钒率较高，但产物中钠杂质也较高，如图 4-66（b）所示。随着温度升高，铵的置换作用增强，多钒酸铵钠的生成量减少，产物中钠含量迅速下降，此时因为多钒酸铵钠生成量降低，导致沉钒率降低。当温度高于 355K 时，溶液中的钠几乎被完全置换，产物中钠含量达到稳定，表明该温度下生成的产物中已几乎不含多钒酸铵钠，此时沉钒率最低。

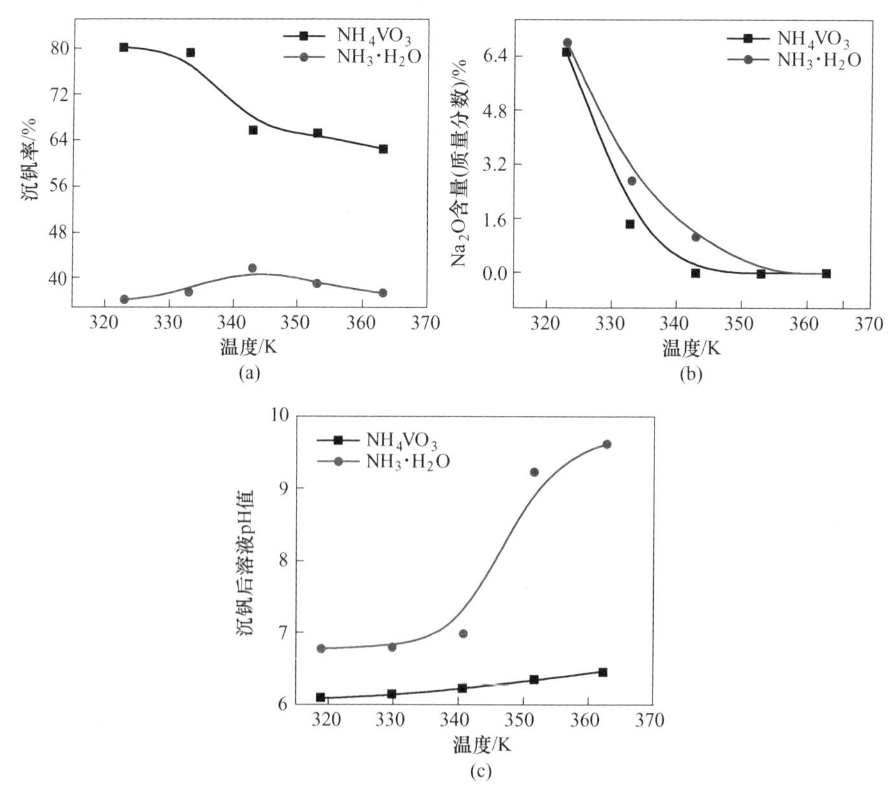

图 4-66　不同反应温度对沉钒率（a）、产物中钠杂质（b）和沉钒后溶液 pH 值（c）的影响
（沉钒系数为 2，溶液中钒钠比 2.51）

对于 $NH_3 \cdot H_2O$ 法沉钒，溶液中沉钒率随温度的提高先升高后降低，这主要与沉钒后溶液 pH 值有关。由于 $NH_3 \cdot H_2O$ 沉钒需要消耗大量 H^+，而 $NH_3 \cdot H_2O$ 本身 pH 值远高于 NH_4VO_3 溶液，当温度较低时，铵置换速率缓慢，H^+ 消耗较少，沉钒后 pH 值较低，此时钒的溶解度较低，沉钒率也较高。当温度升高后，沉钒反应加剧，H^+ 消耗加剧，虽然反应生成更多的 $(NH_3)_2 \cdot V_2O_5 \cdot H_2O$，但是由于反应后溶液 pH 值增大［见图 4-66（c）］，此时钒的溶解度增加，导致沉钒率反而降低。所以，$NH_3 \cdot H_2O$ 沉钒法的关键在于控制好 $NH_3 \cdot H_2O$ 添加比例，尽可能地降低沉钒后溶液的 pH 值，从而提高沉钒率。

C　溶液中钒钠比对于沉钒过程的影响

图 4-67 研究了溶液中钒钠比对于沉钒过程的影响。可以看出，对于两种沉钒方法，提高钒钠比均有利于提高沉钒率，主要原因在于当钒钠比提高时，溶液中钠含量较低，单钒所携带的平均电荷量减少。根据前面的理论推导，此时沉钒率提高［见图 4-67（a）］，全条件下 NH_4VO_3 法沉钒率高于 $NH_3 \cdot H_2O$ 法，主要原因在于 NH_4VO_3 法生成的主要产物 $(NH_3)_2 \cdot 3V_2O_5 \cdot H_2O$ 溶解度显著低于 $NH_3 \cdot H_2O$ 法生成的产物 $(NH_3)_2 \cdot V_2O_5 \cdot H_2O$。

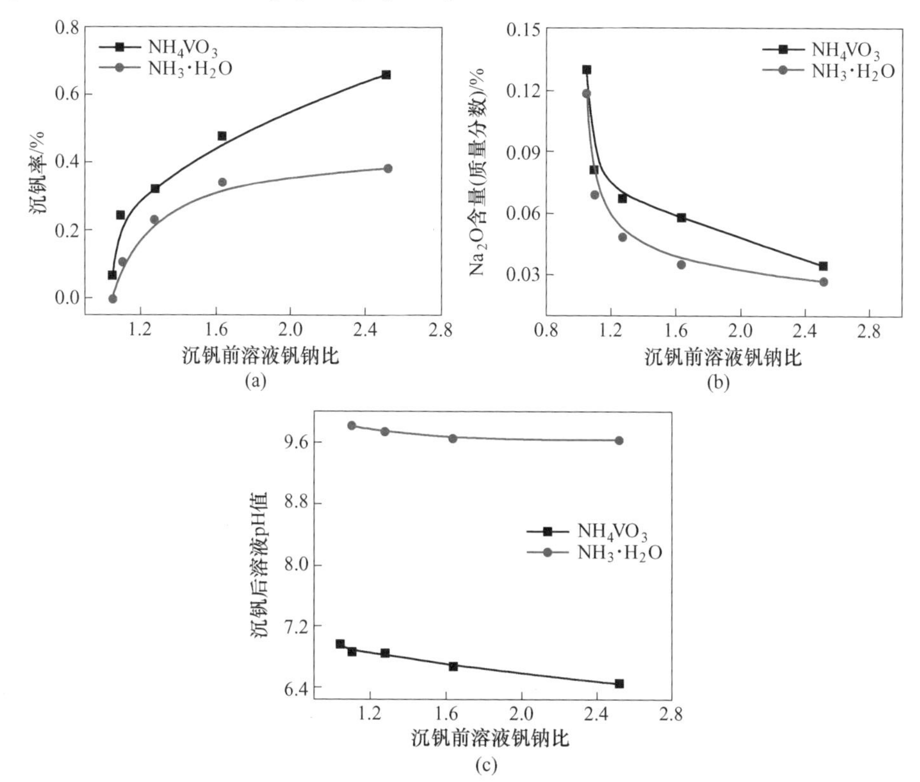

图 4-67　溶液中钒钠比对沉钒率（a）、产物中钠杂质（b）和沉钒后溶液 pH 值（c）的影响
（沉钒系数为 2，溶液温度 363.15K）

两种沉钒方法产物中钠含量随着沉钒液中钒钠比的提高而降低，表明提高沉钒液中钒钠比有利于降低产品中溶液钠杂质的夹带。全条件下 NH_4VO_3 法钠杂质含量均高于 $NH_3 \cdot H_2O$ 法，主要是因为 NH_4VO_3 法生成产物为 $(NH_3)_2 \cdot 3V_2O_5 \cdot H_2O$，产品中杂质除了溶液夹带还有偏钒酸铵钠分子夹带，而 $NH_3 \cdot H_2O$ 法沉钒产品为 $(NH_3)_2 \cdot V_2O_5 \cdot H_2O$，杂质只有溶液夹带而无分子夹带，所以采用 $NH_3 \cdot H_2O$法得到的产物纯度要高于 NH_4VO_3 法。

D　沉钒产物分析

对于 NH_4VO_3 沉淀法，产物为（$(NH_3)_2 \cdot 3V_2O_5 \cdot H_2O$，如图 4-68（a）和（c）所示。产物呈现层状叠合结构，厚度约为 0.5μm。$NH_3 \cdot H_2O$ 沉淀法得到的产物为（$(NH_3)_2 \cdot V_2O_5 \cdot H_2O$，呈球形结构。球体半径约 5μm，表面粗糙，边缘不规则，如图 4-68（b）和（d）所示。

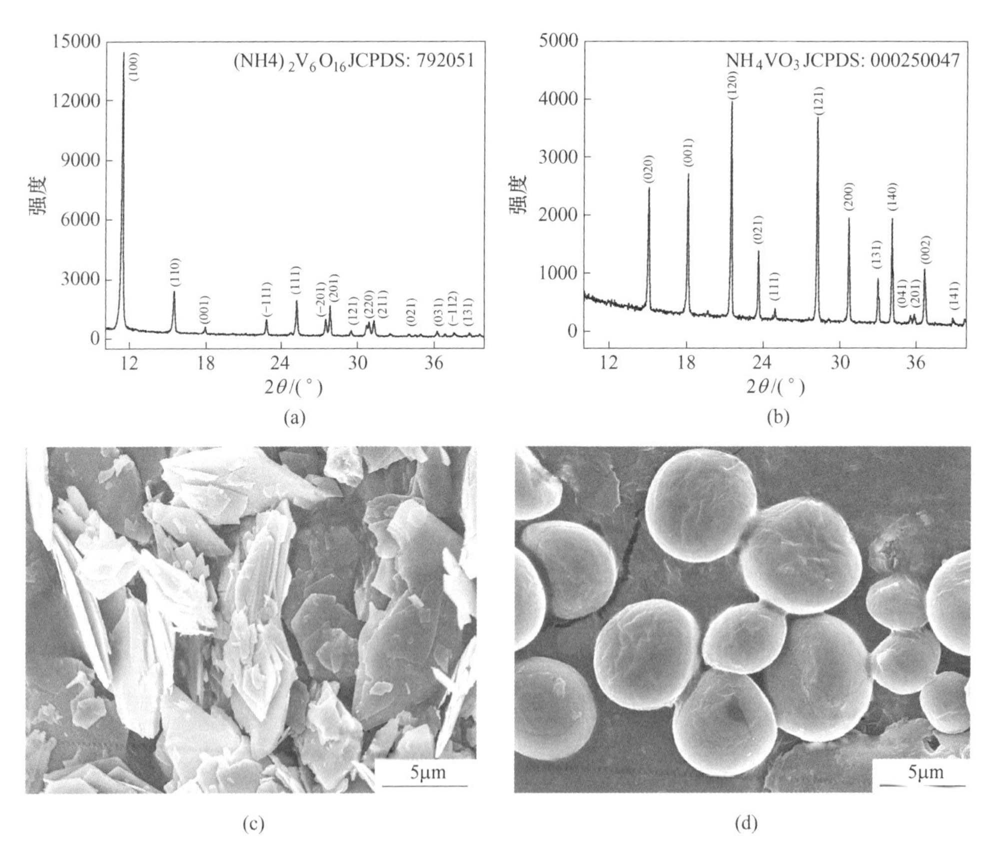

图 4-68　生成产物的 XRD 图和 SEM 图

（a）NH_4VO_3 法生成产物 XRD 图；（b）$NH_3 \cdot H_2O$ 法生成产物 XRD 图；

（c）NH_4VO_3 法生成产物 SEM 图；（d）$NH_3 \cdot H_2O$ 法生成产物 SEM 图

表4-23比较了水解沉淀法、NH_4VO_3沉淀法、$NH_3 \cdot H_2O$沉淀法所得产物的含量，结果表明：$NH_3 \cdot H_2O$法和NH_4VO_3法可得到纯度大于99%的V_2O_5产物，而直接沉淀法只能得到纯度在92%左右的V_2O_5产物。$NH_3 \cdot H_2O$法和NH_4VO_3法得到的钒产品纯度相差不大，说明NH_4VO_3法和$NH_3 \cdot H_2O$法都可以获得高纯度的钒产品。

表4-23 三种沉钒方法得到的产物比较

沉钒剂	$w(V_2O_5)$ /%	$w(Na_2O+K_2O)$ /%	产品	颜色
NH_4VO_3	99.903	0.032	$(NH_3)_2 \cdot 3V_2O_5 \cdot H_2O$	橘黄色
NH_4VO_3	99.911	0.030	$(NH_3)_2 \cdot 3V_2O_5 \cdot H_2O$	橘黄色
$NH_3 \cdot H_2O$	99.884	0.028	$(NH_3)_2 \cdot V_2O_5 \cdot H_2O$	白色
$NH_3 \cdot H_2O$	99.925	0.031	$(NH_3)_2 \cdot V_2O_5 \cdot H_2O$	白色
无	92.661	5.977	$Na_2O \cdot 3V_2O_5 \cdot H_2O$	红色
无	92.427	6.223	$Na_2O \cdot 3V_2O_5 \cdot H_2O$	红色

4.2.4.5 膜电解终点对铵沉过程的影响分析

膜电解终点对于沉钒率及杂质含量的影响见表4-24和表4-25。可以看出，当溶液中只含有VO_4^{3-}、$V_2O_7^{4-}$、$V_4O_{12}^{4-}$三种离子时，两种沉钒方法均无法得到钒产品。随着$V_{10}O_{28}^{6-}$开始生成，溶液中沉钒率迅速提高。可以看出，电解时间越长，钒聚合度越高，沉钒率越高，所得产品杂质含量越小；对于NH_4VO_3沉钒法，由于随着钒聚合态的提高，沉钒率迅速增加，生产单位质量V_2O_5能耗降低。所以对于实际电解过程，应选择$H_2V_{10}O_{28}^{4-}$作为电解终点。对于$NH_3 \cdot H_2O$沉钒法，应选择$HV_{10}O_{28}^{5-}$作为电解终点。

表4-24 膜电解终点对铵沉过程的影响（NH_4VO_3法）

离子形态	钒钠比	电解能耗（每吨NaOH）/kW·h	沉钒率/%	杂质含量（质量分数）Na_2O/%	电解能耗（每吨V_2O_5）/kW·h
VO_4^{3-}	0.33	—	—	—	—
$V_2O_7^{4-}$	0.58	1741.63	—	—	—
$V_4O_{12}^{4-}$	1.00	2181.22	—	—	—
$V_{10}O_{28}^{6-}$	1.67	2646.32	51	0.056	5993.33
$HV_{10}O_{28}^{5-}$	2.01	3778.73	59	0.041	5406.79
$H_2V_{10}O_{28}^{4-}$	2.51	4772.96	66	0.035	5301.13

表 4-25 膜电解终点对铵沉过程的影响（$NH_3 \cdot H_2O$ 法）

离子形态	钒钠比	电解能耗（每吨 NaOH）/kW·h	沉钒率/%	杂质含量（质量分数）Na_2O/%	电解能耗（每吨 V_2O_5）/kW·h
VO_4^{3-}	0.33	—	—	—	—
$V_2O_7^{4-}$	0.58	1741.63	—	—	—
$V_4O_{12}^{4-}$	1.00	2181.22	—	—	—
$V_{10}O_{28}^{6-}$	1.67	2646.32	35	0.034	8733.14
$HV_{10}O_{28}^{5-}$	2.01	3778.73	37	0.031	8621.63
$H_2V_{10}O_{28}^{4-}$	2.51	4772.96	38	0.027	8738.27

4.2.4.6 小结

通过基于高钒钠比溶液的特殊性质，提出 NH_4VO_3 与 $NH_3 \cdot H_2O$ 两种沉钒方法。研究了两种沉钒法中工艺参数对沉钒过程的影响，获得最佳沉钒条件，并以此为基础，提出了钒钠分离及 V_2O_5 清洁生产的绿色工艺，具体结论如下。

（1）基于酸性高钒钠比溶液性质的分析，建立了 NH_4VO_3 和 $NH_3 \cdot H_2O$ 两种新型沉钒方法，避免了除 NH_4^+、$V_xO_y^{n-}$ 离子外第三方杂质离子的引入，从而从根本上抑制了废水的生成。沉钒结晶后母液脱氨后可重新用于浸出钒，同时实现了氨的循环利用，全过程无任何固废或者废水的产生。

（2）研究了沉钒剂添加量，沉钒温度及沉钒前溶液中钒钠比对于沉钒率与沉钒产物纯度的影响，并获得了最佳反应条件：当沉钒系数为 2，反应温度 363.15K，沉钒前溶液钒钠比 2.51 时，NH_4VO_3 法和 $NH_3 \cdot H_2O$ 法获得的产物纯度分别为 99.97%和 99.98%。当获得产物纯度大于 99.9%时，NH_4VO_3 法最佳沉钒率为 66.16%，$NH_3 \cdot H_2O$ 法最佳沉钒率为 38.10%。

（3）NH_4VO_3 沉钒法和 $NH_3 \cdot H_2O$ 沉钒法都可以实现钒产品的清洁制备，以及沉钒剂的循环利用。NH_4VO_3 沉钒法沉钒后得到 $(NH_3)_2 \cdot 3V_2O_5 \cdot H_2O$ 产物，煅烧该产物得到 NH_3 后与部分 $(NH_3)_2 \cdot 3V_2O_5 \cdot H_2O$ 产品反应可以重新得到 NH_4VO_3 沉钒剂，实现沉钒剂的循环利用；$NH_3 \cdot H_2O$ 沉钒法沉钒后得到 $(NH_3)_2 \cdot V_2O_5 \cdot H_2O$ 产物，煅烧该产物可回收 NH_3 得到 $NH_3 \cdot H_2O$ 继续沉钒反应，从而实现沉钒剂的循环。两种沉钒方法结晶后的母液可以在返回浸出过程后溶解 Na_3VO_4 固体后重新进入膜电解过程，从而实现工艺循环。整个过程不产生废水，沉钒剂可以充分循环，无须添加其他反应试剂。

（4）两者比较，NH_4VO_3 沉钒法沉钒率高于 $NH_3 \cdot H_2O$ 沉钒法，其值分别为 66.16%和 38.10%；所获得的产品纯度相当，均大于 99.9%。

4.3 两种钒/钠离子解离方法比较

两种阳离子方法均没有酸性氨氮废水的生成，是一种清洁的生产方法，但是在具体实践过程中都体现出各自的优缺点，见表 4-26。

表 4-26 阳离子解离方法比较

工艺条件	钙盐转化法	电解还原法
钒浸出率/%	99	70
产品纯度	高	高
反应周期	长	短
技术难度	低	高
生产成本	低	高

钙盐转化法技术难度低，操作简单，易于工业化实施，生产成本也比较低。但是钙盐转化法工序较长，需要经过钒酸盐的钙化、碳化、煅烧才能最终制备出钒的氧化物。钙化、铵化过程也是杂质脱除的过程，与传统工艺相比，可以直接获得纯度在 99. 5%以上的高纯偏钒酸铵产品。

电解还原法最大的优点是工序短，操作简单，通过电解还原可以一步实现钒氧化物的制备及碱的生成。固液分离后可以得到钒产品，碱液直接浓缩用于下一次的浸出。但该法需要使用价格较贵的玻碳电解，生产成本较高，对电解液的要求比较苛刻，技术难度大。

参考文献

[1] 郭雪梅，王少娜，冯曼，等. 碳酸氢铵溶液中偏钒酸铵的冷却结晶 [J]. 化工进展，2018，37 (3)：853-860.

[2] 王少娜，杜浩，郑诗礼，等. 钒酸钠钙化-碳化铵沉法清洁制备钒氧化物新工艺 [J]. 化工学报，2017，68 (7)：2781-2789.

[3] 闫红，王少娜，杜浩，等. 钒酸钙碳化铵化生产钒氧化物的反应规律研究 [J]. 中国有色金属学报，2016，26 (9)：2023-2031

[4] Yan H, Du H, Wang S N, et al. Solubility data in the ternary NH_4HCO_3-NH_4VO_3-H_2O and $(NH_4)_2CO_3$-NH_4VO_3-H_2O systems at (40 and 70) °C [J]. Journal of Chemical & Engineering Data, 2016, 61 (7): 2346-2352.

[5] 赵楚，冯曼，王少娜，等. 40℃和 75℃下三元体系 NH_4HCO_3-NH_4VO_3-H_2O 中 NH_4HCO_3 溶解度的测定 [J]. 化工进展，2014，33 (6)：1408-1413.

[6] 赵楚，郑诗礼，王少娜，等. 钒酸钾钙化沉钒法制备钒酸钙 [J]. 过程工程学报，2013，

13 (3): 442-446.

[7] Li L J, Wang S N, Du H, et al. Equlibrium data of the $KOH-K_3VO_4-Ca(OH)_2-H_2O$ system at (313.2 and 353.2) K [J]. Journal of Chemical and Engineering Data, 2012, 57 (9): 2367-2372.

[8] Li L J, Du H, Yang N, et al. Solubility in the quaternary $Na_2O-V_2O_5-CaO-H_2O$ system at (40 and 80)℃ [J]. Journal of Chemical and Engineering Data, 2011, 56 (10): 3920-3924.

[9] Pan B, Liu B, Wang S N, et al. Ammonium vanadate/ammonia precipitation for vanadium production from a high vanadate to sodium ratio solution obtained via membrane electrolysis method [J]. Journal of Cleaner Production, 2020, 263: 1-9.

[10] Pan B, Jin W, Liu B, et al. Cleaner production of vanadium oxides by cation-exchange membrane assisted electrolysis of sodium vanadate solution [J]. Hydrometallurgy, 2017, 169: 440-446.

5 钒渣中钒的湿法提取工艺量化放大规律及工程优化设计

5.1 耐碱设备材质选型

NaOH 碱介质具有一定腐蚀性，设备材质选型决定了其使用寿命。为了在万吨级产线规模选择合适的设备材质，筛选六种钢铁材料（321、316L、904L、304L、N6、2205）开展了材质耐腐蚀试验。

腐蚀试验条件（此条件为碱介质分解钒渣碱浓度最高、腐蚀性最强的条件）如下。

（1）溶液组成：NaOH 750g/L，Na_2CrO_4 230g/L，NaCl 20g/L，Na_3VO_4 30g/L。

（2）反应温度：200℃。

（3）反应时间：30d。

（4）搅拌转速：150r/min。

（5）总压力：0.5MPa。

（6）每周换一次反应液。

六种材料分为六组，每组各 5 块试样，试样编号分别为 5001~5005、5011~5015、9001~9005、5104~5108、1~5、2002~2008，具体编号见表 5-1。

表 5-1　六种钢铁材料试样编号

材料编号	试样编号				
321	5001	5002	5003	5004	5005
316L	5011	5012	5013	5014	5015
904L	9001	9002	9003	9004	9005
304L	5104	5105	5106	5107	5108
N6	1	2	3	4	5
2205	2002	2003	2006	2007	2008

每块试样上端中间开孔规格按照国家标准，长×宽×厚 = (50.00±0.1) mm×(25.0±0.1) mm×(2.0±0.1) mm，挂孔直径 D = (4.0±0.1) mm，挂片面积为 28cm^2。以 ϕ3mm 镍丝或不锈钢丝穿孔间隔悬挂于反应釜冷却管上，并使试样完

全浸没于盐水中。开始间隔 10h 取一次样，后期间隔 40~50h 取一次试样，其余步骤按照 JB/T 7901 标准执行。

各种材料的耐腐蚀试验结果如下。

（1）321 材料腐蚀失重数据见表 5-2，材料腐蚀失重和材料均匀腐蚀速率曲线如图 5-1 所示。

表 5-2　321 材料腐蚀失重数据

编号	试验前质量/g	试验后质量/g			
		320h	360h	400h	450h
5002	22. 8016	22. 6139	22. 6139	22. 6154	22. 6125
5003	22. 6835	22. 5216	22. 5226	22. 5234	22. 5193
5004	22. 8024	22. 6356	22. 6396	22. 6383	22. 6358
5005	22. 7939	22. 5994	22. 6006	22. 6015	22. 6014

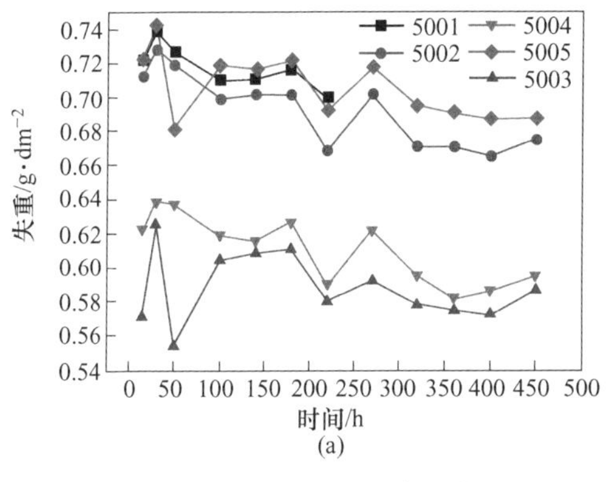

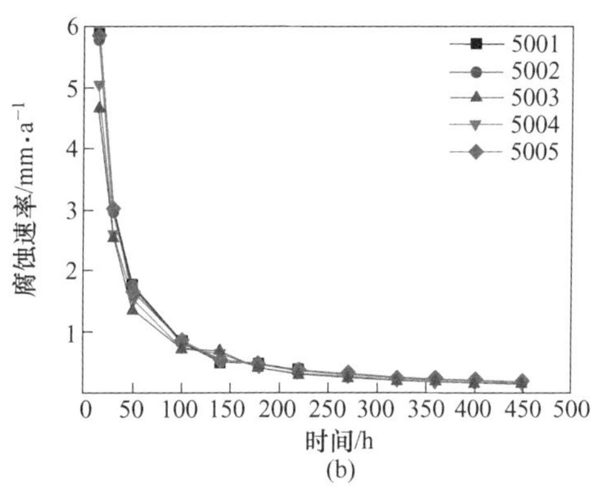

图 5-1　321 材料腐蚀失重（a）及材料均匀腐蚀速率（b）曲线图

（2）316L 材料腐蚀实验结果见表 5-3 和图 5-2。

表 5-3　316L 材料腐蚀失重数据

编号	试验前质量/g	试验后质量/g			
		240h	270h	310h	360h
5012	22. 8969	22. 7233	22. 7232	22. 7243	22. 7251
5013	23. 1352	22. 9187	22. 9167	22. 9213	22. 9198
5014	23. 1247	22. 9214	22. 9231	22. 9246	22. 9217
5015	23. 4298	23. 2636	23. 2609	23. 2645	23. 2614

（3）904L 材料腐蚀实验结果见表 5-4 和图 5-3。

（4）304L 材料腐蚀实验结果见表 5-5 和图 5-4。

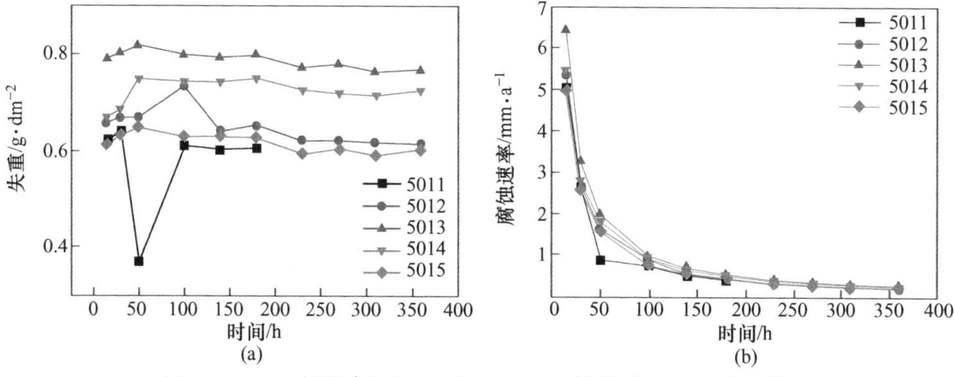

图 5-2 316L 材料腐蚀失重（a）及均匀腐蚀速率（b）曲线图

表 5-4 904L 材料腐蚀失重数据

编号	试验前质量/g	试验后质量/g			
		320h	360h	400h	450h
9002	28.0906	27.91	27.9063	27.8915	27.8863
9003	28.6144	28.4162	28.4135	28.407	28.4001
9004	27.5962	27.3422	27.3416	27.3338	27.3245
9005	28.2824	28.005	28.0014	27.9936	27.9804

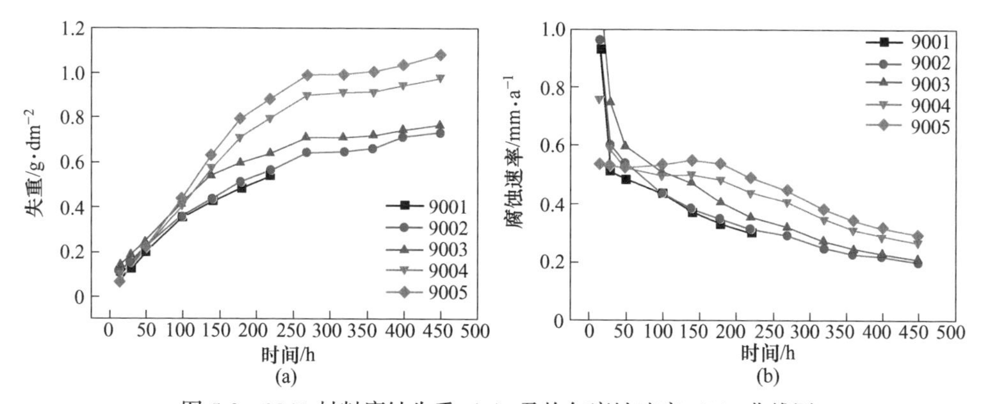

图 5-3 904L 材料腐蚀失重（a）及均匀腐蚀速率（b）曲线图

表 5-5 304L 材料腐蚀失重数据

编号	试验前质量/g	试验后质量/g				
		15h	30h	50h	100h	140h
5104	21.002	20.9917	20.9229	20.7992	20.5618	20.4158
5105	20.913	20.9057	20.8504	20.7455	20.5724	20.4448
5106	20.9632	20.9413	20.8989	20.8673	20.8352	20.8023
5107	20.8133	20.7765	20.7533	20.7294	20.7068	20.6866
5108	20.9843	20.9379	20.9123	20.8877	20.8532	20.8362

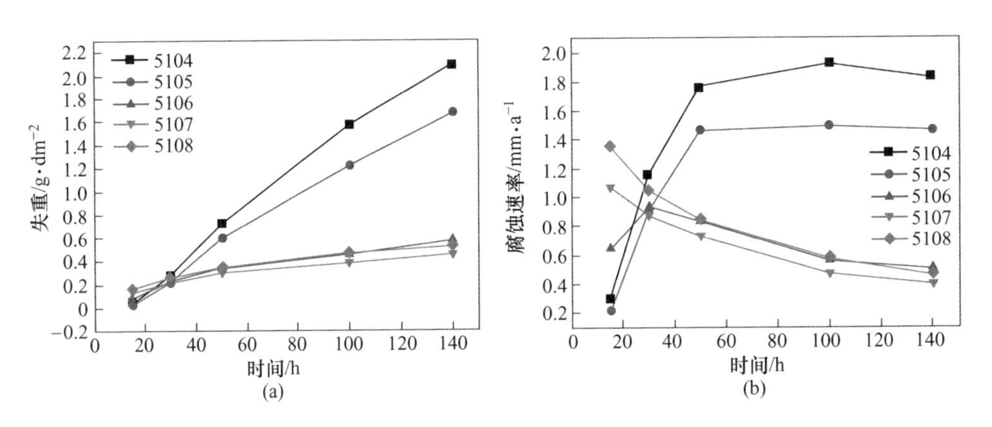

图 5-4 304L 材料腐蚀失重（a）及均匀腐蚀速率（b）曲线图

（5）N6 材料腐蚀实验结果见表 5-6 和图 5-5。

表 5-6 N6 材料腐蚀失重数据

编号	试验前质量/g	试验后质量/g			
		180h	220h	260h	310h
1	22. 4272	22. 38	22. 377	22. 3715	22. 372
2	22. 4692	22. 4276	22. 4265	22. 4247	22. 4274
3	22. 4636	22. 4244	22. 3603	22. 3908	22. 3891
4	22. 469	22. 4327	22. 429	22. 4295	22. 4287
5	22. 3926	22. 3496	22. 3191	22. 3402	22. 339

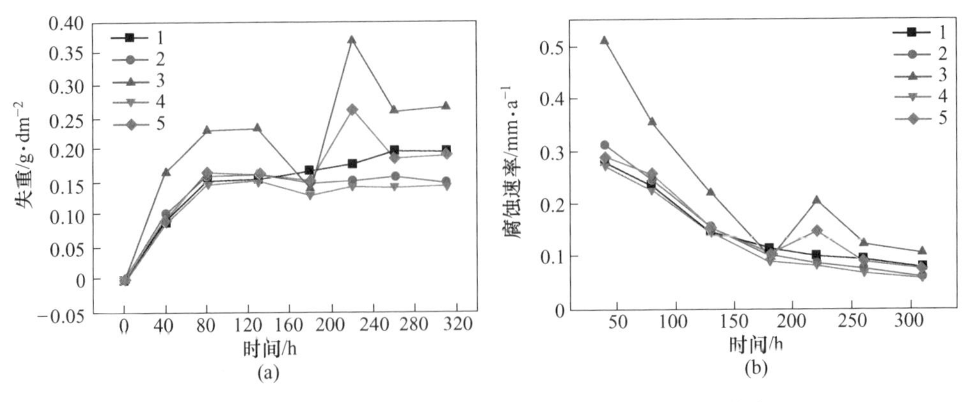

图 5-5 N6 材料腐蚀失重（a）及均匀腐蚀速率（b）曲线图

（6）2205 材料腐蚀实验结果见表 5-7 和图 5-6。

表 5-7　2205 材料腐蚀失重数据

编号	试验前质量/g	试验后质量/g	
		40h	90h
2002	19.1591	18.7498	18.6714
2003	19.2960	18.7355	18.6603
2006	19.2903	18.7855	18.7008
2007	19.4407	18.9135	18.8077
2008	19.3843	18.8632	18.7802

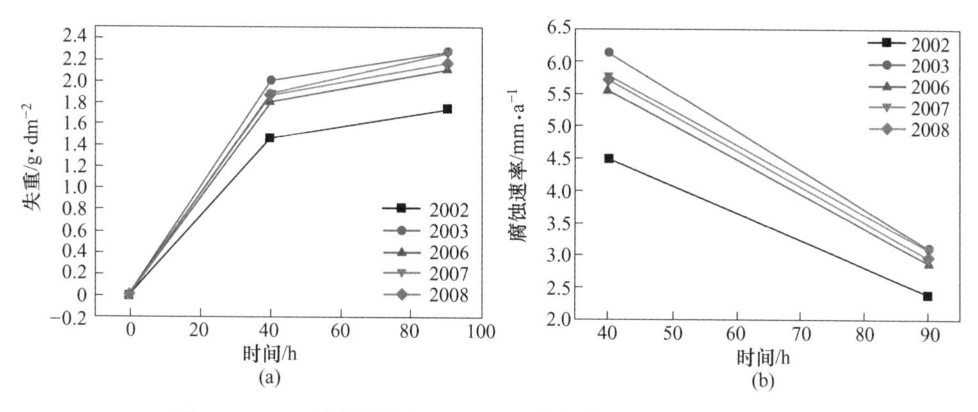

图 5-6　2205 材料腐蚀失重（a）及均匀腐蚀速率（b）曲线图

通过以上材质耐腐蚀实验，将所选用的六种材料的耐腐蚀性能总结见表 5-8。由表 5-8 可见，316L 腐蚀速率低、无局部腐蚀，有明显钝化层，而且焊接性能好，成本一般，因此示范产线设备选型以 316L 为主体材质。

表 5-8　六种材料耐腐蚀性能指标比较

材质	均匀腐蚀速率/mm·a^{-1}	腐蚀性评价	局部腐蚀	表面钝化层	焊接性能	成本
321	0.15	良好	无	明显	一般	高
316L	0.20	良好	无	明显	好	一般
904L	0.20	良好	无	不完整	—	—
304L	0.40	良好	明显	不完整	—	—
N6	0.05	优良	无	明显	好	极高
2205	2.5	不适用	—	—	—	

图 5-7 为 316L 不锈钢搅拌桨进行耐腐蚀试验后的照片。

图 5-7 316L 不锈钢搅拌桨腐蚀后的照片

5.2 核心反应设备量化放大规律及装备选型

液相氧化反应器是碱介质湿法提钒工艺的核心反应装置，液相氧化反应器中反应为气-液-固三相反应，反应器设计的目标是实现钒渣颗粒、碱介质、氧气三种介质充分地混合和接触，尤其是氧气在高黏度碱介质中的溶解与弥散分布，以提高钒铬氧化浸出的动力学，降低反应条件，实现钒和铬的高效氧化浸出。因此，反应器设计的核心是反应流场的优化设计及微气泡装置的放大规律研究。

5.2.1 反应器流场优化设计

气液固三相混合反应中，搅拌桨对气液固三相体系的流场作用很复杂。对于气相，搅拌能提高气体在液相的传递速率。搅拌的效果主要表现在剪切液流而切碎气泡，增大气液相接触面积，使液相形成涡流，延长气泡在液相中的停留时间，减小气泡外滞留液膜的厚度，从而减小传递过程的阻力。对于液固两相，搅拌则能够有效降低固体表面滞留层的厚度，减小液固边界层中的传递阻力。浸取时钒渣颗粒在搅拌作用下分散悬浮于碱介质中，氧气则由反应器底部通入，穿过碱介质液相层与体系中的钒渣颗粒接触反应。因此，采用实验测定的方法研究了不同搅拌桨所产生流场对钒渣中钒铬提取的影响。

叶轮排出液流的轴向速度是固体悬浮和液体循环的主要动力，而其径向速度

则是气体剪切分散的主要动力。径向流叶轮（如圆盘涡轮桨）具有较强的剪切分散能力，但轴向混合能力较差；而轴向流叶轮（如螺旋搅拌桨）具有较强的轴向循环能力，但对气体的剪切分散能力较弱。在气液两相的混合操作中采用圆盘涡轮桨较多，而在液固两相的混合操作中使用螺旋搅拌桨较多，这都是为了利用各自的混合性能优势。但对气-液-固三相混合，由于气体和固体的分散间存在相互制约作用，目前研究中所形成的结论不尽一致，对搅拌装置的选择和优化带有很大的经验性，需要根据反应体系的物性条件和以往的实践经验确定。因此，研究了不同轴流桨、径流桨和混流桨对碱介质钒渣钒铬共提工艺气-液-固三相反应的影响。

图 5-8 给出了相应的轴流桨实物图片。轴流式搅拌桨主要选择螺旋搅拌桨、莱宁公司的 A310 桨和 A315 桨进行了实验，而径流式搅拌桨主要试验了 Rushton（标准六叶涡轮）桨、弧叶涡轮桨和交错桨，图 5-9 是相应径流式搅拌桨的实物图片。混流桨则试验了斜叶圆盘涡轮和双层混合桨两种，实物如图 5-10 所示。实验中涉及的所有搅拌桨都是根据搅拌器行业标准 HG/T 3796.1—2005，以反应釜内径为基准尺寸进行制造的。

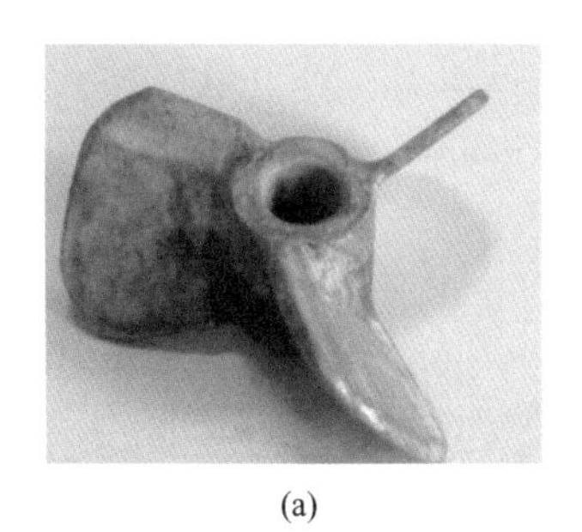

(a)

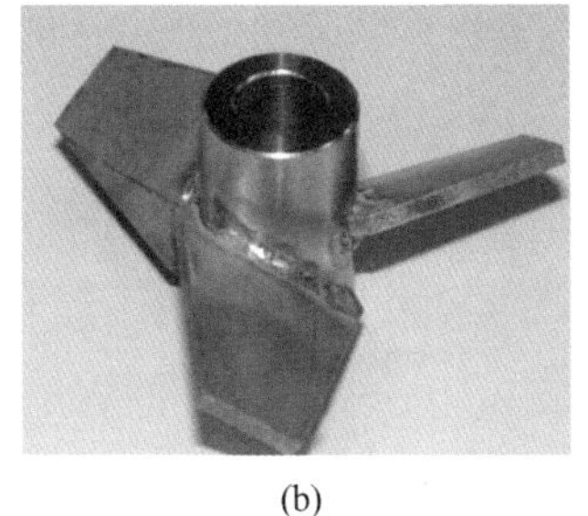

(b)

(c)

图 5-8 实验选用的轴流式搅拌桨

（a）螺旋搅拌桨；（b）A310 桨；（c）A315 桨

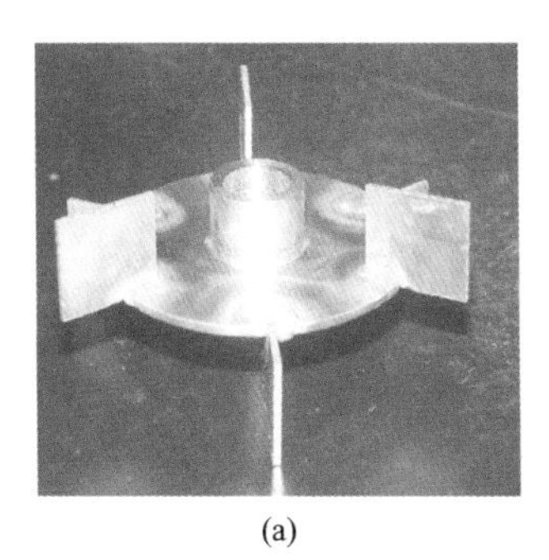

(a)

(b)

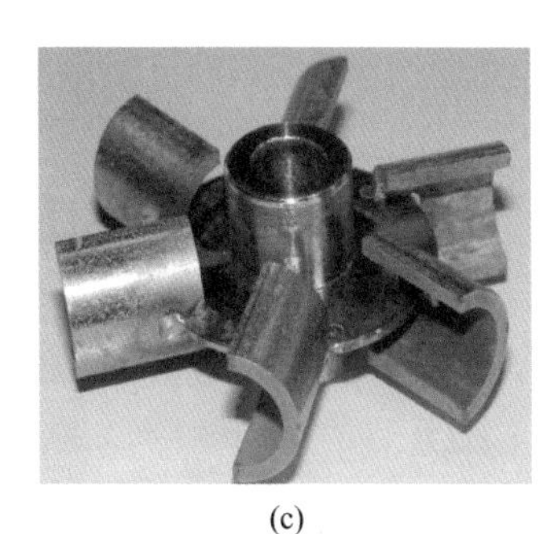

(c)

图 5-9 实验选用的径流式搅拌桨

（a）Rushton 桨；（b）弧叶涡轮桨；（c）交错桨

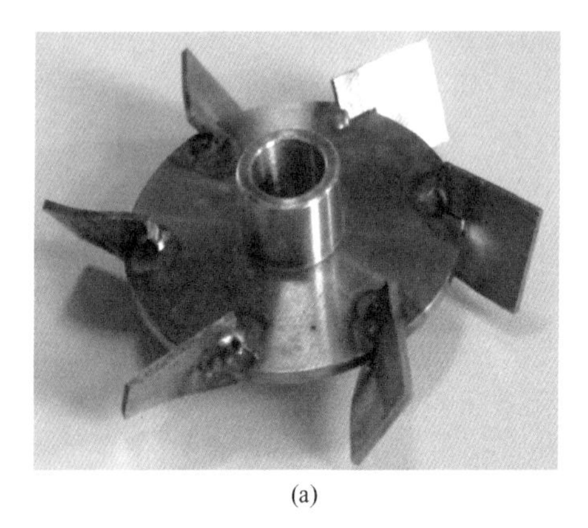

(a)

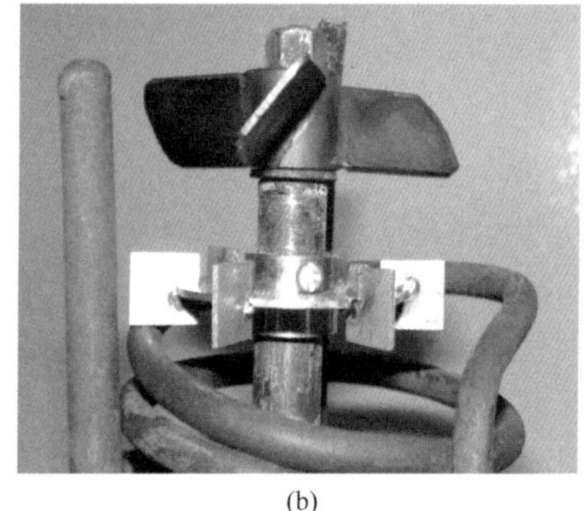

(b)

图 5-10　实验选用的混流式搅拌桨

(a) 斜叶圆盘涡轮桨；(b) 双层混合桨

为了比较不同桨型对氧化浸出过程的影响，选择难氧化的铬铁矿（主要成分为铬铁尖晶石，比钒渣中铬铁尖晶石更难反应）为原料，考察了不同桨型下铬铁矿中铬反应浸出率随时间的变化，结果如图 5-11～图 5-13 所示。反应条件为：60% KOH 溶液，反应温度 200℃，碱矿比 4∶1，搅拌电流 0.75A，氧气压力 2.0MPa，氧气流量 0.10L/min 及铬铁矿 58～48μm（250～300 目）。结果发现桨型对铬铁矿中铬浸出率影响非常大。

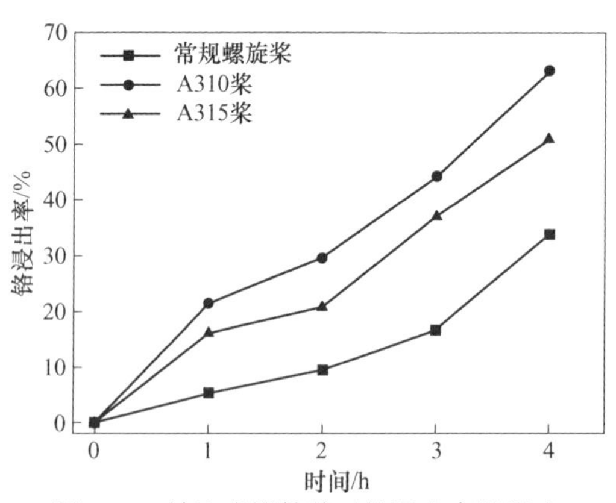

图 5-11　轴流式搅拌桨对铬浸出率的影响

当反应釜配备 Rushton 桨时反应 4h 铬铁矿中铬浸出率达到 94.5%，搅拌效果紧随其后的是斜叶圆盘涡轮桨，反应 4h 的铬浸出率为 91.5%。当反应釜配备轴流式搅拌桨时，铬浸出率整体上都较低，其中效果最好的是 A310 桨，其 4h 铬浸出率为 63.2%，而效果最差的是螺旋搅拌桨，反应 4h 的铬浸出率只有 33.7%。当反应釜配备上述搅拌桨时，不同反应时间铬浸出率情况也基本类似，斜叶圆盘

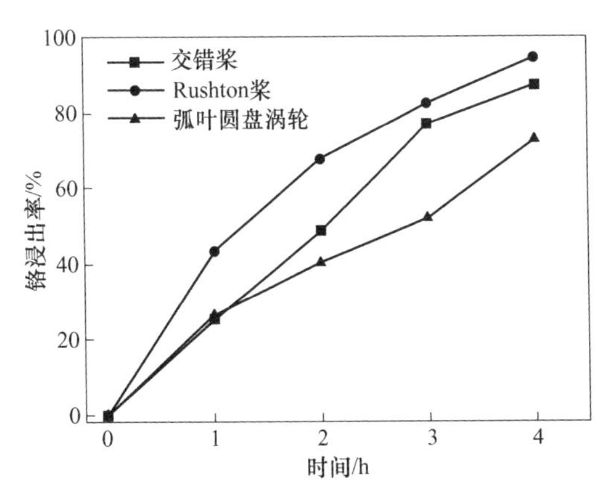

图 5-12 径流式搅拌桨对铬浸出率的影响

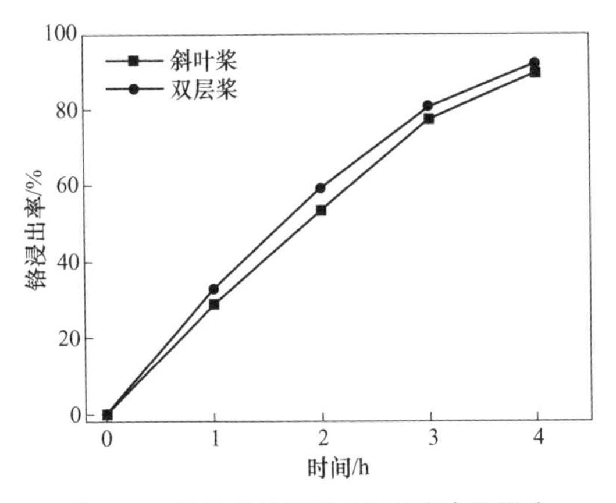

图 5-13 混流式搅拌桨对铬浸出率的影响

涡轮桨的铬浸出率总体上比 Rushton 桨低 5%，而螺旋搅拌桨的铬浸出率则仅占 Rushton 桨的 35%。

铬浸出率随不同搅拌桨形式变化的原因可能在于它们对氧气的分散效果不同。轴流式搅拌桨和径流式搅拌桨的搅拌效果差异主要体现在对气体的分散上。气-液相分散操作需要剪切力强的搅拌，Rushton 桨由于其剪切力、湍流扩散和对流循环能力都较强，所以对气液分散操作最适用，其圆盘的下面可以存留一些气体，使得气体的分散更平稳。而轴流式搅拌桨的流体剪切和湍流扩散效果差，基本不适用于气体分散过程，但可以强化固体颗粒的悬浮。上述结果说明，在碱介质分解钒渣钒铬共提过程中，氧气的充分分散比钒渣的完全悬浮对铬浸出率的影响更大，因此，选用径流式搅拌桨对碱介质钒渣气液固三相反应效果更佳。

在以上研究基础上，综合碱介质分解钒渣气液固三相反应特点，最终在示范产线上选择上层桨为下压轴流桨、下层桨为径向桨的搅拌桨，其有良好的“封气”效果，搅拌桨的直径不小于腔体直径的1/3，如此设计可确保反应釜腔体内达到如下效果：

（1）浆料不形成沉积，无搅拌死区；

（2）气液固三相均匀混合，气固充分接触，流场呈动力学良好的湍流状态；

（3）气泡分散效果好，滞留时间长，能确保固体物料达到良好的氧化效果。

5.2.2　微气泡强化装置放大规律及装备选型

5.2.2.1　微气泡产生方式选择

通过微气泡强化可以增大氧气在碱介质中的扩散和溶解能力，实现钒渣中钒铬的高效同步提取。因此，如何在示范产线上实现微气泡的产生及在反应介质中的均匀分布，是碱介质湿法提钒的难题之一。

目前已有的工业曝气装置主要用于污水处理过程中，根据工作原理的不同，曝气方法可分为溶气曝气、射流曝气、微孔曝气和涡凹曝气四种方法。曝气装置如图5-14所示。

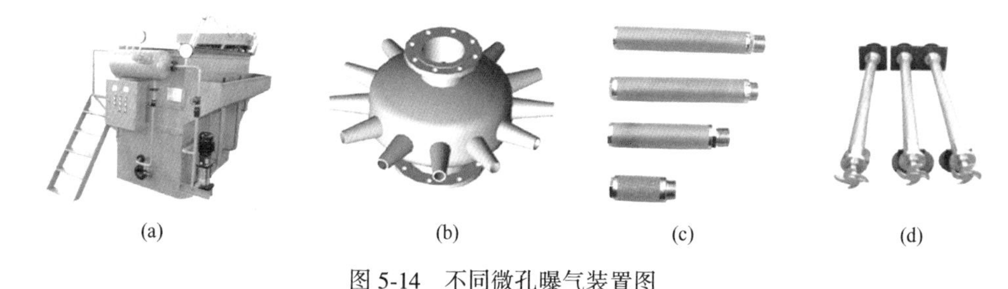

(a)　(b)　(c)　(d)

图5-14　不同微孔曝气装置图

（a）溶气曝气；（b）射流曝气；（c）微孔曝气；（d）涡凹曝气

如何选择适用于碱介质强化氧化的曝气装置，则需要根据曝气装置的工作原理和特性进行选择。四种曝气方法的性能和特点见表5-9。

表5-9　不同曝气方式的性能比较

曝气方式	气泡尺寸	优　点	缺　点
溶气曝气	>100nm	气泡尺寸小，分布均匀，气泡停留时间长	能耗高、占地大、溶气系统复杂，仅适用于污水处理
射流曝气	20~100μm	氧化效率高，运行及维护成本低	设备体积较大，无法适用于搅拌反应釜中
微孔曝气	>500nm	设备体积小，安装简单，操作方便，易用于反应釜	微孔容易堵塞
涡凹曝气	10~100μm	设备投资小，运行成本低，可操作性强，气泡生成稳定	对叶轮机封材质及密封性能要求较高

表 5-9 中，溶气曝气法最大的特点是气泡尺寸小，分布均匀，在介质中停留时间长；但其缺点是占地面积大，溶气系统复杂，需要配备空压机、气体压力储罐和气泡释放装置才可将纳微气泡释放到目标介质中，操作复杂，不适用于复杂的气-液-固三相反应体系。射流曝气法的优点是氧化效率高，运行及维护成本低，但需要将体积较大射流曝气器浸没于反应体系中，同样不适用于搅拌浸出过程。而微孔曝气和涡凹曝气法的装置简单、体积小、易操作，适合于复杂的搅拌浸出反应体系。

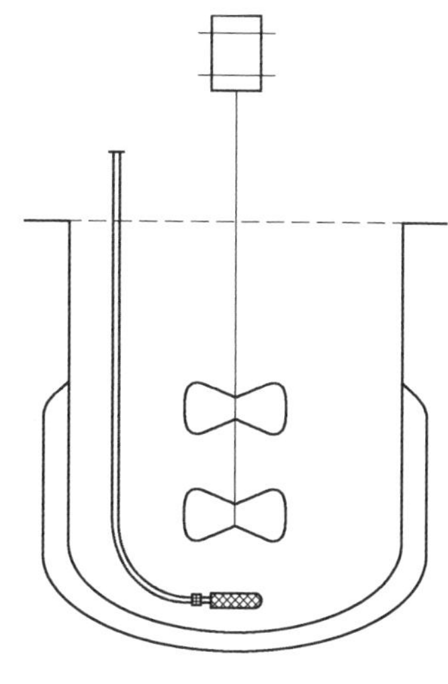

图 5-15　碱介质微孔曝气反应装置示意图

首先采用微孔曝气法，即采用微孔金属滤芯作为曝气装置，通过通入空气或氧气实现反应过程曝气，装置示意图如图 5-15 所示。

反应釜结构为通过双层搅拌桨实现钒渣与碱液的充分混合，同时将微孔曝气头通过金属软管放置于反应釜底部，曝气头自身产生微小气泡，可以显著提高氧气在气液固三相中的溶解和传质，实现钒和铬的氧化浸出。微气泡在缓慢上升过程被搅拌桨分散和剪切，可进一步强化氧化过程，所用曝气头包括圆盘形、半球形、圆柱形三种，如图 5-16 所示。

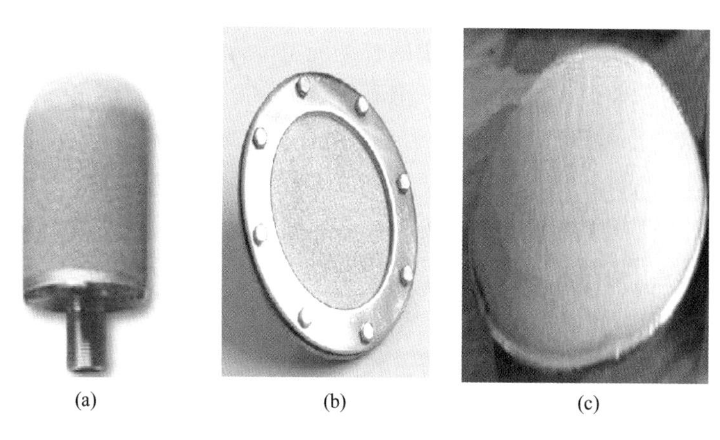

图 5-16　不同曝气头示意图

（a）圆柱形；（b）圆盘形；（c）半球形

考察了不同形状和微孔尺寸（20~100 μm）的曝气头对反应效果的影响，所得结果如图 5-17 所示。由图 5-17 可以看出，不同形状曝气头对钒的浸出率影响不大，对铬的影响较大，采用半球形曝气头铬的提取效果最佳。在 20~100 μm 条件下，曝气效果差别不大，都明显优于常规通气反应效果。

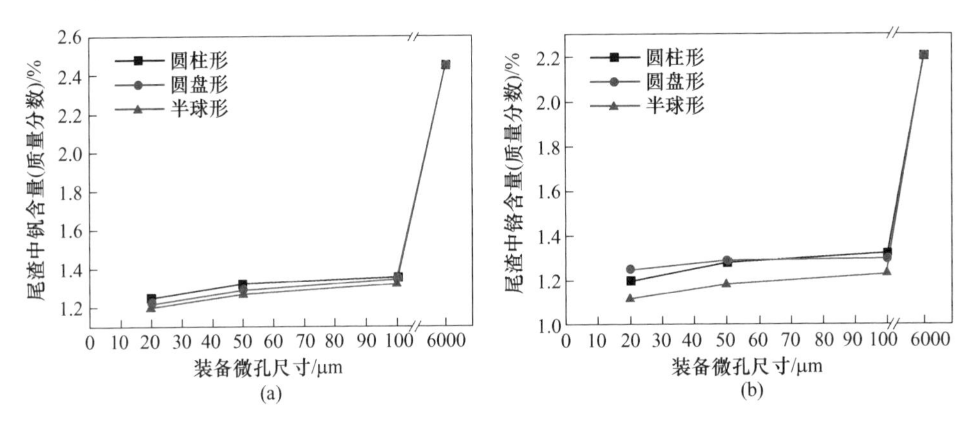

图 5-17 不同微孔尺寸对钒渣中钒（a）和铬（b）浸出效果的影响

金属滤芯曝气法虽然可以实现钒和铬的高效浸出，但存在的问题是碱介质黏度大、浸出浆料硅含量高，滤芯微孔（孔径小于 50μm）非常容易堵塞。无论圆柱形、圆盘形和半球形都存在这一问题，以至于浸出过程中需多次取出冲洗曝气头外侧浆料以恢复微孔孔径，给操作过程带来极大不便。因此，金属滤芯曝气法工业应用难度较大。

相比而言，涡凹曝气强化法不仅产生的微气泡尺寸小，而且安装简单，运行方便，通过搅拌桨高速旋转的机械作用将大气泡剪切为微小气泡，气泡生成量大，不会堵塞气孔，为在碱介质中的长期稳定运行提供了有利条件。因此，涡凹曝气机被选为工业放大试验的微气泡曝气装置。

5.2.2.2 涡凹曝气强化法在千吨级装备中试的应用

在涡凹曝气机的强化作用下，碱介质中产生了大量的微小气泡，与常规通气方式相比，极大地增大了气泡生成量，为钒渣中钒和铬的充分氧化提供了有利条件。考察了反应温度 120~150℃、反应碱浓度（质量分数）50%、反应时间 6h，钒渣粒度为-150μm（-100 目）条件下钒铬的转化效果，反应结果如图 5-18 所示。

通过图 5-18 可以看出，反应温度对 V、Cr 浸出率影响显著，且 Cr 的浸出率受反应温度影响更明显。对于 V 的浸出：当反应温度超过 130℃时，尾渣含钒明显降低，140℃时尾渣含钒量（质量分数）只有 1.86%（V_2O_5）；当反应温度达到 150℃时，尾渣中含钒量（质量分数）为 1.2%（V_2O_5）。对于 Cr 的浸出，自始至终受温度影响显著，当反应温度为 150℃时，尾渣中 Cr_2O_3 的含量（质量分数）为 0.71%，Cr 浸出率达到 82%，V、Cr 实现了高效同步提取。因此，确定

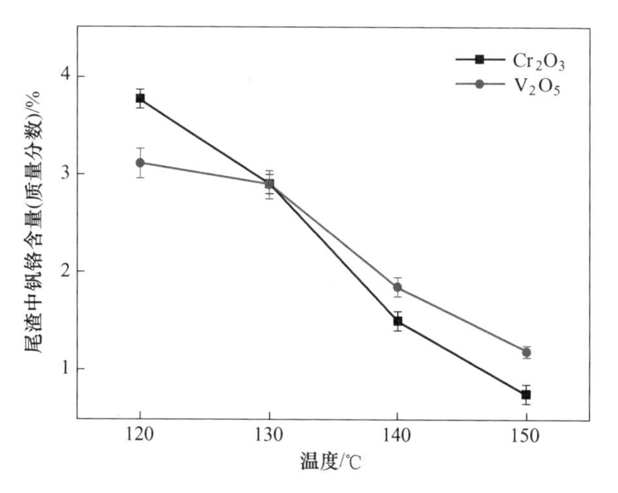

图 5-18　反应温度对钒渣中 V、Cr 浸出效果影响

涡凹曝气条件下最佳反应温度为 140~150℃。

考察了钒铬浸出率随碱浓度的变化，试验条件为：反应温度 140℃，底部通气速度 $4m^3/h$，反应碱浓度（质量分数）40%~75%，反应时间 6h，钒渣粒度为 $-150\mu m$（-100 目），试验结果如图 5-19 所示。

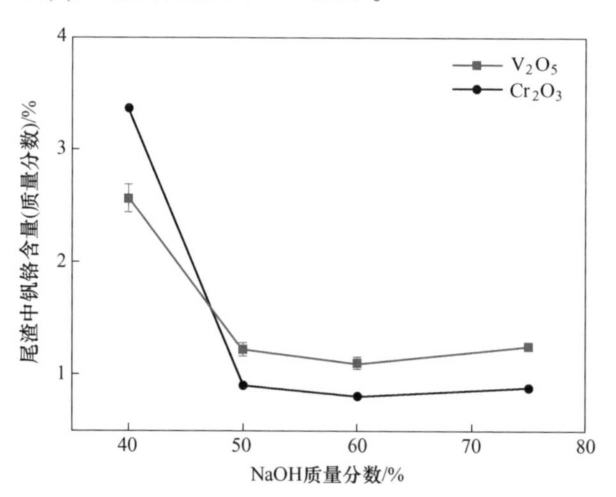

图 5-19　碱浓度对钒渣中 V、Cr 浸出效果影响

从图 5-19 可以看出，当碱浓度（质量分数）小于 50%时，碱浓度的改变对于钒铬的浸出率影响非常大，碱浓度升高，尾渣中钒铬含量显著降低；但是，当碱浓度（质量分数）大于 50%时，增大碱浓度钒铬浸出率提高不明显，说明 50%的碱浓度足够提供钒铬浸出的推动力。同时，随着碱浓度的增加，氧气在碱介质中的扩散和传递都会受到影响。

根据以上试验得到的最优反应条件为：反应温度140℃，反应碱浓度（质量分数）50%，反应时间6h，钒渣粒度为-150μm（-100目）。在最优条件下循环反应20次，所得循环试验结果如图5-20所示。在20次循环试验中，V、Cr保持了高浸出率，尾渣的钒铬平均含量（质量分数）分别为1.22%和0.85%，基本达到钒渣碱介质清洁生产工艺的技术指标。

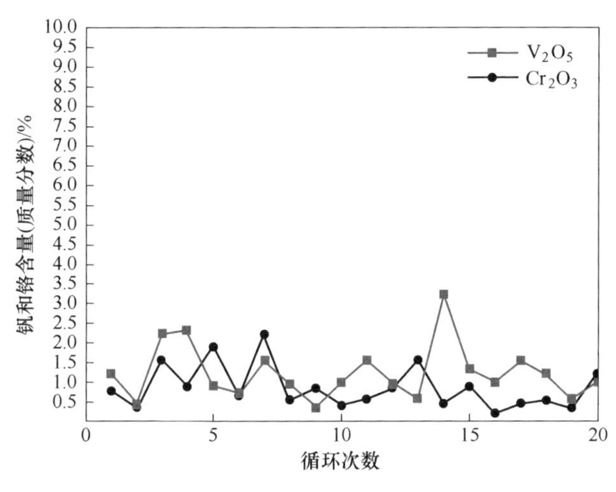

图5-20 循环试验结果

5.2.2.3 曝气装备优化设计

千吨级装备中试的结果充分证明，涡凹曝气装置的应用可以显著提高钒和铬的浸出率，成功实现常压条件下碱介质中钒铬共提。为进一步优化钒铬的提取效果，针对碱介质反应过程气-液-固三相传质特性，对自吸式涡凹曝气装置重新进行优化设计，通过增加涡凹曝气叶片数、增加附加搅拌桨、改变叶轮压板面积和出气孔孔径，从而降低体系反应温度和碱浓度。研究了不同曝气装置构型对产生活性氧浓度的影响。曝气桨结构图如图5-21所示，曝气桨结构参数见表5-10。

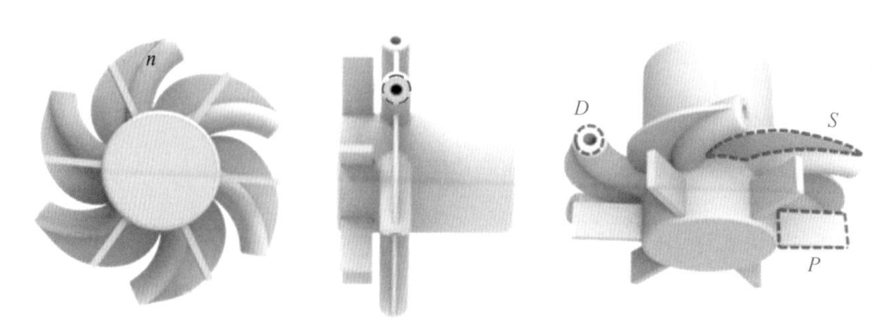

图5-21 曝气桨结构图

n—叶轮数 *D*—叶轮孔径；*S*—叶轮压板面积；*P*—附加搅拌桨

表 5-10 曝气桨结构参数表

参数	n/个	P/个	D/mm	S/mm^2
变量 1	4	0	3	50
变量 2	6	4	4	200
变量 3		6		

将不同参数的变量进行组合，最终获得 16 组活性氧检测数据，结果见表 5-11。将同一参数下的不同变量所得的活性氧浓度进行比较，结果如图 5-22 和图 5-23 所示。

表 5-11 不同曝气桨构型产生的活性氧浓度

编号	变量组合	活性氧含量/mol · L^{-1}
1	n6 P6 D3 S200	3.48×10^{-4}
2	n6 P6 D4 S200	2.02×10^{-4}
3	n6 P6 D3 S50	1.88×10^{-4}
4	n6 P6 D4 S50	1.78×10^{-4}
5	n6 P0 D3 S200	1.99×10^{-4}
6	n6 P0 D4 S200	0.94×10^{-4}
7	n6 P0 D3 S50	0.71×10^{-4}
8	n4 P0 D4 S50	0.38×10^{-4}
9	n4 P4 D4 S50	0.50×10^{-4}
10	n4 P4 D3 S50	2.26×10^{-4}
11	n4 P4 D4 S200	0.79×10^{-4}
12	n4 P4 D3 S200	0.59×10^{-4}
13	n4 P0 D4 S50	0.39×10^{-4}
14	n4 P0 D3 S50	1.149×10^{-4}
15	n4 P0 D4 S200	0.18×10^{-4}
16	n4 P0 D3 S200	2.87×10^{-4}

从图 5-22 可以看出，除一组结果有偏差外，六叶桨的曝气活性氧浓度总体优于四叶桨。这是由于叶轮数量的增加可以提高氧气的自吸入量，提高溶解氧浓度，从而提高活性氧浓度。将每组数据六叶桨的活性氧浓度减去四叶桨的活性氧浓度差值相加，然后计算平均值作为优势参数的显著因子，则六叶桨的显著因子为 0.23。图 5-22 还比较了不同叶轮孔径对活性氧浓度的影响，从图中可以看出，内径 3mm 的曝气叶轮孔径产生活性氧的浓度均高于内径 4mm 的曝气叶轮，这是由于孔径大小直接影响自吸产生微气泡的尺寸，基础理论研究证明微气泡尺寸的

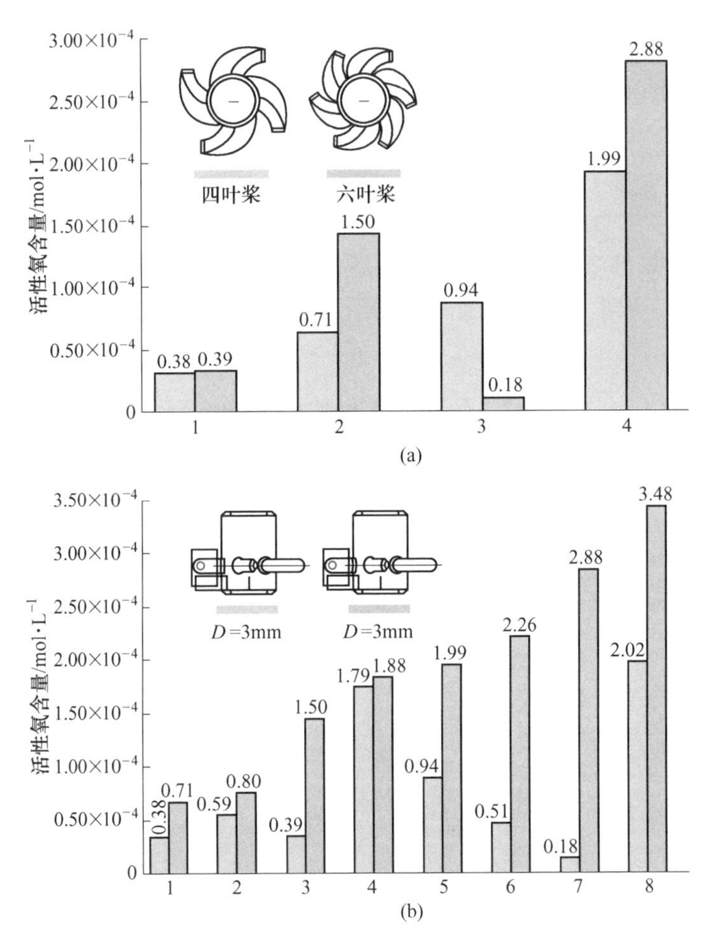

图 5-22 曝气桨叶轮数（a）和叶轮孔径（b）对活性氧浓度影响

减小会显著提高活性氧的产生量，尤其当气泡尺寸达到微米级，3mm 曝气叶轮孔径的显著因子为 1.08。

图 5-23 比较了曝气叶轮压板面积和附加桨对活性氧浓度的影响。从图中看出，压板面积 200mm^2 的曝气结果均优于面积 50mm^2 的曝气桨，显著因子为 0.92。较大的压板面积可以提高叶轮自吸产生的微气泡在液体中的停留时间，从而增加活性氧浓度。图 5-23 中附加桨对活性氧产生的作用明显优于无附加桨，显著因子高达 1.28，这可以解释为：涡凹曝气叶轮强烈搅拌自吸产生的微小气泡经过下部的附加径向桨剪切，可以将微气泡进一步撕裂为尺寸更小的纳微气泡，从而极大地强化微气泡的产生，增大活性氧的生成量。

不同参数的显著因子如图 5-24 所示。从图 5-24 中可以看出，四个参数的显著因子顺序为：附加桨>叶轮孔径>压板面积>叶轮数。曝气叶轮数的显著因子，

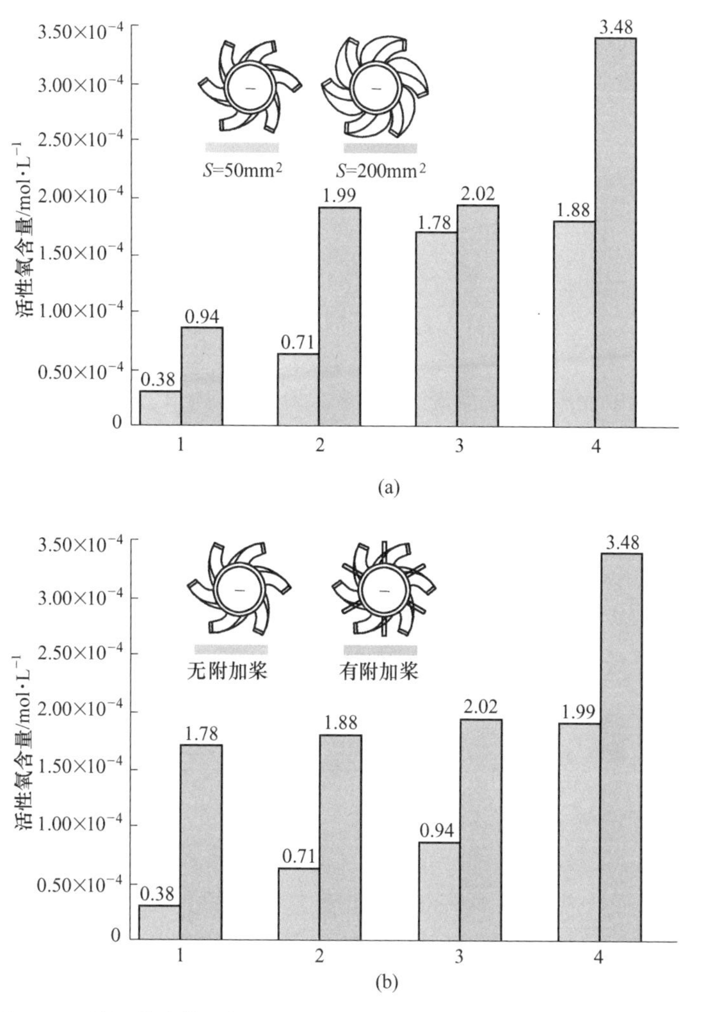

图 5-23　曝气桨叶轮压板面积（a）和附加桨（b）对活性氧浓度影响

即四叶曝气叶轮和六叶曝气叶轮的气泡纳微化结果相差不大，但叶轮数的增加会提高活性氧浓度。压板面积、叶轮孔径、有无附加桨的影响作用逐渐提高，可见，提高压板面积、减小叶轮孔径、增加附加桨可显著提高气泡纳微化效果，提高活性氧浓度。

以上结果表明，通过改进设计现有工业应用的涡凹曝气机，可以进一步强化微气泡的产生，提高介质中活性氧浓度。因此，将不同构型的曝气桨直接用于碱介质气液固三相反应中，用于钒渣的氧化分解浸出，以进一步验证优化设计的曝气桨结构对钒铬提取的作用效果。

为比较效果差异，选取实验过程中钒渣较优浸出条件，在 150℃，NaOH 浓

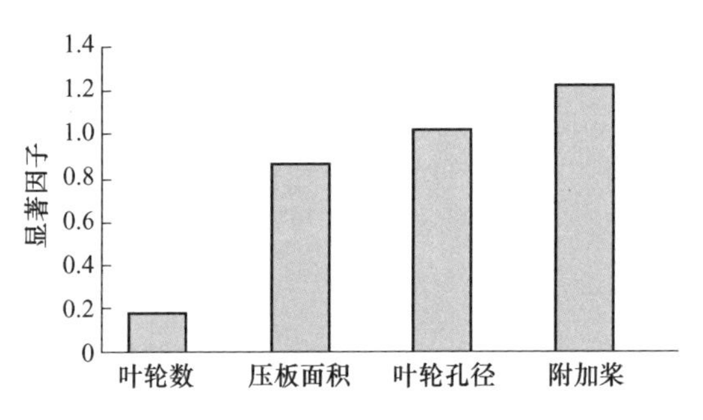

图 5-24　不同参数的显著因子比较图

度（质量分数）为 60%，O_2 流速 1L/min，液固比 8∶1，反应时间 360min 的条件下，通过正交实验深入探究上述四种因素对钒的浸出率的影响规律。每种因素选取两个水平，为比较四种因素之间的显著效果，选取两组 $L_4(2^3)$ 正交试验表设计实验，实验数据见表 5-12。

表 5-12　正交试验 $L_4(2^3)$ 的因子和水平

水平	因素			
	搅拌转速 N/r · min^{-1}	叶轮孔径 D/mm	叶轮压板面积 S/mm^2	附加搅拌桨 P/个
水平 1	560	3	50	6
水平 2	1120	4	200	0

在表 5-12 中，N、D、S 和 P 分别表示搅拌转速、叶轮孔径、叶轮压板面积、附加搅拌桨个数。实验设计严格遵循 $L_4(2^3)$ 正交试验的要求，钒浸出正交实验的直观分析和方差分析结果见表 5-13 和表 5-14。根据 $L_4(2^3)$ 正交试验的原理，$K_i/2$（$i=1$, 2）的参数是一定水平的相应因子测试结果的平均值，R 是相应因子的极端差异，表示因子的影响程度。较高的 R 值表明，当它们的钒浸出率产生影响时，相应的因子比其他因子影响更显著。

表 5-13　钒正交试验 $L_4(2^3)$ 结果

序号	因素			钒浸出率/%
	P/个	D/mm	S/mm^2	
1	6	3	200	94. 81
2	6	4	50	89. 13
3	0	3	50	74. 39
4	0	4	200	81. 14
$K_1/2$	91. 970	85. 135	87. 975	P_1 为 6 个，D_1 为 3mm，S_1 为 200mm^2
$K_2/2$	77. 765	84. 600	81. 760	P_2 为 0 个，D_2 为 4mm，S_2 为 50mm^2
R	14. 205	0. 535	6. 215	

表 5-14 钒正交试验 $L_4(2^3)$ 结果

序号	因素			钒浸出率/%
	$N/r\cdot min^{-1}$	P/个	D/mm	
1	1400	6	3	94.81
2	1400	0	4	81.14
3	700	6	4	63.08
4	700	0	3	55.41
$K_1/2$	87.975	78.945	75.110	P_1 为 6 个，D_1 为 3mm，N_1 为 1400r/min
$K_2/2$	59.245	68.275	72.110	P_2 为 0 个，D_2 为 4mm，N_2 为 700r/min
R	28.730	10.670	3.000	

图 5-25 为各因素的影响趋势图，结合表 5-13 和表 5-14 可以看出，上述四种因素对钒浸出过程的影响程度从大到小的顺序为：搅拌转速>附加搅拌桨个数>叶轮压板面积>叶轮孔径。

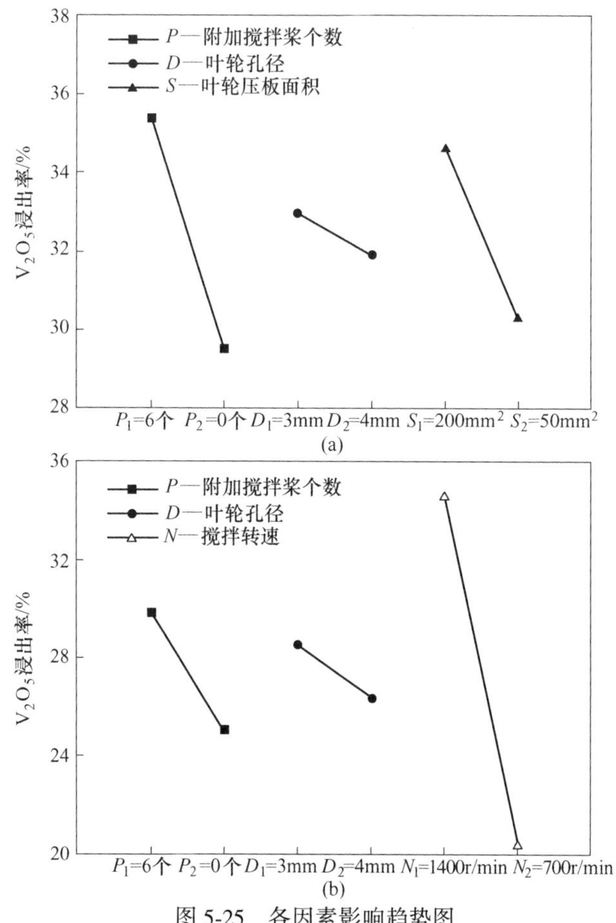

图 5-25 各因素影响趋势图

(a) 附加搅拌桨个数、叶轮孔径及压板面积对钒浸出率的影响；

(b) 附加搅拌桨个数、叶轮孔径及搅拌转速对钒浸出率的影响

曝气桨的转速从 700r/min 提高至 1400r/min 可以降低曝气叶轮末端气泡压力，提高氧气的吸入强度，增大微气泡生成量，因而显著提高钒的浸出率。增加附加搅拌桨对钒提取率的提高作用也很显著，而提高叶轮压板面积和减小叶轮孔径对钒浸出率的提高作用相对较小。

综上所述，可以获得优化的曝气桨设计方案为：将六叶涡凹曝气桨与直叶径向搅拌桨相结合为核心曝气装置，通过提高搅拌桨转速、减小叶轮孔径、增大叶轮压板面积增强微气泡的生成量。该曝气桨设计方案为万吨级示范产线核心曝气装置的设计提供了重要的指导。

5.2.3 反应釜内气-液两相流动的数值模拟

操作参数、搅拌设备的几何尺寸和形状、流体的物理化学性质和气-液相流体行为等因素能直接或间接影响气-液两相搅拌效果，目前实验研究方法存在一定的瓶颈，仅能从宏观上描述搅拌设备的几何尺寸和操作参数之间的规律，但无法更加深入从微观的角度将搅拌设备的几何尺寸、设备内流体的流体力学行为与操作参数有机关联起来。随着多相流研究在工程应用领域逐渐普及和计算机模拟软件的飞速发展，全球对多相流体系的数值模拟研究越来越深入，计算流体力学（CFD）逐渐成为解决该瓶颈的有效技术。

采用 Soildworks 进行实验反应釜部分的实体建模，几何模型如图 5-26 所示。上层采用三叶片轴向流下推斜桨，桨叶与水平的倾角为 45°，下层采用非标准六叶轮径向流异型曝气桨，参数为压气桨叶面积 200mm^2，曝气桨孔径 3mm，具有附加搅拌桨，且搅拌转速为 1120r/min。

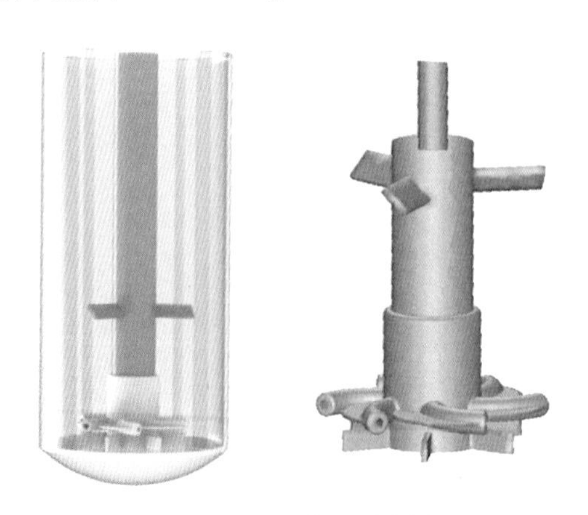

图 5-26 反应釜示意图

由于整个模拟过程复杂，涉及物理过程搅拌和气-液-固三相混合，导致求解过程计算量大，模拟结果难以收敛。因此，可以认为钒渣均匀分布在 NaOH 溶液中，即将固相和液相视为均匀分散的液相，将气-液-固三相模拟问题简化为气-液两相流动问题。在模拟的准备阶段测得实际试验中液相的温度为135℃，压力为101.325kPa，黏度为2.78mPa·S，密度为1.657g/cm^3。气相的温度为20℃，压力为101.325kPa，黏度为0.01809mPa·S（20℃），流速为0.0465m^3/h，使用上述数据进行模拟。

为解决运动部件和静止部件相互作用的问题，如图5-27所示将整个反应釜划分两个部分，网格采用Interface绘制混合滑移网格，即折流挡板最外侧到反应釜内壁为外侧网格部分，称为静止域，主要包括反应釜筒体和折流挡板。从折流挡板最外侧到搅拌轴中心处为内侧网格部分，称为旋转域，主要包括曝气桨、旋转轴、轴内气体和曝气桨附近的流体，设定流体与曝气桨转速相同，因而曝气桨相对于旋转域的流体是静止的，但相对于静止域的流体是运动的。为更好表征反应釜中流体的特性，内外侧网格不连续，分别在旋转和静止坐标系下求解相关数据，且交界面处采用插值法进行内外数据传递（动量、能量和质量数据）。静止域网格划分为结构化六面体网格，旋转域网格选择正四面体网格，对网格数量进行无关性验证，最终确定优化后的网格数量为2327158个。

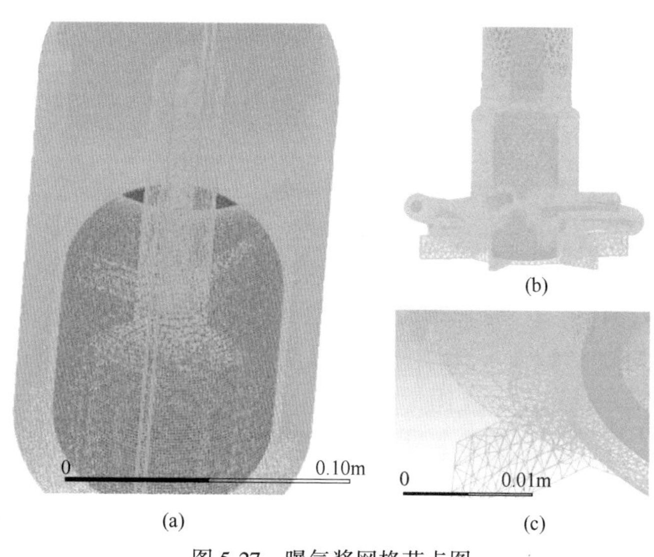

图5-27 曝气桨网格节点图

（a）整体网格；（b）旋转域网格整体；（c）旋转域网格局部

在求解互不相溶的两相进行混合时，为有效表征气液交界面，模拟选择了Volume of Fluid模型。同时考虑到重力的影响，模拟选择瞬态计算。由于气液两相密度相差较大，体积力也相差较大，选择隐式体积力进行模拟。整个模拟涉及旋转流和搅拌过程，采用SIMPLE方法进行求解，湍流核心区的湍流模型遵循RNG *k*-espsilon方程，式（5-1）和式（5-2）是*k*方程和*s*方程：

$$\frac{\partial(\rho k)}{\partial t} + \frac{\partial(\rho k u_i)}{\partial x_i} = \frac{\partial}{\partial x_j}\left(\alpha_k \mu_{\text{eff}} \frac{\partial k}{\partial x_J}\right) + G_k + \rho\varepsilon \tag{5-1}$$

$$\frac{\partial(\rho\varepsilon)}{\partial t} + \frac{\partial(\rho\varepsilon\mu_i)}{\partial x_i} = \frac{\partial}{\partial x_j}\left(\alpha_\varepsilon \mu_{\text{eff}} \frac{\partial \varepsilon}{\partial x_j}\right) + \frac{C_{1\varepsilon}^*}{k} G_k - C_{2\varepsilon}\rho\frac{\varepsilon^2}{k} \tag{5-2}$$

其中

$$\mu_{\text{eff}} = \mu + \mu_t \tag{5-3}$$

$$\mu_t = C_\mu \rho \frac{k^2}{\varepsilon} \tag{5-4}$$

$$C_{1\varepsilon}^* = C_{1\varepsilon} - \frac{\eta(1 - \eta/\eta_0)}{1 + \beta\eta^3} \tag{5-5}$$

$$C_{1\varepsilon} = 1.42,\ C_{2\varepsilon} = 1.68 \tag{5-6}$$

$$\eta = (2E_{ij} \cdot E_{ij})^{1/2} \frac{k^2}{\varepsilon} \tag{5-7}$$

$$E_{ij} = \frac{1}{2}\left(\frac{\partial u_i}{\partial x_j} + \frac{\partial u_j}{\partial x_i}\right) \tag{5-8}$$

$$\eta_0 = 4.377,\ \beta = 0.012 \tag{5-9}$$

用标准壁面函数法对湍流核心区的求解过程进一步加工，可得近壁区流体的参数值。因此，在近壁区流体的 k-espsilon 有：

$$\frac{\partial k}{\partial n} = 0 \tag{5-10}$$

$$\varepsilon = \frac{C_\mu^{3/4} k_P^{3/2}}{\kappa \Delta y_p} \tag{5-11}$$

整个气-液混合的过程可以描述为如下两部分。

(1) 从反应釜横截面来看，上层采用三叶片轴向流下推斜桨，桨叶转动时对上层桨附近的流体有下压作用，使得轴上端附近的流体沿着轴自上而下流动，被送至下层曝气桨周围，并和下层曝气桨高速离心排出的流体合并。从曝气桨叶轮处沿着曝气桨径向流往反应釜壁，至反应釜壁面后，形成沿壁流动的上下两股流体，向上的流体沿着反应釜壁自下而上流动，至上层桨上方后从壁出发沿轴中心流动，至轴中心处向下回到上层桨。向下的流体沿着反应釜壁到达反应釜底部，从反应釜底部径向到达曝气桨下方，由于曝气桨高速旋转产生了压力差，曝气桨下方的流体沿着搅拌轴自下而上回到曝气桨。合并回流使得整个反应釜内出现了两个循环流动，上层桨不断向下层曝气桨输送流体，强化下层曝气桨产生更多气体，同时将下层曝气桨产生的微气泡均匀分散在整个反应釜中，增大溶液中的含气率。双层桨明显提高较高轴向位置处的流场强度，强化整个反应釜内流场的混合，使各相的流场及局部相含率分布更均匀，如图 5-28 所示。

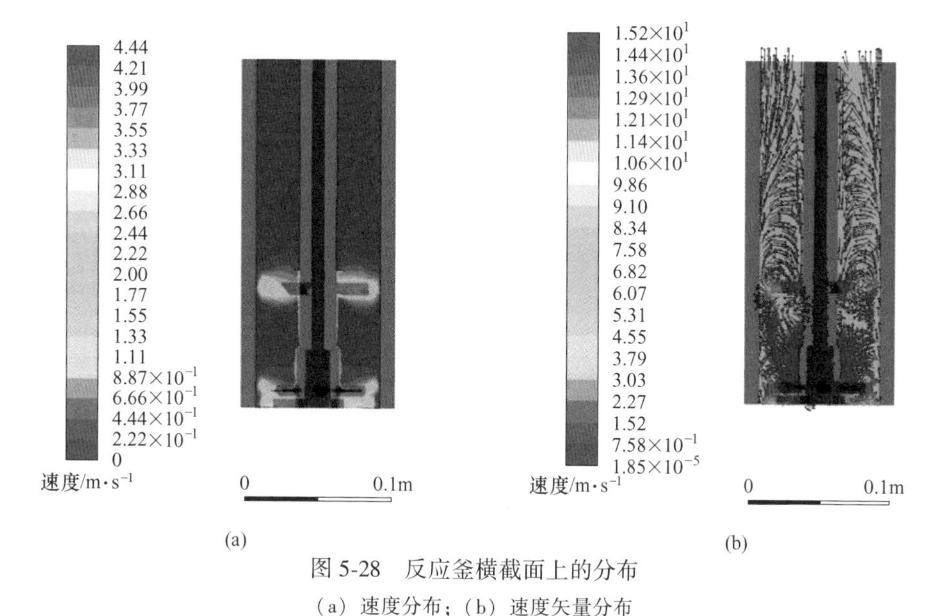

图 5-28 反应釜横截面上的分布

（a）速度分布；（b）速度矢量分布

（2）从曝气桨下表面截面来看，流体在该截面的发散性较强，下层采用非标准六叶轮径向流异型曝气桨，桨叶在高速旋转的过程中将气体分散通道中的液体甩出，促使曝气桨周围产生低压区，压力差将外界气体压入中空搅拌轴中。当高速搅拌的转速大于气体吸入的临界值时，外界气体被带入溶液中形成沿切线方向高速射流的气液混合物，同时气液混合物在高速旋转的剪切力场中被撕裂成微小气泡，最终到达反应釜内壁，由于碰撞时切入角较小，此时能量损失也较小。挡板能有效抑制反应釜内流体在水平面上整体产生切向流（打旋），因此从图5-29中发现流体出现了绕流现象，在挡板附近形成了两个旋涡。此外，气液混合

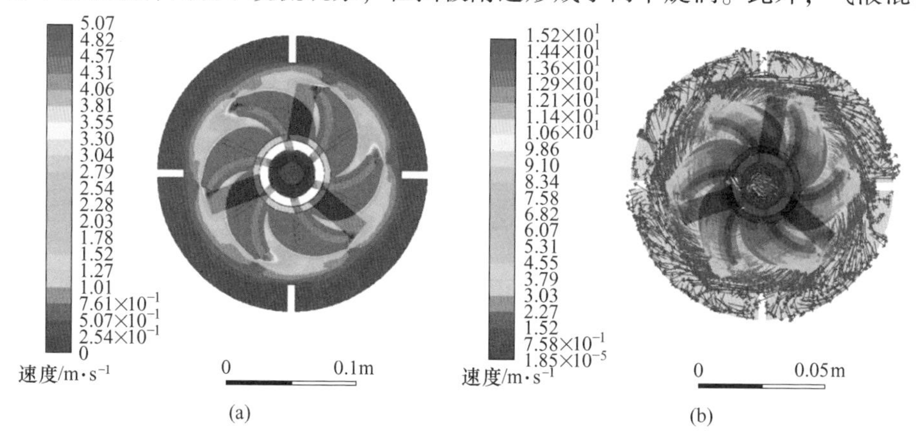

图 5-29 曝气桨下表面截面上的分布

（a）速度分布；（b）速度矢量分布

物在高速射流和上层下推桨输送来的流体挤压作用下，桨叶气体分散通道出口处的速度达到最大。

5.2.4 万吨级示范产线液相氧化反应器设计方案

万吨级示范产线采用卧式反应釜作为液相氧化反应器，卧式反应釜的优势是可以实现连续进料和出料，大幅提高反应器的作业效率。卧式反应釜采用多隔室设计，温度和通氧量单独控制，以实现不同反应阶段的参数精确调控。每个隔室设置一台搅拌器和微气泡曝气装置，搅拌器采用上层轴流桨、下层径向桨的双层桨设计，以优化气-液-固三相反应流场。曝气装置针对现有工业涡凹曝气机进行重新设计，改善搅拌轴承材质、强化机械密封、升级曝气叶轮构型，以适应碱介质环境，强化微气泡的产生，实现钒铬高效提取。

5.3 示范产线运行状况

万吨级钒渣碱介质湿法提钒示范产线外观如图 5-30 所示。

图 5-30 万吨级钒渣碱介质高效提钒清洁生产示范产线外观

钒渣碱介质湿法提钒工艺流程如下。

（1）配料：50%液碱（新液补充）和循环碱液（三效蒸发后液，碱质量分数 50%）与钒渣按碱矿比（4~5）：1 混合，配好的浆料泵送浆液卧式反应釜。

（2）液相氧化：卧式反应釜内通入蒸汽和氧气进行氧化反应，反应后浆料进入闪蒸槽进行降温降压。浆料经闪蒸后，温度降至约 135℃，压力降为常压。

从闪蒸槽排出的浆料靠自身的压力直接从下部进入稀释除杂反应槽，与尾渣洗涤水、钙化滤液洗水及氧化钙浆料混合，将浆液碱浓度（质量分数）稀释至25%，温度保持高于80℃。浆液在此条件下进行脱硅脱钠反应。

（3）尾渣分离洗涤：对尾渣进行三级逆流分离和洗涤，生产过程维持浆料温度高于80℃。压滤分离所得滤液为富含钒、铬等可溶性钠盐的浸出液，经压滤净化除杂作为原料用于后续的钒铬结晶生产工段。

（4）钒酸钠结晶：经压滤净化除杂后的钒铬溶液泵入钒酸钠结晶器进行自然冷却，液体降温至40℃且保温1h实现钒酸钠的结晶析出。含晶浆料进行固液分离，获得的钒结晶后液（含铬酸钠）进入铬酸钠结晶工段。

（5）三效蒸发及铬酸钢结晶：采用三效蒸发浓缩钒结晶后液至NaOH浓度（质量分数）为50%，再降温至80~120℃使铬酸钠结晶析出。

5.3.1 碱介质钒铬提取效果

图5-31和图5-32为尾渣中钒、铬典型成分，运行阶段尾渣的平均V_2O_5含量（质量分数）为0.92%，平均Cr_2O_3含量（质量分数）为0.96%，均低于1%。与现有钠化焙烧工艺相比，尾渣平均钒含量（质量分数）也低于一次焙烧的结果（1.5%），湿法提取工艺体现出优异的钒铬提取效果。

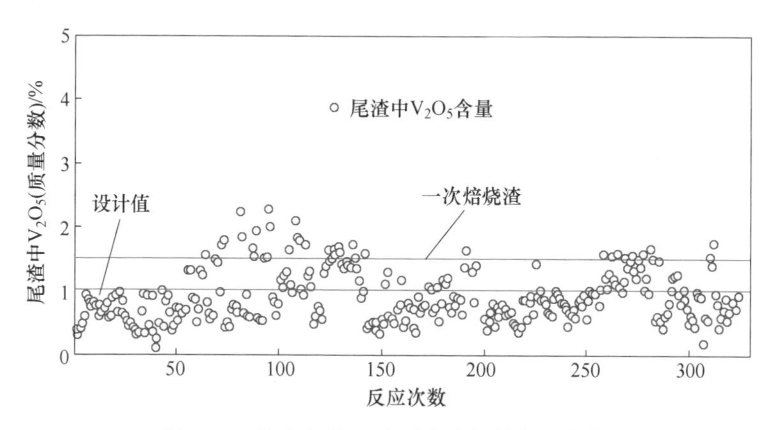

图5-31 液相氧化工序尾渣中钒的含量变化

除含铬钒渣外，示范线还采用部分高铬钒渣和新西兰钒渣，用以考察技术对不同来源钒渣的适用性。表5-15为示范线上所采用不同来源钒渣的成分。高铬钒渣中Cr_2O_3含量（质量分数）达10%以上；新西兰钒渣为高品位钒渣，原渣V_2O_5含量（质量分数）达15%以上。两种钒渣在万吨级示范线的处理效果见表5-16。

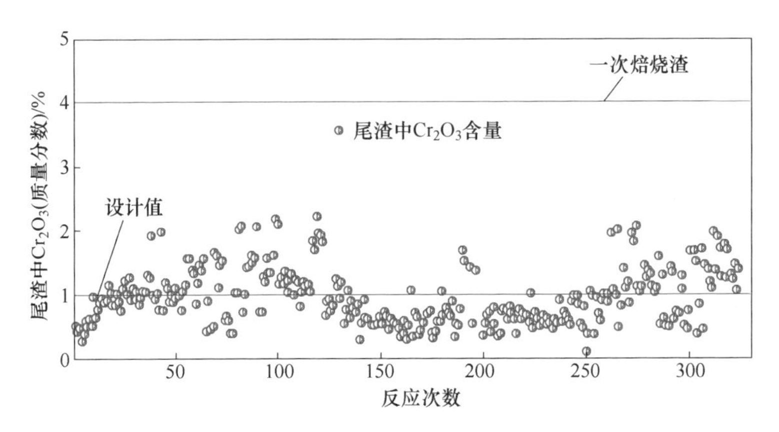

图 5-32 液相氧化工序尾渣中铬的含量变化

表 5-15 不同来源钒渣的成分（质量分数） （%）

钒渣来源	Al_2O_3	CaO	Cr_2O_3	FeO	MgO	MnO	SiO_2	TiO_2	V_2O_5
承钢钒渣	2.12	4.44	4.47	42.20	2.70	7.40	17.19	8.70	8.37
高铬钒渣	2.74	9.39	10.67	35.92	0.85	7.55	8.94	8.63	20.84
新西兰钒渣	1.61	2.69	1.10	37.23	1.47	13.19	16.14	18.06	15.35

表 5-16 不同钒渣浸出后尾渣成分（质量分数） （%）

钒渣来源	Al_2O_3	CaO	Cr_2O_3	FeO	MgO	MnO	SiO_2	TiO_2	V_2O_5
承钢钒渣	1.51	5.88	0.94	40.53	1.97	4.47	12.86	5.27	0.80
高铬钒渣	1.38	7.38	1.05	33.87	3.15	5.62	12.58	6.77	0.98
新西兰钒渣	0.87	3.22	1.07	38.13	1.70	15.89	16.56	16.61	1.00

从表 5-16 中可以看出，湿法技术对三种钒渣均表现出良好的钒提取效果，尾渣 V_2O_5 含量（质量分数）均等于或低于 1%，新西兰钒渣钒提取率 93.5%，高铬钒渣钒提取率高达 95.3%。而对于 Cr 来说，高铬钒渣的 Cr 含量（质量分数）从 10.67%降至 1.05%，浸出率达到 90%。实验结果表明，该技术对高铬型钒渣和高品位钒渣均具有较好的处理效果，这为湿法提钒技术在全世界的推广应用提供了有力的支撑。

综上所述，在外场强化及规模放大效应共同作用下，示范产线实现了较低温度（140~180℃）和较低碱浓度（质量分数为 40%~50%）下钒和铬的高效同步提取，钒和铬的浸出率分别为 93%和 80%，对不同原料来源的钒渣适应性强。

5.3.2 固液分离效果

碱介质浸出后的浆料属于难过滤的物料，具有粒度小、黏度大、含硅高的特

点。针对这一物料特性，示范产线选用全自动立式压滤机作为固液分离设备，该工序主要考察立式压滤机的过滤和洗涤效果，其尾渣含水率如图5-33所示。

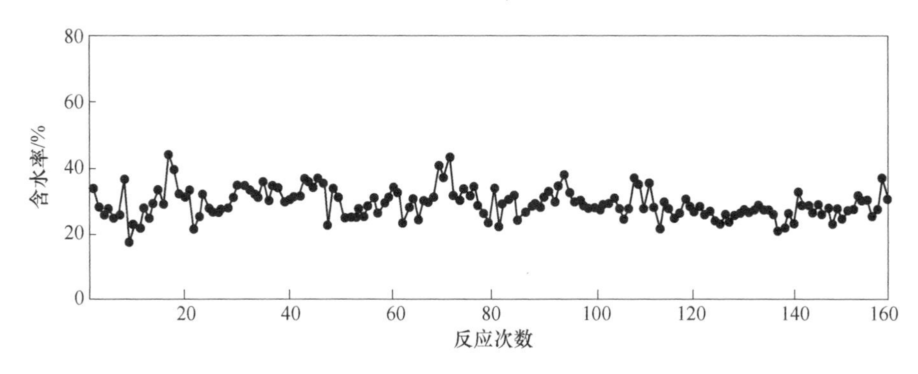

图5-33 尾渣含水率分析结果

如图5-33所示，除个别批次尾渣含水率大于30%外，其余含水率均在30%以下，其平均含水率为29.4%，设计值为30%，达到了设计要求。

此外，还考虑了立式压滤机的洗涤效果，以尾渣中可溶性钒和铬的含量作为考察指标，结果如图5-34所示。可以看出，尾渣中可溶性钒的平均值（质量分数）为0.142%，可溶性铬的平均值（质量分数）为0.045%，同样满足工艺设计指标要求（可溶性钒质量分数小于0.15%，可溶性铬质量分数小于0.05%），说明立式压滤机对碱介质高黏度物料具有较好的适用性，可实现难过滤物料的高效过滤和洗涤。

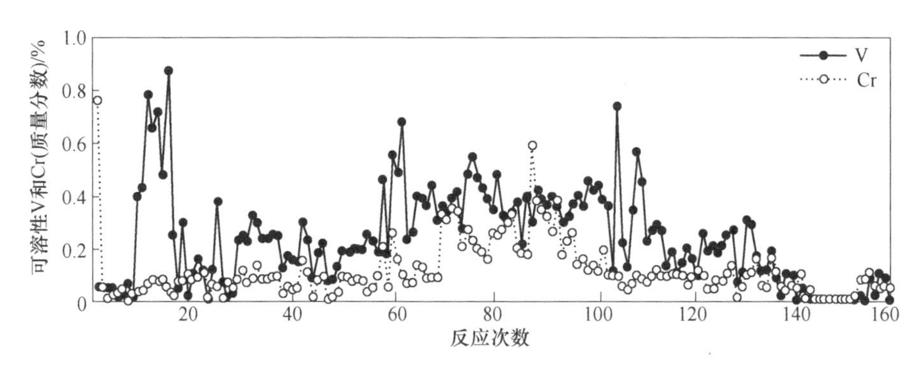

图5-34 尾渣可溶性钒和铬分析结果

5.3.3 钒酸钠冷却结晶分离

钒酸钠是示范产线的中间钒产品，重点考察了钒酸钠的结晶效率，钒酸钠结晶前后钒浓度的变化，如图5-35所示。

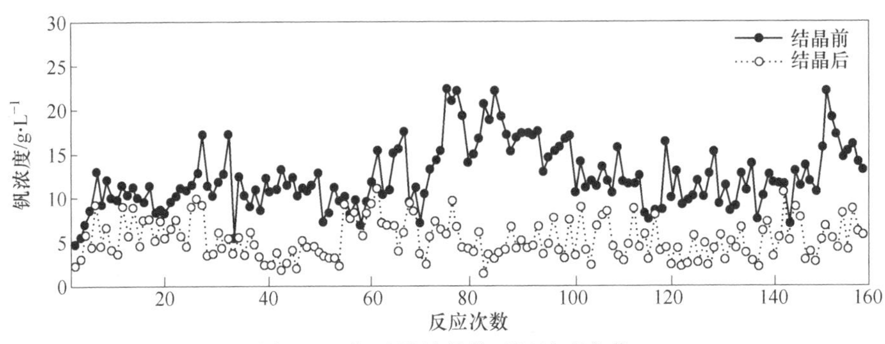

图 5-35 钒酸钠结晶前后钒浓度变化

从图 5-35 中可以看出，钒酸钠浓度变化较大，这与不同批次的结晶条件和结晶环境有关。结晶前液平均钒浓度为 12.4g/L，结晶后液平均钒浓度为 5.3g/L，钒酸钠的结晶率为 57%，可将每次浸出的钒全部结晶析出，保证钒酸钠浓度不随循环次数增加出现累积，满足工艺生产要求。

5.3.4 结晶后液三效蒸发

三效蒸发是将钒酸钠结晶后的碱液蒸发浓缩至 45%～50%，然后循环用于钒渣浸出，是工艺实现碱介质循环利用的关键步骤。碱液浓度的高低直接决定钒渣的氧化浸出效果，因此考察了连续稳定运行时三效蒸发器所得碱液浓度变化趋势，如图 5-36 所示。

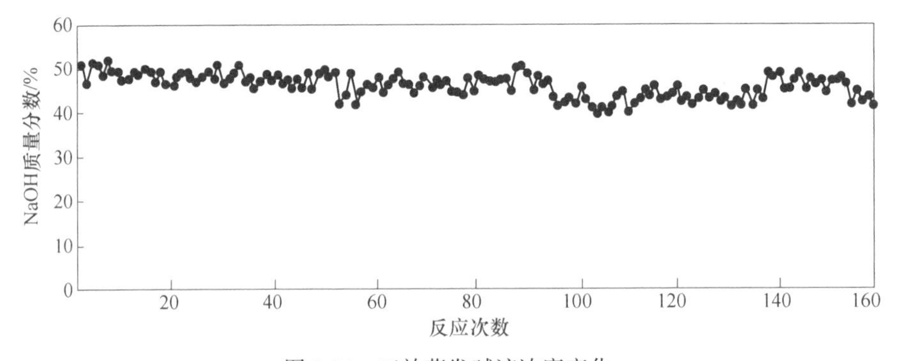

图 5-36 三效蒸发碱液浓度变化

从图 5-36 可以看出，三效蒸发碱液浓度基本保持稳定，NaOH 的平均浓度（质量分数）为 47.5%，符合 45%～50%的反应浓度范围要求。

5.3.5 五氧化二钒产品制备

由钒酸钠制备五氧化二钒，需经过钙化和铵化转型获得偏钒酸铵，偏钒酸铵

煅烧可制得五氧化二钒。钒酸钠经过钙化和铵化转型可制备出纯度较高的五氧化二钒，转型后碱液返回反应工序循环利用，从而使整个工艺流程实现废水零排放。

典型五氧化二钒产品和偏钒酸铵产品的成分见表5-17和表5-18。

表5-17 五氧化二钒产品成分分析结果（质量分数） （%）

编号	V_2O_5	Na_2O+K_2O	Fe	P	Si	Al	S	Ca
1	99.61	0.009	0.014	0.020	0.063	0.019	0.003	0.044
2	99.58	0.017	0.004	0.001	0.052	0.032	0.023	0.068
3	99.52	0.009	0.007	0.002	0.075	0.029	0.035	0.082
4	99.59	0.015	0.031	0.003	0.059	0.03	0.01	0.041
5	99.58	0.013	0.010	0.002	0.072	0.012	0.004	0.050
6	99.55	0.005	0.007	0.002	0.075	0.008	0.002	0.080
7	99.63	0.008	0.013	0.003	0.051	0.015	0.004	0.053
8	99.48	0.005	0.007	0.001	0.042	0.017	0.008	0.023
9	99.61	0.005	0.015	0.001	0.041	0.023	0.005	0.081
10	99.42	0.012	0.006	0.001	0.050	0.020	0.010	0.058
11	99.59	0.009	0.009	0.002	0.040	0.018	0.020	0.089
12	99.36	0.011	0.006	0.001	0.040	0.018	0.008	0.040
13	99.63	0.001	0.007	0.001	0.050	0.023	0.005	0.065
14	99.60	0.014	0.009	0.003	0.049	0.017	0.015	0.070
15	99.57	0.038	0.011	0.001	0.040	0.018	0.013	0.087
16	99.60	0.024	0.007	0.001	0.042	0.014	0.020	0.069
17	99.60	0.024	0.007	0.001	0.042	0.014	0.020	0.069
18	99.63	0.028	0.018	0.001	0.039	0.019	0.013	0.064
19	99.66	0.076	0.012	0.001	0.031	0.017	0.019	0.064
20	99.55	0.025	0.012	0.001	0.042	0.016	0.032	0.099

表5-18 偏钒酸铵产品分析结果（质量分数） （%）

编号	V_2O_5	Na_2O+K_2O	Fe	P	Si	Al	S	Ca	水分
1	77.51	0.017	0.004	0.001	0.052	0.032	0.023	0.168	10.21
2	77.14	0.009	0.007	0.002	0.095	0.029	0.035	0.102	12.00
3	77.22	0.015	0.031	0.003	0.059	0.030	0.010	0.411	10.31

从表 5-17 中可以看出，所得五氧化二钒粉剂纯度均达到 99%以上，Si、P、Fe、S、Na_2O、K_2O 等主要杂质的含量非常低。而高纯偏钒酸铵除第 2 批次中的 Si 含量偏高外，其余各批次 Si、P、Fe、S、Na_2O+K_2O 等杂质含量均很低。

三效蒸发后的浓碱液温度为 120℃，通过冷却降温至 80℃ 可得到铬酸钠晶体。表 5-19 为所得铬酸钠晶体成分分析，从表中可以看出，晶体中 P、V、Al、Si 的杂质含量均较低，晶体纯度及杂质含量均达到铬酸钠产品国家标准要求。

表 5-19 铬酸钠晶体成分分析

样品	元素含量（质量分数）/%				
	P	V	Al	Si	$Na_2CrO_4 \cdot 4H_2O$
1	<0.005	<0.001	<0.001	0.05	98.5
2	<0.005	<0.001	<0.001	0.039	98.6
3	<0.005	<0.001	<0.001	0.041	98.4
4	<0.005	<0.001	<0.001	0.021	98.7
5	<0.005	<0.001	<0.001	0.004	98.6
6	<0.005	<0.001	<0.001	0.006	98.7
7	<0.005	<0.001	<0.001	0.251	98.1
8	<0.005	<0.001	<0.001	0.12	98.4
9	<0.005	<0.001	<0.001	0.02	98.5
10	<0.005	<0.001	<0.001	0.048	98.4
11	<0.001	<0.001	<0.001	<0.001	98.8

该工艺流程的主要产品：

（1）五氧化二钒，产品满足 YB/T 5304—2011 标准要求（见表 5-20）；

（2）铬酸钠，产品满足 HG/T 4312—2012 标准要求（见表 5-21）。

从表 5-19 铬酸钠产品成分和表 5-17 V_2O_5 产品成分可以看出，两种主产品皆满足了标准要求。

表 5-20 V_2O_5 产品成分表

牌号	化学成分（质量分数）/%						
	TV（以 V_2O_5 计）	Si	Fe	P	S	As	Na_2O+K_2O	V_2O_4
V_2O_5 99	≥99.0	≤0.20	≤0.20	≤0.03	≤0.01	≤0.01	≤1.0	—
V_2O_5 98	≥98.0	≤0.25	≤0.30	≤0.05	≤0.03	≤0.02	≤1.5	—
V_2O_5 97	≥97.0	≤0.25	≤0.30	≤0.05	≤0.01	≤0.02	≤1.0	≤2.5

表 5-21 工业铬酸钠行业标准（质量分数）

项　目	国标	
	一等品	合格品
铬酸钠（$Na_2CrO_4 \cdot 4H_2O$）/%	≥98.5	≥98.0
氯化物（以 Cl 计）/%	≤0.20	≤0.30
硫化物（以 SO_4 计）/%	≤0.30	≤0.40
水不溶物/%	≤0.02	≤0.03
其他杂质（V、Si、P）	—	—

5.3.6 基于物耗能耗最优化的尾渣资源化利用

5.3.6.1 基于物耗能耗最优化的含钙物相耦合设计

综合流程考虑，因尾渣中 Si 的脱除也是在 80℃加 CaO 实现，因此可以将溶液脱硅与尾渣脱钠工艺协同设计；在反应后浆料稀释后，加 CaO 实现溶液的脱硅和尾渣的脱钠，之后液固分离，得到的尾渣为含钙的低钠尾渣，得到的溶液为 Si 含量合格的钒结晶前液，不仅减少了工艺操作步骤，而且尾渣的存在还有利于脱硅渣的过滤分离和脱硅渣中有效钒的损失。考虑到 CaO 的有效利用及渣量减量化，经过加钙脱硅后的尾渣中 Na_2O 含量（质量分数）在 3%~4%之间，在不增加工艺环节的情况下，满足后续减量化要求的同时达到了很好的脱钠目的。

另外，钒酸钙产品转化阶段产生的碳酸钙渣，其中含有一定量的活性氧化钙和钒，为了避免钒的损失，利用好其中的活性氧化钙，可将碳酸钙渣返回至脱硅、脱钠阶段使用；在此过程中，碳酸钙渣中的钒可被再次浸出至结晶前液中，避免了钒的损失。据此设计了基于物耗能耗最优化的尾渣耦合流程，如图 5-37 所示。

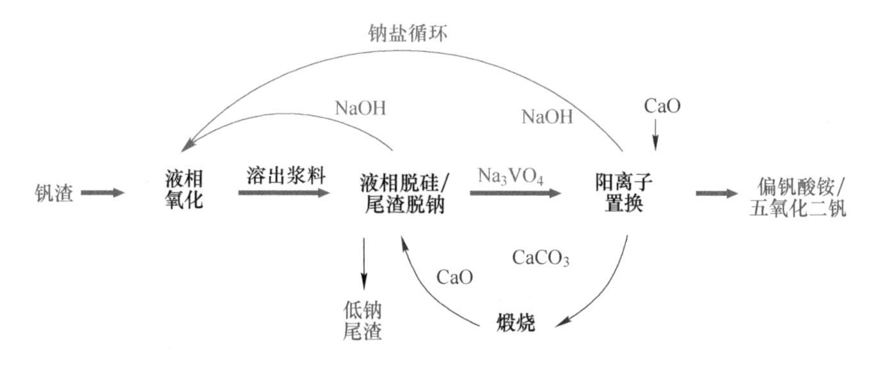

图 5-37 基于尾渣减量化的耦合流程设计

5.3.6.2 提钒尾渣中含钠物相分析

该工艺的提钒尾渣通常含有4%～10%（质量分数）的Na_2O，钠含量过高是导致尾渣难利用的主要因素。提钒尾渣的XRD及SEM分析如图5-38所示。从图中可以看出，经碱介质分解后，终渣的X射线衍射峰值强度较低，没有明显的物相衍射峰，反应终渣的物相呈无定形状态。尾渣的物相成分分析（见表5-22）表明，提钒尾渣出现两相，亮色的一相为含Fe、Ti、Cr、V相；暗色的一相（图中位置A）经过能谱面分布及能谱区域扫描分析，可以看出也是含Fe、Ti、Cr、V相，只是此相中各元素的分布密度降低，且暗色颗粒的粒径较原提钒尾渣粒径大很多，这说明暗相颗粒为含Fe相团聚颗粒；相比亮色的相（图中位置B）来说，其所含元素的成分一致，只是暗色相已经无定形，与X射线衍射分析结果一致，即反应终渣已无明显物相，趋于无定形。

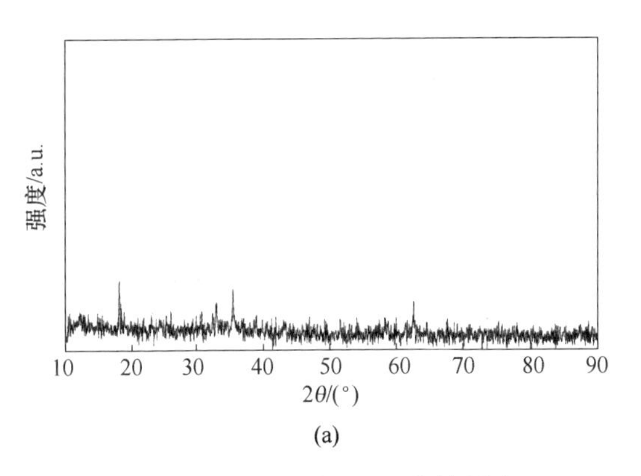

(a)

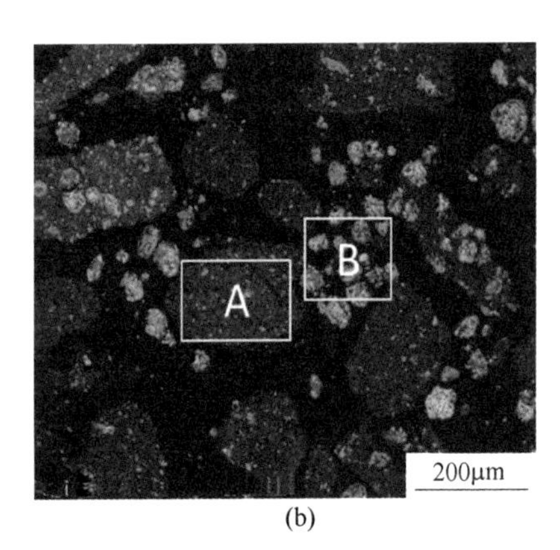

(b)

图5-38 富铁尾渣XRD（a）及SEM分析（b）

表5-22 富铁尾渣不同物相组成分析（质量分数） （%）

成分	O	Fe	Si	Na	Ti	Cr	V
原渣	33.93	27.34	9.83	5.78	8.20	0.52	0.54
位置A	30.09	30.12	2.15	6.49	9.38	0.89	0.04
位置B	29.45	31.42	3.10	6.19	9.48	0.92	0.08

以上分析表明，提钒尾渣中的钠主要以无定形状态存在，无定形物相有利于尾渣中钠的解离。

5.3.6.3 提钒尾渣中钠的脱除

首先采用加钙焙烧法和碳化法，以及依托湿法流程的加钙湿法脱钠工艺进行了钠的脱除研究，结果见表5-23。

表 5-23 不同脱钠方法脱钠效果比较 (%)

脱钠方法	加钙湿法	焙烧法	碳化法
含钠尾渣	7.10	7.10	7.10
脱钠渣	0.93	6.12	4.04

各尾渣脱钠方法具体操作及实验结果如下：

（1）焙烧法是在尾渣中添加其质量15%的CaO，在600℃下焙烧2h，然后水浸，分析渣中Na_2O含量。从表5-23可以看出，尾渣中的Na_2O含量（质量分数）从7.10%降到了6.12%，脱钠效果不明显。

（2）碳化法是在高压釜中加入一定量的含钠尾渣，并按液固比8∶1的比例加入水，向釜中充入2MPa的CO_2，搅拌反应2h。尾渣中的Na_2O含量（质量分数）从7.10%降到了4.04%，脱钠略有效果，但难以降到1%以下。

（3）加钙湿法是在尾渣中添加其质量16%的CaO，80℃条件下搅拌反应2h，反应结束后分析渣中成分Na_2O含量。尾渣中的Na_2O含量（质量分数）从7.10%降到了0.93%，脱钠效果显著，脱钠后的尾渣可以用于配矿炼铁、流态化还原等用途。

为了进一步分析提钒尾渣湿法加钙脱钠规律，考察了固液比、Na_2O∶CaO摩尔比、反应温度、反应时间等因素对尾渣脱钠的影响，结果见表5-24。

表 5-24 $L_9(3^4)$正交实验表及对应结果

所在列	1	2	3	4	终渣中Na_2O含量
因素	固液比	Na_2O∶CaO摩尔比	反应温度/℃	反应时间/h	（质量分数）/%
实验1	1∶5	1∶1	50	1	4.59
实验2	1∶5	1∶3	70	2	1.19
实验3	1∶5	1∶5	90	3	0.97
实验4	1∶8	1∶1	70	3	3.32
实验5	1∶8	1∶2	90	1	0.94
实验6	1∶8	1∶5	50	2	1.46
实验7	1∶10	1∶1	90	2	3.44
实验8	1∶10	1∶3	50	3	1.27
实验9	1∶10	1∶5	70	1	0.95

分析表5-24可知，对于脱钠反应条件影响顺序为：Na_2O∶CaO摩尔比>反应温度>固液比>反应时间。由于脱钠率越大，表示该水平最优，所以以上正交实验得出最优条件为：Na_2O∶CaO摩尔比在1∶2以上，反应温度为90°C，固液比为1∶8，反应时间为2h，尾渣中的Na_2O含量（质量分数）降低到1%以下。

5.3.6.4 提钒尾渣配矿烧结-高炉炼铁工艺

考察了提钒尾渣对配矿烧结的影响，按每吨烧结矿配加提钒尾渣 20kg，配加时替代当地低钒高品位铁精粉，具体烧结矿工艺参数见表 5-25 和表 5-26。

表 5-25 配加提钒尾渣前后的主要工艺参数变化情况

项目	机速 /m·min^{-1}	垂直烧结速度 /m·min^{-1}	负压/kPa		烟道温度/℃		终点温度/℃	料层厚度/mm
			北	南	北	南		
配加前	1.30	0.011	14.8	15.0	168	173	380~450	700
配加后	1.29	0.010	15	15.1	165	176	380~450	700

表 5-26 配加提钒尾渣前后成品矿质量变化情况

项目	w(TFe)/%	$w(SiO_2)$/%	烧结矿转鼓指数	<10mm 占比/%
配加前	54.1	4.91	74.89	7.13
配加后	52.6	5.15	75.51	7.21

由表 5-25 可以看出，每吨烧结矿配加量在 20kg 左右，配加时替代当地低钒高品位铁精粉，配加前后烧结工艺参数没有影响，且由于承钢钒钛矿的 SiO_2 品位低，配加尾渣后成品烧结矿指标发生明显改善。从表 5-26 可以看出，承钢每吨烧结矿配加 20kg 提钒尾渣，其烧结矿转鼓指数提高了 0.6%左右，效果较为明显。所以，在烧结矿中配加适量提钒尾渣对烧结矿质量的改善是有利的。

因此，提钒尾渣可在高炉流程得到全量化消纳，不仅对烧结工艺参数无负面影响，还使烧结矿质量得到改善，解决了大量尾渣堆存、外运产生的环境污染与资源浪费难题，具有显著的环境效益。

5.4 小　结

基于碱介质湿法提钒技术，于 2017 年 4 月在河钢承钢建成了国际首条年产万吨级钒渣碱介质高效提钒产线，并成功投入运营。该产线在国际上首次实现了反应温度 150℃ 以下钒铬的高效清洁提取，比传统的钒渣钠化焙烧温度降低 700℃以上，钒资源利用率由 80%提高至 90%以上，铬资源利用率由完全不能回收提高至 80%以上，且不产生有毒有害废气。

技术关键及创新点包括以下几点：

(1) 开发了钒铬资源高效清洁利用及产品绿色制造新工艺，建成了万吨级产业化示范线，在国际上首次实现了钒铬的工业化规模高效同步提取，支撑了化工冶金新理论的发展；

(2) 首次在国际上采用气泡纳微化方法在 150℃ 实现钒渣中钒铬的高效提

取，钒、铬提取率提高至90%、80%，是钒铬提取方法的重大创新；

（3）传统钒、铬分离方法操作在酸性或近中性条件，本工艺通过强碱性体系中钒、铬相平衡和结晶分离规律的研究，开发了冷却结晶分离钒酸钠、梯级阳离子置换制备纯度99%氧化钒新技术，实现了钠/钒清洁分离及产品提纯的耦合，从源头避免钒化工高盐氨氮废水产生，同时实现碱介质的封闭循环回用及高附加值钒产品的短流程制备；

（4）基于反应分离耦合原理，采用蒸发结晶方法分离铬酸钠，获得易于深加工的铬盐产品，同步实现介质的高效回用，突破了钒铬共存多元体系铬分离难题，为我国36亿吨高铬型钒钛磁铁矿的绿色高效利用及建立以钢铁钒钛为依托的铬盐发展新模式提供技术支撑和解决方案。

参考文献

[1] 李兰杰，高明磊，陈东辉，等. 世界首条亚熔盐法清洁提钒生产线建设及初步运行情况分析［J］. 北方钒钛，2017，126（3）：5-9.

[2] 王新东，李兰杰，杜浩，等. 亚熔盐高效提钒铬清洁生产技术产业化应用［J］. 过程工程学报，2020，20（6）：667-677

6 钒绿色制造评价指标体系建立及现有生产状况诊断分析

本章以产品生命周期评价理论为指导，建立了以清洁生产评价指标体系、绿色产品评价技术规范为核心的钒产品绿色制造评价指标体系。利用构建的指标体系对河钢承钢已建成的万吨级钒渣碱介质液相氧化提钒示范产线进行了分析评价。

6.1 钒清洁生产评价指标体系的建立

通过对钒行业现有清洁生产状况进行调研分析，根据《工业清洁生产评价指标体系编制通则》（GB/T 20106—2006）为代表的指标体系，筛选出具有代表性的各单项指标，建立了较为完善的钒行业清洁生产评价指标体系。采用定量分析法对我国钒行业重点企业近年来清洁生产实际达到的中上等以上水平的指标值进行分析并确定基准值。将定量定性相结合，以系统性、层次性及科学性为原则，借助层次分析法来对评价指标的权重值进行确定。

通过现场对标、电话问卷、行业会议等方式对我国四川攀西、河北承德等地区典型的钒渣提钒企业进行调研的结果显示，钠化焙烧是钒渣提钒行业的主流工艺，钒行业的迅速发展带来日益突出的环境问题，其生产过程资源能源利用率和产品回收率低、污染物（有害窑气、高盐氨氮废水、含铬提钒尾渣等）产生和排放量大等问题十分突出，环境治理代价高。随着行业准入门槛和环保要求的进一步提高，落后技术正加速淘汰。近年来，钒渣提钒新技术不断涌现，如攀钢的钙化焙烧工艺已在西昌实现产业化稳定运行，对于促进产业绿色升级发挥了重要作用。但是，尽管国家及地方政府先后发布多个针对钒行业的政策法规，但迄今为止，钒渣提钒行业依然尚未形成统一有效的清洁生产评价指标体系。近年来，我国都是依据《工业清洁生产评价指标体系编制通则》（GB/T 20106—2006）对有关钒渣利用的企业进行清洁生产定性，缺乏一定的针对性和专业性。因此，制定和实施具有科学性、有效性的清洁生产评价指标体系，可为钒渣提钒行业清洁生产工艺的量化考核提供有效评价依据。

本章以产品生命周期评价理论为指导，以提升钒产品在其生命周期中的综合环境绩效为目标，在充分考虑现有相关领域指标体系内容基础上，构建了钒渣提钒清洁生产评价指标体系。

图 6-1 为清洁生产评价指标体系建立及评价技术路线图。

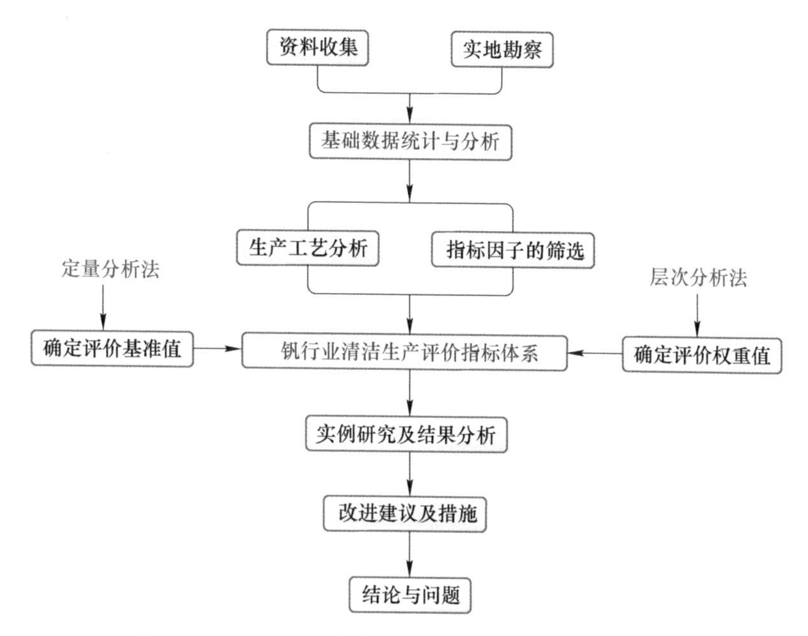

图 6-1　清洁生产评价指标体系建立及评价技术路线图

6.1.1　以钒渣为原料的五氧化二钒产品生命周期

图 6-2 为以钒渣为原料提钒工艺的五氧化二钒产品生命周期示意图。

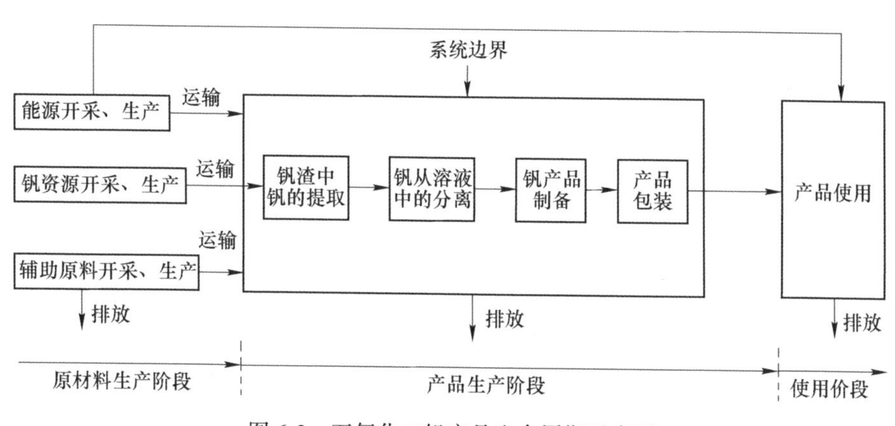

图 6-2　五氧化二钒产品生命周期示意图

为了方便工艺的比较，将现行的钠化焙烧、钙化焙烧及本项目所开发的全湿法清洁提钒工艺过程统分为钒渣中钒的提取、钒从溶液中的分离、钒产品制备、产品包装几个阶段，各阶段所采取工艺有所不同，但原理基本一致：钒的提取是指将钒渣中以 $FeO \cdot V_2O_3$ 为存在形式的三价钒氧化转化为可溶性五价钒后进入溶液，钒从溶液中的分离是指从浸出液中将钒分离得到中间产物，钒产品制备是指通过结晶、煅烧等工艺得到五氧化二钒产品，产品包装是指将以粉状、片状形式存在的五氧化二钒产品打包待售。

6.1.2 钒行业清洁生产指标层次结构的确立

根据清洁生产指标体系的选取原则和指标的可度量性，本项目所建立的钒渣提钒行业清洁生产指标体系分为目标层、准则层和指标层三个层次。目标层为钒渣提钒行业清洁生产水平；准则层是相互独立、分别隶属于目标层的一级指标，是从不同方面反映钒渣提钒行业清洁生产水平的概括性指标；指标层为隶属于准则层的二级指标。在具体选择指标时，是以充分考虑生产工艺为基础，通过对钒渣提钒企业调研，同时借鉴实际工艺中指标设置情况而筛选出具体的、易于评价和考核的指标。整个指标体系包括定量和定性指标两大类，其中定量指标通过具体的数据来表征，定性指标则用文字来表征。

6.1.3 钒行业清洁生产评价指标的选取

根据生命周期理论和行业技术专家的合理化建议，对钒渣提钒企业现状进行全面调研、系统分析，以能反映节能、降耗、减污和增效为主导思想，构建 6 个准则层，包括资源能源消耗指标、生产技术特征指标、污染物指标、资源综合利用指标、产品特征指标和环境管理指标共六大类。在准则层下共建立了 25 个评价指标。所建立的评价指标体系如图 6-3 所示。

6.1.3.1 资源能源消耗指标

钒产品生产过程对资源、能源的消耗可反映该企业的工艺技术、运行水平和管理水平。资源、能源消耗指标一般包括物耗指标、能耗指标和新水用量指标等。结合实际工艺情况，选取单位钒产品综合能耗、单位钒产品新鲜水耗、单位钒产品物耗 3 个二级评价指标进行评价。在进行清洁生产评价时，具体工艺可根据不同原料选择不同物耗指标。

A 单位钒产品综合能耗

单位钒产品综合能耗计算参照《综合能耗计算通则》（GB/T 2589—2008），是指钒生产企业在计划统计期内，对实际消耗的各种能源实物量按规定的计算方法和单位分别折算为一次能源后的总和。综合能耗主要包括一次能源（如煤、石油、天然气等）、二次能源（如蒸汽、电力等）和直接用于生产的能耗（如冷却水、压缩空气等），但不包括用于动力（如发电、锅炉等）的能耗。单位钒产品的综合能耗按式（6-1）计算：

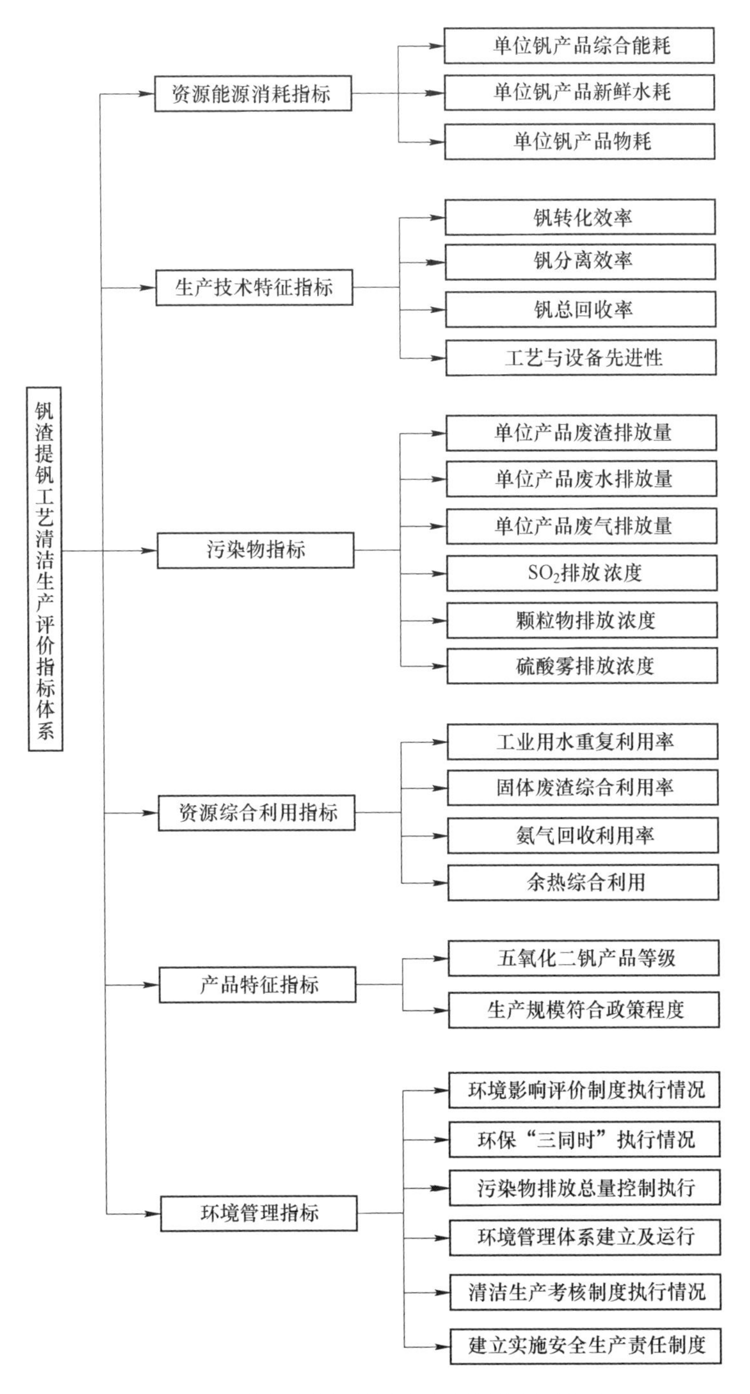

图 6-3　钒渣提钒行业清洁生产评价指标体系

$$e_j = E_j / P_j \tag{6-1}$$

式中 e_j——单位钒产品综合能耗；

E_j——钒产品的综合能耗；

P_j——合格钒产品的产量。

B 单位钒产品新鲜水耗

单位钒产品新鲜水消耗量，以式（6-2）计算。

$$\text{单位钒产品新鲜水耗}(m^3/t) = \frac{\text{年新水总用量}(m^3)}{\text{年产品产量}(t)} \tag{6-2}$$

C 单位钒产品物耗

单位钒产品物耗指标在钒渣提钒工艺中可分别指含钠添加剂单耗（钠化焙烧工艺）、含钙添加剂单耗（钙化焙烧工艺）、碱单耗（液相氧化工艺），各工艺可根据实际物耗对指标进行修改。

6.1.3.2 生产技术特征指标

钒产品制备过程对环境的友好度直接由生产工艺技术及装备的先进程度决定。生产工艺技术和设备越先进，污染物的产生量就越少，对环境的危害亦越小。生产技术特征指标是体现企业实施清洁生产情况的关键性指标。根据钒渣提钒企业在生产规模、生产设备、生产工艺及自动化程度等方面在国内外同行业间的比较分析，选取钒转化效率、钒分离效率、总回收率 3 个定量指标和工艺与设备先进性这一定性指标，共 4 个指标，对生产技术特征进行表征。

A 钒转化效率

钒转化效率是指钒渣中以 $FeO \cdot V_2O_3$ 为存在形式的三价钒氧化转化为可溶性五价钒后进入溶液（含钒浸出液）过程的转化效率 η，以式（6-3）计算。

$$\eta = \frac{\text{钒渣质量} \times \text{钒渣含钒量} - \text{提钒尾渣质量} \times \text{提钒尾渣中含钒量}}{\text{钒渣质量} \times \text{钒渣含钒量}} \times 100\% \tag{6-3}$$

B 钒分离效率

钒分离效率是指含钒浸出液中钒以 V_2O_5 形式分离出来的效率；钠化焙烧工艺中指的是通过铵沉以多钒酸铵形式分离钒、煅烧获得 V_2O_5 产品的效率；钙化焙烧工艺是指通过水解沉钒、红饼熔化获得 V_2O_5 产品的效率。钒分离效率以式（6-4）计算。

$$\text{钒分离效率} = \frac{V_2O_5\text{产品质量} \times V_2O_5\text{纯度}}{\text{含钒浸出液体积} \times \text{浸出液浓度}} \times 100\% \tag{6-4}$$

C 钒总回收率

钒总回收率是指在整个生产过程中，所得钒产品中钒元素总含量占初始钒渣中钒元素总含量的百分数，以式（6-5）计算。

$$钒总回收率=\frac{V_2O_5产品质量\times V_2O_5纯度}{钒渣质量\times钒渣含钒量}\times100\% \tag{6-5}$$

D　工艺与设备先进性

该指标为定性指标或半定量指标，主要将所采用生产工艺及设备的节能性、自动化程度、安全性、生产效率等方面与国内外先进水平进行对比。若所采用工艺和设备达到国际先进水平，则分值设定为1.0；若达到国内先进水平，则分值设定为0.8；若采用传统设备和工艺，则分值设定为0.6；若采用淘汰设备和工艺，则分值设定为0.2。

6.1.3.3　污染物指标

污染物指标用于反映生产过程中污染物的产生、排放和治理情况。污染物指标是除资源（消耗）指标外另一能反映生产过程状况的指标，污染物指标较高，说明工艺相对落后或污染防治水平较低。

结合钒渣提钒生产状况，选取单位产品基准废渣排放量、单位产品废水排放量、单位产品废气排放量、SO_2 排放口浓度排放值、颗粒物排放口浓度排放值、硫酸雾排放口浓度排放值6个定量指标，用于考察工艺流程中污染物排放情况。所选定的6个指标均为逆向指标，其中前3个为排放量类指标，后3个为排放浓度类指标。

6.1.3.4　资源综合利用指标

资源综合利用指标反映生产过程中对废弃物的回收、再利用和综合处理情况。该类指标共4个，包括工业用水重复利用率、固体废渣综合利用率、氨气回收利用率、余热综合利用，均为正向指标，指标数值越高，表明企业资源综合利用率越高，清洁生产水平越高。

A　工业用水重复利用率

工业用水重复利用率是指企业重复利用水量占企业生产过程中总用水量的百分数，按式（6-6）计算。

$$R=\frac{V_r}{V_t}\times100\% \tag{6-6}$$

式中　R——水的重复利用率，%；

V_r——重复利用水量（包括循环用水量和串联使用水量），m^3；

V_t——生产过程中总用水量，m^3。

B　固体废渣综合利用率

固体废渣综合利用率是指企业综合利用固体废渣量占企业生产过程中固体废渣产生量的百分数，按式（6-7）计算。

$$固体尾渣综合利用率=\frac{利用尾渣量(t)}{产生的总尾渣量(t)}\times100\% \tag{6-7}$$

C 氨气回收利用率

氨气回收利用率是指企业氨气回收量占企业生产过程中氨气产生量的百分数，按式（6-8）计算。

$$\text{氨气回收利用率}=\frac{\text{利用氨气量}(m^3)}{\text{产生的氨气量}(m^3)}\times 100\% \tag{6-8}$$

D 余热综合利用

余热综合利用为定性指标，用于考核生产企业是否通过采用余热回收装置来实现余热回收利用，以降低生产过程中对能量的需求。

6.1.3.5 产品特征指标

产品特征指标涵盖了生产规模符合国家政策要求程度、钒产品纯度两项指标。生产规模是企业能否正常投入生产的关键核查指标，钒产品纯度属于国家强制性检验指标，该项指标关系到该企业产品的销售程度。以上两项指标的设置，作为体现该指标体系的重要组成部分，对于推动产品生产和产品生态设计具有重要的意义。

6.1.3.6 环境管理指标

钒渣提钒行业有害窑气、高盐氨氮废水及尾渣的排放与企业生产技术水平、管理水平的高低有密切的联系。近年来，我国对钒渣提钒企业实施了较为严格的环境管理，但仍有部分小企业存在污染物超标排放的情况。环境管理指标以执行环境保护法规情况和环境管理体系两项准则作为衡量管理制度的评价指标，具体包括环境影响评价制度执行情况、环保“三同时”执行情况、污染物排放总量控制执行情况、环境管理体系建立及运行、建立实施安全生产责任制度、清洁生产考核制度执行情况等六项指标。

6.1.4 指标基准值及权重值的确定

在清洁生产过程中，基准值主要是对清洁生产是否符合国家相关规定与标准进行判断。现阶段，部分条件与相关条文中已经给出具体数值的，就选用已经给出的数值。例如，本项目的单位钒产品能耗及新鲜水耗等指标，均选用《钒工业污染物排放标准》中相关数值。未能给出要求的，通过查阅大量资料文献，然后进行实地考察各大型钒企近年来达到中上等以上企业的标准值。本节中所选取基准值都是代表行业内较高清洁生产水平的。

采用定量与定性相结合的层次分析法进行了指标权重值的确定。层次分析法是一种多目标决策的方法，将目标作为其中一个系统，并进行构建层次结构，实施具体的程度对比，构建判断矩阵，进行因素之间的重要性排序，更具系统性和综合性，精准度相对较高。

6.1.4.1 层次结构模型的确定

首先采用问卷调查、行业报告收集、现场对标等方式来对相应的数据进行收集，通过行业专家的独立打分，再经过一系列的后处理理得到各个指标的相对影响权重值。为了把所建的模型构建为一个条理清楚、层次分明的模型，将研究对象分为三个层次，分别为目标层、准则层及方案层。其中，在目标层中，每个层次仅对应一个影响因素，主要的功能与作用是对理想结果与预定目标进行分析：在准则层中，是由若干个层次所构成的，具体是指目标层的各个影响因素；在方案层中，涉及决策方案、措施等相关内容。

6.1.4.2 评价指标重要性标度

假设事件 U 有 n 个因素：u_1，u_2，…，u_j，…，u_n，其中，u_i/u_j代表的是 i 对 j 的重要倍数，而 u_i代表的是 i 的重要程度，进而便可得到表 6-1 中的矩阵。

表 6-1 矩阵 A

U	u_1	u_2	…	u_j	…	u_n
u_1	a_{11}	a_{12}	…	a_{1j}	…	a_{1n}
⋮	⋮	⋮	⋮	⋮	⋮	⋮
u_i	a_{i1}	a_{i2}	…	a_{ij}	…	a_{in}
⋮	⋮	⋮	⋮	⋮	⋮	⋮
u_n	a_{n1}	a_{n2}	…	a_{nj}	…	a_{nn}

针对判断矩阵来说，其最重要的作用是将本层因素与上层某因素重要性进行对比。其中，a_{ij}的标度判断矩阵见表 6-2。

表 6-2 判断矩阵元素 a_{ij}的标度方法

标度	含 义
1	代表两个因素的重要性相同
3	其中一个因素稍微重要
5	其中一个因素明显重要
7	其中一个因素强烈重要
9	其中一个因素极端重要
2，4，6，8	中值
倒数	因素 i 与 j 的比较判断为 a_{ij}，也等于 $1/a_{ij}$

6.1.4.3　判断矩阵一次性的检验

为了更加科学地判断所得到的权重向量是否满足一致性与传递性，则需要执行一致性检验。在判断矩阵一次性检验的过程中，主要涉及以下几个指标：

$$CI = \frac{\lambda_{max} - n}{n - 1} \tag{6-9}$$

其中，当 CI 越大时，那么意味着不一致性便越严重；而 CI 接近 0 时，则一致性是满意的；当 CI 等于 0 时，意味着一致性是完全的。而想要更加准确地对 CI 的大小来进行衡量，则需要将 RI 引入到其中，具体情况见表 6-3。

表 6-3　随机一次性指标 *RI*

n	1	2	3	4	5	6	7	8	9	10	11
RI	0	0	0.58	0.90	1.12	1.24	1.32	1.41	1.45	1.49	1.51

$$CR = \frac{CI}{RI} \tag{6-10}$$

其中，在 CR 小于 0.1 的情况下，则判定在范围之内具有满意的一致性，能够通过一致性验证。对此，权向量可以由归一化特征向量来替代，反之则需要对矩阵 $\boldsymbol{A}$ 重新构造，并进行相应的调整。

6.2　钒渣湿法提钒技术清洁生产评价

根据清洁生产指标体系的选取原则和指标的可度量性，结合本工艺特点，对图 6-3 中评价指标体系进行修正，构建了钒渣碱介质湿法提钒清洁生产评价指标体系。体系框架如图 6-4 所示。

钒渣提钒行业迄今为止并无统一的清洁生产评价指标体系，尽管针对钒渣焙烧法提钒过程清洁生产评价体系的建立已有相关报道，然而不同评价体系不尽相同，各有侧重，如在刘颖等人建立的指标体系中，环境管理指标仅占据不足 0.06 的权重值，而在刘思邑等人建立的评价指标体系中，环境管理指标总权重值高达 0.116。为此，本章在对现有钒渣提钒清洁生产指标评价体系进行对比的基础上，对多种评价指标体系进行规整，结合本工艺自身特点，剔除焙烧法特有指标，对其他相关指标进行修正和补充，并依据总权重不变的原则，将剔除和修正的指标的权重值按比例调整至其他指标中，得到图 6-4 中各指标的权重值，见表 6-4。同时，在综合考虑现有钒渣提钒清洁生产指标评价体系基准值的基础上，结合现有钒渣碱介质高效提钒技术现场生产结果或理论计算结果等，对图 6-4 中各评价指标的基准值进行确定。

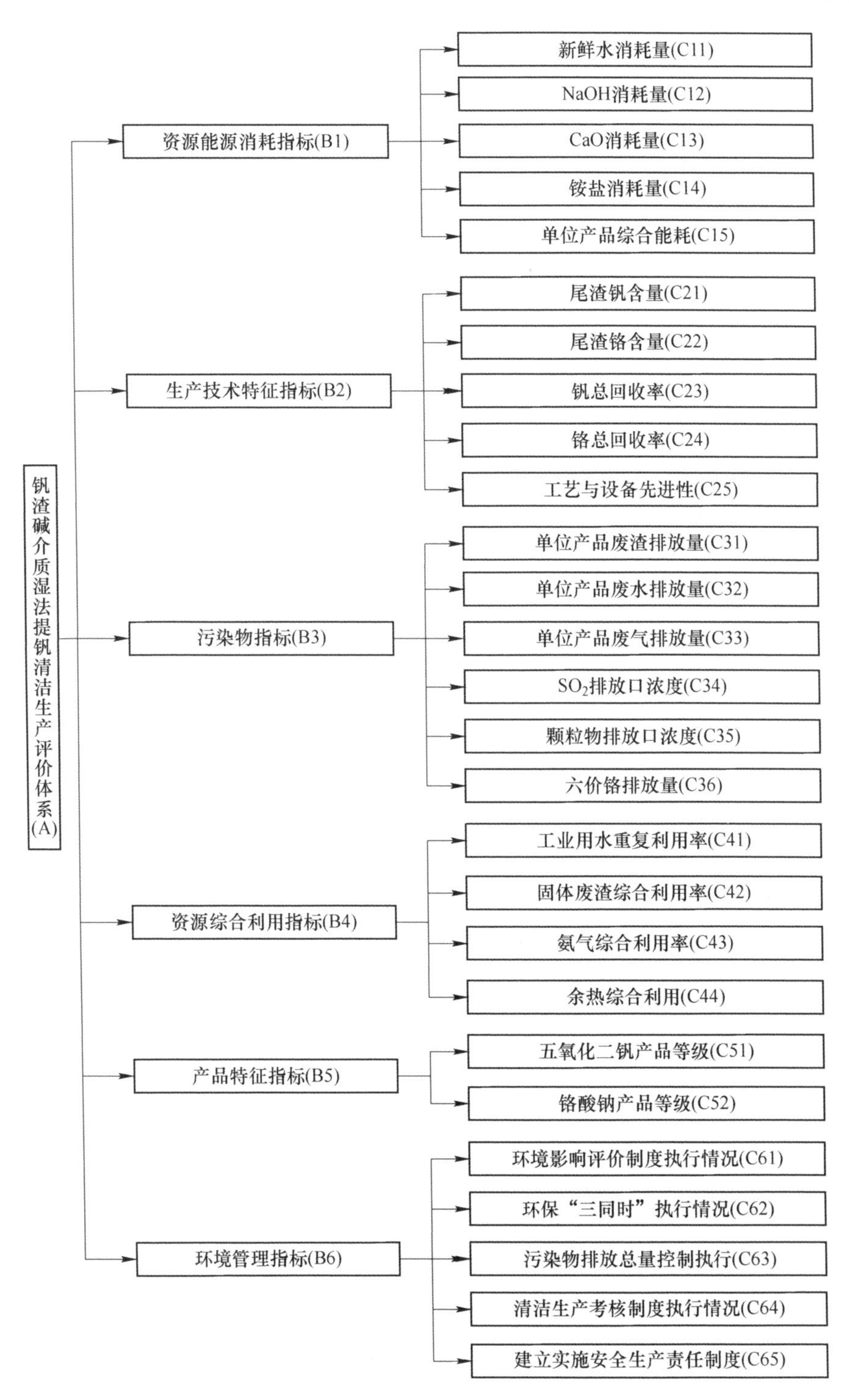

图 6-4 钒渣碱介质湿法提钒清洁生产评价指标体系

表 6-4　钒行业清洁生产评价指标体系各指标的权重及基准值

指标	W_t^1	$X_{ref\text{-}i}{}^2$	单位	数据来源	$X_{real\text{-}i}{}^3$	S_i^4
新鲜水消耗量	0.0484	20	$m^3/t\ V_2O_5$	行业先进	5.57	1.000
NaOH 消耗量	0.0497	2.63	$t/t\ V_2O_5$	理论值	2.64	0.996
CaO 消耗量	0.0087	2.51	$t/t\ V_2O_5$	理论值	2.56	0.980
铵盐消耗量	0.0052	1.33	$t/t\ V_2O_5$	理论值	1.36	0.978
单位产品综合能耗	0.0628	4500	kgce/t 产品	钒工业污染物排放标准	4400	0.900
尾渣钒含量	0.0484	1.5	%	行业先进	<1	1.000
尾渣铬含量	0.0242	1.5	%		<1	0.994
钒总回收率	0.0362	80	%	行业先进	87.1	1.000
铬总回收率	0.0289	5	%		87.29	0.994
工艺与设备先进性	0.0490	1	—		0.8	0.8
单位产品废渣排放量	0.0418	—	$t/t\ V_2O_5$		0	1
单位产品废水排放量	0.0782	20	$m^3/t\ V_2O_5$	钒工业污染物排放标准	0	1
单位产品废气排放量	0.0572	150000	$m^3/t\ V_2O_5$	钒工业污染物排放标准	0	1
SO_2 排放口浓度	0.0431	700	$m^3/t\ V_2O_5$	钒工业污染物排放标准	0	1
颗粒物排放口浓度	0.0214	100	$m^3/t\ V_2O_5$	钒工业污染物排放标准	44	1
六价铬排放量	0.0535	5	$g/t\ V_2O_5$	污水综合排放标准	0	1
工业用水重复利用率	0.0469	100	%	行业先进	100	1
固体废渣综合利用率	0.0412	100	%	行业先进	100	1
氨气综合利用率	0.0248	100	%	理论值	98	0.98
余热综合利用	0.0358	1		行业先进	1	1
五氧化二钒产品等级	0.0356	98	%	行业先进	99.5	1
铬酸钠产品等级	0.0244	98	%	行业先进	98	1
环境影响评价制度执行情况	0.0244	1				0.9
环境保护“三同时”执行情况	0.0220	1				1
污染物排放总量控制执行	0.0290	1				1
清洁生产考核制度执行情况	0.0406	1				1

续表 6-4

指标	W_t^1	$X_{ref-i}{}^2$	单位	数据来源	$X_{real-i}{}^3$	S_i^4
建立实施安全生产责任制度	0.0186	1				1

注：1. W_i 代表指标 i 的权重值；
2. X_{ref-i} 代表指标 i 的基准值；
3. X_{real-i} 代表指标 i 的实际值；
4. S_i 代表指标 i 的分值；
5. 加粗指标为正向指标；
6. 加下划线指标为定性指标。

6.2.1 指标解释及计算

6.2.1.1 资源能源消耗指标解释及计算

资源能源消耗指标含有 6 个定量指标，均为逆向指标，即指标数值越大，生产过程中资源能耗消耗量越大，造成的环境影响也越大，指标越小越有利于清洁生产。

A C11 新鲜水消耗量

该指标系指每生产 1t 合格钒产品（V_2O_5）所需要消耗的新鲜水量，包括配料、稀释、结晶、洗渣、钙化等各个环节消耗新鲜水量总和。在本工艺流程中，仅在配料环节需少量新鲜水输入，其他环节依靠介质循环即可满足用水需求，C11 指标值为 5.57m³/t。

B C12 NaOH 消耗量

该指标是指每生产 1t 合格钒产品（V_2O_5）所需消耗的新鲜 NaOH 量。钒渣碱介质湿法钒铬共提清洁生产工艺该指理论值为 2.63t/t，实际运行过程消耗为 2.64t/t。

C C13 CaO 消耗量

该指标是指每生产 1t 合格钒产品（V_2O_5）所需消耗的新鲜 CaO 量。钒渣碱介质湿法钒铬共提清洁生产工艺该指标理论值为 2.51t/t，实际运行过程消耗为 2.56t/t。

D C14 铵盐消耗量

该指标是指每生产 1t 合格钒产品（V_2O_5）所需消耗的新鲜铵盐量。钒渣碱介质湿法钒铬共提清洁生产工艺采用梯级阳离子置换实现钒酸钠向偏钒酸铵产品的转化，梯级阳离子置换是指通过 Ca^{2+}/NH_4^+ 的置换实现钒酸钠中 Na/V 的高效清洁分离，其中 NH_4^+ 采用的是 NH_4HCO_3，梯级阳离子置换过程 NH_4HCO_3 与钒酸钙反应可生成碳酸钙与 NH_4VO_3，冷却结晶可获得 NH_4VO_3 产品。该指标值理论量为 1.33t/t，实际运行过程消耗为 1.36t/t。

E C15 单位产品综合能耗

该指标是指每生产 1t 合格钒产品（V_2O_5）所消耗的所有能量（包括电能、天然气、蒸汽、煤等）折合吨标煤的总量。万吨级产线是世界首个湿法清洁提钒工业化示范项目，采用了诸多节能措施：闪蒸出的二次蒸汽用来预热物料，可有效减少加热物料消耗的能源；铬酸钠蒸发采用三效逆流蒸发，减少了蒸汽用量；采用工业循环水系统对水资源循环利用，循环水利用率为 98%；采用自动化程度较高的 DCS 控制系统提高生产机械运行效率，降低能源损耗。项目在设备选型时选用国家公布推荐的节能产品，是同类型产品中效率相对较高的。因此，项目蒸汽、电耗等总能耗比现有工艺能耗有所降低。现场运行数据显示，该指标数值年平均值（标煤）为 4400kg/t，符合《钒工业污染物排放标准》（GB 26452—2011）要求。综合考虑，将 C15 指标值设定为 1.0。

6.2.1.2 生产技术特征指标解释及计算

钒产品制备过程中对环境的友好度直接由生产工艺技术及装备的先进程度决定。生产工艺技术和设备越先进，污染物的产生量就越少，对环境的危害亦越小。生产技术特征指标是体现企业实施清洁生产情况的关键性指标，结合本工艺自身特点，生产技术特征设定 4 个量化指标和 1 个半量化指标，上述 5 个指标前两个尾渣钒、铬含量为反向指标，指标值越小，生产过程越先进；另外 3 个钒总回收率、铬总回收率、工艺与设备先进性为正向指标，即指标值越大，生产过程越先进、清洁程度越高。

A C21 尾渣钒含量

钒浸出率经常被作为评价反应的重要指标，液相氧化反应浸出率是指钒铁尖晶石在碱介质中氧化后进入液相的百分数，计算公式见式（6-11）：

$$\text{液相氧化反应浸出率}\ \eta=\frac{\text{钒渣质量}\times\text{钒渣含钒量}-\text{提钒尾渣质量}\times\text{提钒尾渣中含钒量}}{\text{钒渣质量}\times\text{钒渣含钒量}}\times 100\% \tag{6-11}$$

全球钒渣因产地、成因不同，钒含量差别较大。根据式（6-11），使用液相氧化反应浸出率来对工艺进行评价不可避免的缺陷是因初始钒含量不同导致反应浸出率差别较大。因此，本节使用行业内更为通用的尾渣钒含量来对工艺进行评价较为客观。

钒渣碱介质湿法钒铬共提清洁生产工艺万吨级产线该指标为小于 1%，而钠化焙烧工艺该指标约为 1.5%。按照现场运行钒渣成分计算，钒浸出率比现有钠化焙烧工艺提高 10%。

综合考虑，将 C21 指标值设定为 1.0。

B C22 尾渣铬含量

与尾渣钒含量类似，以尾渣铬含量来表征钒渣中伴生铬铁尖晶石的反应转化率。钒渣碱介质湿法钒铬共提清洁生产工艺万吨级产线该指标为小于1%，而钠化焙烧工艺基本不能提铬。按照现场运行钒渣成分计算，钒浸出率比现有钠化焙烧工艺提高80%，铬的转化提取优势明显。目前钒行业其他针对铬资源回收的工艺尚未进入示范工程阶段，无可对比指标。综合考虑，将该指标值设为0.994。

C C23 钒总回收率

钒总回收率是指在整个生产过程中，经过碱介质液相氧化—钒酸钠结晶—梯级阳离子置换所得五氧化二钒产品中钒元素总含量占初始钒渣中钒元素总含量的百分数。本工艺中钒的总回收率为87.10%，远高于行业先进水平80%，在钒的高效回收方面具有无可比拟的优势。综合考虑，将该指标值设定为1.0。

D C24 铬总回收率

铬总回收率是指在整个生产过程中，经过碱介质反应—钒分离—铬酸钠结晶所得铬酸钠产品中铬元素总含量占初始钒渣中铬元素总含量的百分数。工艺中铬的总回收率为87.29%。由于目前行业尚未建立其他针对铬资源回收的示范产线，无可对比指标，综合考虑，将该指标值设为0.994。

E C25 工艺与设备先进性

该指标为定性指标或半定量指标，主要将所采用生产工艺及设备的节能性、自动化程度、安全性、生产效率等方面与国内外先进水平进行对比。若所采用工艺和设备达到国际先进水平，则分值设定为1.0，若达到国内先进水平，则分值设定为0.8，若采用传统设备和工艺，则分值设定为0.6，若采用淘汰设备和工艺，则分值设定为0.2。

该项目已完成科技成果评价，经干勇院士、邱定蕃院士、黄小卫院士、韩布兴院士等领域、行业专家组成的专家组评价为“国际领先水平”。本项目在设备选型过程充分考虑设备先进性，所采用的主要设备如浆液氧化反应器、闪蒸槽、立式压滤机、三效蒸发系统等均为国内先进水平。综合考虑，设定C25指标值为0.8。

6.2.1.3 污染物指标解释及计算

污染物指标用于反映生产过程中污染物的产生、排放和治理情况。结合本工艺自身特点选定6个量化指标用于考察工艺流程中污染物排放情况，所选定的6个指标均为逆向指标，其中前3个废渣、废水、废气为排放量类指标，后3个SO_2、颗粒物、六价铬为排放浓度类指标。

A C31 单位产品废渣排放量

该指标是指每生产1t合格钒产品排放的固体废渣总量。碱介质湿法提钒工艺中，脱硅渣、碳酸钙渣返回至流程，与提钒尾渣合并成一股渣排放，该渣含铁较高，可返回河钢承钢炼铁系统作为烧结配料使用。因此整个工艺流程并无实质性外排废渣产生，可将 C31 指标值设定为 1.0。

B C32 单位产品废水排放量

该指标是指每生产 1t 合格钒产品排放的废水总量。该工艺得益于介质内循环设计，所生产废水返回系统作为工艺补充水，在钒渣钒铬共提整个工艺流程中并无任何废水排放出口，仅在提钒尾渣、偏钒酸铵及铬酸钠等固体滤饼中会夹带少量液体。上述固体渣或产物经进一步压滤或干燥操作后，所夹带液体可直接返回混料搅拌槽循环利用，实现了整个工艺废水零外排放，由此可将 C32 指标值设为 1.0。

C C33 单位产品废气排放量

该指标是指每生产 1t 合格钒产品排放的废气总量。本工艺产生的尾气为含碱（微量）蒸汽及剩余氧气/空气的混合物，进入尾气洗涤塔（高 30m）经净化处理后达标排放。另外，原料准备工段设收尘系统，对料仓、料仓出料口、定量螺旋给料等产尘点进行收尘，本工艺尾气经处理后达标排放对周边空气环境质量影响不大。根据《项目竣工环境保护验收检测报告》，废气的排放量符合《钒工业污染物排放标准》（GB 26452—2011），其中氮氧化物排放浓度符合《工业炉窑大气污染物排放标准》（DB 13/1640—2012），因此 C33 指标值可设定为 1.0。

D C34 SO_2 排放口浓度

该指标是指钒渣碱介质湿法钒铬共提工艺万吨级示范产线涉及的有组织排放、无组织排放 SO_2 排放口浓度。根据《项目竣工环境保护验收检测报告》，废气中二氧化硫排放浓度符合《钒工业污染物排放标准》（GB 26452—2011），因此 C34 指标值可设定为 1.0。

E C35 颗粒物排放口浓度

该指标是指钒渣碱介质湿法钒铬共提工艺万吨级示范产线涉及的有组织排放、无组织排放颗粒物排放口浓度。根据《项目竣工环境保护验收检测报告》，废气中颗粒物排放浓度符合《钒工业污染物排放标准》（GB 26452—2011），有组织排放颗粒物主要在钒渣球磨阶段产生，检测结果为 44mg/m^3；无组织排放颗粒物检测结果为 0.309mg/m^3，颗粒物上风向与下风向差值为 0.009mg/m^3，均达到环保要求，因此可将 C35 指标值设定为 1.0。

F C36 六价铬排放量

该指标每生产 1t 合格钒产品排放废水中六价铬的总量。由于在整个工艺流程中无任何废水排放出口，即使提钒尾渣夹带的液体中含有少量六价铬，经洗涤后，洗涤水作为反应原料进行配料，保证无任何六价铬排放，因此可将 C36 指标值设定为 1.0。

6.2.1.4 资源综合利用指标解释及计算

资源综合利用指标反映生产过程中对废弃物的回收、再利用和综合处理情况。该类指标共4个，均为正向指标，指标数值越高，表明企业资源综合利用率越高，清洁生产水平越高。

A C41 工业用水重复利用率

工业用水重复利用率是指重复利用水量占生产过程中总用水量的百分数，按式（6-12）计算：

$$R = \frac{V_r}{V_t} \times 100\% \tag{6-12}$$

式中 R——水的重复利用率,%；

V_r——重复利用水量（包括循环用水量和串联使用水量），m^3；

V_t——生产过程中总用水量，m^3。

本工艺通过介质内循环设计，无任何生产废水排放，工业用水重复利用率为100%，由此可设定C41指标值为1.0。

B C42 固体废渣综合利用率

固体废渣综合利用率是指企业综合利用固体废渣量占企业生产过程中固体废渣产生量的百分数。在本工艺中，生产所得富铁反应渣直接作为配料进行炼铁，实现整个工艺中废渣零排放，固体废渣综合利用率为100%，由此可设定C42指标值为1.0。

C C43 氨气综合利用率

钒酸钙铵化阶段和偏钒酸铵煅烧阶段会有氨气释放，对所释放氨气都进行了稀硫酸吸收，可返回至钒钛磁铁矿利用大体系循环使用，原则上系统中没有无序氨气的排放。目前氨气综合利用率为98%，由此可设定C43指标值为0.98。

D C44 余热综合利用

余热综合利用为定性指标，用于考核生产企业是否通过采用余热回收装置来实现余热回收利用，以降低生产过程中对能量的需求。本工艺中通过采用介质内循环形式来实现热物流携带热量的回收利用，大幅降低了工艺整体能量需求。由此将C44指标值设定为1.0。

6.2.1.5 产品特征指标解释及计算

由于本工艺中以五氧化二钒和铬酸钠为最终产品形态，由此将产品特征指标分解为C51和C52两个，并按照其摩尔比例取加权平均值。

A C51 五氧化二钒产品等级

该指标是指所生产五氧化二钒产品中 V_2O_5 的纯度，钒渣碱介质湿法钒铬共提工艺所生产五氧化二钒纯度可达99.5%以上，满足YB/T 5304—2011标准要求。因此将C51指标值设定为1.0。

B C52 铬酸钠产品等级

该指标是指铬酸钠产品中铬酸钠的质量分数，所得铬酸钠纯度可达98%以上，满足HG/T 4312—2012标准要求。但因所得铬酸钠产品需经精制后方可达标，综合考虑，将C52指标值设定为0.8。

6.2.1.6 环境管理指标解释及计算

A C61 环境影响评价制度执行情况

万吨级钒渣碱介质湿法钒铬共提清洁生产示范产线编制了相应的环评报告，并获得环保部门的审批批文，竣工验收后进行了相应环保验收，环境影响评价制度执行情况良好。综合考虑，将C61指标值设为0.9。

B C62 环保“三同时”执行情况

环保“三同时”指的是我国《环境保护法》第26条规定：建设项目中防治污染的措施，必须与主体工程同时设计、同时施工、同时投产使用。本项目执行过程严格执行环保“三同时”，因此将C62指标值设为1.0。

C C63 污染物排放总量执行情况

目前，钒行业污染物排放执行《钒工业污染物排放标准》（GB 26452—2011），本工艺不产生废水，蒸发出的浓碱液循环用于浸出，蒸发出的冷凝水循环用于洗涤尾渣，所以废水排放为0。废气排放也都相应进行了处理。废水、废气污染物排放总量符合《钒工业污染物排放标准》（GB 26452—2011），因此将C63指标值设为1.0。

D C64 清洁生产考核制度执行情况

企业已建立完备的清洁生产审核制度，于2010—2019年完成了各工序四轮清洁生产审核工作，并顺利通过验收。由清洁生产办公室负责清洁生产活动的日常管理工作，组织协调并监督审核提出的清洁生产方案，定期对员工进行清洁生产的教育和培训，负责清洁生产审核的实施。因此，将C64指标值设为1.0。

E C65 建立实施安全生产责任制度

河钢承钢认真贯彻“安全第一、预防为主、综合治理”的方针，牢固树立科学发展、安全发展的理念，以深化安全生产标准化建设为目的，以争创安全标准化作业区为载体，以作业区标准化100%达标为目标，认真落实作业区安全生产责任制，确保各项安全生产责任落到实处，推动企业安全生产。因此将C65指标值设为1.0。

6.2.2 清洁生产综合评价

清洁生产综合考核是以一个生产年度为周期，对各定量、定性指标的实施情况进行计算，以得到评价指标的总分，进而判定工艺技术清洁生产等级。

在所有27个指标中，共包含20个定量指标，其中含有7个正向指标（生产

技术特征指标、资源综合利用指标及产品特征指标）和 13 个逆向指标（资源能源消耗指标和污染物指标）。

对于正向指标 i，其分值计算公式为：

$$S_i = \frac{X_{\text{real}-i}}{X_{\text{ref-}i}} \tag{6-13}$$

对于逆向指标 i，其分值计算公式为：

$$S_i = \frac{X_{\text{ref}-i}}{X_{\text{real-}i}} \tag{6-14}$$

采用上述方法对表 6-4 中所有指标的分值进行计算，特别地，在式（6-13）及式（6-14）中，当 $S_i>1$ 时，将 S_i 赋值为 1.000，结果列于表 6-4 中的第 7 列。

由此利用式（6-15）可计算得定量指标考核总分为 91.32。

$$P_1 = 100\sum_{i=1}^{n} S_i \times W_i \tag{6-15}$$

式中 P_1——定量指标考核总分（百分制）；

n——参与考核的二级定量指标总数；

S_i，W_i——分别为指标 i 的分值和权重值，见表 6-4。

6.2.2.1 定性指标考核方法

在图 6-4 所示的 27 个指标中，共包含 7 个定性指标。其分值计算情况与定量指标计算方法同样，结果列于表 6-4 中的第 7 列。由此可采用式（6-16）计算得定性指标考核总分为 6.7。

$$P_2 = 100\sum_{i=1}^{n} S_i \times W_i \tag{6-16}$$

式中，P_2 为定性指标考核总分（百分制）；其他参数意义同式（6-15）。

6.2.2.2 工艺清洁生产整体评价

由于在钒渣碱介质湿法钒铬共提工艺评价指标体系中同时包含定性指标和定量指标，由此其综合评价指标需同时包含二者，计算公式为：

$$P = P_1 + P_2 \tag{6-17}$$

由以上计算可知，定量指标及定性指标总分值依次为 91.32 和 6.7，由此可根据式（6-17）计算得钒渣碱介质湿法钒铬共提工艺清洁生产评价指标总分为 98.02。另外，采用所建立的清洁生产评价体系对河钢承钢现有钒渣钠化焙烧提钒工艺进行了清洁生产评价，结果表明，钠化焙烧工艺清洁生产评价指标总分为 87.4。

结合相关文献可知，当 $P\geqslant 90$ 时，属于清洁生产先进水平；当 $75\leqslant P<90$ 时，属于基本水平；当 $P<75$ 时，属于落后水平。由此可看出，钒渣碱介质湿法钒铬共提工艺属于清洁先进水平，在整个生产过程中无任何“三废”排放，真

正实现了从源头杜绝污染物的产生。

本章构建了适用于钒渣碱介质湿法钒铬共提工艺的清洁生产评价体系，所构建体系共包含资源能源消耗、生产技术特征、污染物、资源综合利用、产品特征和环境管理等六大类指标及其下属的 27 个二级指标。对钒渣碱介质湿法钒铬共提工艺进行清洁生产水平分析，综合评估分析结果表明，钒渣碱介质湿法钒铬共提工艺清洁生产评价指标总分 98.02，属于清洁生产先进水平，本工艺实现了介质的内循环，在整个生产过程中无任何“三废”排放。

参考文献

[1] 刘颖. 钒行业清洁生产评价指标体系的构建及实例研究 [D]. 西安：西北大学，2012.

[2] 刘颖，王伯铎，陈雷，等. 陕西省钒行业清洁生产水平分析 [J]. 环境科学与管理，2013，38 (1)：171-176

[3] 杨林，林金辉，王雷，等. 含钒岩石清洁提钒工艺评价 [J]. 金属矿山，2010(11)：130-135.

[4] 张青梅，尤翔宇，刘湛. 湖南省石煤提钒冶炼行业清洁生产评价指标体系 [J]. 湖南有色金属，2014，30 (5)：67-70.

[5] 李佳，张一敏，刘涛. 石煤提钒行业清洁生产评价方法研究 [J]. 环境科学与技术，2013，36 (8)：200-205.

[6] 郑桂花. 石煤提钒工艺清洁生产评价的研究 [D]. 武汉：武汉理工大学，2009.

[7] 王少娜，杜浩，郑诗礼，等. 钒酸钠钙化-碳化铵沉法清洁制备钒氧化物新工艺 [J]. 化工学报，2017，68 (7)：2781-2789.

[8] Yan H, Du Hao, Wang S N, et al. Solubility data in the ternary NH_4HCO_3-NH_4VO_3-H_2O and $(NH_4)_2CO_3$-NH_4VO_3-H_2O systems at (40 and 70)℃ [J]. Journal of Chemical & Engineering Data, 2016, 61 (7): 2346-2352.

[9] 刘思邑. 钒渣资源综合利用行业清洁生产指标体系建立 [D]. 成都：西南交通大学，2013.

[10] 王少娜，吕页清，刘彪，等. 钒渣亚熔盐法钒铬共提工艺清洁生产评价 [J]. 中国有色金属学报，2012，31 (3)：736-747.

[11] 王少娜，白丽，王新东，等. 钒渣提钒行业清洁生产评价指标体系的建立 [J]. 环境生态学，2020，2 (10)：43-49.